交通职业教育教学指导委员会推荐教材

全国交通高级技工学校、技师学院公路工程机械使用与维修专业教学用书

全国交通技师培训教材

公路工程机械电子控制技术

Gonglu Gongcheng Jixie Dianzi Kongzhi Jishu

主编　王立军
主审　冯久东

人民交通出版社

内 容 提 要

本书是全国交通技师培训教材，由交通职业教育教学指导委员会公路（技工）专业指导委员会组织编写。全书共分十一个单元，主要内容包括：起动型铅蓄电池，硅整流发电机与调节器，起动系，点火系，照明、信号、仪表及辅助设备，公路工程机械电气总线路，常用传感器及电气控制元件，沥青混凝土摊铺机、沥青混凝土拌和设备、挖掘机及振动压路机等典型工程机械的电控系统。

本书是全国交通高级技工学校、技师学院公路工程机械使用与维修专业教学用书，也可作为职业培训和技能鉴定教材，或供有关人员学习参考。

图书在版编目（CIP）数据

公路工程机械电子控制技术/王立军主编. —北京：人民交通出版社，2007.11
ISBN 978-7-114-06667-2

Ⅰ. 公… Ⅱ. 王… Ⅲ. ①道路工程—工程机械—电气控制②道路工程—工程机械—电子控制 Ⅳ. U415.5

中国版本图书馆 CIP 数据核字（2007）第 100177 号

书　　名：全国交通技师培训教材
　　　　　公路工程机械电子控制技术
著 作 者：王立军
责任编辑：蔡培荣
出版发行：人民交通出版社
地　　址：（100011）北京市朝阳区安定门外外馆斜街 3 号
网　　址：http://www.ccpress.com.cn
销售电话：（010）59757973
总 经 销：人民交通出版社发行部
经　　销：各地新华书店
印　　刷：北京鑫正大印刷有限公司
开　　本：787×1092　1/16
印　　张：18
字　　数：420 千
插　　页：4
版　　次：2007 年 11 月第 1 版
印　　次：2014 年 8 月第 3 次印刷
书　　号：ISBN 978-7-114-06667-2
印　　数：5001－7000 册
定　　价：33.00 元

前言

QIANYAN

交通行业是一个劳动密集型行业，全行业约有4000万从业人员，其中90%以上是在交通建设、养护和运输服务等一线工作的，处于交通工程建设、养护和交通运输服务的终端环节，其素质和能力在很大程度上决定了交通发展的质量和效益。目前，各个专业和工种都普遍缺乏技能型人才，特别是高技能人才，公路施工与养护、筑路机械操作与维护等工种都属于交通行业技能型紧缺人才。

为了配合"交通行业技能型紧缺人才培养培训工程"的实施，加快高技能人才的培养培训步伐，交通职业教育教学指导委员会公路（技工）专业指导委员会组织全国交通类高级技工学校、技师学院的教师编写了《公路施工与养护》和《公路工程机械使用与维修》两个专业工种的技师培训教材。编写人员进行了广泛的一线走访，听取了工程施工与养护生产一线高技能人员的意见，使本套教材具有良好的实用性和先进性。本套教材填补了我国在公路施工与养护和公路工程机械使用与维修方面技师培养培训教材的空白，既可作为技师学院教学用书，又可作为在职培训技师用教材，对本行业高技能人才的培养培训具有重要的现实意义。

本套教材具有以下特点：

1. 教材内容与技师等级标准、考核标准相衔接，适应现代公路工程机械化施工与养护的要求。

2. 教材全部采用最新的标准和规范，符合先进性、科学性和实用性的要求。

3. 教材编写满足理实一体化和模块式的教学方式，体现职业教育特色，重点培养学生的实际操作技能。

4. 每个单元后均附有思考题，力求提高学生思考问题、解决实际问题的能力，以达到技师标准的要求。

《公路工程机械电子控制技术》是全国交通高级技工学校、技师学院公路工程机械使用与维修专业通用教材之一，内容包括：起动型铅蓄电池，硅整流发电机与调节器，起动系，点火系，照明、信号、仪表及辅助设备，公路工程机械电气总线路，常用传感器及电气控制元件，沥青混凝土摊铺机电控系统，沥青混凝土拌和设备电控系统，液压挖掘机电控系统，压路机电控系统。

参加本书编写工作的有：山东公路高级技工学校王立军（编写绪论、单元三、单元七、单元九）、路兴勇（编写单元一、单元八），河南南阳市公路技工学校王迅（编写单元四，单元五的课题一、二、三，单元十一），安徽公路技工学校王良明（编写单元二、单元五的课题四、单元六、单元十）。全书由王立军担任主编，北京路政局技工学校冯久东担任主审。

本套教材在编写过程中得到了全国20余所交通类职业院校领导、工程施工养护领域的专家及一线高技能人员的大力支持和帮助，共有70余名专业教师参与了教材的编审工作，在此表示感谢。

由于我们的业务水平和教学经验有限，编审人员工作繁忙、时间仓促，书中难免有不妥之处，恳切希望使用本书的教师和读者批评指正。

交通职业教育教学指导委员会

公路（技工）专业指导委员会

二〇〇七年四月

目录

MULU

· 绪论 · ………… 1

· 单元一　起动型铅蓄电池 · ………… 3

课题一　铅蓄电池的结构 ………… 3
课题二　蓄电池的工作原理及特性 ………… 6
课题三　蓄电池的容量及影响因素 ………… 10
课题四　蓄电池常见故障 ………… 13
课题五　蓄电池的使用和维护 ………… 15
课题六　其他类型蓄电池简介 ………… 20
思考题 ………… 23

· 单元二　硅整流发电机与调节器 · ………… 24

课题一　概述 ………… 24
课题二　硅整流发电机 ………… 28
课题三　调节器 ………… 43
课题四　硅整流发电机及调节器的检修 ………… 47
课题五　充电系常见故障及诊断 ………… 54
思考题 ………… 60

· 单元三　起动系 · ………… 61

课题一　概述 ………… 61
课题二　直流串励式电动机的构造及检测 ………… 64
课题三　直流串励式电动机的工作原理及特性 ………… 69
课题四　传动机构与操纵机构的组成及检查 ………… 71
课题五　典型起动机电路分析 ………… 74
课题六　起动机的检修与常见故障的排除 ………… 78
思考题 ………… 84

· 单元四　点火系 · ………… 85

课题一　概述 ………… 85
课题二　蓄电池点火系的组成及工作特性 ………… 87
课题三　点火系主要部件的结构及检修 ………… 94

课题四　电子点火系…………………………………………………………………… 110
课题五　计算机控制点火系统……………………………………………………… 123
思考题…………………………………………………………………………………… 129
·单元五　照明、信号、仪表及辅助设备·………………………………………… 130
课题一　照明设备…………………………………………………………………… 131
课题二　信号装置…………………………………………………………………… 142
课题三　仪表………………………………………………………………………… 153
课题四　辅助设备…………………………………………………………………… 160
思考题…………………………………………………………………………………… 177
·单元六　公路工程机械电气总线路·……………………………………………… 178
课题一　概述………………………………………………………………………… 178
课题二　典型工程机械电气设备总线路…………………………………………… 187
思考题…………………………………………………………………………………… 195
·单元七　常用传感器及电气控制元件·…………………………………………… 196
课题一　常用传感器………………………………………………………………… 196
课题二　常用低压电气控器件……………………………………………………… 214
思考题…………………………………………………………………………………… 226
·单元八　沥青混凝土摊铺机电控系统·…………………………………………… 227
课题一　车辆电控系统……………………………………………………………… 227
课题二　行驶电控系统……………………………………………………………… 230
课题三　供料电控系统……………………………………………………………… 231
课题四　自动调平电控系统………………………………………………………… 233
课题五　其他电控系统……………………………………………………………… 238
课题六　常见故障排除……………………………………………………………… 240
思考题…………………………………………………………………………………… 241
·单元九　沥青混凝土拌和设备电控系统·………………………………………… 242
课题一　三相异步电动机的基本控制电路………………………………………… 242
课题二　冷集料给料装置电控系统………………………………………………… 247
课题三　集料烘干、加热控制系统………………………………………………… 250
课题四　计量控制系统……………………………………………………………… 252
课题五　拌和设备电控系统常见故障与排除……………………………………… 254
思考题…………………………………………………………………………………… 256
·单元十　液压挖掘机电控系统·…………………………………………………… 257
课题一　监控系统…………………………………………………………………… 257
课题二　功率优化系统……………………………………………………………… 259
课题三　发动机自动怠速控制系统………………………………………………… 262
课题四　电子油门控制系统………………………………………………………… 263

课题五　挖掘机电控系统的故障与排除…………………………………………………… 265
思考题………………………………………………………………………………………… 266
·单元十一　振动压路机电控系统· ………………………………………………………… 267
课题一　振动压路机主车电控系统…………………………………………………………… 267
课题二　振动压路机常用电控系统…………………………………………………………… 271
课题三　振动压路机电控系统故障排除……………………………………………………… 276
思考题………………………………………………………………………………………… 277
·参考文献· ………………………………………………………………………………… 278

Xulun

绪论

《公路工程机械电子控制技术》是公路工程机械使用与维修专业的必修课程，它是由电工、电子技术、计算机技术、自动控制技术、机械技术、液压技术以及其他技术相互融合而成的一门独立的交叉学科。这些综合技术的采用，使现代公路工程机械形成了机、电、液一体化的新格局。

机、电、液一体化技术从20世纪70年代中期开始在国外工程机械上得到应用。80年代以微电子技术为核心的高新技术的兴起，推动了工程机械制造技术的迅速发展，特别是随着微型计算机及微处理器技术、传感与检测技术、信息处理技术等的发展及其在工程机械上的应用，从根本上改变了工程机械的面貌，极大地促进了产品性能的提高，使工程机械进入了一个全新的发展阶段。以微机或微处理器为核心的电子控制系统目前在国外工程机械上的应用已相当普及，并已成为高性能工程机械不可缺少的组成部分。工程机械的机、电、液一体化和智能化将是今后的发展方向。

我国公路工程机械生产厂家，通过引进、消化、吸收世界先进技术，使国产机械已接近或达到了世界先进水平，机、电、液一体化技术的应用日趋广泛。

公路工程机械种类繁多，因此各种机型所配备的电气与控制装置（系统）的组成、数量及复杂程度等差别也较大。目前公路工程机械所配备的电气与控制装置基本上可分为车辆电气设备和电子控制装置两大类。

1. 车辆电气设备

这是各种自行式机械所应配备的最基本的电器，通常包括以下4部分。

1）电源系统

包括蓄电池、发电机及其调节器。两者并联工作，给全车提供电能。发电机是主电源，蓄电池是辅助电源，调节器控制发电机的输出电压。

2）起动系统

包括起动机、起动继电器等，其作用是起动发动机。

3）点火系统

主要包括点火元件、点火线圈、火花塞等，用于汽油机，功能是产生电火花，点燃汽缸中的可燃混合气。

4）照明、信号、仪表及辅助设备

包括各种照明和信号灯、机油压力表、水温表等各种仪表以及空调、电喇叭等，用以保证行驶和施工的人机安全，提高操作者的舒适性。

2. 电子(微机)控制装置

主要包括计算机、传感器和执行元件等,用于实现各种控制功能。控制功能主要表现在以下几个方面:

(1)电子监控、自动报警及故障自诊。

(2)节能降耗,提高生产率。

(3)柴油机的控制。

(4)作业过程的自动或半自动化控制。

公路工程机械的电气设备具有以下特点。

1. 低电压

额定电压一般为12V或24V,有些工程机械的电系两种电压共存,以便向不同额定电压的电器供电。

2. 直流电系

主要考虑向蓄电池的充电必须是直流电源。

3. 并联、单线

主要电气设备都采用并联连接,以防止它们之间出现故障而造成相互影响。

各电器的连接采用单线制,即从电源到各用电设备只用一根导线连接,而用机架、发动机等金属机体作为另一公共导线。采用单线制的优点是节省导线、线路清晰、安装和检修方便。

4. 负极搭铁

将蓄电池的负极桩接到机架、发动机等壳体上,俗称"搭铁"。

注意:根据国家标准规定必须采用负极搭铁,国外工程机械通常也为负极搭铁。

Danyuanyi

单元一

起动型铅蓄电池

知识点

1. 蓄电池的用途、工作原理及特性；
2. 蓄电池的结构、型号及容量的影响因素；
3. 蓄电池使用、维护中的注意事项；
4. 蓄电池常见故障形成原因及预防措施。

技能点

1. 能对蓄电池进行必要的维护；
2. 能运用仪表、常用工具进行蓄电池的维护及技术状况检查；
3. 能对蓄电池进行正确的充电。

课题一　铅蓄电池的结构

一、铅蓄电池的用途

铅蓄电池是一种化学电源，它既能把电能转变成化学能储存起来，也能把化学能变成电能提供给用电设备。这两个过程分别叫做蓄电池的充电和放电。蓄电池是可逆的直流电源，故又称为二次电源。

工程机械上用电设备所需的电能，一般是由发电机和蓄电池提供的。二者并联，在发动机正常工作时，主要由发电机向用电设备供电，而蓄电池的作用主要体现在以下几个方面：

(1)起动发动机时，给起动机和点火系供电。要求在5~10s内向起动机提供200~600A的强大电流(个别柴油机的起动电流可高达1000A)。

(2)发电机不工作或输出电压过低时，向点火系及其他用电设备供电。

(3)在发电机短时间超负荷时，可协助发电机向用电设备供电。

(4)蓄电池存电不足时,可将发电机的电能转变为化学能储存起来。

(5)具有电容器的作用,能吸收瞬间高电压,保护电路中电子元件不被损坏。

二、铅蓄电池的构造和性能特点

蓄电池的构造如图1-1所示,一般由6个单格电池串联而成,每个单格电池的标准电压为2V。蓄电池主要由正负极板组成的极板组、隔板、电解液、外壳、联条和极桩等组成。

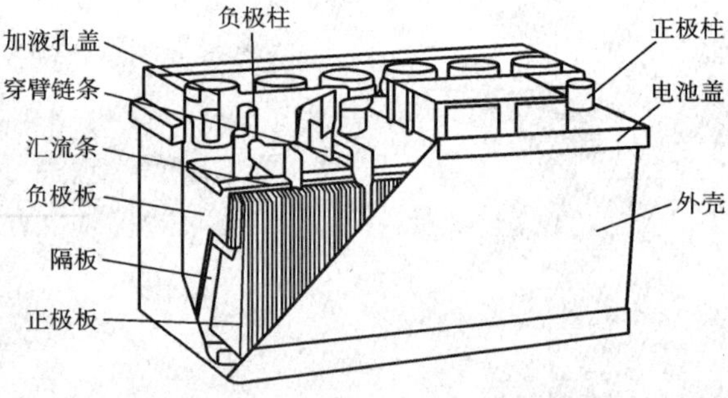

图1-1 蓄电池的构造

1. 干荷电铅蓄电池的构造

1)极板

极板是铅蓄电池的主要组成部分,它分为正极板和负极板。正、负极板均由栅架和活性物质组成。铅蓄电池的充、放电过程就是依靠极板上的活性物质和电解液中的硫酸进行化学反应来实现的。

正、负极板栅架结构相同,如图1-2所示。栅架的作用是:容纳活性物质并使极板成形,一般由铅锑合金浇铸而成。加锑的目的是为了提高栅架的机械强度和浇铸性能,但加锑后易引起蓄电池自行放电、腐蚀栅架。

活性物质是极板上的反应物质,正极板上的活性物质是二氧化铅(PbO_2),呈深棕色。负极板上的活性物质是海绵状的纯铅(Pb),制作时铅膏中加入了松香、油酸、硬脂酸等防氧化剂。成形后负极板呈青灰色。

将正、负极板各一片浸入电解液中,就可获得2.1V的电动势。为了增大蓄电池的容量,而又不致使体积过大,一般都采用小面积的多片正、负极板分别并联,用横板焊接,组成正、负极板组,如图1-2所示。安装时正、负极板相互嵌合,中间插入隔板,放入单格电池槽内,形成单格电池。在单格电池中,负极板的片数比正极板的片多一片,正极板都处于负极板之间,使两侧放电均匀,否则由于正极板的机械强度差,易造成正极板的拱曲变形和活性物质的脱落。

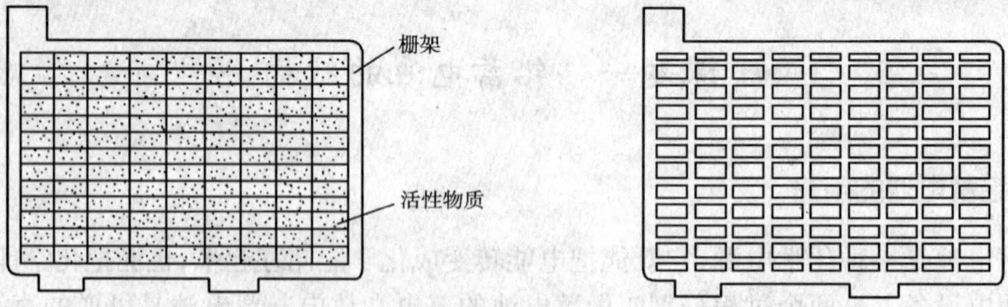

图1-2 极板和栅架

2)隔板

为了减小铅蓄电池的内电阻和尺寸,正、负极板间的距离应尽可能的小,为此在二者之间插入隔板。隔板的作用就是使正、负极板尽量靠近而不至于短路。隔板采用绝缘材料制成,应具有多孔性,有一定的机械强度,耐酸,不含有对极板有害的物质等性能。目前使用的主要有木质隔板、玻璃纤维隔板、微孔橡胶隔板和微孔塑料隔板。其中,微孔塑料隔板使用较为广泛。

隔板的结构形状有槽沟状、袋状等。槽沟状隔板比极板面积稍大,一面制有纵向槽沟,安装时带槽沟的一面朝向正极板，并且使槽沟与外壳底部垂直。袋状隔板仅包在正极板外部，因为正极板活性物质比较松散，容易脱落。

3）电解液

电解液是由密度为1.84g/cm³的化学纯净硫酸和蒸馏水按一定比例配制而成。密度一般在1.24～1.30(25℃)，其作用是形成电离，促使极板活性物质溶离，产生可逆的电化学反应。使用时，应根据当地最低气温或制造厂的推荐进行选择(表1-1)。

不同气温下的电解液相对密度(25℃)　　表1-1

使用地区最低气温(℃)	冬　季	夏　季	使用地区最低气温(℃)	冬　季	夏　季
-40	1.30	1.26	-39～20	1.27	1.24
-40～30	1.28	1.24	-20～0	1.26	1.23

4）外壳

蓄电池的外壳是用来盛放电解液和极板组的容器，其材料应耐热、耐酸、耐振。目前国内多采用硬橡胶外壳和聚丙乙烯外壳，以后者居多。壳内用间壁分隔成3个或6个互不相通的相同单格；单格底部有凸筋用来积存极板脱落的活性物质。每个单格内放入一对极板组，组成一个单格电池。蓄电池盖上开有加液孔，用来添加电解液及检查电解液液面高度和相对密度。加液孔螺塞上的通气孔应该经常保持通畅，使蓄电池化学反应产生的气体能顺利逸出。

5）联条

铅蓄电池一般由若干个单元电池串联而成，每个单格电池的额定电压为2V。联条的作用是将单格电池串联起来，提高整个蓄电池的端电压。其连接方式采用穿壁式或跨桥式连接方式，如图1-3)所示。联条由铅锑合金浇铸而成。

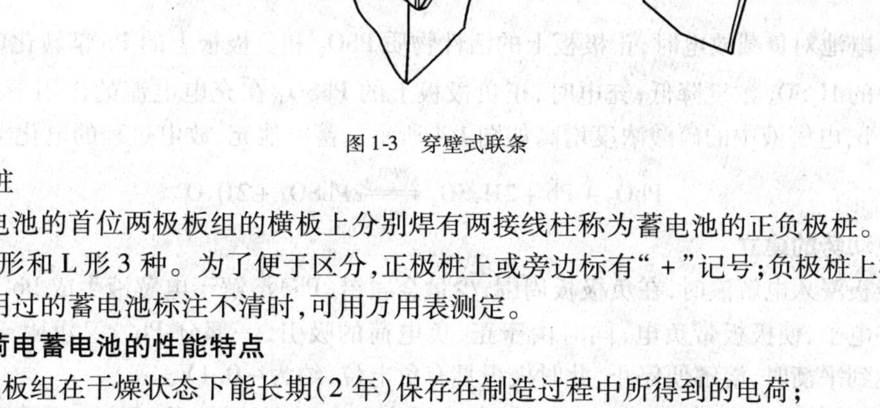

图1-3　穿壁式联条

6）极桩

铅蓄电池的首位两极板组的横板上分别焊有两接线柱称为蓄电池的正负极桩。极桩分为侧孔形、锥形和L形3种。为了便于区分，正极桩上或旁边标有“+”记号；负极桩上标有“-”记号。使用过的蓄电池标注不清时，可用万用表测定。

2. 干荷电蓄电池的性能特点

(1)极板组在干燥状态下能长期(2年)保存在制造过程中所得到的电荷；

(2)在规定的保存期内启用，只要加入符合规定密度的电解液，静置20min，调整液面至规定高度，不需进行初充电即可使用；

对储存期超过两年的干荷电蓄电池，使用前应进行5～10h的补充充电。

三、蓄电池的规格型号

蓄电池的型号按JB 2599—85《起动型铅蓄电池标准》规定，铅蓄电池型号的编制和含义如下：

串联单格电池数	电池类型和特征	额定容量

（1）单格电池数，用阿拉伯数字表示。

（2）铅蓄电池类型是根据其主要用途来划分的。如起动型铅蓄电池用“Q”，代号Q是汉字“起”的第一个拼音字母。

电池特征为附加部分，仅在同类用途的产品具有某种特征，在型号中又必须加以区别时才采用。当产品同时具有两种特征时，应按表1-2顺序将两个代号并列标志。

常见电池产品特征代号

表1-2

序号	1	2	3	4	5
产品特征	干荷电	湿荷电	免维护	少维护	密封式
代号	A	H	W	S	M

（3）额定容量用阿拉伯数字表示。20h放电率的一片正极板设计容量为15A·h。

（4）在产品具有某些特殊性能时，可在型号的末尾加注相应的代号，如：G表示高起动率；S表示塑料外壳；D表示低温起动性能。

例：6-QAW-100，表示由6个单格电池组成，额定电压12V，额定容量100A·h的起动用干荷电免维护蓄电池。

课题二　蓄电池的工作原理及特性

一、蓄电池的工作原理

当蓄电池对负载放电时，正极板上的活性物质PbO_2和负极板上的Pb都转化成了$PbSO_4$，电解液中的H_2SO_4浓度降低；充电时，正负极板上的$PbSO_4$在充电电流的作用下逐渐恢复为PbO_2和Pb，电解液中的硫酸浓度增高如图1-4所示。蓄电池充、放电过程的电化学反应式为：

$$PbO_2 + Pb + 2H_2SO_4 \underset{\text{充电}}{\overset{\text{放电}}{\rightleftharpoons}} 2PbSO_4 + 2H_2O$$

1. 电动势的建立

当极板浸入电解液时，在负极板周围，少量金属铅（Pb）溶解于电解液生成Pb^{2+}，在极板上留下一些电子，使极板带负电；同时由于正、负电荷的吸引，一部分Pb^{2+}又沉附于极板表面。当两者达到平衡时，溶解便停止，此时极板具有负电位，约为$-0.1V$。

正极板周围，少量PbO_2溶于电解液，与水反应生成$Pb(HO)_4$，$Pb(HO)_4$不稳定，在电解液中又电离成四价铅离子（Pb^{4+}）和氢氧根离子（HO^-）。即：

$$PbO_2 + H_2O \rightarrow Pb(HO)_4$$

$$Pb(HO)_4 \rightarrow Pb^{4+} + 4(HO^-)$$

Pb^{4+}沉附于极板的倾向，大于溶解的倾向，因而大部分Pb^{4+}沉附在正极板上，使极板呈正电位。当达到平衡时，约为+2.0V。

因此，当外电路未接通，反应达到相对平衡状态时，蓄电池的静止电动势E。约为：

$$E_0 = 2.0 - (-0.1) = 2.1V$$

2. 铅蓄电池的放电

蓄电池接上负载，在电动势的作用下，电流I_f从正极经过负载流往负极（即电子从负极到正极），使正极电位降低，负极电位升高，破坏了原有的平衡。

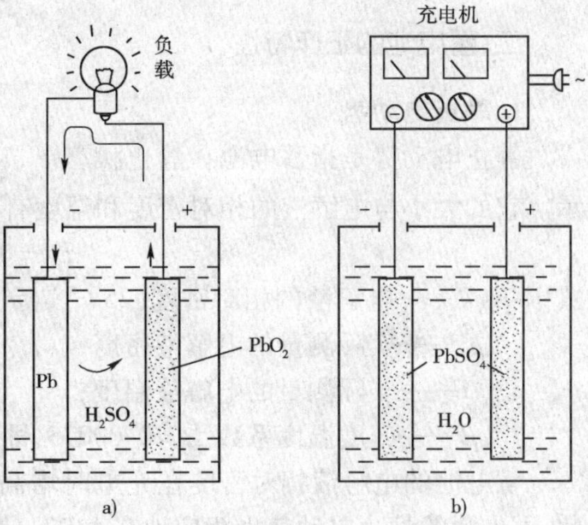

图1-4 铅蓄电池反应原理

a）放电；b）充电

在正极板处，Pb^{4+}和电子结合，变成Pb^{2+}。Pb^{2+}与电解液中的SO_4^{2-}结合生成$PbSO_4$沉附于正极板上。

在负极板处，Pb^{2+}与电解液中的SO_4^{2-}结合也生成$PbSO_4$沉附于负极板上，而极板上的金属铅继续溶解，生成Pb^{2+}和电子。如果电路不中断，上述化学反应将继续进行，使正极板上的PbO_2和负极板上的Pb都转变为$PbSO_4$，电解液中H_2SO_4逐渐减少而水增多，故电解液相对密度下降。同时由于$PbSO_4$的导电性能比PbO_2和Pb差，随着$PbSO_4$的增多，蓄电池的内阻增大，供电能力逐渐下降。

理论上，放电过程可以进行到正负极板上的活性物质全部变为硫酸铅为止。但是，由于电解液不能渗透到活性物质的最内层，活性物质不能被充分利用。使用中所谓放完电的蓄电池，实际上只有20%~30%的活性物质变成了硫酸铅，因此采用薄型极板、增加多孔率是提高活性物质利用率、减小电池重量的有效途径。

3. 铅蓄电池的充电

充电时，应将蓄电池接直流电源。当电源电压高于蓄电池电动势时，在电源力的作用下，电流从蓄电池正极流入，负极流出（即驱使电子从正极经外电路流入负极）。这时，正、负极板发生的反应正好与放电过程相反，在正极板处Pb^{2+}失去电子变成Pb^{4+}后，使正极板处的电离平衡因为Pb^{2+}的减少和Pb^{4+}的增多而打破，从而引起$PbSO_4$不断溶解，同时形成PbO_2；在负极板处Pb^{2+}得到电子形成Pb，Pb^{2+}减少打破了负极板与电解液之间的电离平衡，从而引起负极板上的$PbSO_4$不断溶解，同时形成Pb；在电解液中，由于HO^-与H^+相对减少，打破了原来的平衡，使水不断分解为HO^-与H^+，同时SO_4^{2-}增多，即电解液中H_2O逐渐减少而H_2SO_4增多，故电解液相对密度增加。当电源断开时，充电过程即终止，正、负极与电解液之间达到新的电离平衡状态。

理论上只有当正、负极板上的$PbSO_4$全部变为PbO_2和Pb时充电过程才完全结束，但是由于充电后期水越来越多的被电解，造成水的损耗增加，蓄电池的寿命缩短，因此使用中，当绝大部分$PbSO_4$转变为PbO_2和Pb电解液中产生大量气泡时，应停止充电。

二、蓄电池的工作特性

1. 静止电动势

静止电动势是指蓄电池在静止状态下,正、负极板之间的电位差(即开路电压),用 E_0 表示。它的大小与电解液的相对密度和温度有关,其经验公式为:

$$E_0 = 0.84 + \rho_{25℃}$$

式中:$\rho_{25℃}$——电解液的相对密度(25℃实际测量的密度),$\rho_{25℃} = \rho_t + \beta(t-25)$;

ρ_t——实际测量的电解液密度;

t——实际测量的电解液温度;

β——密度温度系数,$\beta = 0.00075$,即温度每升高1℃,相对密度将下降0.00075。

蓄电池的电解液相对密度在充电时增高,放电时下降,一般在1.12~1.28之间波动,因此,蓄电池的静止电动势也相应地在1.97~2.05V之间变化。

2. 内阻

蓄电池的内阻大小决定了蓄电池的带负载能力。在相同的条件下,内阻越小,输出电流越大,带负载能力越强。蓄电池的内阻为极板电阻、电解液电阻、隔板电阻、铅联条和极柱电阻的总和,用 R_0 表示。

极板电阻很小,并且随极板上活性物质的变化而变化。极板上 $PbSO_4$ 越多,极板电阻越大。因此,随着蓄电池放电程度的增加,内阻也在不断增大,尤其是在接近放电终了时,极板电阻大大增加,蓄电池的供电能力迅速降低。

隔板电阻与隔板的材料、厚度及多孔性有关。在常用隔板中,木质隔板比微孔橡胶隔板和塑料隔板电阻大,微孔塑料隔板电阻最小。另外,隔板越薄,电阻越小。

电解液电阻与电解液的温度和密度有关。温度越低,电解液粘度越大,渗透能力下降,加之离子热运动减弱,电解液电阻增大。因此,蓄电池内阻随温度降低而增大。电解液密度过大时,由于黏度增加,渗透能力下降,引起电阻增大;密度过低时,电解液中的导电离子 H^+ 和 SO_4^{2-} 减少,电阻也增大。实验表明,25℃电解液密度为1.208g/cm^3 时,内阻最小。

连接条电阻、极桩电阻一般很小,但要注意极桩的接触电阻。如果极桩表面存在氧化物,则蓄电池电阻将明显增大。

完全充足电的蓄电池在20℃时,其内阻 R_0 可根据下式进行计算:

$$R_0 = \frac{U_e}{17.1C_{20}}$$

式中:U_e——蓄电池的额定电压,V;

C_{20}——蓄电池的额定容量,A·h。

3. 铅蓄电池的工作特性

1)放电特性

铅蓄电池的放电特性是指蓄电池在恒定电流放电状态下电解液的相对密度、蓄电池端电压随放电时间而变化的规律;图1-5是将充足电的6—QA—100蓄电池以5A的放电流进行放电时测得的规律曲线。

在放电过程中,电解液的相对密度呈直线下降,相对密度每下降0.04,蓄电池约放掉25%

Q_e 的电量。

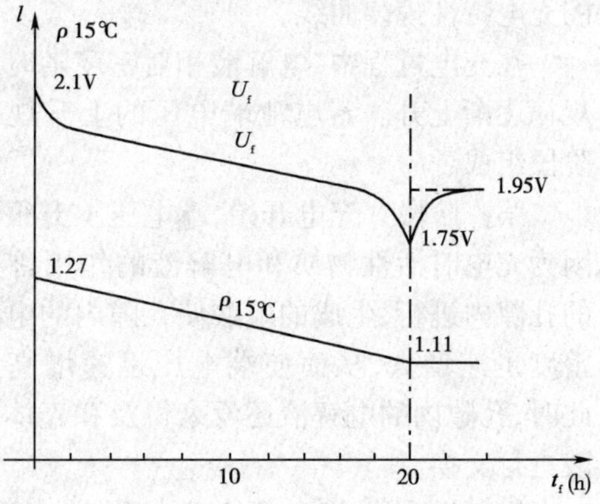

图 1-5　放电特性曲线

放电过程中，由于蓄电池的内阻 R_0 的存在，所以蓄电池的放电电压 U_f 总是小于其电动势 E，即

$$U_f = E - I_f R_0$$

式中：I_f——放电电流，A；

U_f——放电时蓄电池的端电压。

从放电特性曲线可以看出，放电过程中，端电压的变化规律分三个阶段。

第一阶段　端电压由 2.11V 迅速下降到 2.0V 左右。这是由于放电开始时，孔隙内的硫酸与活性物质反应后，孔隙外的硫酸来不及补充，使得孔隙内电解液的密度迅速下降引起的。

第二阶段　端电压由 2.0V 下降到 1.85V，基本呈直线规律缓慢下降。在这一段的放电过程中，容器中的电解液便向极板孔隙内渗透。当渗入的新电解液完全补偿了孔隙内消耗的硫酸量时，端电压将随整个容器内电解液相对密度的降低而下降，因此端电压下降缓慢，时间较长。

第三阶段　端电压迅速由 1.85V 下降到 1.75V。这是由于放电接近终了时，化学反应深入到极板的内层，而放电时产生的 $PbSO_4$ 是原来活性物质 PbO_2 和 Pb 的 2～3 倍，$PbSO_4$ 积聚在极板孔隙内，减小了极板孔隙的容积，使电解液的渗入困难，极板孔隙内消耗掉的硫酸难以得到补充，孔隙内的电解液相对密度便迅速下降，端电压也随之急剧下降。

当电压降至一定值时(20h 放电率，单格电压为 1.75V)，放电过程达到放电终了，此时应立即停止放电，否则使蓄电池在短时间内端电压急剧下降为零，致使蓄电池过度放电，简称过放电。过放电将使蓄电池产生硫化故障，导致极板损坏，容量减小。因此，应熟悉蓄电池放电终了的特征，避免过放电。

停止放电后，由于极板孔隙中的电解液和容器中的电解液相互渗透，趋于平衡，蓄电池电压上升至 1.95V 时，称为蓄电池“休息”。

蓄电池放电终了的特征是：

(1)单格电池电压下降到放电终止电压(表 1-3)。

起动型铅蓄电池的放电率与终止电压的关系　　表 1-3

放电情况	放电率	20h	10h	3h	30min	5min
	放电电流(A)	$0.05C_{20}$	$0.1C_{20}$	$0.25C_{20}$	C_{20}	$3C_{20}$
单格电池终止电压(V)		1.75	1.70	1.65	1.55	1.50

(2)电解液相对密度下降到最小值。

2)充电特性

铅蓄电池的充电特性是指蓄电池在恒定电流充电状态下，电解液相对密度、蓄电池端电压随充电时间变化而变化的规律，如图 1-6 所示。将放完电的 6—QA—100 蓄电池以 10A 的充电电流进行恒流充电，每隔一定时间测量其端电压、电解液密度和温度，便可得到该蓄电池的充电特性规律曲线。

在充电过程中,电解液相对密度随时间呈直线规律逐渐上升。蓄电池端电压的上升规律由四个阶段组成:

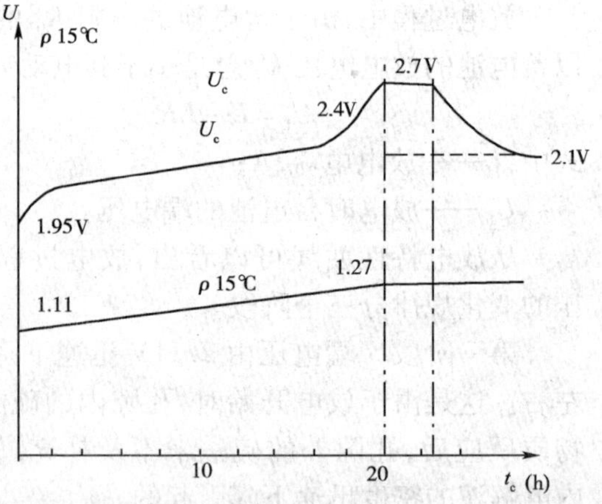

图 1-6 充电特性曲线

第一阶段 充电开始,端电压上升很快。这是因为充电时活性物质和电解液的作用首先在极板的孔隙内进行,生成的硫酸使孔隙内的电解液相对密度迅速增大,从而使端电压迅速增高到 2.1V。此时,孔隙内的电解液还没来得及和壳体内的电解液进行交换。

第二阶段 端电压上升较平稳,至单格电压 2.4V。该过程中,随着生成的硫酸量增多,硫酸开始不断地向周围扩散,使孔隙内析出的硫酸量与扩散的硫酸量达到平衡,此时蓄电池的端电压随着整个容器内的电解液相对密度的上升而相应增高。

第三阶段 2.4V 以后端电压迅速上升至 2.7V,并有大量气泡产生。这时极板上的活性物质几乎最大限度地转变成了二氧化铅(PbO_2)和海绵状纯铅(Pb),充电电流开始电解水,将水分解为氢气和氧气,以气泡的形式剧烈放出,形成所谓的“沸腾”状态。由于氢离子在极板上与电子的结合不是瞬间完成而是缓慢进行的,于是靠近负极板处会积存较多的氢离子(H^+),使溶液和极板之间产生了附加电位差(亦称氢过电位),约 0.33V,因而使端电压急剧上升至 2.7V 左右。

第四阶段 为过充电阶段。该阶段端电压和电解液的相对密度不再上升,一般为 2~3h,目的是保证蓄电池完全充足电。

全部充电过程中,极板孔隙内的电解液密度比容器内的电解液密度稍大一些。因此,蓄电池的电动势 E 总是高于静止电动势 E_0。充电停止后,端电压立即下降,极板孔隙内电解液和容器中的电解液密度趋向平衡,因而蓄电池的端电压又降至 2.1V 左右。

铅蓄电池充电终了的特征是:

(1)电压和电解液相对密度均上升到最大值,且 2~3h 内不再增加。

(2)电解液中产生大量气泡,出现“沸腾”现象。

课题三 蓄电池的容量及影响因素

一、蓄电池容量

蓄电池的容量是指在规定的放电条件下,完全充足电的蓄电池所能提供的电量,用 C 表示。蓄电池的容量是标志蓄电池对外放电能力、衡量蓄电池质量的优劣以及选用蓄电池的重要指标。

现在大多数国家多采用 A·h(安时)来计量蓄电池的容量。即容量等于放电电流与持续

放电时间的乘积,用下式表示:

$$C = I_f t$$

式中:C——蓄电池容量,A·h;

I_f——放电电流,A;

t——放电持续时间,h。

蓄电池的容量与放电电流、放电持续时间及电解液温度有关。因此,蓄电池出厂时规定的额定容量是在一定的放电电流、一定的终止电压和一定的电解液温度下取得的。我国规定以20h放电率容量作为起动型蓄电池的额定容量。

1. 20h率额定容量(C_{20})

20h率额定容量是指完全充足电的蓄电池,在电解液温度为25℃时,以20h放电率的电流连续放电到12V,蓄电池端电压降到10.50V±0.05V;6V蓄电池端电压降到5.25V±0.02V时所输出的电量,用C_{20}表示。

例如,6—Q—105型蓄电池,在电解液平均温度为25℃时,以5.25 A的电流连续放电20h后,端电压降至10.50V,其20h率额定容量则为:$C_{20} = 5.25 \times 20 = 105$ A·h。

2. 储备容量(C_m)

蓄电池的额定储备容量是指完全充足电的蓄电池,在电解液温度为25℃±2℃时,以25 A电流放电至12V蓄电池端电压达10.50V ±0.05V、6V蓄电池端电压达5.25V± 0.02V时,放电所持续的时间,用C_m表示,单位为分钟(min)。它说明当充电系统失效时,蓄电池尚能持续提供25A电流的能力。

当$C_m < 480$min或$C_{20} \leqslant 200$A·h时,储备容量与20h率额定容量之间的换算关系如下:

$$C_{20} = \sqrt{17778 + 208.3 \times C_m} - 133.3$$

二、影响蓄电池容量的主要因素

蓄电池的容量不是一个固定不变的常数,而与很多因素有关,归纳起来可分为两类:一类是与生产工艺及产品结构有关的因素,如活性物质的数量、极板的厚薄、活性物质的孔率等;另一类是使用条件,如放电电流、电解液温度和电解液相对密度等。

1. 产品结构因素

1)极板上活性物质的数量

从理论上讲,活性物质越多,则容量应越大。要得到1A·h的电量,负极板上要有3.9 g铅,正极板上要有4.5g二氧化铅,电解液中要有3.7 g硫酸。实际上,正负极板上只有55%～60%的活性物质参加反应,当活性物质的数量确定后,其他因素对容量的影响就是对活性物质的利用率的影响了。极板面积越大,片数越多,则同时和硫酸起化学反应的活性物质就越多,容量就越大。国产蓄电池极板面积已统一,每对极板面的容量为7.5 A·h。所以,极板数量与容量的关系可用下式进行计算:

$$C_{20} = 7.5(N - 1)$$

式中:C_{20}——额定容量,A·h;

N——正负极板的总片数。

2)极板的厚度

极板越厚,电解液向极板深处的扩散越困难,活性物质越不易参与反应。因此,减小极板厚度可以提高活性物质的利用率。例如,采用厚度为 1.7 mm 的薄型极板,则蓄电池在相同体积的情况下,容量可提高 40% 左右。

3)活性物质的孔率

孔率即活性物质的孔隙多少。孔率越大,硫酸溶液扩散渗透越容易,则容量可相应提高。但如果孔率过大,则活性物质的数量要减少,容量却反而会下降。

4)活性物质的真实表面积

活性物质的真实表面积包括活性物质与电解液直接接触的表面积和细孔内的表面积。极板的真实表面积要比极板的几何尺寸计算面积大的多(几百倍),真实表面积大,扩散面积和反应面积都增加,容量可相应提高。

5)极板中心距

极板中心距小,可以减小蓄电池的内电阻,所以在保证有足够的硫酸量的前提下,缩小极板中心距可以提高蓄电池的容量。

2. 使用条件对蓄电池的影响

1)放电电流的影响

根据实验,放电电流越大,则电压下降越快,至终止电压的时间越短,因而容量越小。因为大电流放电时,极板表面活性物质的孔隙会很快被所生成的硫酸铅堵塞,使极板内层的活性物质不能参加化学反应,因此放电电流增大,蓄电池的容量减小。图 1-7 所示是 6—QA—150 型蓄电池在电解液温度为 30 ℃时,容量与放电电流的关系。

2)电解液温度的影响

温度降低则容量减小。由于温度降低时,电解液的黏度增加,渗入极板内部困难;同时电解液电阻也增大,使蓄电池内阻增加,电动势消耗在内阻上的压降增大,蓄电池端电压降低,容量因此减小。图 1-8 为 6—QA—150 型蓄电池以 225A 的电流放电时,在不同温度下所输出的容量。

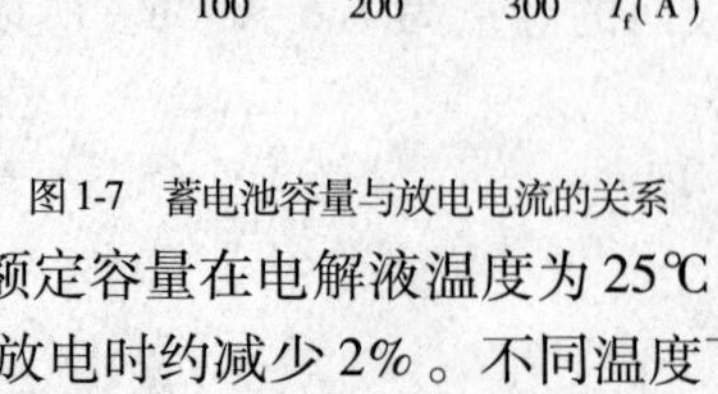

图 1-7　蓄电池容量与放电电流的关系

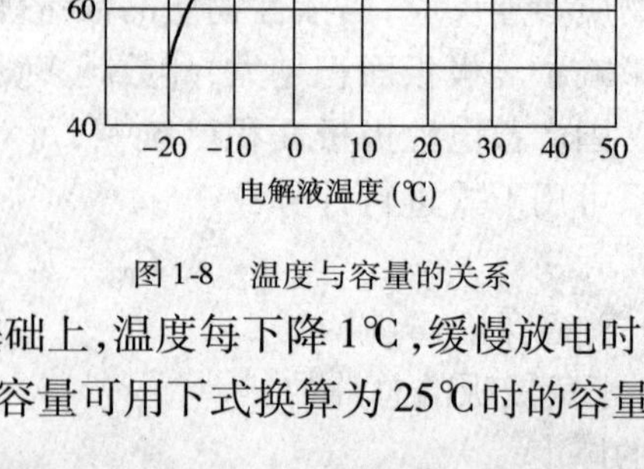

图 1-8　温度与容量的关系

蓄电池额定容量在电解液温度为 25℃ 的基础上,温度每下降 1℃,缓慢放电时的容量约减少 1%,迅速放电时约减少 2%。不同温度下的容量可用下式换算为 25℃ 时的容量。

$$C_{25}=C_t[1-0.01(t-25℃)]$$

式中：C_{25}——换算为25℃时容量，A·h；

C_t——电解液平均温度为t℃时的实际容量，A·h；

t——放电终止时中间 单位电池电解液的温度，℃；

0.01——温度系数。

由于温度对蓄电池放电时的容量有较大影响，因此在寒冷地区应特别注意蓄电池的保温。

3）电解液密度的影响

适当增加电解液的相对密度，可以提高电解液的渗透速度和蓄电池的电动势，并减小内阻，使蓄电池的容量增大。但相对密度超过某一数值时，由于电解液粘度增大使渗透速度降低，内阻和极板硫化增加，又会使蓄电池的容量减小。电解液相对密度和容量的关系见图1-9所示，起动用蓄电池一般使用相对密度为1.26～1.29的电解液。

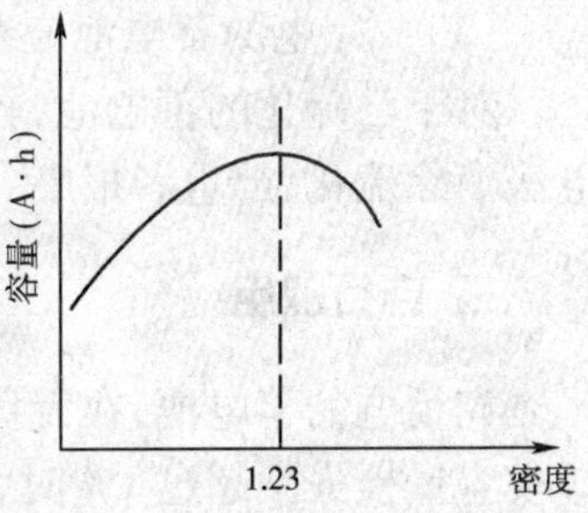

图1-9 相对密度和容量的关系

课题四 蓄电池常见故障

蓄电池的外部故障有：外壳有裂缝、封口胶干裂、接线松脱、接触不良或极桩腐蚀等。

蓄电池的外部故障较明显，易察觉，可通过修补、除污等简单方法进行修复。但内部故障不易察觉，只有在使用和充电时才出现症状，应尽量避免内部故障的产生。

内部故障有：极板硫化、自行放电、活性物质脱落和内部短路等。

一、极板硫化

蓄电池长期充电不足或放电后长时间未充电，极板上会逐渐生成一层白色、坚硬、不易溶解的粗晶粒硫酸铅，这种现象称为硫酸铅硬化，简称硫化。这种粗而坚硬的硫酸铅晶体导电性差、体积大，会堵塞活性物质的细孔，阻碍了电解液的渗透和扩散，使蓄电池的内阻增加，起动时不能供给大的起动电流，以至不能起动发动机。

极板严重硫化后，充、放电时会有异常现象，如放电时蓄电池容量明显下降，用高率放电计检查时，电压急剧降低；充电时单格电压上升快，电解液温度迅速升高，但密度却增加很慢，且过早出现"沸腾"现象。

极板产生硫化的主要原因是：

（1）是蓄电池长期充电不足，或放电后未及时充电，当温度变化时，硫酸铅发生再结晶的结果。在正常情况下蓄电池放电时，极板上生成的硫酸铅晶粒比较小，导电性能较好，充电时能够完全转化而消失。但若长期处于放电状态时，极板上的硫酸铅将有一部分溶解于电解液中，温度越高，溶解度越大。而温度降低时，溶解度减小，出现过饱和现象，这时有部分硫酸铅就会从电解液中析出，再次结晶生成大晶粒硫酸铅附着在极板表面上。

（2）蓄电池内电解液液面太低，使极板上部与空气接触而强烈氧化（主要是负极板）。在机械运行过程中，由于电解液的上下波动与极板的氧化部分接触，也会形成大晶粒的硫酸铅硬化层,使极板的上部硫化。

(3)电解液相对密度过高,电解液不纯、外部气温剧烈变化时也将促进硫化。

预防极板硫化的措施:

(1)蓄电池应经常处于充足电状态。

(2)及时检查液面高度和密度,保持其符合规定。

(3)放完电的蓄电池应在24h内进行补充充电。

对于已硫化的蓄电池,较轻者可用过充电方法进行充电恢复处理,较严重者可用去硫化充电法消除硫化,严重者报废。

二、自行放电

充足电的蓄电池,在无负载的情况下电量自行消失,该现象称为蓄电池的自行放电。若一昼夜容量损失不超过1%时,属蓄电池的正常自放电。铅蓄电池的正常自放电是由于蓄电池本身因素所造成的一种不可避免的现象。主要原因有以下几个方面:

(1)极板上活性物质和栅架的材料不同,在电解液中会产生不同电位而形成局部电池导致内部电流,形成自放电。

(2)栅架中锑的存在,不仅易形成局部电池产生自放电,还会使负极板的氢过电位下降,加速了海绵状铅的自动溶解反应而产生自放电。在正极板上,二氧化铅与栅架中锑的接触也会引起自放电。

(3)蓄电池长期放置不用,硫酸下沉,造成电解液上部和下部的浓度差异,使同一块极板的上下部分形成电位差而造成自放电。

若一昼夜自行放电量超过1%时,则属于自放电故障,这主要是由于使用维护不当所造成的。造成自放电的原因很多,主要有以下几个方面:

(1)电解液杂质含量过多,这些杂质在极板周围形成局部电池而产生自行放电。例如,当电解液中含铁量达1%时,一昼夜会将蓄电池电全部放完。

(2)蓄电池内部短路引起的自放电。例如,隔板或壳体隔壁破裂、极板活性物质大量脱落而沉于极板下部,都将使正负极板短路而引起自放电。

(3)蓄电池盖上洒有电解液时,会造成自放电,同时还会使极柱或连接条腐蚀。

预防自放电的措施:

(1)配置电解液用的硫酸、蒸馏水必须符合规定。

(2)配置电解液用的器皿必须耐酸、耐热,配置好的电解液严防掉入脏物。

(3)蓄电池加液孔盖要盖好,防止掉入杂质。

(4)蓄电池表面要保持清洁、干燥。

因电解液不纯造成自行放电的蓄电池,可将它完全放电或过度放电,使极板上的杂质进入电解液,然后将电解液倒出,用蒸溜水将电池、极板清洗干净,最后加入新电解液重新充电。

三、极板活性物质大量脱落

活性物质脱落主要是指正极板上的活性物 PbO_2 脱落,这是蓄电池过早损坏的主要原因之一。活性物质脱落故障的特征是蓄电池输出容量降低,充电时电解液浑浊,有褐色物质。

活性物质脱落的原因有：充电电流过大；过充电时间太长；低温大电流放电。充电电流过大使温度升高快、反应剧烈，容易引起极板栅架腐蚀，加速活性物质脱落；过充电会电解水，产生大量氢气和氧气。当氢气从负极板的孔隙内向外冲出时，容易导致活性物质 Pb 脱落，当氧气从正极板的孔隙内向外冲出时，容易导致活性物质 PbO_2 脱落；大电流放电，特别是低温大电流，放电时极板易拱曲变形而导致活性物质脱落。此外，电解液密度增大、温度升高，也会加速栅架腐蚀和活性物质脱落。

预防活性物质脱落的措施：

(1)使用中应避免长时间过充电。

(2)蓄电池充电时的充电电流不能过大，电解液温度不得过高。

(3)电解液密度在保证冬季不结冰的前提下，应尽量降低。

(4)蓄电池采用弹性支撑，同时可减轻驾驶操作产生的颠簸振动。

脱落的活性物质沉积较少时，可清除后继续使用；沉积多时，须更换极板。

四、极板短路

板极短路的故障现象为开路电压较低，大电流放电时端电压迅速下降，甚至到零；充电过程中，电压与电解液相对密度上升缓慢，甚至保持很低的数值就不再上升了，充电末期气泡很少，但电解液温度却迅速升高。

板极短路的原因主要有：隔板质量不高或损坏使正负极板相接触而短路；活性物质在蓄电池底部沉积过多、金属导电物落入正负极板之间也将造成蓄电池内部极板短路。

对于短路的蓄电池必须拆开，查明原因并排除故障。

课题五　蓄电池的使用和维护

一、干式荷电铅蓄电池的使用和维护

铅蓄电池的使用好坏对其特性和寿命影响很大，使用不当，铅蓄电池就无法发挥应有的作用。因此，使用过程中必须注意下列问题：

1. 铅蓄电池的清洁与紧固

(1)经常检查铅蓄电池外壳表面有无电解液渗漏。

(2)经常检查铅蓄电池的固定是否牢靠，导线接头与极桩的连接是否紧固。

(3)经常清除铅蓄电池盖上的灰尘、泥土、电解液以及极桩和导线接头上的氧化物。

(4)经常检查并保持加液孔螺塞上的通气孔畅通。

(5)严禁工具及金属件放在铅蓄电池上。

2. 正确使用

(1)不要大电流充电或过电压充电。

(2)避免铅蓄电池过放电和长期处于亏电状态下工作。

(3)尽量避免铅蓄电池长期处于小电流放电情况下工作。

(4)严格按规定使用起动机，不要常鸣喇叭。

(5)放完电的蓄电池,应在24h内充足电。

(6)冬季使用起动机时应先进行预热,后使用起动机,并严格控制起动时间。

3. 铅蓄电池技术状况的检查

为了及时发现铅蓄电池使用中的各种内在故障,一般夏季使用5~6天,冬季使用10~15天,就要对铅蓄电池进行以下检查:

(1)电解液液面高度的检查方法如图1-10所示,电解液液面高度规定为高出极板10~15mm范围内(或在上下刻度线内),电解液不足时一般只加蒸馏水。

(2)蓄电池放电程度的检查:

①测量电解液的相对密度。通常用吸式密度计来测量电解液的相对密度。如图1-11所示,先吸入电解液,使密度计浮子浮起,电解液液面所在的刻度即为其相对密度值。同时,还要测量电解液的温度,然后将测量的密度值转换为25℃时的相对密度值。电解液相对密度值下降0.01,就相当于蓄电池放电6%。所以可从测得的电解液相对密度值粗略地估算出蓄电池的存电量。但在强电流放电或加注蒸馏水后,不应立即测量电解液的相对密度,因为此时电解液混合不匀,测得的相对密度值不能用来估算蓄电池的存电量。

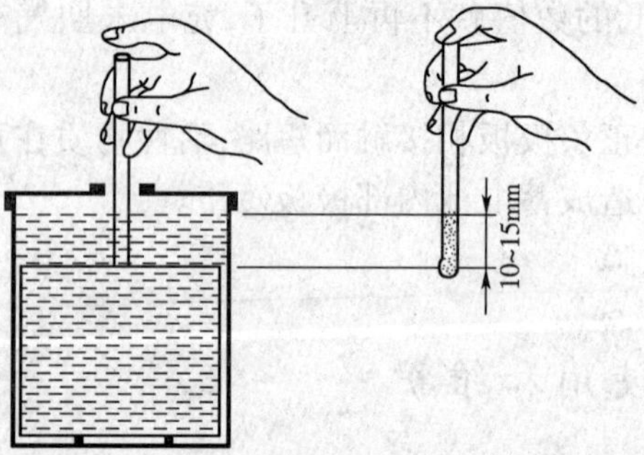

图1-10 电解液液面高度的测量

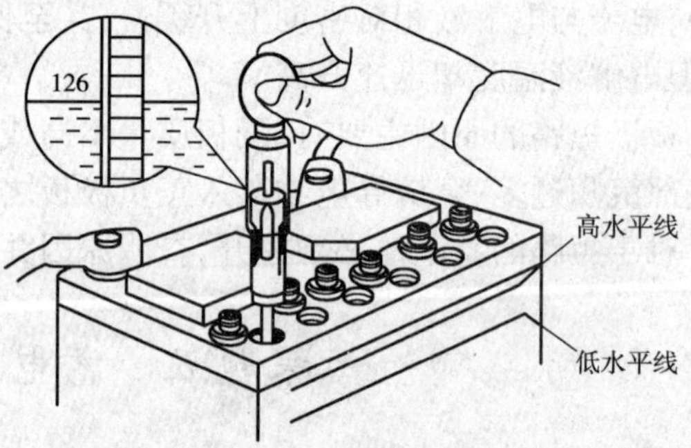

图1-11 测量电解液的密度

②用高率放电计测量放电电压。铅蓄电池电压的测量方法如图1-12所示。测量时,应将两触针紧压在电池的正负极桩上,测量时间为5s左右,观察此时蓄电池所能保持的端电压。若电压保持在11.6~10.6V,说明蓄电池的技术状况良好;如果电压保持在9.6~10.6V,说明蓄电池性能良好,但存电不足;若电压迅速下降,说明蓄电池有故障,应及时修理。

高率放电计测得的电压与放电程度,见表1-4。

端电压与放电程度对照表 表1-4

蓄电池的端电压(V)	放电程度(%)	蓄电池的端电压(V)	放电程度(%)
10.6~11.6	0	8.4~9	75
9.6~10.6	25	7.2~8.4	100
9~9.6	50		

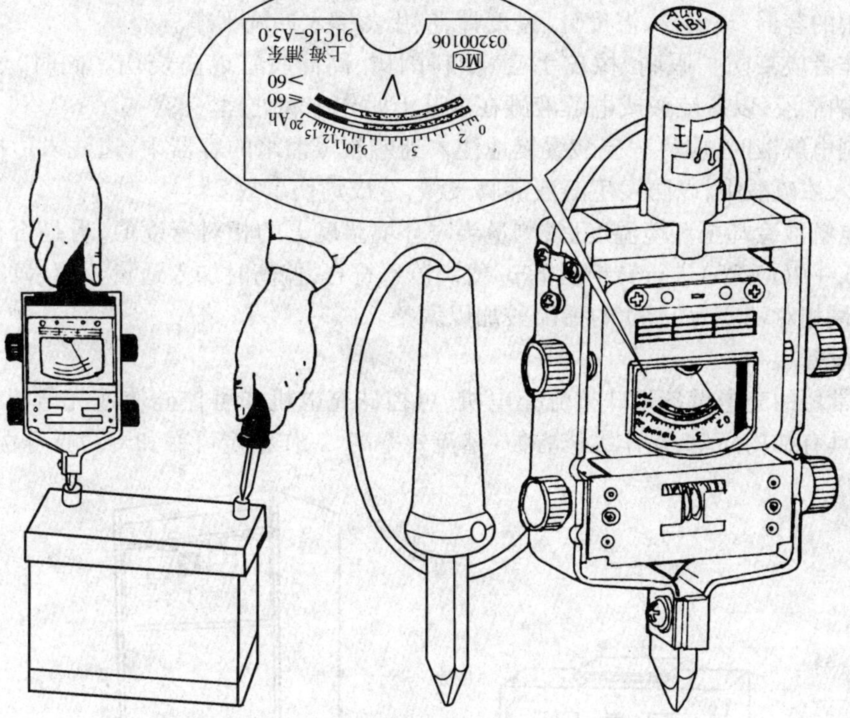

图 1-12 用高率放电计测量放电电压

二、铅蓄电池的充电

为充分转化极板上的活性物质,使铅蓄电池有足够的容量,延长铅蓄电池的使用寿命,必须对其进行充电。

1. 电解液的配制

电解液是由蒸馏水和相对密度为 1.83 ~ 1.84 的化学纯净硫酸按一定体积或质量比来配制的,25℃电解液的百分比可参照表 1-5 所列进行配制。

不同相对密度下硫酸与蒸馏水的配制比 表 1-5

电解液相对密度	质 量 比		体 积 比	
	硫酸	蒸馏水	硫酸	蒸馏水
1.24	1	1.86	1	3.40
1.25	1	1.76	1	3.22
1.26	1	1.60	1	3.05
1.27	1	1.57	1	2.80
1.28	1	1.49	1	2.75
1.29	1	1.41	1	2.60
1.30	1	1.34	1	2.47
1.40	1	1.02	1	1.60

配制电解液应注意的事项：

(1)使用的容器、玻璃棒、温度计、密度计，应用蒸馏水冲洗干净。

(2)操作者应带防护眼睛、橡皮手套、塑料围裙、高筒胶鞋以防烧伤。同时，还要准备好10%的碳酸钠溶液，以备硫酸或电解液溅在皮肤上时作中和处理。

(3)配制电解液时，应将浓硫酸缓慢地注入到盛放蒸馏水的容器中，边注入边搅拌。严禁将蒸馏水倒入浓硫酸中，以防发生溶液沸腾飞溅，造成灼伤事故。

(4)待电解液冷却至环境温度后，测量当时环境温度下的相对密度值，看是否符合用转换公式$\rho_{25℃}=\rho_t+\beta(t-25)$进行转换后的$\rho_t$值。若不符合，偏高时加入适量蒸馏水加以调整；偏低时加入适量相对密度为1.40的稀硫酸加以调整。

2. 充电设备

目前最常用的充电设备是硅整流充电机、可控硅充电机和可控硅快速充电机(图1-13)。这些充电机具有结构简单、操作维修方便、整流效率高、工作稳定可靠和寿命长等优点。

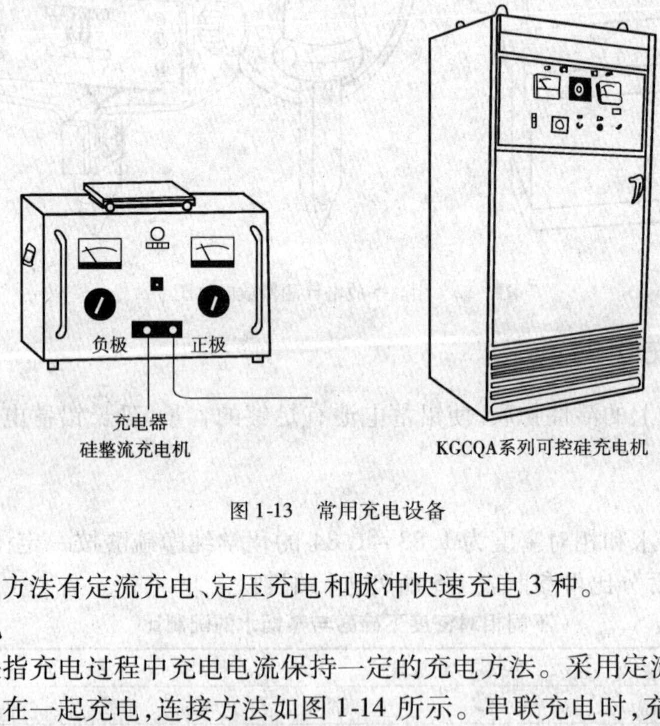

图1-13　常用充电设备

3. 充电方法

蓄电池的充电方法有定流充电、定压充电和脉冲快速充电3种。

1)定电流充电

定电流充电是指充电过程中充电电流保持一定的充电方法。采用定流充电可以将不同电压等级的蓄电池串在一起充电，连接方法如图1-14所示。串联充电时，充电电流应按照容量最小的电池来选择，待小容量电池充足后，应及时摘掉，然后继续给大容量蓄电池充电，直到充足。

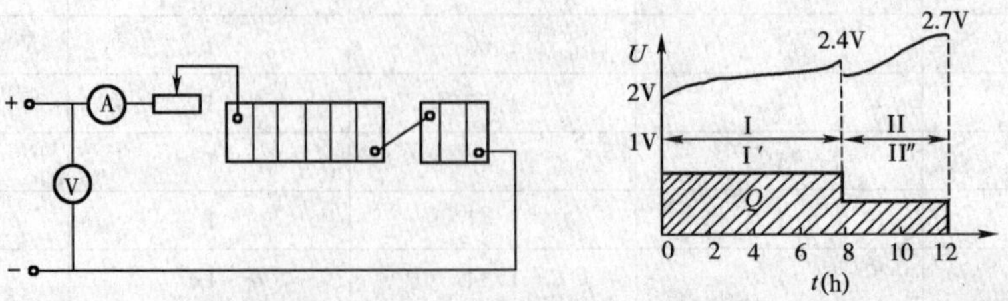

图1-14　定电流充电

定电流充电适用性较广，常用于蓄电池的初充电、补充充电及去硫化充电。但这种充电方法的缺点是：充电时间较长，并且需要经常调节充电电流。

2）定电压充电

定电压充电是指充电过程中充电电压保持不变的充电方法。定电压充电可将电压相同的铅蓄电池并联在一起充电，连接方法如图 1-15 所示。定压充电的特点是充电效率高，不易造成过充电，但必须注意选择好充电电压。若电压过高，则同样会发生过充电现象；若电压过低，则又会使蓄电池充电不足。

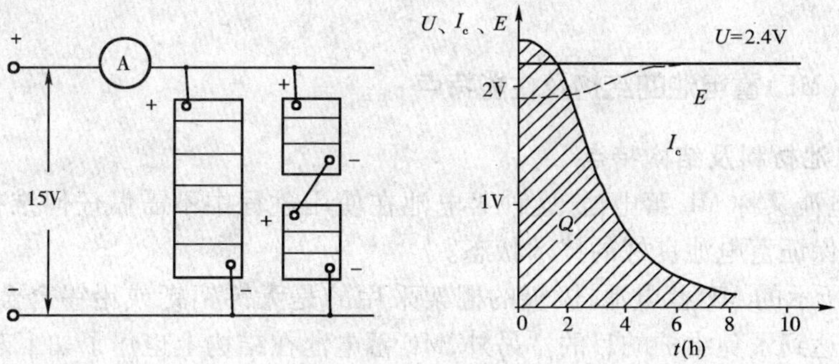

图 1-15　定电压充电

定压充电仅使用于补充充电，不能用于初充电和去硫充电。车用发电机对蓄电池的充电就是定压充电。

3）脉冲快速充电

脉冲快速充电是利用可控制硅快速充电机对蓄电池进行正反向脉动充电。这种充电方法的优点是：

（1）充电效率高。对新蓄电池的初充电一般不超过 5h；对旧蓄电池的补充充电只需0.5～1.5h，从而大大缩短了充电时间。

（2）可增加蓄电池的容量。

（3）具有显著的去硫化作用。

4. 充电种类分为初充电，补充充电和去硫化充电等。

下面以铅蓄电池补充充电为例说明其需要充电的特征、操作步骤。

1）铅蓄电池需要补充充电的特征

使用中的蓄电池，由于充电机会少或充电电压偏低，而使蓄电池存电不足。容量下降时，应及时对其进行补充充电，一般每月一次。蓄电池存电不足的现象有：

（1）电解液密度值下降到 1.15g/cm^3 以下时；

（2）冬季放电超过 25%，夏季超过 50% 时；

（3）灯光暗淡，起动无力时；

（4）12V 蓄电池端电压降至 10.6V 以下时。

2）铅蓄电池补充充电操作步骤

（1）调整好液面高度（高出极板 10～15mm）。

（2）接通充电电路。整个充电过程分两个阶段进行，第一阶段充电电流约为额定容量的

1/10，充电至单个电池端电压达2.4V，而且电解液中放出气泡，此阶段需要10～11h，然后进行第二阶段的充电。第二阶段的充电电流为第一阶段的1/2，充电至电解液剧烈“沸腾”，电压和电解度在3h内稳定不变为止，该阶段需要3～5h。全部充电时间约为15h。

(3)充电过程中应经常测量电解液的温度。若温度超过到40℃，应将电流减半或停止充电，并采用人工冷却，待冷却至35℃以下时再继续充电。

课题六　其他类型蓄电池简介

一、免维护(MF)蓄电池的结构及性能特点

1. MF蓄电池材料及结构特点

免维护蓄电池又称MF蓄电池，这种蓄电池在使用过程中不需做任何维护或只需少量的维护工作，就能保证蓄电池良好的技术状态。

如图1-16所示的MF蓄电池，极板的栅架采用的是无锑铅钙或铅锡合金材料，从而消除了锑的副作用，达到了免维护的目的。另外，MF蓄电池在结构上也作了如下改进：

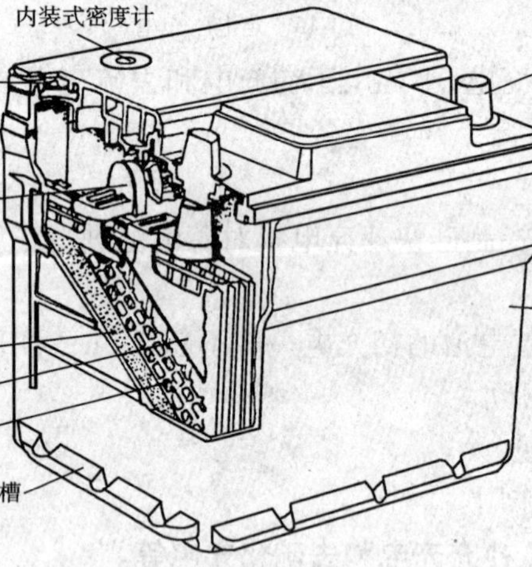

图1-16　免维护蓄电池

(1)采用袋式聚氯乙烯隔板，将正极板包住，可保护正极板活性物质不至脱落，防止极板短路。

(2)单格电池间采用穿壁式连接，使内阻减小，输出电流增大。

(3)设计有内装式密度计，可使MF蓄电池成为无加液孔的全密封蓄电池。

(4)采用新型安全的通气装置。有的MF蓄电池通气装置中还装有催化剂钯，使绝大部分氢气和氧气再结合成水返回蓄电池内部，在很大程度上减小了水的消耗。该装置可使电池顶部和极桩保持清洁，减少了极桩的腐蚀。

(5)外壳采用聚丙烯塑料制成，壳底无凸筋，极板组直接落在底部，使电解液的储存量明显增加，且壳体壁薄，与同容量电池相比，质量轻，体积小。

2. MF 铅蓄电池的性能特点

(1)使用中不需添加蒸馏水。

(2)自放电少,寿命长,一般在 4 年左右,为普通蓄电池的 2~3 倍。

(3)内阻小,起动性能好。比传统的蓄电池具有更好的起动放电性能。

(4)清洁、安全。由于设置了安全通气装置,MF 电池内的氢气和酸气不宜逸出,因而防止了因火花引起的爆炸,还保持了其顶部干燥,减小了极柱的腐蚀。

(5)使用中或储存时不需进行补充充电。

但目前由于制造和使用中还存在一定的缺点,还不能真正达到免维护,只能是少维护。

二、螺旋状极板胶体型免维护蓄电池的结构特点

螺旋状极板胶体型免维护蓄电池结构如图 1-17 所示,它具有下列特点:

(1)电池极板及隔板呈螺旋紧密捆绑状,使得同样容积极板面积增大(比普通电池几乎大一倍),低温起动电流达 850A。

(2)体状电解液粘附于极薄的纤维隔板材料上,零下 40℃不会结冰,高温 65℃是不会漏液,漏气,可以任何角度固定电池。

(3)自放电极少。它可在不使用状态下放置 10 个月以上。

(4)过充电性能好。能在 1h 内以 100A 的大电流应急充电。

(5)耐硫化。放电时产生的流酸铅很难溶解到胶体中,胶体中的硫酸铅也难以返回到极板形成再结晶,因此可在一定程度上防止极板硫化。

(6)内阻大。大电流放电时蓄电池容量有所降低。

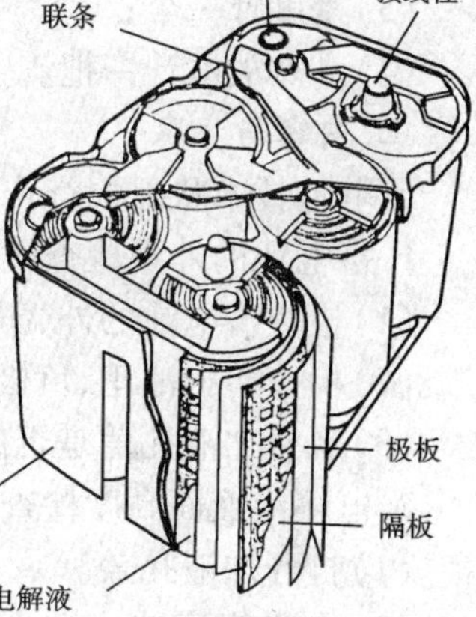

图 1-17　胶体型免维护蓄电池

三、镉镍碱性蓄电池

碱性蓄电池与酸性蓄电池比较,具有寿命长,维护简便,腐蚀性小,极板的机械强度高等优点。但价格高,内阻大,故未能广泛用于机械上。

镉镍蓄电池正极为氢氧化镍,负极为镉。电解液是氢氧化钾或氢氧化纳溶液,隔板的材料是橡胶或塑料。外壳用优质钢板压制、焊接、镀镍而成,或用耐寒 ABS 树脂注成。

正极板是用氢氧化亚镍粉、石墨粉(用来增加导电性,不参加化学反应)及其他添加剂,包在穿孔的钢带中压制成极板,再焊成极板组。负极是由氧化镉和氧化铁粉及其他添加剂包在穿孔的钢带中压成极板,焊成极板组。掺入氧化铁粉是为了提高氧化镉粉的扩散性,防止结块并能增加极板的容量。电解液是相对密度为 1.2~1.27 的氢氧化钾(KOH)溶液。充电后,正极板上的活性物质为氢氧化镍($Ni(OH)_3$);负极板为金属镉(Cd)。放电终止时,负极板转化为氢氧化镉($Cd(OH)_2$)。两极发生的化学反应是可逆的,其化学反应式为:

$$2Ni(OH)_3 + 2KOH + Cd \underset{充\ 电}{\overset{放电}{\rightleftharpoons}} 2Ni(OH)_2 + 2KOH + Cd(OH)_2$$

电解液 KOH 只作电流的传导，其浓度不变，或变化甚微，因而不能根据电解液相对密度的高低来判断其充放电程度，只能从电压的变化进行判断。

镉镍蓄电池单体电压为 1.2 V，因此 6V 蓄电池由 5 个单体组成，12 V 蓄电池由 9 个单体组成，与相同特性的铅蓄电池相比，重量轻 35%、体积小 30%、价格高 3～5 倍，但使用寿命要长 4～6 倍。

实训一　蓄电池技术状况的检查

一、目的

能够利用密度计和高率放电计等仪器对蓄电池的技术状况进行检查。

二、设备与器材

(1)蓄电池一个；

(2)玻璃管一根；

(3)密度计一个；

(4)高率放电计一把。

三、内容与步骤

蓄电池技术状况检查：

1. 蓄电池的外观检查

(1)检查蓄电池的外壳是否破裂、电解液有无渗漏。

(2)检查蓄电池正、负极桩是否脏污或有氧化物。

(3)观察加液孔盖是否破裂，电解液有无渗漏，通气孔是否畅通。

2. 电解液液面高度检查

(1)打开加液孔盖。

(2)将玻璃管伸入单个电池中，并与防护板接触。用拇指堵住管子上端口，然后提出液面。

(3)测量玻璃管内液柱高度，此高度即为电解液高出极板的高度。

3. 蓄电池放电程度的检查

(1)使用密度计的测量电解液相对密度，然后判断蓄电池的放电程度。

(2)使用高率放电计直接测量蓄电池的放电程度。

四、实训注意事项

1. 在液面高度的整个测量过程中玻璃管不得离开加液孔上方，以免造成事故。

2. 使用高率放电计测量放电程度时，读数时间不要超过 5s，防止将放电计烧坏。

五、实训小结(实训报告)

通过实训，归纳总结出蓄电池技术状况检测的内容有哪些；电解液液面高度、蓄电池放电程度检查的具体步骤。

实训二　蓄电池的充电

一、目的

(1)知道蓄电池的充电有几种方法。

(2)能够独立完成蓄电池的定电流充电操作。

二、设备与器材

(1)不同容量、不同放电程度的蓄电池若干。

(2)可控硅快速充电机一台。

(3)蓄电池用电解液补充液若干瓶。

(4)玻璃管、温度计和密度计各一根。

三、内容与步骤

定电流充电:

1. 接线方法

(1)蓄电池容量相同时,直接将蓄电池串联接到充电机上。

(2)蓄电池容量不同时,应首先将蓄电池按容量与放电程度分组,把额定容量、放电程度相同的蓄电池串联,并使各串联组内单个电池数相等,然后再并联到充电机上。

2. 充电步骤

(1)对待充电的蓄电池进行技术状况检查,清洁外部,加注补充液。

(2)根据蓄电池容量选择充电电流。

(3)用专用导线和线夹将蓄电池和充电机连接好,接通电源,打开充电机,并注意观察蓄电池内部情况。若发现沸腾过早、升温过快要及时切断电源查找故障。

(4)蓄电池充足电后,要先停机后再切断交流电源,最后将蓄电池摘除。

四、实训注意事项

(1)充电前连接导线时,一定注意要将充电机的"+"极接线柱与蓄电池的"+"极相连,充电机的"-"极接线柱与蓄电池的"-"极相连。不能接反。

(2)充电结束,停机前一定要确定蓄电池已充足电(充足电的两个特征都达到)。

五、实训小结(实训报告)

总结操作过程,写出自己的具体操做步骤及充电过程中应注意的问题。

思考题

1. 铅蓄电池在工程机械上有哪些作用?
2. 铅蓄电池由哪些部分组成?各有何结构特点?有何作用?
3. 影响电池性能的因素有哪些?
4. 电池的工作原理是什么?写出铅酸电池的总化学反应式。
5. 蓄电池的充、放电过程中内部发生了怎样的变化?
6. 什么情况下铅蓄电池应进行补充充电?充电终了有何特征?
7. 如何识别铅蓄电池的正负接线柱?
8. 如何对普通铅蓄电池进行补充充电?
9. 哪些铅蓄电池不能进行快速脉冲充电?
10. 试归纳新型蓄电池各有哪些特点?
11. 铅蓄电池的常见故障有哪些?形成的原因有哪些?

Danyuaner

单元二

硅整流发电机与调节器

知识点

1. 硅整流发电机与调节器的功用和分类；
2. 硅整流发电机的组成、各组成部分的结构、工作原理；
3. 电子调节器的特点、结构、工作原理；
4. 硅整流发电机的工作特性。

技能点

1. 能利用常用工具对硅整流发电机进行拆、装；
2. 能运用万用表对发电机零部件进行性能检测；
3. 会运用电器万能试验台检测发电机性能；
4. 会对发电机常见故障的原因进行分析和排除。

课题一 概 述

一、硅整流发电机的作用

硅整流发电机是一种将机械能转变成电能的装置，是公路工程机械的主要电源，与蓄电池一起构成电源系。

1. 用途

发电机由发动机驱动，通过三角皮带轮传动而发电，工作时对除起动机以外的一切用电设备供电，并向蓄电池充电。

发电机分交流发电机和直流发电机两大类。随着现代公路工程机械的快速发展，其用电设备不断增加。要求发电机的输出功率相应增大，同时为了提高蓄电池的使用寿命和起动放电性能，要求发电机低速运转时也能向蓄电池充电。而直流发电机由于低速充电能力差，整流过程中容易产生火花，配用的调节器结构复杂不能满足上述要求，现已被淘汰。与此相比，交流发电机具有如下一些优点，因此被筑路机械广泛使用。

2. 优点

(1)单机体积小重量轻，节省材料，输出功率大。

(2)由于采用他激励磁方式，在发动机低速运转时，仍能进行充电(低速充电性能好)。

(3)结构简单，故障少，使用寿命长，保修简便。

(4)配用的调节器结构简单。发电机电枢绕组具有很大的电抗性，有限制最大电流的作用；硅二极管具有单向导电性可阻止蓄电池通过电枢绕组大电流放电，因此只需配备电压调节器。

(5)交流发电机通过二极管整流，无换向器，对无线通信设备的干扰小。

二、硅整流发电机的分类

1. 硅整流发电机的分类

筑路机械用交流发电机是三相同步交流发电机，配用硅二极管整流器，所以也称为硅整流发电机。其结构形式多种多样，可分为以下几种类型：

1)按总体结构分

(1)普通交流发电机(带电刷)；

(2)整体式交流发电机(发电机和调节器制成一个整体)；

(3)带泵交流发电机(柴油发动机上使用)；

(4)无刷交流发电机(应用很少)。

2)按整流器结构分

(1)六管交流发电机；

(2)八管交流发电机；

(3)九管交流发电机。

3)按磁场绕组搭铁形式分

(1)内搭铁式交流发电机；

(2)外搭铁式交流发电机。

4)按通风、冷却方式分

(1)开启型(后端盖进风，前端盖出风)；

(2)封闭型(用于工作条件恶劣的环境)。

2. 交流发电机用调节器的分类

现代筑路机械用交流发电机调节器，按结构和工作原理可分为：

1)电磁振动式调节器

它是通过一对或两对触点的反复开闭来改变磁场电路的电阻，调节磁场电路的电流，以实现电压调节的目的。

(1)按触点对数：

①单级式(只有一对触点)；

②双级式(有两对触点)。

(2)按组成数分：

①单联式(只有一组电压调节器);

②双联式(有相配套的继电器)。

2)电子调节器

它是利用晶体三极管的开关特性使磁电路通或断来调节励磁电流的,以实现电压调节的目的。

(1)按结构型式分:

①晶体管式(由分立元件组成);

②集成电路式(由集成电路 IC 组成的调节器)。

(2)按搭铁方式分:

①内搭铁式调节器(与内搭铁型硅整流发电机配套工作的电子调节器);

②外搭铁式调节器(与外搭铁型硅整流发电机配套工作的电子调节器)。

三、型号

1. 交流发电机的型号

根据我国汽车行业标准 QC/T 73—93《汽车电气设备产品型号编制方法》的规定,国产硅整流交流发电机的型号组成如下:

产品代号	电压和电流等级代号	设计序号	变形代号

(1)产品代号。国产交流发电机的产品代号有 4 种:JF 表示普通交流发电机;JFZ 表示整体式交流发电机;JFB 表示带泵式交流发电机;JFW 表示无刷式交流发电机。

(2)电压等级代号和电流等级代号。分别用 1 位数表示,其含义见表 2-1 和表 2-2 所列。

交流发电机电压等级代号 表 2-1

电压等级代号	1	2	3	4	5	6
电压等级(V)	12	24	—	—	—	6

交流发电机电流等级代号 表 2-2

电流等级代号	1	2	3	4	5	6	7	8	9
电流等级(A)	~19	≥20~29	≥30~39	≥40~49	≥50~59	≥60~69	≥70~79	≥80~89	≥90

(3)设计序号。按产品设计先后顺序,由 1~2 位阿拉伯数字组成。

(4)变型代号。以调整臂位置作为变型代号:从交流发电机的驱动端看,调整臂在中间的不加标记;在右边的用 Y 表示;在左边的用 Z 表示。

举例:

JF152:普通交流发电机,12V,$I=50\sim59$A,第 2 次设计。JFZ1913Z:整体式交流发动机,12V,$I\geq90$A,第 13 次设计,调整臂在左边。交流发电机作为发动机的部件与发动机配套,一种型号的交流发电机被选装在某种型号的发动机上后,由于该发动机可以适用于多种工程建设机械,因此某一型号的交流发电机可以覆盖几个车型。部分国产交流发电机的型号、规格,见表 2-3 所列。

国产车用交流发电机的型号、规格　　表 2-3

类型	型号	同类型号或旧型号	额定输出 电压(V)	电流(A)	功率(W)	空载转速不大于(r/min)	额定工作转速(r/min)	配用调节器
交流发电机	JF1311	JF11、JF13D、JF131、JF132	14	25	350	1000	3500	FT111
	JF131Z	JF13E、JF131、JF132、JF132E、JF132D、JF132C、JF137E、JF14X	14	25	350	1000	35000	FT111
	FJ13A	FJ137A、FJ132A、FJW131、JF131B	14	25	350	1000	3500	FT61
	FJ1314-1	JF13C、JF13D、JF113、JFW131、JF132C、JF132E、JF137CS	14	25	350	1000	3500	FT111、FT61
	JF1314B	JFW131、JF132、F132D、JF133、JF137S、JF1321	14	25	350	1000	3500	FT111
	JF1514A		14	36	500	1300	4800	FT111
	JF1512E	JF152、JFW132	14	36	500	1000	3500	FT121
	JF1512ZF	JF152、JF152B、JF15C、JF15Z、JF155S、JF15	14	36	500	1100	3500	FT121、FT61
	JF1518	JF1512ED、JF1522D、JF155	14	36	500	1100	3500	JFT145、FT121
	JF1326	JF131D、JF134	14	36	500	1250	4800	
	JF173	JF181	14	54		1000	3500	JFT106
	JF2311	JF23	28	12.5	350	1000	3500	FT212
	JF2511Z	JF25、JF25A、FJ251、JF255	28	18	500	1000	3500	FT211
	JF2511ZB	JF25、JF252	28	18	500	1000	3500	FT211
	JF2512		28	18	500	1000	3500	FT221
	JF2514Y		28	18	500	1100	4800	
	JF2712B	JF272	28	25	700	1100	3500	FT221
整体式交流发电机	JFZ1514Y		14	36	500	1300	4800	JFT1403
	JFZ1714		14	45	700	1100	6000	JFT1403
	JFZ1815Z	JFZ1523、JFZ157、FZ182	14	55	770	1100	4800	JFT1403
	JFZ1813Z	JFZ1913E、JFZ182A	14	90	1260	1050	6000	9RC2044、JFT153A
	JFZ1512		14	55	770	1050	6000	JFT143
	JFZ2518	JFZ2711ZB	28	27	700	1150	5000	JFT243
	JFZ2811		28	36	1000	1200	6000	
	JFZ2814		28	35	1000	1150	5000	JFT242、JFT246

续上表

类型	型号	同类型号或旧型号	额定输出			空载转速不大于(r/min)	额定工作转速(r/min)	配用调节器
			电压(V)	电流(A)	功率(W)			
无刷交流发电机	JFW14X	FJW15X	14	36	500	1000	3500	
	JFWZ18		14	60	840	1000	3500	
	JFW28X		28	18	500	1000	3500	
带泵交流发电机	JFB1312		14	25	350	1000	3500	
	JFB151	ZWJF16	14	36	500	1000	3500	
	JFB2312	JFB2525	28	12.5	350	1000	3500	FT221
	JFB2514		28	18	500	1100	4800	FT221
	JFB2812Z	JFB282	28	36	1000	1000	3500	FJT207A

2. 调节器的型号

根据国标 QC/T 73—93《汽车电气设备产品型号编制方法》的规定,国产硅整流交流发电机调节器的型号组成如下:

产品代号	电压等级代号	结构型式代号	设计序号	变型代号

(1)产品代号。交流发电机调节器的产品代号有"FT"、"FTD"两种,分别表示交流发电机用电磁振动式调节器和电子调节器。

(2)电压等级代号。与交流发电机相同。

(3)结构型式代号。用一位阿拉伯数字表示,见表 2-4 所列。

交流发电机调节器结构型式代号　表 2-4

结构型式代号	1	2	3	4	
发电机调节器	单联	双联	三联		
电子调节器				晶体管式	集成电路式

(4)设计序号。按产品设计先后顺序,以 1 ~2 位阿拉伯数字表示。

(5)变型代号。以汉语拼音大写字母 A、B、C……顺序表示,但不能用 I 和 O。

例如:FT126C:表示 12V 双联电磁振动式调节器,第 6 次设计,第 3 次变型。FTD152:表示 12V 集成电路调节器,第 3 次设计。

课题二　硅整流发电机

一、硅整流发电机的构造

1. 结构

目前,国内外生产的筑路机械用硅整流发电机,其结构基本相同,多是由三相同步交流发电机和 6 只硅二极管构成的桥式整流器两大部分组成,主要包含转子、定子、电刷架、前后端盖以及传动散热装置(皮带、风扇与皮带轮)等部件。国产 JF152ZA 型硅整流发电机组件图和日本三菱电器公司制造的ISUZU型无刷硅整流发电机的截面图分别如图2-1和图2-2所示。

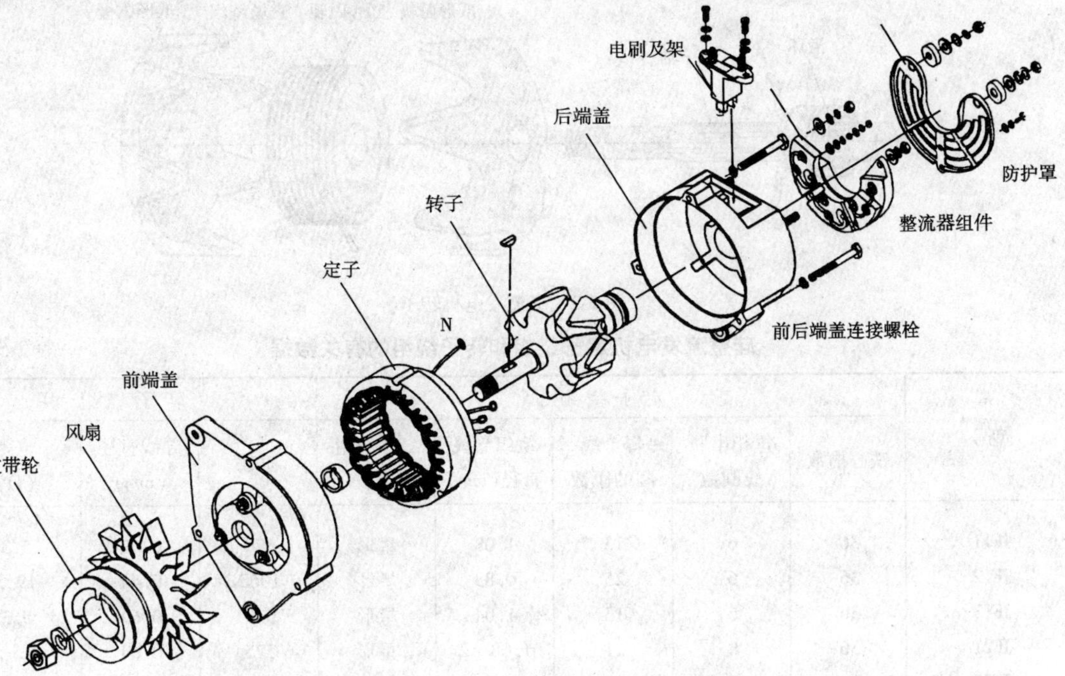

图2-1 JF1522型硅整流发电机组件图

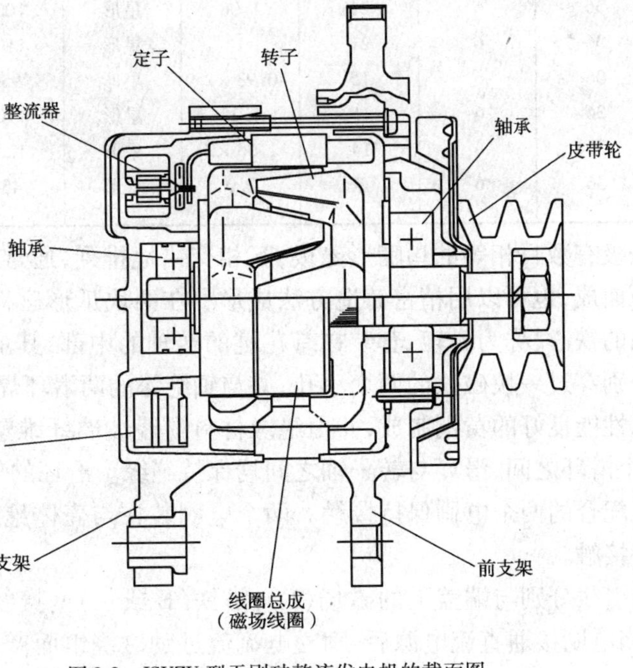

图2-2 ISUZU型无刷硅整流发电机的截面图

1）转子

转子是交流发电机的磁场部分，由转子轴，爪型磁极、磁轭，励磁绕组，滑环等组成，如图

2-3所示，有关数据见表2-5。其作用是产生按正弦规律变化的磁场。

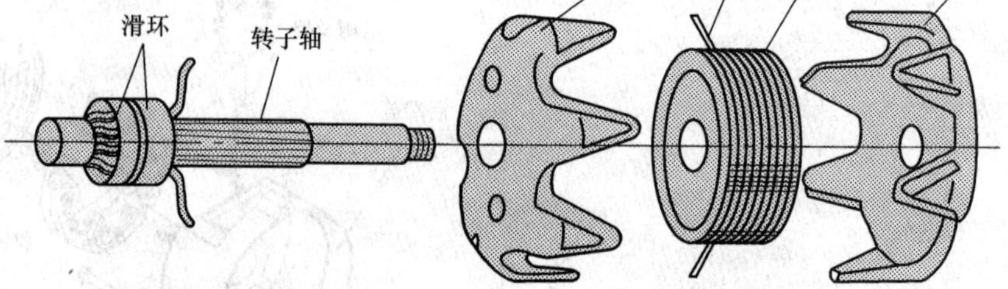

图 2-3　交流发电机转子

硅整流发电机定子绕组和转子绕组的有关数据　　表 2-5

型号	定子绕组					转子绕组		
	铁心槽数	每相串联线圈数	每个线圈的匝数	绕组导线直径(mm)	三相绕组接法	匝数	导线直径(mm)	电阻(Ω)
JF11	36	6	13	1.08	星形	520	0.62	5.3
JF12	36	6	25	0.83	星形	1060	0.44	19.3
JF13	36	6	13	1.04	星形	530	0.62	5.3
JF21	36	6	11	1.08×2	星形	575	0.64	5
JF23	36	6	25	0.83	星形	1100	0.47	20
JF152	36	6	11	1.35	星形	600	0.67	5.5
JF22	36	6	21	1.08	星形	1000	0.47	18
JF25	36	6	21	1	星形	1100	0.47	20
JF172	36	6	15	0.93×2	星形	950	0.67	8.5
JF27	36	6	15	1.25	星形	1100	0.59	13
JF210	36	6	14	1.08×2	星形	1200	0.67	13
JFZ1813Z	36	6	7	2.0	星形	450	0.85	3.3

两块爪形磁极有数目相等的鸟嘴形磁极，互相交错地排列，通常每块做成6个爪形磁极，用低磁钢板冲压而成，也可以用精密铸造方法成形。在两块爪形磁极之间的空腔内装有低碳钢制成的导磁用的铁心，称为磁轭，套装在有花键的转轴的中部，其上绕有励磁绕组。励磁绕组的两个线头分别穿过一块磁铁的两个小孔，并与轴绝缘的两滑环焊接。

滑环由导电性能良好的黄铜制成，并由绝缘材料酚醛玻璃纤维塑料制成的环座固定于转子轴上，因此两个滑环之间，滑环与转子轴之间均保持绝缘。滑环的外表面平整，光滑，可以很好地和它们相互配合的两个电刷保持接触。两个电刷装在与壳体绝缘的电刷架内，通过弹簧压力与环滑保持接触。

两个电刷的引线分别与端盖上的磁场（F），搭铁（E或－）两接线柱相连。平时爪形磁极上有剩磁存在，当电刷接通直流电源后，励磁电流流过励磁绕组而产生磁场，使得一块爪极为N极，另一块为S极，形成6对相互交错的磁极。其磁路如图2-4所示。

2）定子

定子也称电枢，由定子铁心和定子绕组组成，用来产生三相交流电动势。

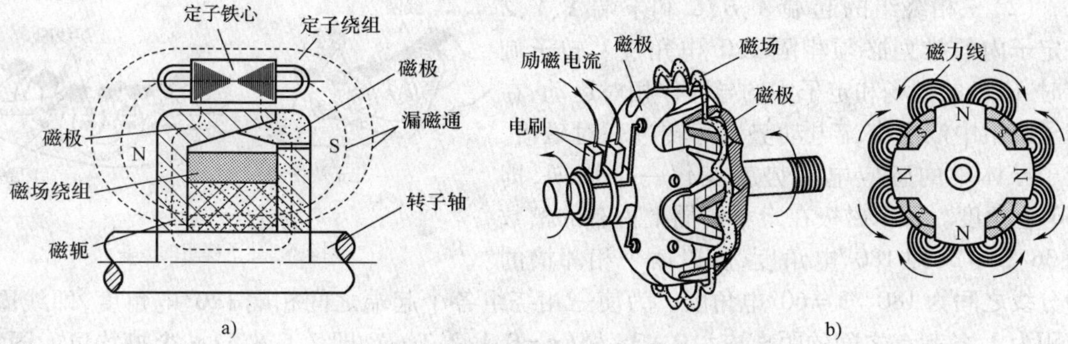

图 2-4　交流发电机的磁路及磁场

a) 交流发电机磁路;b) 交流发电机磁场

定子铁心由相互绝缘的内圆带嵌线槽的圆环状硅钢片叠制而成,为了减少涡流损失,硅钢片的两侧涂有绝缘漆或进行氧化处理。硅钢片厚度为 0.5～1.0mm,定子槽内布有三相线圈绕组,三相绕组用高强度聚酯漆包线在绕线机上绕制而成,在嵌入定子铁心槽内时,通常先用绝缘纸(一般为青壳纸)等绝缘材料将线圈包好,与铁槽隔开,最后用干燥的与槽形相仿的槽楔(竹条)打入挤紧。三相绕组连接方式有星形连接和三角形连接法两种,如图 2-5 所示。三相绕组能产生大小相等,相位差 120°电角度的电动势,三相绕组的绕法需遵循以下原则:

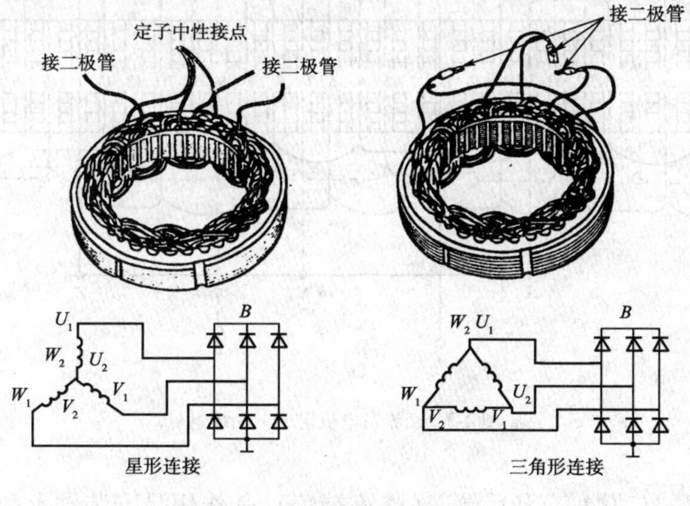

图 2-5　定子绕组的连接方式

(1)每相绕组的线圈个数、每个线圈的节距与匝数必须相等。以 JF11 型交流发电机为例,磁极对数为 6、定子总槽数为 36、每相绕组占有槽数为 36/3 = 12,三相绕组在铁心槽内的嵌装有单层式和双层式两种方法。其中的单层集中绕法如图 2-6a),即每个槽内放置一个有效边,每相绕组都由 6 个线圈串联而成,每个线圈有 13 匝,则每个绕组共有 6×13 = 78 匝。一个槽内嵌有两条有效边时为双层绕法,如图 2-6b)所示。

每个线圈的两个有效边之间的定子槽数叫做线圈节距 y_1,相邻两异性磁极中心线之间的槽数称为极距 y_p。极距 y_p 与定子槽数 Z、磁级对数 P 之间的关系是:$y_p = Z/2P$。对 JF11 型交流发电机而言,其节距 $y_1 = y_p = 36/(2\times6) = 3$。

(2)三相绕组的起端 A、B、C 和末端 X、Y、Z 在定子内的排列必须相隔 120°电角度。转子旋转时,磁极的磁场和定子中的导体作相对运动,在定子绕组中产生交流电动势。每转过一对磁极,定子导体中的感应电动势就变化一个周期,即 360°电角度。每个磁极在定子圆周上占有的槽数为 36/12 = 3,即 180°电角度,所以两个相邻槽的中分线之间为 180°/3 = 60°电角度。为使三相绕组各个起端之间相隔 120°电角度,即线圈的节距为 3,各起点之间的距离应为 $2 + 3n$ 槽($n = 0,1,2,3\cdots$),即 2,5,8,11…个槽均可。图 2-7 为三相绕组展开图,A,B,C 三个首端依次放入 1,9,17 三个槽中,而末端 X,Y,Z 则相应地放入 34,6,14 三个槽中,此时三相绕组之间的相位差仍为 120°电角度。

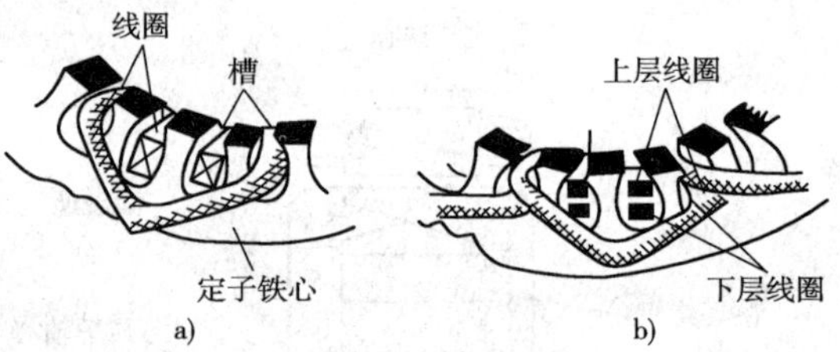

图 2-6　定子绕组的嵌装

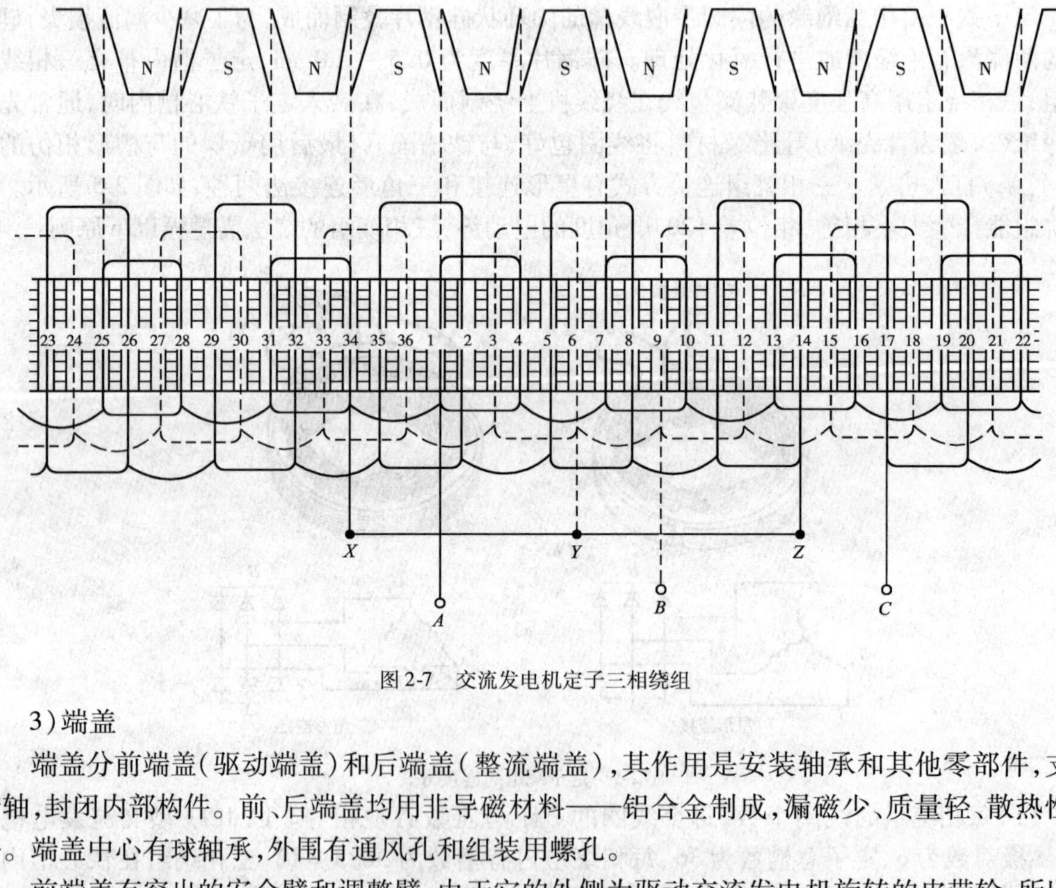

图 2-7　交流发电机定子三相绕组

3)端盖

端盖分前端盖(驱动端盖)和后端盖(整流端盖),其作用是安装轴承和其他零部件,支撑转轴,封闭内部构件。前、后端盖均用非导磁材料——铝合金制成,漏磁少、质量轻、散热性能好。端盖中心有球轴承,外围有通风孔和组装用螺孔。

前端盖有突出的安全臂和调整臂,由于它的外侧为驱动交流发电机旋转的皮带轮,所以又称驱动端盖。后端盖内装有电刷和刷架。国产交流发电机的电刷架有外部拆装式和内部拆装式两种,如图 2-8 所示。目前多采用外部拆装式。

电刷有两个,用于引入励磁电流。对于内搭铁交流发电机,一个电刷引出线接到交流发电机后端盖上的磁场接线柱(标记为"F"或"磁场");另一个搭铁电刷的引线用螺钉固定在后端盖标有"搭铁"的接线柱上,电刷在压簧的作用下,保持与转子上的两个滑环接触。

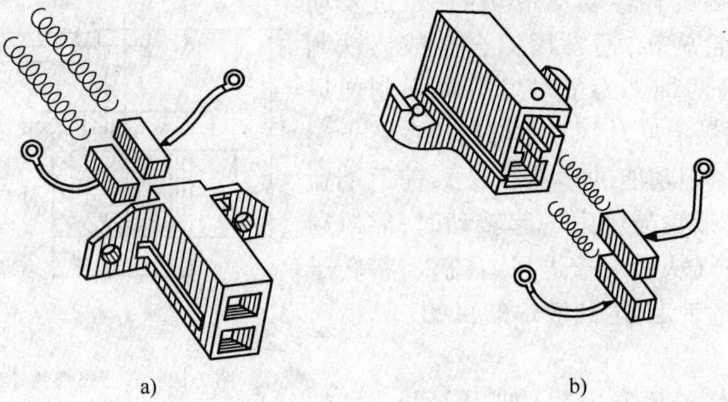

图 2-8　电刷架
a) 外装式；b) 内装式

4) 整流器

硅整流器一般由一块元件板和 6 只硅整流二极管接成桥式全波整流电路组成，其作用是将三相交流电变换为直流电向外输出。

元件板又称散热板，用铝合金制成月牙形，如图 2-9 所示。元件板与后端盖用绝缘材料隔开，并用螺栓通至后端盖外部作为发电机的电枢(或“B”、“+”、“A”)接线柱。元件板上还有 3 个与其绝缘的接线柱，用来固定二极管的引线和电枢绕组的引出线。

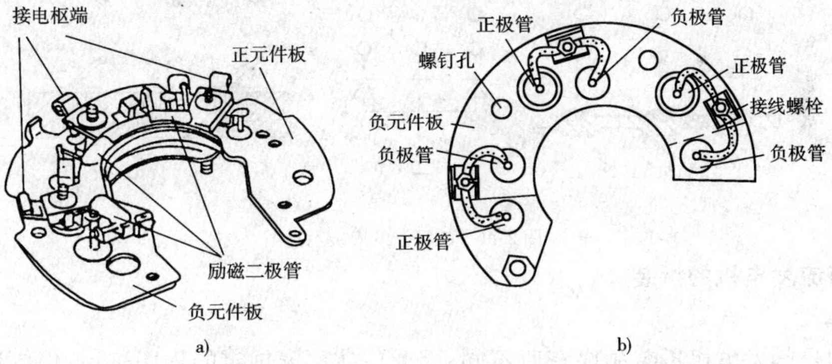

图 2-9　整流器组件的形状
a) 焊装式；b) 压装式

整流器由 6 只二极管组成。二极管的内部结构、外形、表示符号如图 2-10 所示，其引线和外壳分别是它的两个极。

硅整流二极管分为两种类型：正极管子(正管子)和负极管子(负管子)两种，如图 2-11 所示。

正极管子：中心线为正极，外壳为负极，且外壳底部一般标有红色标记，压装或焊装在元件板上，共同组成发电机的正极。

负极管子：中心线为负极，外壳为正极，外壳底部有黑色标记，有的压装在后端盖上，有的压装或焊接在另一块与后端盖相连的元件板上，和后端盖共同构成发电机的负极。

5) 皮带轮及风扇

发电机的前端装有转动皮带轮，它通过发动机曲轴带动皮带轮旋转，通常用铝合金或铸铁制成，分单槽和双槽两种。为了对发电机强制通风散热，在皮带轮后装有叶片风扇（或直接在转子端面上加工出具有风扇功能的多片凸缘），前后端盖开有通风口，当皮带轮与风扇一起转动时，靠风扇的离心作用，使空气从后端盖进风口流入，将转子和定子绕组的热量带走，达到散热的目的。

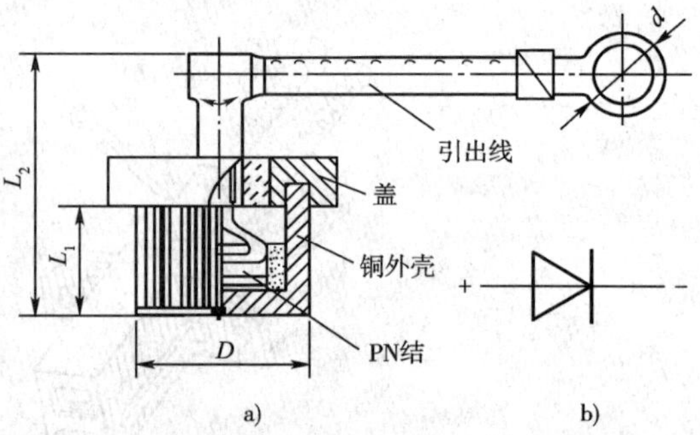

图 2-10　硅二极管的外形、内部结构与符号
a）外形、内部结构；b）符号

6）真空泵

带真空泵的硅整流发电机（如 JF2525 型）的电机部分与普通发电机一样，只是转子轴加长，并从后端盖中心伸出（图 2-12 所示），利用转子轴外花键与真空泵转子的内花键相连。真空泵为叶片式，当发动机旋转时，发电机转子便带动真空泵一同旋转，形成真空源。它主要用于没有真空来源的柴油机为动力的工程机械上，作为真空助力制动系统中的真空动力源及其他用途的真空来源。

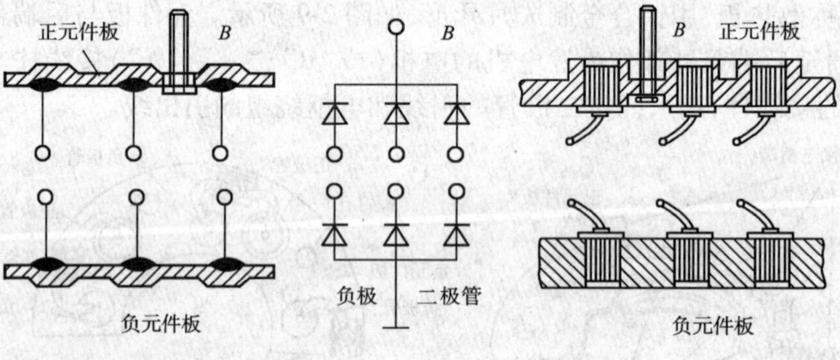

图 2-11　二极管的安装示意图

2. 硅整流发电机的拆装

1）解体

不同型号的发电机拆装顺序有所不同，因此应按厂家规定的程序进行，但拆装方法大致相同。JFZ1913Z 型硅整流交流发电机（如图 2-13 所示）的解体步骤如下：

（1）解体前将发电机外部擦拭干净，在发电机前、后壳体与定子铁心结合处做好正对记号，以防止装复时造成错误。带泵硅整流发电机先拆下真空泵总成。

（2）拆除后端盖上的螺钉。

（3）拆掉电刷调节器组件架上的两个紧固螺钉，取出电刷总成。

（4）拆开整流器组件与定子的连接，拆除后壳体上的防电磁干扰电容和整流器组件紧固螺钉，注意不要丢失整流器组件上的绝缘垫圈。

（5）取下后端盖和定子绕组总成，注意不要丢失轴承垫片。

（6）把转子夹在台钳上，皮带轮侧向上（小心台钳口损伤转子）。用扭力板手拧下皮带轮的紧固螺母，取下皮带轮、风扇、皮带轮上的半圆键，拆下前轴承盖、前端盖，转子即可拆下。

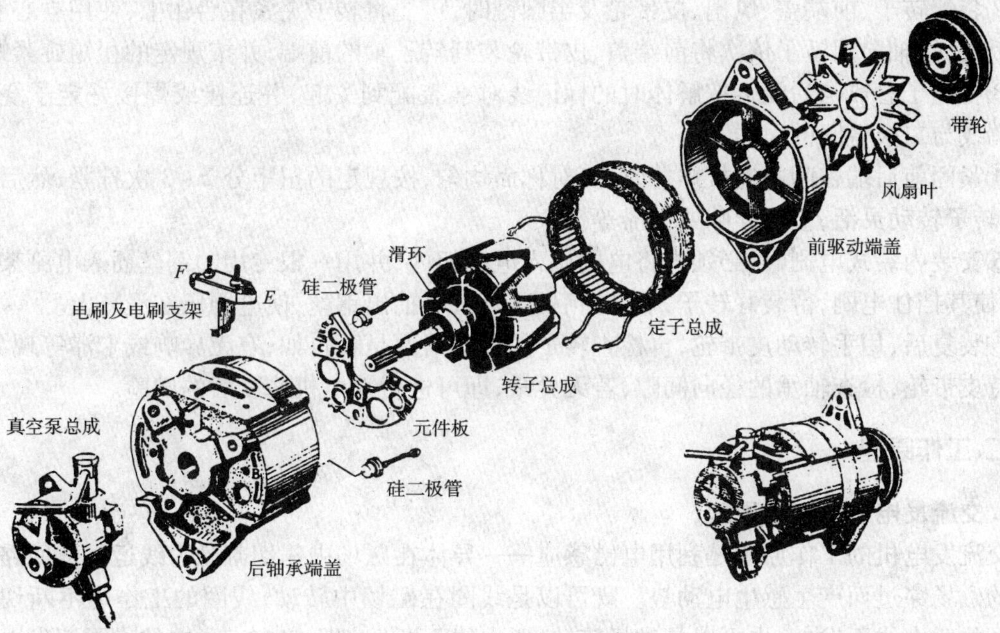

图 2-12　JF2525 型整流发动机结构图

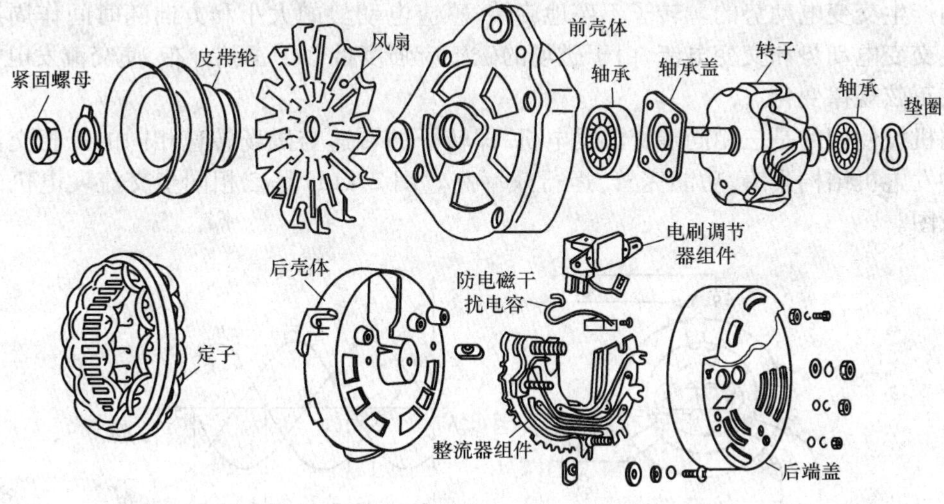

图 2-13　JFZ1913Z 型发电机解体图

(7)在台钳上用拉力器拉出转子轴上的轴承(注:普通维护保养时不要拆卸轴,轴承一旦拆下则必须更换)。

2)装复

(1)硅整流发电机安装顺序与拆卸顺序相反。

(2)装复工艺及注意事项:

①在前端盖的轴承上加注 2 号锂基润滑脂,加注润滑脂的量要合适,否则会引起滑环接触不良。

②装配转子、前端盖、风扇、皮带轮及半圆键时,可先将转子夹紧在台钳上,使用空心套筒,扭力扳手,按轴向用锤子依次将前端盖、皮带轮装到转子轴的前端,并按规定的扭矩旋紧螺母。

③将定子总成与后端盖按解体时的标记线对准装配到一起,并连接或焊接好定子绕组三相线端线与二极管间的引线。

④紧固前后端盖间的连接螺栓时,要对称而均匀,按规定的扭矩分 2 ~3 次拧紧,然后转动转子,转子转动灵活,应无异响或卡滞等现象。

⑤安装内装式电刷时,必须先将电刷压入电刷架内,并用一根专用的钢丝插入电刷架上的孔中,使其挡住电刷,待装好转子,装合前后壳体后,再抽出钢丝,使电刷压在滑环上。

⑥装复后,用手转动皮带轮,再检查转子的转动情况是否自如、有无异响或卡滞等现象,然后手持皮带轮,检查轴承的径向间隙,若无异常,即可进行发电机修复后的试验。

二、工作原理

1. 交流发电机的发电原理

交流发电机的工作原理是利用电磁感应——导体在磁场中作切割磁力线运动或回路中有变化的磁场穿过而产生感生电动势。既可以是线圈在磁场中转动,线圈的工作边不断切割定子磁场的磁力线而发电;也可以是磁场旋转,磁力线不断切割固定在定子中的线圈而发电。车用交流发电机就是把通电励磁绕组所产生的磁场在发电机中旋转,使其磁力线切割定子绕组,在绕组内产生交变电动势的。转子不停地旋转,感应电动势的大小和方向随时间作周期性变化而产生交变电动势和交变电流,由于磁场的磁感应强度近似于正弦分布,使交流发电机的电动势也按正弦规律变化。

筑路机械使用的是三相同步交流发电机,即转子的转速与磁场转速相同的三相交流发电机。该种发电机结构紧凑,功能完善,运行效率高。图 2-14a)是三相同步交流发电机的工作原理示意图。

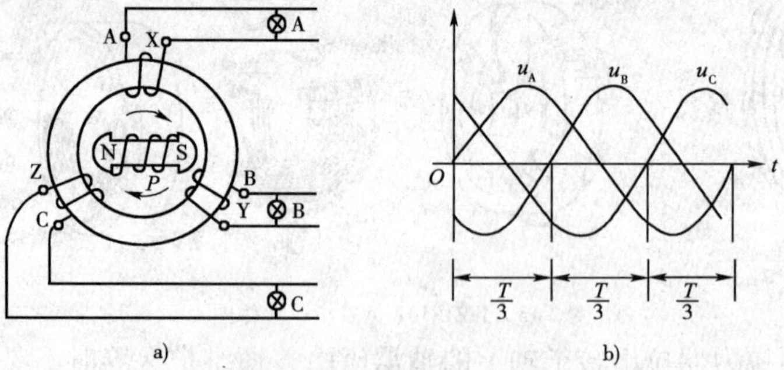

图 2-14 三相交流发电机工作原理

a)三相交流发电机示意图;b)输出波形

交流发电机的转子呈鸟嘴形,其磁场的分布呈近似正弦规律,所产生的交流电动势也近似正弦波形。三相绕组在定子槽中是对称分布的,因而在各相绕组中产生频率相同、幅值相等、相位互差 120°电角度的正弦电动势 e_A、e_B 和 e_C,其波形见图 2-14b)。

三相绕组中电动势的瞬时值方程式为:

$$e_A = \sqrt{2}E_\phi \sin\omega t$$

$$e_B = \sqrt{2}E_\phi \sin\left(\omega t - \frac{2\pi}{3}\right)$$

$$e_C = \sqrt{2}E_\phi \sin\left(\omega t + \frac{2\pi}{3}\right)$$

式中：E_ϕ——每相绕组电动势的有效值；

ω——电角速度，$\omega = 2\pi f = 2\pi \frac{pn}{60}$；

t——时间，s。

每相绕组电动势的有效值为：

$$E_\phi = 4.44kfN\phi$$

式中：k——绕组系数，交流发电机采用集中绕组，$k=1$；

f——感应电动势的频率，Hz；

N——每相绕组的匝数；

ϕ——每极磁通，Wb。

对已知交流发电机，上式中的 k、f、N 均已确定，可用电机常数 C 代替，因此上式可简写为 $E_\phi = Cn\phi$。可见，交流发电机定子绕组内所感应出的电动势大小与转速 n 和磁通 ϕ 成正比，即定子绕组的匝数越多、转子转速越高，在绕组内所感应出的电动势也越高。

2. 整流原理

定子绕组感应出的交流电经硅二极管组成的整流器整流后变成直流电。硅二极管具有单向导电性，二极管加上正向电压导通，即呈现低电阻状态，允许电流通过；当给二极管加一反向电压时，则截止；呈现高电阻状态，不允许电流通过。利用硅二极管的这种单向导电性便可将交流电变成直流电，即整流。三相桥式全波整流的整流原理如图 2-15 所示。

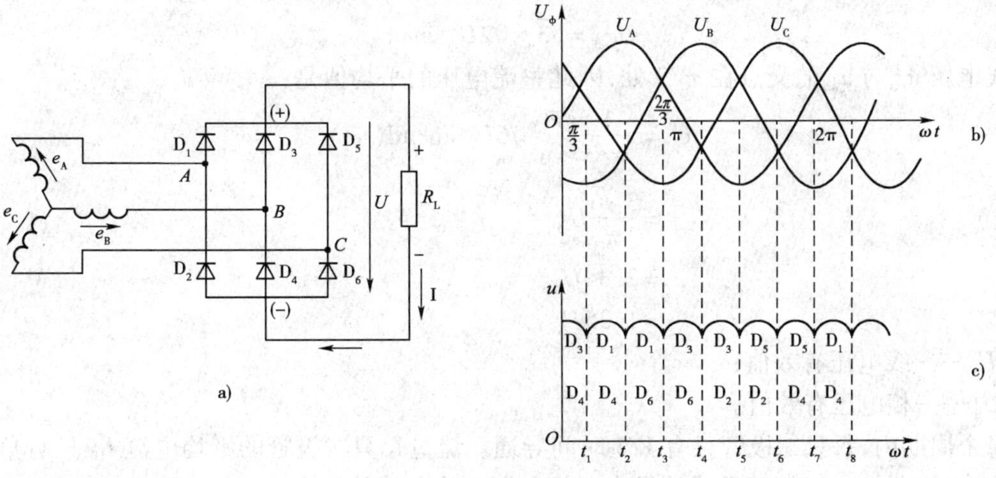

图 2-15　三相桥式整流原理

a）电路；b）三相交流电动势；c）整流后的直流输出电压

1)整流元件的连接

(1)3 个二极管 D_1、D_3、D_5 的正极分别接三相绕组的首端 A、B、C,它们的负极接在一起,是整流后输出的正极。这 3 个二极管在三相交流电正半周期分别导通,且哪相电压最高、接在那相绕组的正极管导通。

(2)3 个二极管 D_2、D_4、D_6 的负极也分别接三相绕组的首端 A、B、C,它们的正极接在一起,是整流后输出的负极。这 3 个二极管在三相交流电负半周期内分别导通,且哪相电压最低、接那相绕组的负极管导通。

(3)同时导通的管子有两个:正、负管子各一个,导通的两个二极管将交流发电机整流后的直流电压加在负载 R_L 两端。

2)整流过程

按以上接法,输出电压的整个过程如下:

(1)$t_o - t_1$ 时间内 u_c 最高、u_B 最低,D_5、D_4 导通,电流从 C 相流出,经 D_5,负载 R_L、D_4 流回 B 相。由于 D_4、D_5 的电压降很小,故 R_L 两端电压为线电压 u_{CB}。

(2)$t_1 - t_2$ 时间内 u_A 最高、u_B 最低,D_1、D_4 导通,电流从 A 相流出,经 D_1,负载 R_L、D_4 流回 B 相。此时负载 R_L 两端电压为 u_{AB}。

(3)$t_2 - t_3$ 时间内 u_A 最高、u_c 最低,D_1、D_6 导通,电流从 A 相流出,经 D_1,负载 R_L、D_6 流回 C 相。此时负载 R_L 两端电压为 u_{AC}。

(4)$t_3 - t_4$ 时间内 u_B 最高、u_c 最低,D_3、D_6 导通,电流从 B 相流出,经 D_3,负载 R_L、D_6 流回 C 相。此时负载 R_L 两端电压为 u_{BC}。

依此周而复始,便在负载两端得到一个比较平稳的脉动直流电压 U,一个周期内有 6 个波纹。

经整流后的直流电压就是硅整流交流发电机输出的直流电压,其值为三相交流电线电压 U_L 的 1.35 倍。

根据图 2-15 求出线电压 u_{ab} 为:

$$u_{ab} = \sqrt{3} \times \sqrt{2} U_{\phi} \sin\omega t$$

线电压 u_{cb} 与 u_{ab} 的交点在 π/3 处,因此整流电压的平均值是:

$$\begin{aligned} U &= \frac{1}{\pi/3}\int_{\pi/3}^{2\pi/3} \sqrt{6} U_{\phi} \sin\omega t \mathrm{d}(\omega t) \\ &= \frac{3\sqrt{6}}{\pi} U_{\phi} \\ &= 2.34 U_{\phi} \\ &= 1.35 U_L \end{aligned}$$

式中:U_L——线电压有效值;

U_{ϕ}——相电压有效值。

每个周期内,每只二极管只有 1/3 时间导通。流过每只二极管的平均电流 I_{CD} 只有负载电流 I 的 1/3。每只二极管所承受的最高反相电压为线电压的最大值。

当交流发电机三相定子绕组采用星形接法时,三相绕组的三个末端接在一起形成一个公共接点称为中性点(或中心抽头)(N),该点对外引线形成三相绕组的中性线与外壳(即搭铁)

的电位之差为中性点电压(U_N)如图 2-16 所示。

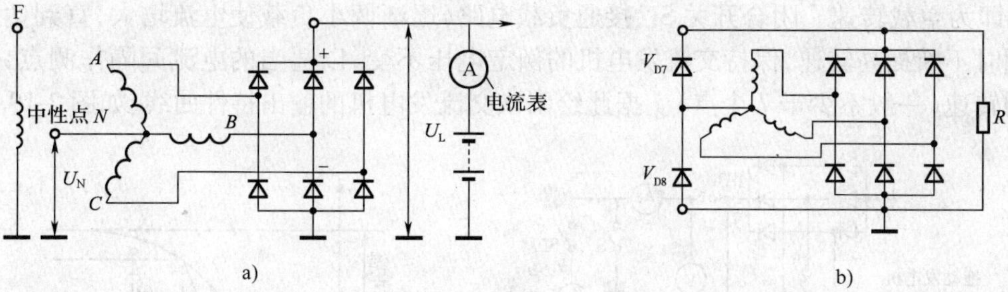

图 2-16 交流发电机中性点电压

a)星形接法中性点;b)加两只二极管的中性点

它是通过 3 个负极管子整流后得到的,为三相半波整流电压值,该点的平均电压等于发电机直流输出电压(U)的一半,即:$U_N = U/2$。

中性点电压,一般用于控制各种继电器,如磁场继电器,组合继电器和充电指示灯继电器等。

也有些发电机在定子的中性点处接上两个二极管,如图 2-16b)所示。当发电机高速运转时,可有效利用中性点电压增加发电机的输出功率,其增加量可达正常输出功率的 10% ~15% 。

3)励磁方式

硅整流发电机的磁场是由电磁铁形成的,要使发电机电枢绕组产生感应电动势对外输出电流,必须使磁极绕组通电产生磁场,这个过程称为发电机的励磁。

硅整流发电机的励磁方式包括他励和自励两个阶段。他励就是由蓄电池供给励磁电流;自励就是发电机自己供给励磁电流。励磁电路如图 2-17 所示,当电源开关 S 接通时,由于发电机输出电压小于蓄电池电压,蓄电池便通过调节器向发电机磁励绕组提供励磁电流,发电机他励发电,其输出电压随发电机转速升高而升高;当发电机输出电压高于蓄电池端电压时,发电机向蓄电池充电,同时自己提供励磁电流,此时发电机由他励转为自励。

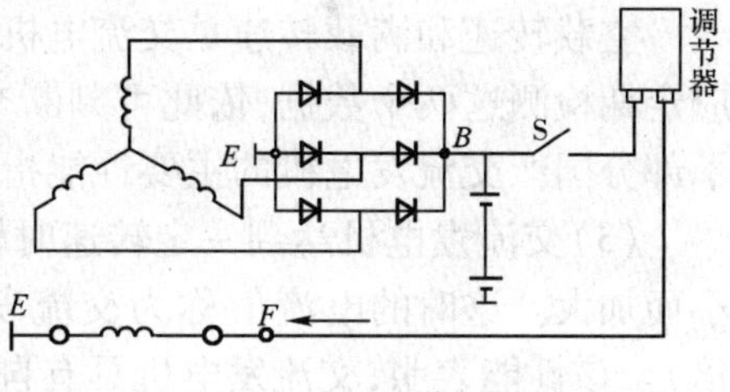

图 2-17 发电机励磁电路

三、交流发电机的特性

硅整流交流发电机的特性是指发电机发出的交流电经整流后输出的直流电压、直流电流和发电机转速之间的变化关系。它主要有:输出特性,空载特性和外特性。

1. 输出特性

交流发电机的输出特性又称负载特性或输出电流特性,是指交流发电机向负载供电时保持输出电压恒定的能力,即 u 一定时,$I = f(n)$ 的关系曲线。对 12V 电系,电压恒定数为 14V;对于 24V 电系电压恒定数为 28V。

图 2-18 所示的试验电路,可用来测得交流发电机的输出特性。当开关 S_1、S_2 闭合时,电动机拖动交流发电机运转,随着转速升高交流发电机达到充电电压。此时,断开他励电源开关

S_2，交流发电机开始自励发电。调节电动机转速使交流发电机电压达到额定值，并记录该转速 n_1，n_1 即为空载转速。闭合开关 S_3、接通负载电路，逐渐调小负载使电流增大，直到达到最大值。同时不断提高转速，保持交流发电机的额定电压不变，以适当的电流间隔作测点，并记录对应的转速（一般不少于 7 个点）。据此绘制该交流发电机的输出特性曲线，如图 2-19 所示。

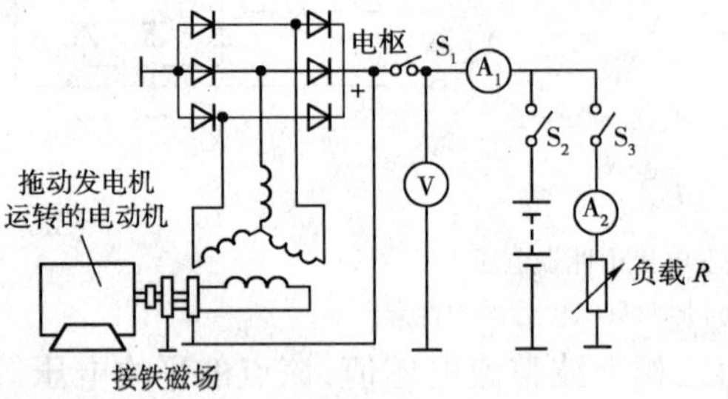

图 2-18　发电机试验电路

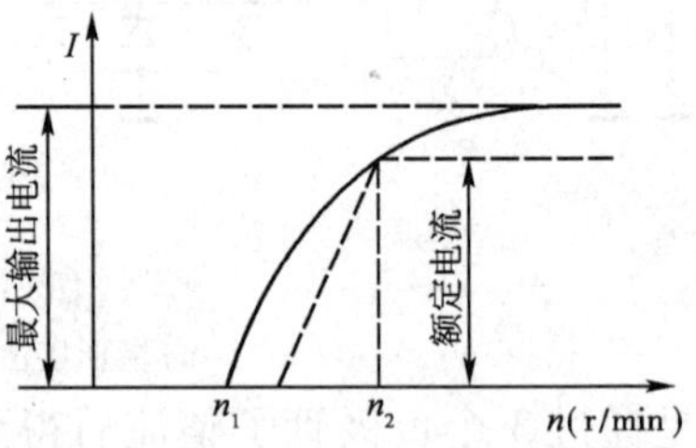

图 2-19　交流发电机输出特性

从交流发电机的输出特性 $I=f(n)$ 看出：

(1) 当交流发电机转速很低时，其输出端电压低于额定电压，不能向外供电。转速达到空载转速 n_1 时，其端电压达到额定值，转速高于空载转速 n_1 后交流发电机才有能力在额定电压下向外供电。所以，空载转速 n_1 的值是选择交流发电机与发动机转速比的主要依据。一般情况下，交流发电机空载转速 n_1 应等于或略高于发动机的怠速转速。

(2) 转速超过 n_1 时交流发电机的输出电流 I 随之升高、随着电阻 R 的减小而升高。转速等于 n_2 时交流发电机输出额定功率，因此 n_2 称为满载转速。通常所选择 n_2 应低于发动机的额定转速，而等于或略高于发动机的常用转速。

空载转速和满载转速是交流电机的主要性能指标，在其产品说明书中均有规定。使用中应定期检测这两个数据，依此可判断交流发电机是否处于正常的工作状态。上述表 2-3 列出了部分国产交流发电机的主要性能指标。

(3) 交流发电机达到一定转速时输出电流不再随转速升高而增大，也不随负载电阻的减小而加大。这时的电流值称为交流发电机的最大输出电流或限流值（约为额定电流的 1.5 倍）。该性能表明，交流发电机具有自动限制电流的自我保护能力。

交流发电机自动限制电流的原理：

定子绕组具有一定阻抗 Z，对通过绕组的交流电流起阻碍作用。阻抗 Z 是由绕组的电阻 R 和感抗 X_L 组成，即 $Z_L=\sqrt{R^2+X_L^2}$。式中 $X_L=\omega L$，ω 为角速度，$\omega=2\pi f$，f 为频率，$f=pn/60$。L 为相定子绕组的电感。因此

$$X_L=2\pi f L=2\pi\frac{pn}{60}L=\frac{\pi}{30}pnL$$

式中：p——磁极对数；

n——转子的转速。

由上式可知，感抗 X_L 与转速 n 成正比。交流发电机高速运转时绕组电阻 R 与感抗相比较小，可以忽略不计。因此，可以认为定子绕组的阻抗 Z 与转速 n 成正比。转速 n 越高，感抗 X_L 越大，即阻抗 Z 越大，阻碍交流电流的能力越强，产生很大的内部电压降。

此外，定子电流增加时电枢反应增强，感应电动势也会下降。这是因为交流电机内部有两

个磁场;磁极磁场和电枢磁场。其中的电枢磁场对磁极磁场的影响称为电枢反应。交流发电机爪极转子是旋转的磁极磁场。定子的电枢产生电枢磁场。当交流发电机负载不变时,转速升高使电流达到一定值后再提高转速,尽管定子绕组中感应电动势增加,但因定子绕组的阻抗增大,内部电压降增大,再加上电枢反应引起的感应电动势下降,两者共同作用使交流发电机的输出电流不再增大,因而交流发电机有自动限制输出电流的作用。所限制的电流大小与定子绕组的电感 L 有关,亦即与定子绕组的匝数有关。所以,交流发动机调节器中不需要电流限制器。

2. 空载特性

交流发电机空转时端电压与转速之间的关系称为发电机空载特性,即:$U=f(n)$,$I=0$。如图 2-20 所示。由图可见,随着转速升高交流发电机端电压上升较快。由他励转入自励时便能向蓄电池进行充电,证实了交流发电机低速充电性能好的优点。空载特性是判定硅整流发电机充电性能是否正常的重要依据。

3. 外特性

转速一定时交流发电机输出端电压与输出电流的关系,即 $n=\text{cost}$(一定)时 $U=f(1)$ 的函数关系称为外特性。经不同的恒定转速试验后可得一组相似的外特性曲线,如图 2-21 所示。

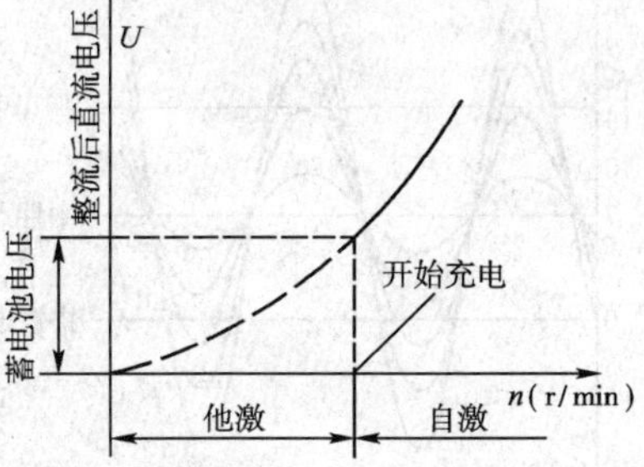

图 2-20　空载特性

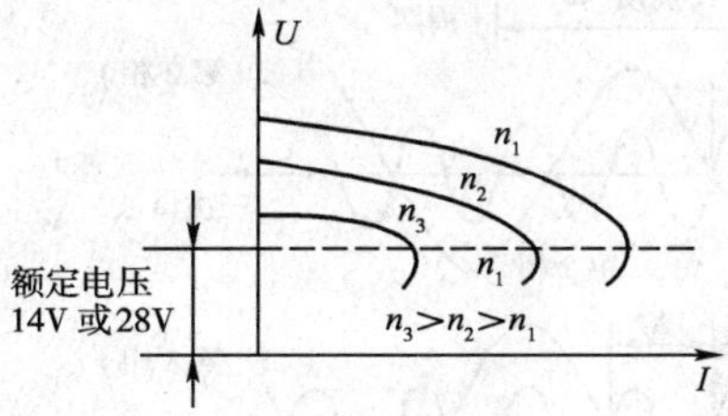

图 2-21　外特性

交流发电机转速越高,其端电压越高、输出电流也越大。保持在任一转速时交流发电机端电压都要随输出电流的增大而下降。由于端电压受转速和负载变化的影响,交流发电机必须配用电压调节器以保持电压的恒定。否则交流发电机高速运转时若突然失去负载,其端电压会突然升高,击穿电子元件和烧毁用电设备。

4. 改善交流发电机性能的技术措施

Y 形接法的交流发电机,其中性点 N 不仅具有直流电压(其值等于发电机直流输出电压的二分之一),而且还包括交流电压的成分。其原因是:交流发电机空载时,由于鸟嘴形磁极使磁场分布近似正弦曲线,从而使其三相感应电动势接近于正弦波。当交流发电机正常工作、有电流输出时,由于电枢反应的强弱、漏磁、铁磁物质的磁饱和、整流二极管的非线形特性等因素使交流发电机内的磁通变为非正弦分布,从而造成交流发电机感应电动势和输出电压的波形畸变,图 2-22a)为一相电压的波形。可以认为,这一畸变波形正是由正弦基波(图 2-22b)和三次谐波(图 2-22c)叠加所致。

图 2-23 为三相绕组分解得到的基波和三次谐波,尽管三相电压的基波相位相差 120°,而

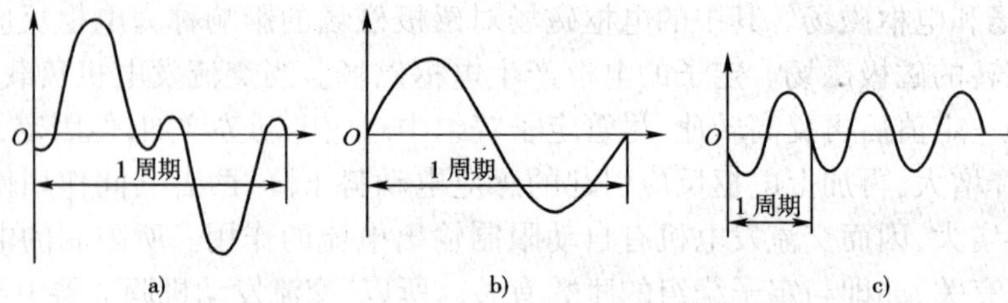

图 2-22　输出电流时的畸变波形及其分解

a) 相电压畸变波形；b) 相电压基波；c) 三次谐波

各相的 3 次谐波之间的相位却是相同的。当三相绕组采用 Y 形接法时，线电压是两相电压之差，而 3 次谐波电压大小相等、相位相同，可互相抵消，故对外输出的电压反应不出三次谐波电压。但相电压可测出 3 次谐波电压，并且该 3 次谐波的幅度随交流发电机转速的升高而加大。由此可见，中性点电压是三相基波电压整型得到的直流分量和三次谐波交流分量的叠加，如图 2-24 所示。

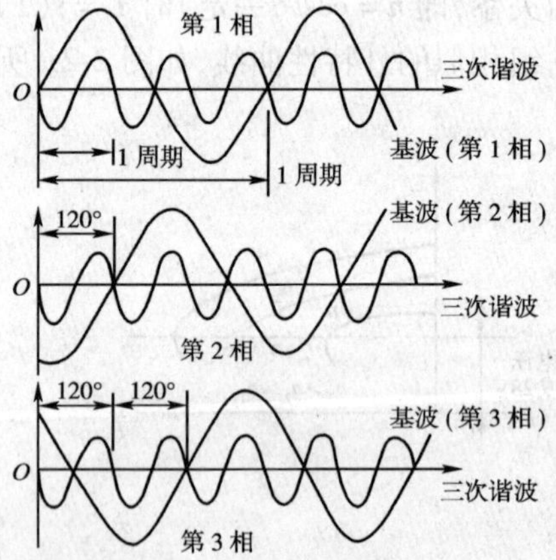

图 2-23　各相绕组基波和三次谐波

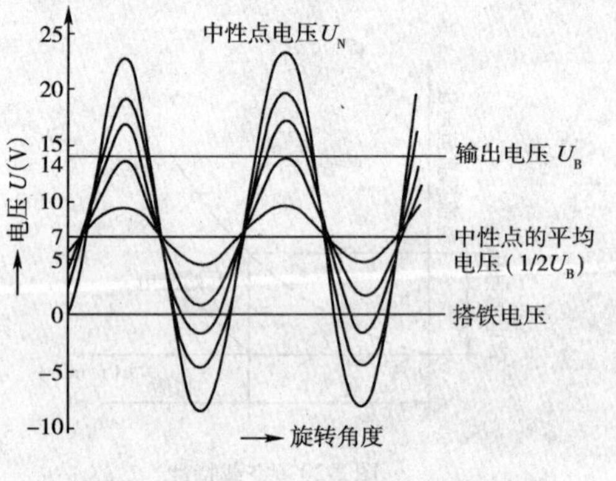

图 2-24　不同转速时中性点电压变化波形

当交流发电机转速升高到一定程度(超过 2000r/min)交流分量的最高瞬时值有可能超过交流发电机的直流输出电压 U_B，而最低瞬时值则可能低于零，即低于搭铁端的电压，此时中性点电压就可能向外输出。为此，可在中性点和交流发电机的“B +”端以及与搭铁端“E”之间分别增加 1 个二极管(称中性点二极管)，见图 2-25 中的 D_7 和 D_8。其工作原理如下：

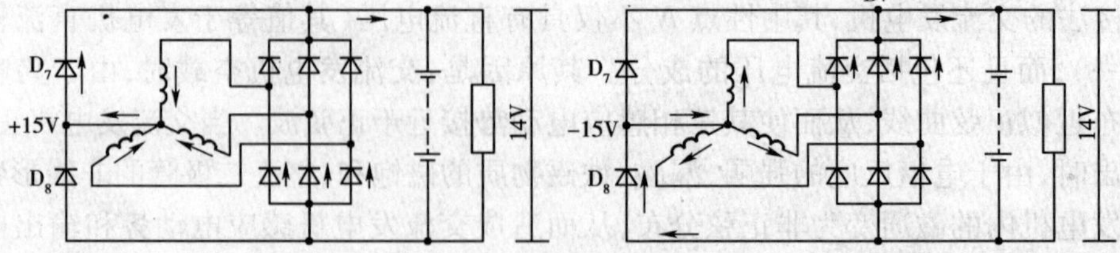

图 2-25　中性点二极管及其电流通路

a) 中性点电压高于 U_B；b) 中性点电压小于零

(1)中性点的瞬时电压高于交流发电机的输出电压 U_B 时二极管 D_7 导通,电流便经 D_7、负载以及 3 个负极管中的 1 个后经某一相绕组形成回路,如图 2-25a)中箭头所示。

(2)中性点的瞬时电压低于零时二极管 D_8 导通,电流则从某一相出发经该相的正极管“B +”端、负载、搭铁,最后经二极管 D_8 回到中性点(见图 2-25b)。

可见,只要在中性点外接入两只二极管,便可利用中性点电压来增加交流发电机的输出电流。图 2-26 为有、无二极管时某交流发电机输出电流的对比,中、高速时有中性点二极管的交流发电机,其输出电流可增加 10% ~15%。

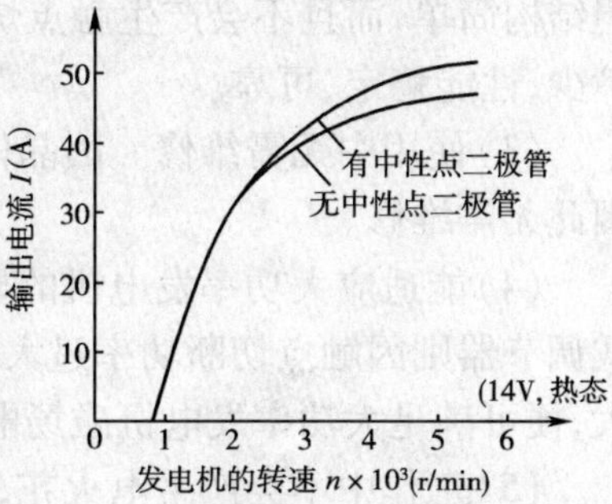

图 2-26 有、无中性点二极管时交流发电机输出电流

课题三 调 节 器

一、功用和工作原理

1. 调节器的功用

电压调节器的功用是:在发电机转速变化时将发电机输出电压限制在某一定值内,使发电机输出电压与蓄电池及用电设备的电压相适应,以保证用电设备不被损坏,蓄电池不至于过充电。

2. 基本工作原理

筑路机械用电设备要求硅整流发电机提供的电压一定要稳定,而交流发电机是由发动机按固定传动比传动的,转速 n 经常变化。由电磁感应原理可知,$u = Cn\phi$,即发电机输出的直流电压 U 与发电机转速 n 及磁极磁通 ϕ 成正比,而磁通大小取决于发电机励磁电流 I_L 的大小:

$$U \propto n\phi \propto nI_L$$

当转速变化时要想保持 U 不变,就必须使 ϕ 作相应的改变,以满足电压恒定的要求。

因此,当发电机转速变化时,只要自动调节发电机励磁绕组电流 I_L 的大小,进而改变磁通 ϕ,便可保持发电机输出电压恒定。这就是调节器的基本工作原理。

二、电子调节器

筑路机械用交流发电机调节器,按其结构特点和工作原理分为电磁振动式(触点式)和电子式两大类,电磁振动式因其固有缺点及电子技术的快速发展,将完全被电子调节器所取代。

调节器与蓄电池、发电机、电流表、点火开关(SW)和导线等一起组成充电系统。下面主要以常用的电子调节器为例分析其组成、工作原理及充电情况。

1. 晶体管调节器

1)晶体管调节器的特点

(1)调节精度高。由于晶体管具有开关特性、速度高、响应快,且不存在机械惯性和电磁惯性,故调节精度高。

(2)结构简单,工作可靠,故障少。晶体管调节器中无触点,无线圈,无振动元件,因而不但结构简单，而且不会产生触点烧蚀、熔焊、绕组损坏、振动部件失灵等现象。所以，工作中故障少，性能稳定、可靠。

（3）使用中无需维修。因晶体管调节器大都用环氧树脂封装，以提高其耐振和防尘性能，因此无需维修。

（4）能适应大功率发电机的要求。大功率发电机由于其磁场电流也相应较大，如用触点式调节器则因触点切断功率过大使触点极易烧坏，而晶体管调节器只要晶体管开关功率足够大，便可满足大功率发电机磁场电流大的要求。

（5）工作中不会产生电火花，对无线电干扰小。

（6）只要电子元器件质量可靠，线路设计合理，则寿命大大超过触点式调节器。

2）结构

（1）组成。国内外生产的晶体管调节器，其基本结构和设计大致相同，一般都是由 2 ~ 3 个三极管、1 ~ 2 个稳压管和一些电阻、电容、二极管等组成。外壳用铝合金或钢板盒密封。通常将大功率三极管直接安装在具有散热片的外壳上，其他元件一般都安装在印刷电路板上，电路板用螺钉固定在调节器的底座上。外壳上常常铸有“ + ”或“S”或“D + ”表示火线接线柱，“ - ”或“E”表示搭铁接线柱，“F”或“D_F”表示磁场接线柱。

图 2-27 所示的是 JFT106 型晶体管调节器电路。

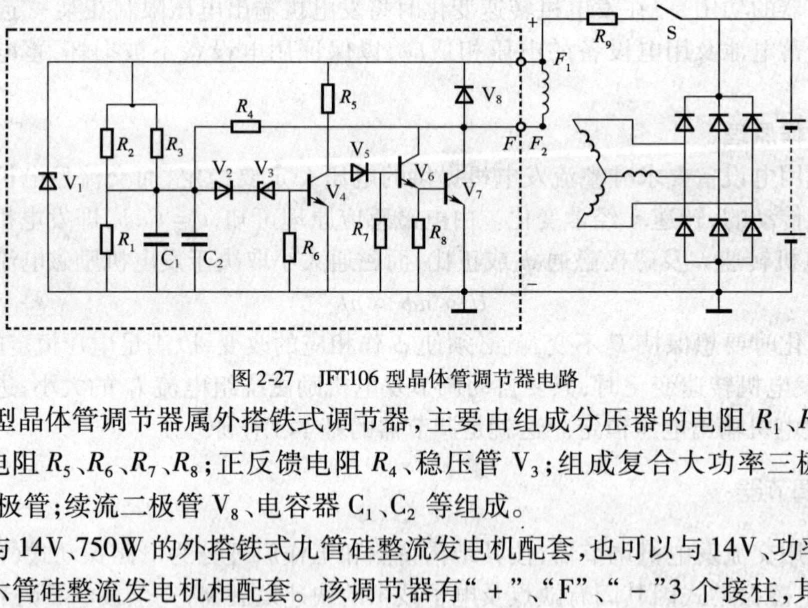

图 2-27　JFT106 型晶体管调节器电路

JFT106 型晶体管调节器属外搭铁式调节器，主要由组成分压器的电阻 R_1、R_2、R_3；晶体三极管的偏置电阻 R_5、R_6、R_7、R_8；正反馈电阻 R_4、稳压管 V_3；组成复合大功率三极管开关电路 V_4、V_6、V_7 三极管；续流二极管 V_8、电容器 C_1、C_2 等组成。

它可以与 14V、750W 的外搭铁式九管硅整流发电机配套，也可以与 14V、功率小于 1000W 的外搭铁式六管硅整流发电机相配套。该调节器有“ + ”、“F”、“ - ”3 个接柱，其中“ + ”接线柱与发电机“F_1”接柱经熔断器，由点火开关 S 供电，“F”接线柱与发电机“F_2”接线柱相连接，“ - ”接线柱搭铁。

（2）工作过程。调节器工作过程如下：

接通点火开关 S，蓄电池电压经分压器加在稳压管 V_3 两端，其电压低于稳压管反向击穿电压，稳压管 V_3 截止，三极管 V_4 截止，此时二极管 V_5 因承受正向电压而导通，使 V_6、V_7 导通，接通了发电机的励磁电路，发电机进行他励建立电动势。当发电机端电压升高到高于蓄电池电压时，发电机由他励转为自励正常发电。

随着发电机转速的提高，发电机端电压也随之提高。当它的电压高于规定调压值时，其电压高于稳压管的反向击穿电压而反向击穿，稳压管 V_3 导通，三极管 V_4 由截止转为导通，V_6、V_7 则由导通转为截止，切断发电机励磁电路，发电机端电压下降，当降至规定值时 V_3 又截止，V_4 也截止，V_6、V_7 又导通，再次接通励磁电路，发电机端电压又上升。如此反复，使发电机电压保持在规定值附近。

二极管 V_2 接在稳压管 V_3 之前，其作用是保证稳压管安全可靠地工作。当发电机端电压过高时，V_2 能限制流过 V_3 的电流，以防止烧坏 V_3；当发电机端电压降低时，V_2 又迅速截止，以保证 V_3 可靠截止。

续流二极管 V_8 的作用是防止 V_7 截止时，励磁绕组中的自感电动势击穿 V_7。

电阻 R_4 具有提高灵敏度、加速 V_7 翻转、减少三极管过度损耗、改善调压质量的作用。

电容器 C_1、C_2 可降低晶体管的开关频率，进一步减少管耗。

稳压管 V_1 起到过电压保护作用，利用稳压管的稳压特性，可在发电机负载突然减小或蓄电池接线突然断开时，发电机所产生的正向瞬时过电压起保护作用，并可利用其正向导通特性对开关断开时，电路中可能产生的瞬时过电压起保护作用。

2. 集成电路调节器

1）集成电路的结构

集成电路是在一块微小基片上，组装许多半导体元件和其他电路元件所构成的电子电路。它分为绝缘基片式和半导体基片式两种。

绝缘基片式集成电路是由绝缘板上的无源元件（电阻、电容）和焊在该板上的半导体元件所组成。这种集成电路按无源元件的涂镀方法，又分为厚膜电路和薄膜电路两种。采用连续印刷刻蚀的方法，涂料在其基板上制作出各种无源元件。

半导体基片式集成电路是以晶体管制造工艺为基础来制作的，基片由超声波清洗，待检查其质量后，再确定调节电压值。

2）调节器的分类

集成电路调节器有两种，即全集成电路调节器和混合集成电路调节器。全集成电路调节器是把二极管、三极管、电阻、电容等元件同时制在一块硅基片上；混合集成电路是指由厚膜或薄膜电阻与集成的单片芯片或分立元件组装而成，目前最广泛应用的是混合集成电路调节器。

3）调节器的优点

集成电路调节器除具有晶体管调节器的特点外，还有以下更突出的优点。

（1）体积小，可以组装到交流发电机内部，简化了接线，减少了线路损失，从而使交流发电机的输出功率提高5%～10%。

（2）电压调节精度高。电磁振动式调节器的电压调节精度为±1.0V，晶体管调节器的电压调节精度为±0.5V，而集成电路调节器的电压调节精度则为±0.3V。当交流发电机在不同转速范围内变化时，其电压的变化可限定在0.1V内。采用集成电路调节器可以使工程建设机械电系的工作电压保持稳定，并基本上不要对调节器进行维护。

（3）能增大交流发电机励磁电流（可达6A以上），确保交流发电机自励电流和电动势的建立。

（4）集成电路调节器用塑料或树脂封装，能抵御潮湿、尘土、油污、温度等恶劣环境的影响，可耐130℃的高温。

(5)由于内部无活动零件，能承受较大的机械冲击和振动。

(6)使用寿命长(可达16万km以上)，并具有自检、保护功能。

4)调节器的组成

集成电路电压调节器通常由电压控制、励磁电流控制(输出控制)和温度补偿等3部分组成，如图2-28所示，其中电压控制部分包括由电阻组成的分压电路和由稳压管、晶体三极管组成的电压放大级；输出部分通常由大功率复合管构成；温度补偿一般将热敏电阻与分压电阻并联，或用无源元件与半导体元件一起组成温度补偿网络。

集成电路调节器的类型虽然很多，但其基本原理大致相同。图2-29为典型的集成电路调节器电路，稳压管 D_{z2} 起限压保护作用，限制由点火系传来的过电压，保护调节器不被损坏。

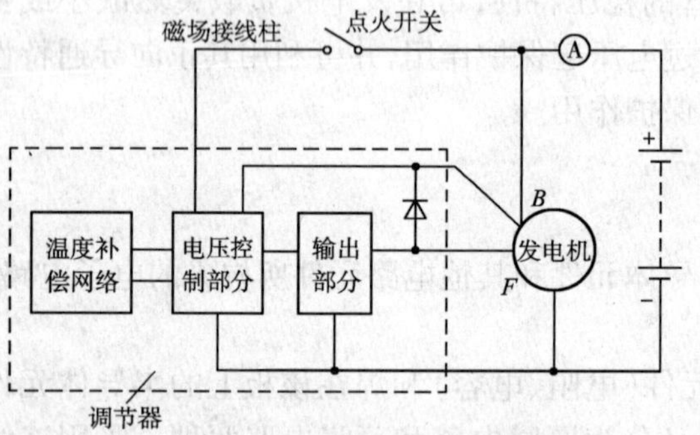

图2-28 集成电路调节器的基本组成

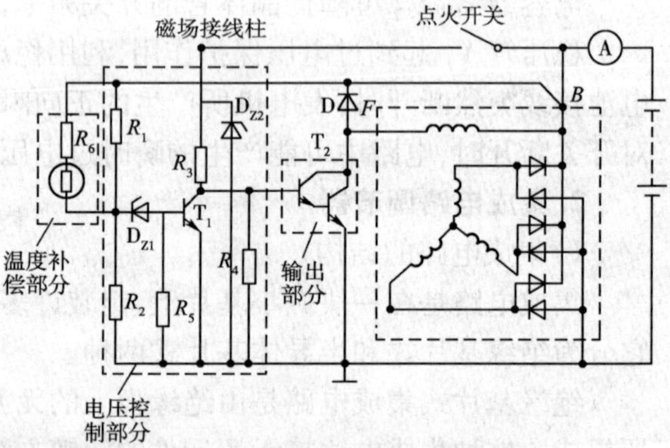

图2-29 典型集成电路调节器

(1)当交流发电机输出电压低于调节电压值时，蓄电池或交流发电机向其励磁绕组提供励磁电流。此时，蓄电池或交流发电机通过 R_3 给复合晶体管 T_2 的发射极(b—e)加正向偏压，使复合晶体管 T_2 饱和、导通。励磁电流的线路为蓄电池或交流发电机的正极→复合晶体管 T_2(c—e)→蓄电池或交流发电机的搭铁负极。

(2)当交流发电机输出电压随着励磁电流的增长而上升到调节电压值时，由于交流发电机输出电压的上升，从而使电阻 R_2 两端的分压达到稳压管 D_{Z1} 的击穿值，使稳压管 D_{Z1} 和晶体管 T_1 同时导通，复合晶体管 T_2 被短路而截止，交流发电机励磁回路被切断，励磁电流减小，磁场削弱，交流发电机输出电压降低。

(3)当交流发电机输出电压下降到低于调压值时，复合晶体管 T_2 又导通，交流发电机输出电压上升。这是因为电阻 R_2 两端的分压不能维护稳压管 D_{Z1} 反向击穿，使稳压管 D_{Z1}、晶体管 T_1 截止。复合晶体管 T_2 在电阻 R_3 的正向偏置作用下重新导通，交流发电机输出电压又升高。

如此反复，集成电路调节器交流发电机输出电压自动调节在规定的范围内。

国产JFT151型调节器为薄膜混合集成调节器，安装在JF132E型或JF15型交流发电机的外壳上，其内部电路如图2-30所示。其中 R_1、R_2 为分压器，稳压管 D_{Z1} 可从分压器上获得比较电压。当交流发电机转速较低、电压低于规定值时，稳压管 D_{Z1} 和晶体管 T_1 截止，晶体管 T_2 在分压器 R_4 的偏置作用下导通，交流发电机磁场绕组有磁场电流通过，使交流发电机端电压随转速升高而增大。当交流发电机电压达规定值时，调节器开始起调节作用，即当电压稍高于固定值时，稳压管 D_{Z1} 反向击穿，使晶体管 T_1 饱和、导通并将晶体管 T_2 的基极和发射极短路、截止，断开了交流发电机的磁场回路，使交流发电机端电压下降。当交流发电机端电压降低到稍低于规定值时，稳压管 D_{Z1} 重新截止，晶体管 T_2 导通又接通磁场回路，交流发电机端电压又升高。如此反复，交流发电机端电压可保持稳定。R_3、R_4 为三极管的偏置电阻。

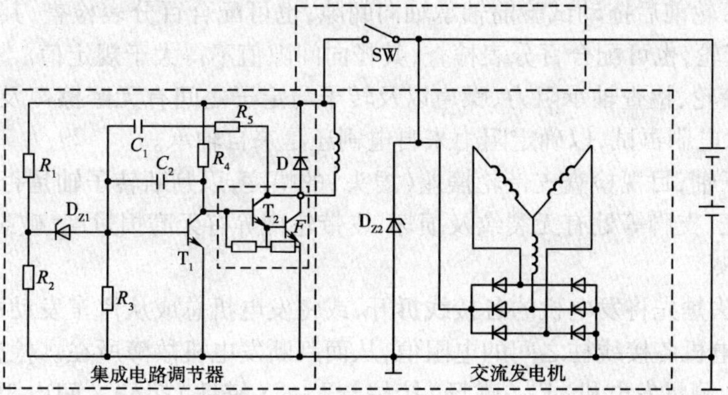

图 2-30 JFT151 型集成电路调节器

R_5、C_1 组成正反馈电路，作用是加快 T_2 管的开关速度，减小三极管的耗散功率。同时，还可以提高调节器的灵敏度，使调节电压更加稳定。

D 为续流二极管。它与发电机励磁绕组反向并联，作用是防止 T_2 截止时，励磁绕组中的自感电动势击穿 T_2。

D_{Z2}起过压保护作用。而利用它的稳压特性，可对发电机负荷突然减小或蓄电池接线突然断开时，发电机所产生的正向瞬变过电压进行吸收保护，并可利用其正向导通特性，对开关断开时电路可能产生的反向瞬变过电压进行吸收，防止调节器或其他电子设备的电子元件损坏。

C_2 的作用是可降低 T_1 管的开关频率，减少了三极管的损耗，使三极管发热量减少，使用寿命延长。

课题四 硅整流发电机及调节器的检修

交流发电机应保持良好的技术性能，以保证用电设备工作正常和使用寿命。正常使用中的交流发电机运转 750h 后需彻底维护一次，主要检查电刷的磨损、元件板和各接线柱的绝缘、轴承是否松动，以及二极管的损坏、励磁绕组或定子绕组是否有短路、断路和搭铁等情况。

筑路机械在使用过程中，若充电系工作不正常，判断是交流发电机的故障时应立即停车，拆下发电机对其进行检查和维修。

交流发电机性能测试及故障检查分为整机检测和零部件检测修理两类。方法有外观检查法、万用表检测法、试验检测法，试验台性能试验法和发动机综合性能分析仪检测法等。

一、硅整流发电机的性能检测

1. 解体前的检测

1）就车检查

就车检查主要是对发电机作外观检查。

（1）手持皮带轮前后拖动试验前轴承轴向间隙，也可配合百分表检查，其值不得大于规定值；径向晃动皮带轮，也可配合百分表检查，其径向间隙值不得大于规定值。

（2）转动皮带轮，检查轴承阻力、噪声以及转子与定子之间有无摩擦声及异响。当发现阻力较大时，可拆除电刷再试，以确定阻力来自电刷还是来自轴承。

（3）转动转子轴，目视检查皮带轮摆差（摇头）的幅度，以判断转子轴是否弯曲。

（4）检查外壳、支脚等处有无裂纹及损坏，皮带轮槽等有无磨损过度、破裂等。

2）万用表检测

万用表检测法是先将发电机的各接线拆开，或将发电机总成从汽车发动机上卸下来，用万用表测量交流发电机各接线柱之间的电阻值，从而判断发电机故障所在。检查的方法是：用万用表的 R×1k 挡，测量发电机"F"（磁场）接柱与"－"（搭铁）接柱之间电阻值，发电机"＋"（电枢）接柱与"－"（搭铁）接柱之间的正、反向电阻值以及发电机"＋"与"F"之间的正、反向电阻值。将测得的结果与发电机维修使用说明所固定的电阻值相对比，以判断发电机是否良好。表 2-6 所列的是国产 JF1521 型交流发电机各接线柱测量结果与性能关系，表 2-7 为硅整流发电机各接线柱间的电阻值。

JF1521 型发电机各接柱测量结果与性能关系 表 2-6

<table>
<tr><th colspan="2">测量部位</th><th>测量结果与规定电阻值相比较</th><th>判断</th></tr>
<tr><td colspan="2" rowspan="3">"F"与"－"之间</td><td>偏大</td><td>电刷与滑环接触不良或滑环脏污；励磁绕组断路</td></tr>
<tr><td>相符</td><td>励磁绕组正常，电刷与滑环之间接触良好</td></tr>
<tr><td>小或等于 0</td><td>励磁绕组有匝间短路或搭铁；"F"接柱搭铁；滑环短路；电刷套绝缘不良</td></tr>
<tr><td rowspan="3">"＋"与发电机外壳、"N"与发电机外壳之间</td><td>"＋"与"－"或"＋"与"F"之间</td><td>很小</td><td>约 10Ω 时有某个二极管被击穿；若接近 0 或者等于 0，正、负极板上同时至少各有一个或一个以上的二极管被击穿；定子绕组与壳体短路</td></tr>
<tr><td>正表笔接"＋"或"N"；负表笔接发电机外壳</td><td>相符</td><td>定子绕组、调节器（二极管）正常</td></tr>
<tr><td>"＋"与"－"或"＋"与"F"之间</td><td>∞</td><td>定子绕组、调节器（二极管）连接电路之间出现断路（开路）</td></tr>
<tr><td colspan="2" rowspan="2">"N"与"＋"之间</td><td>正向值 10Ω；反向值 10kΩ</td><td>3 个正二极管性能良好</td></tr>
<tr><td>正、反向值约为 0</td><td>至少有 1 个正二极管有短路现象</td></tr>
<tr><td colspan="2" rowspan="2">"N"与"－"之间</td><td>正向值约 10Ω；双向值约 10kΩ</td><td>3 个负二极管性能良好</td></tr>
<tr><td>正、反向值约为 0</td><td>至少有 1 个负二极管有短路现象</td></tr>
</table>

硅整流发电机各接线柱间的电阻值(Ω)　　表 2-7

发电机型号	"F"与"－"之间的电阻	"＋"与"－"之间的电阻		"＋"与"F"之间的电阻	
		正向	反向	正向	反向
JF11 JF13 JF15 JF21	5～6	40～50	>10 000	50～60	>10 000
JF12 JF22 JF23 JF25	19.5～21	40～50	>10 000	50～70	>10 000

3)在万能试验台上测试发电机性能

包括空载试验,负载试验和用示波器观察输出电压的波形等。

(1)空载试验。这是测试硅整流发电机空载下输出额定电压时的最低转速。实验时将交流发电机固定在万能试验台上,其转轴与试验台的调速电机轴连接,按图 2-31 连线。合上开关 K_1 起动调速电动机,带动交流发电机运转,并逐步提高转速。当电流表指示为零时,说明交流发电机电压已经建立起来了,此时切断开关 K_1,继续提高转速,待交流发电机电压升高到额定值时,记录此时交流发电机的转速即为空载转速。其值应符合表 2-3 中的规定。

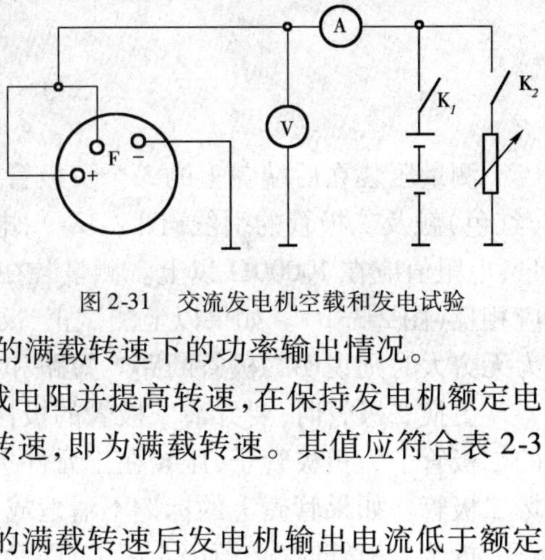

图 2-31　交流发电机空载和发电试验

(2)负载试验。负载试验主要测试发电机在规定的满载转速下的功率输出情况。

在空载试验的基础上,闭合开关 K_2,逐渐减小负载电阻并提高转速,在保持发电机额定电压的情况下,当输出电流达到额定值时,记下此时的转速,即为满载转速。其值应符合表 2-3 中的规定。

上述试验如果空载转速过高,或转速已达到规定的满载转速后发电机输出电流低于额定值,则说明发电机有故障。

(3)用示波器观察输出电压波形。当发电机有故障时,其输出电压的波形将会出现异常,所以可根据发电机输出电压波形的变化来判断发电机内部二极管以及定子绕组的故障。发电机出现各种故障时输出电压的波形如图 2-32 所示。

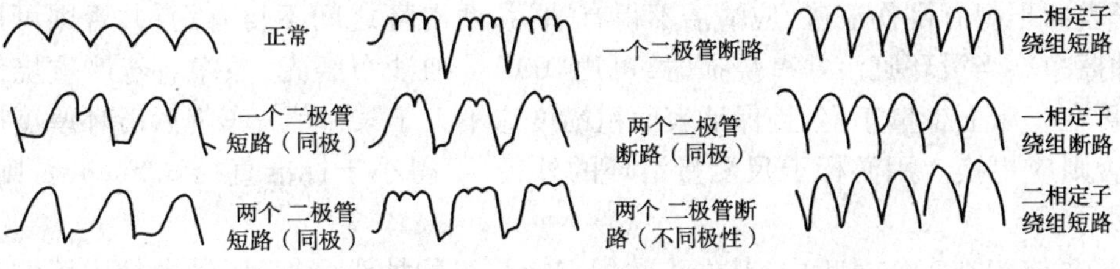

图 2-32　交流发电机各种故障的电压输出波形

2. 解体后的检测

交流发电机在使用过程中,容易出现的问题通常有:二极管损坏,绕组断路或短路,电刷磨损和电刷弹簧弹力不足等。这时需对发电机进行解体,检查各个零部件(元件)。

1)二极管

二极管具有单向导电性,正向电阻值较小,反向电阻值在 10kΩ 以上。据此可以用万用表 R×1Ω 挡来检查二极管的好坏。其方法如图 2-33 所示。

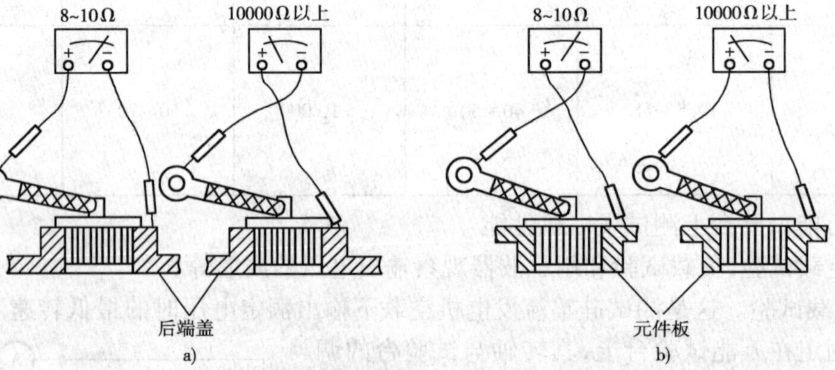

图 2-33　用万用表检查二极管

a)检查负极管;b)检查正极管

测量压装在后端盖上的 3 个负极管子时,将万用表"－"表棒(黑色)触及端盖,"＋"表棒(红色)触及二极管的引线(图 2-33a),电阻值应在 8～10Ω 范围内,然后将两表棒交换进行测量,电阻值应在 10000Ω 以上。测量装在元件板上的 3 个正极管子时用同样的方法,测试结果应相反(图 2-33b)。如果以上测试正、反向电阻均为零,则说明二极管短路;正、反向电阻值均为无穷大时则说明二极管断路。短路和断路的二极管应予以更换。

更换二极管时,要弄清二极管的极性:负极搭铁的交流发电机压装在后端盖或负元件板上的二极管子为负极管子,压装在正元件板上的二极管为正极管子。安装时不要装错,否则会烧坏二极管。如果管壳上的标记不清楚或无标记,可用万用表判断二极管的极性。

拆装二极管时,必须用专用工具(顶套和压套)在小压床或台虎钳上顶出来,再慢慢压进去,严禁敲击。管与管孔配合应适当,不宜过紧或过松。

用其他型号二极管进行替换时,注意新的二极管的额定正向平均电流和反向工作峰值电压应与被替换的旧二极管相符。

2)转子

转子表面不得有刮伤痕迹,应清洁不得有油污,两滑环之间不得有污物,否则可用于布稍浸点汽油擦净。当滑环脏污并有烧损时,可用"00"号细沙布磨光、擦净。若严重烧伤或磨损不均时,可在车床上少量车削,且保证表面粗糙度应不大于某一值 ,车削后滑环厚度应不小于 1.5mm,否则应更换。用游标卡尺测量滑环的外径,不得小于标准直径 0.5mm,否则更换,如图 2-34 所示。

(1)励磁绕组在工作过程中,其端头的焊点或绕组的抽头受振动、轴向拉力影响而出现断路或短路故障,可用万用表(R×1k 挡)进行检测,如图 2-35 所示。

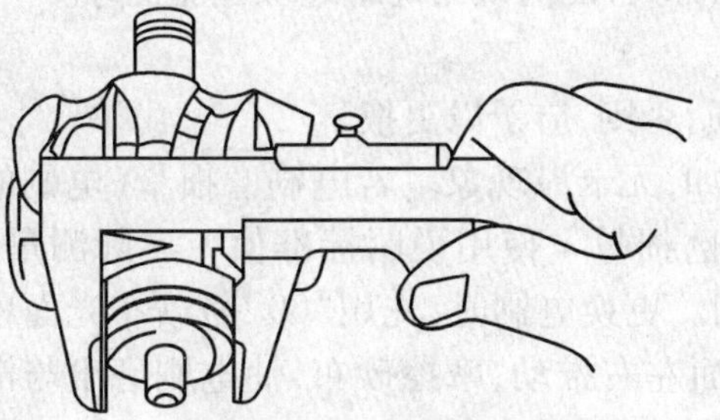

图 2-34　滑环的检测

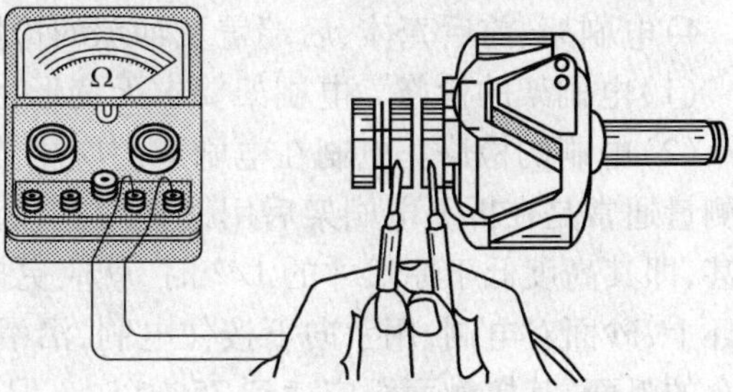

图 2-35　励磁绕组检查

将表笔分别与两滑环相接触，所得结果应与规定的电阻值相符，如 EQ1092：4～5Ω；CA1092：4～5Ω；奥迪：3～4Ω。如果所测量的励磁绕组电阻值与规定的相符合，说明该绕组良好；如果测量的绕组电阻为无穷大，说明该绕组断路；如果所测量的绕组电阻值小于规定值，说明该绕组匝间有短路。

(2)励磁绕组绝缘性能的检查。如图 2-36 所示。用万用表 R×10k 挡进行检测，将万用表的一个表笔触及滑环，另一个表笔触及爪形磁极或转轴，若万用表指针不摆动，说明绝缘良好；若万用表指针摆动，说明绝缘不良，应更换转子总成。

(3)转子铁心及转子轴的检测。转子铁心不得有松旷的现象；转子的直线度检查，轴外圆与滑环对其轴线的径向跳动不应大于 0.10mm，否则应进行校直，如图 2-37 所示。

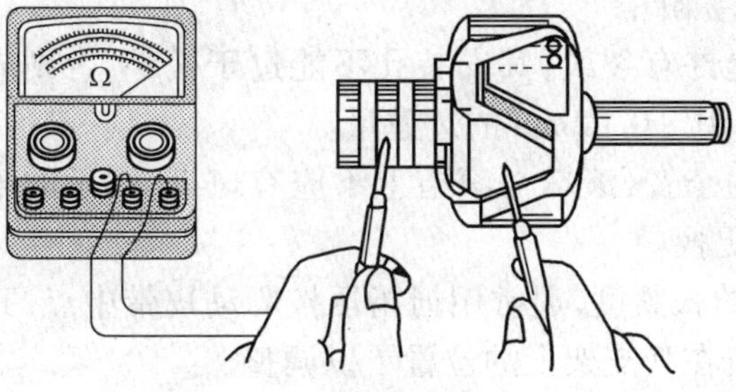

图 2-36　励磁绕组搭铁检查

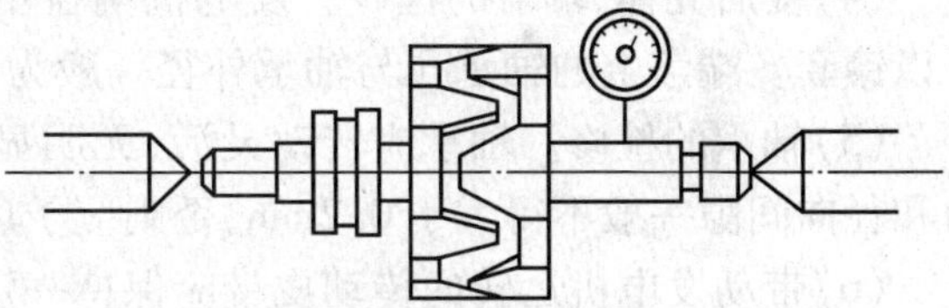

图 2-37　转子铁心及转子轴的检测

3)定子

(1)绕组短路检测。外观目测检查。绕组的漆包线变成焦糊色或严重脱漆皮，可以闻到有严重的焦糊味，说明定子绕组有短路故障。

用万用表检查两相间短路情况。将万用表拨到 R×1k 挡(注意，检测前应将定子线圈的三相线头与整流元件分开，中性点“N”接线柱引出线头脱焊分离)，用万用表两表笔分别检测两相之间的线头。若万用表指针不动，说明两相间无短路；若测量某两相之间指针偏转，说明两相间有短路，应重绕绕组或更换定子总成。

用万用表检查相间断路情况。将万用表拨到 R×1k 挡，用万用表两表笔测量每相的两个端子，若测得两相间电阻很小(＜1Ω)，说明无断路；若测得某相间(或某两相间)电阻值趋于无穷大，说明被测量的某相(或两相)间有断路(或称开路)。

(2)绕组搭铁的检查。将万用表拨到 R×1k 挡或 R×10k 挡，用万用表的一个表笔接触某相的线端，另一个表笔接触定子的壳体。若表针摆动，电阻值很小或为零，说明该相有搭铁故障,应重绕定子绕组或更换定子;若测得的电阻值无穷大,说明该相绕组绝缘性能良好。

4)电刷架、前后壳体、后端盖及轴承的检修

(1)电刷架的检修。电刷架要求无变形、无破损,否则,应予以更换。

(2)电刷的检修。电刷在电刷架内应能活动自如,无卡滞现象。若电刷磨损量(电刷的长度测量通常是在拆下电刷架后用钢直尺直接测量,磨损量 = 使用说明标准值 - 实际测量值)过甚,即其高度低于原尺寸的1/2时,就应更换电刷。更换电刷时,先用“00”号砂布光面覆在滑环上,砂面对电刷,用手向下按住电刷,沿滑环弧面左右推动,摩擦砂布,使电刷磨出与滑环吻合的弧面,其接触面积应达到75%以上,保证电刷与滑环贴合良好。

电刷与滑环的接触表面应无油污,滑环表面无明显的氧化层。

(3)电刷弹簧的检修。电刷弹簧的自由长度应符合维修使用说明要求,而且要使用弹簧秤对弹簧的弹力进行检测,如图2-38所示。

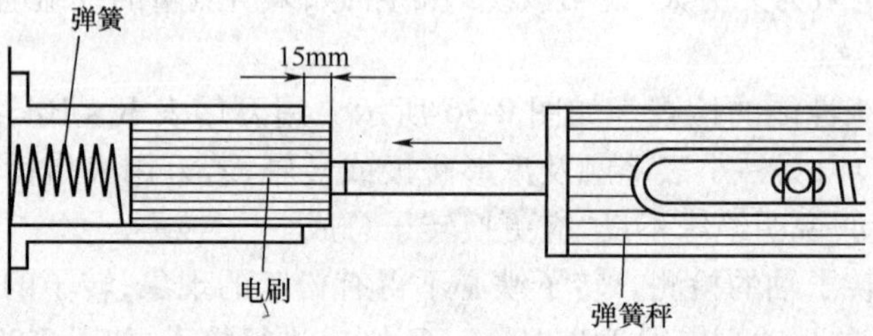

图2-38 电刷弹簧的检修

(4)前后壳体、端盖的检修。发电机端盖不允许有裂纹,其安装孔不能过于松旷,否则应予以镶套。端盖上的轴承孔与轴承外径一般为0.01~0.02mm的过盈量。

(5)轴承的检修。轴承应转动灵活,无明显的杂音,滚珠与滚道上不应有斑点,轴承的轴向和径向间隙一般不得大于0.2mm,否则应予以更换。

(6)带动发电机运转的传动皮带应保持一定的张紧度,通常用拇指压按驱动皮带中点,其挠度应为10mm左右,否则应通过改变交流发电机在其支架上的位置予以调整。

3. 试验

随着电脑普及,电脑技术在汽车故障诊断方面的应用日益广泛。发动机综合性能分析仪就是其中的一个例子,它能对发动机各系统工作状态的静态和动态参数进行分析,为发动机技术状态判断和故障诊断提供科学依据。随着计算机软件的升级,发动机综合分析仪具有的功能越来越多,对发电机性能也可以进行检测,通常由信号提取系统、前端处理器、主电缆、PC主机、彩色显示器和打印机组成。

二、调节器的检修

充电系出现故障,经检查确定发电机工作正常而调节器有故障时,应将调节器从电源系中拆下,进行检修或更换。

1. 检查

检查调节器连接部位有无松脱、生锈,搭铁是否良好,并对调节器的性能进行试验。图2-39所示的是集成电路调节器的试验电路。

首先拆下整体式发电机上所有连接导线,如图 2-39 所示,在蓄电池和发电机"L"接线柱之间串连一只 5A 的电流表(也可用 12V20W 或 24V25W 车用灯泡代替),将可调直流稳压电源的" + "端接发电机的"IC"接头," - "端与发电机外壳或"E"相接。调节直流稳压电源,使电压缓缓升高,直至电流表读数为零或测试灯泡熄灭,该电压值就是调节器电压值。如果该值符合规定,则说明调节器正常;否则,说明调节器有故障,应予以更换。

至于其他类型的调节器也可以依照上述方法检查。

注意:接线时应搞清楚调节器各引脚的正确含义并正确连接,否则会因接线错误而损坏调节器。

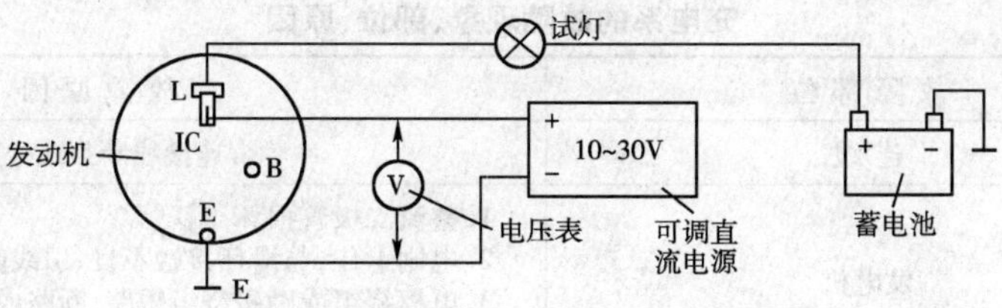

图 2-39 集成电路调节器的试验电路

2. 晶体管调节器的调整

当确认晶体管调节器的调节电压过高或过低时,应进行调整。

有的晶体管调节器外壳上有一电位器心轴,可用螺钉旋具调整,如 JFT201 型晶体管调节器。

有可调电位器的晶体管调节器的调整,根据调节器的搭铁形式按图 2-40 所示连接。

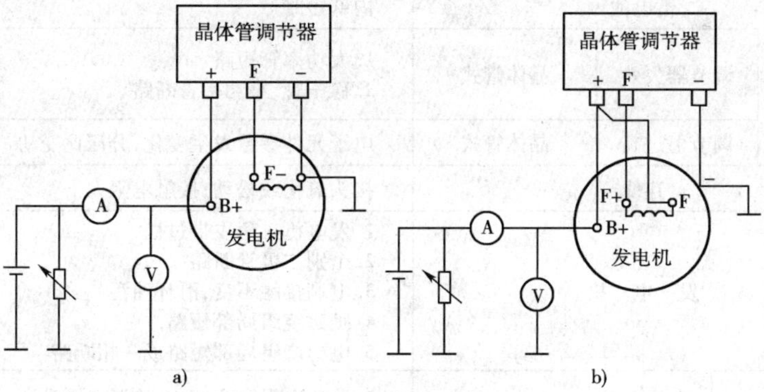

图 2-40 有可调电位器的晶体管调节器的调整与试验

在试验时,将发电机转速控制在 3000r/min,调节可变电阻,使发电机处于半载时,记下调节器所维持的电压值,该电压值应符合规定的范围,一般为 14V ±0. 5V(12V 电系)或 28V ±0. 5V(24V 电系)。

调整时,先将调节器外壳上的电位器轴心的锁紧螺母旋松,再用螺钉旋具旋动心轴,直到电压表上显示发电机的输出电压达到规定的电压调节值,然后在发电机工作转速的范围内变化转速。若发电机的输出电压不超过规定的范围,说明调整正确;否则,要重新调整。调整好后,锁紧螺母,经复查无误后,可交付使用。

由于集成电路调节器都是用环氧树脂封装或用塑料模压而成的全密封结构,因此经检测确认损坏或失调后,只能更换新的,因无法修复或调整。

课题五　充电系常见故障及诊断

筑路机械充电系通常由蓄电池、电流表、点火开关、交流发电机等组成。

一、充电系统常见故障及排除

现将充电系的故障现象、故障部位及故障原因等简明地列于表 2-8 中。

充电系的故障现象、部位、原因　　表 2-8

故障现象	故障部位			故障原因
不充电	连线			连接线断裂或松脱
	发电机			1. 整流二极管损坏 2. 电刷卡住,与滑环接触不良、引线断开 3. 电枢绕组或励磁绕组短路、断路或搭铁 4. "磁场"接线柱绝缘损坏而搭铁
	调节器	晶体管式		1. 大功率管断路 2. 稳压管或小功率管短路 3. 续流二极管短路 4. 调整不当
		继电器		1. 继电器线圈断路、短路 2. 触点严重氧化、烧蚀、脏污,使其接触不良
充电电流过大	蓄电池			内部短路
	调节器	调节器失效	晶体管式	1. 大功率管短路 2. 稳压管、小功率管断路
		调节值过高	晶体管式	电子元件参数发生变化,分压比变动
充电电流过小	连线			接头氧化或松动,接触电阻大
	发电机			1. 发电机三角皮带过松 2. 个别二极管断路 3. 电刷接触不良,滑环油污 4. 励磁绕组局部短路 5. 电枢绕组局部短路或一相断路
	调节器	晶体管式		1. 分压电阻阻值变化,检测电压升高 2. 感受稳压管反向击穿电压降低 3. 开关管偏流电阻值变化
		继电器		触点接触不良或线圈局部短路
充电电流不稳	发电机			1. 发电机三角皮带较松,有时打滑 2. 电刷磨损过甚,弹力不足,接触时好时坏 3. 励磁绕组定子绕组即将断路、短路 4. 接线松动,接触时好时坏
	调节器	晶体管式		1. 电子元件即将断路、短路 2. 线路板元件松动
		继电器		1. 触点接触不良 2. 线圈即将断路、短路

以磁场内搭铁交流发电机为例进行故障分析,其充电系的基本线路连接如图2-41所示。其中的充电电路为发电机正极→电流表正极接线柱→电流表负极接线柱→保险→起动机开关主线接柱→蓄电池正极→蓄电池负极→电源总开关→搭铁→发电机负极;激磁电路分为两路:一路为他励电路:蓄电池正极→起动机开关主线接线柱→保险→电流表负极接线柱→电流表正极接线柱;另一路为自励电路:发电机正极→电流表正极接线柱。上述两条电路均为继续通往点火开关→调节器正极接线柱→调节器"F"接线柱→发电机"F"接线柱→发电机磁场绕组→搭铁,然后分别通往蓄电池负极和发电机负极。

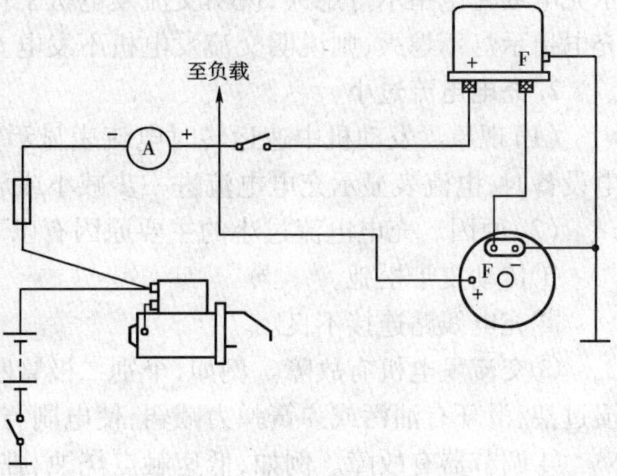

图2-41 充电系基本线路

通常可通过电流表(或充电指示灯)来发现充电系所存在的故障或判断充电系的工作是否正常。充电系的常见故障有不充电、充电电流过大或过小或不稳等。

1. 不充电

(1)现象。发动机中速运转时电流表指示放电或充电指示灯明亮。

(2)原因。不充电主要有以下4个方面:

①传动皮带松弛。

②充电电路和励磁电路的连接导线脱落或折断。

③交流发电机内部有故障。例如,定子三相绕组之间短路或搭铁;励磁绕组短路或断路;硅二极管断路或短路;电刷在刷架内卡住,使其与滑环不能接触;交流发电机磁场接线柱的绝缘损坏而搭铁等。

④调节器有故障。例如,弹簧过松使调节电压值低于蓄电池的电动势;低速触点氧化、烧蚀、脏污;高速触点相碰等。若是电子调节器,则可能是大功率管(输出级)短路或因其他元件损坏而不能导通。

(3)诊断。针对不充电的上述原因,该故障检查(诊断、排除)的步骤如下:

①检查传动皮带是否松弛。一般用拇指按压传动皮带的中部,挠度为10mm左右为合适。

②检查充电电路、励磁电路中各元件上的导线接头是否松脱。

③检查充电电路是否断路。其方法是用车辆照明小灯作试灯,一段搭铁、另一端触及交流发电机"+"接线柱。试灯亮说明充电线路正常,反之则表明充电线路断路。可按此方法对充电电路的各接线柱逐个进行检查,找出断路处。

④检查励磁电路是否断路。接通点火开关,用上述(3)方法将试灯的另一端分别触及调节器的"+"、"F"接线柱和交流发电机"F"接线柱,以检查励磁电路是否断路和调节器低速触点的接触情况。试灯亮说明线路正常,反之则表明该点至蓄电池"+"极之间有断路处。

⑤检查交流发电机是否发电。在线路良好的情况下,用另一根导线将调节器"+"与两接线柱连接起来,然后起动发动机并使其中速运转(此时调节器不起作用),观察电流表。若显

示充电或充电指示灯熄灭，说明交流发电机工作正常，故障在调节器；若电流表仍显示放电或充电指示灯不熄灭，则说明交流发电机不发电。

2. 充电电流过小

(1)现象。发动机中速运转时电流表显示充电电流过小，当接通前照灯或功率较大的用电设备时，电流表显示充电电流进一步减小或放电。

(2)原因。充电电流过小的主要原因有以下 4 个方面：

①传动皮带松弛。

②充电线路连接不良。

③交流发电机有故障。例如，个别二极管断路；定子绕组有一相连接不良或断路；电刷磨损过甚、滑环有油污或弹簧弹力减弱，使电刷与滑环接触不良。

④调节器有故障。例如，低速触点烧蚀、脏污等造成接触不良；弹簧弹力减弱使调节电压值过低。

(3)诊断。充电电流过小的诊断方法，基本上与不充电故障的诊断方法相同。

3. 充电电流过大

(1)现象。发动机中速运转时电流表指示出大电流(30A 以上)充电，蓄电池电解液消耗过快，交流发电机容易过热，指示灯泡易烧坏等。

(2)原因。充电电流过大的故障主要原因在调节器。

①电磁振动式调节器的低速触点烧结。

②磁化线路断路。

③温度补偿电阻烧断。

④调节器搭铁不好。

⑤弹簧弹力过大，使调节电压值过高等。

晶体管调节器的大功率管(输出级)击穿或稳压二极管断路等故障造成大功率管无法控制励磁电路。

另外，蓄电池亏电过多或内部短路也会造成充电电流过大。

(3)诊断。该类故障多为调节器失效、调节电压值过高或蓄电池内部短路所引起的。诊断时应首先判断蓄电池是否内部短路，然后脱开调节器，短接交流发电机“+”与“F”接线柱，让交流发电机单独发电、对蓄电池充电。

①充电电流不变，说明调节器完全失控。

②充电电流加大，说明调节器仍有控制能力，仅调节电压值过高。此时可接回原线路，适当减小弹簧的弹力。

4. 充电电流不稳

(1)现象。发动机正常运转时电流表指示充电，但指针总是左右摆动。

(2)原因。充电电流不稳的故障主要原因有以下 5 个方面：

①传动皮带松弛。

②交流发电机内部单相定子绕组断路或个别二极管断路。

③充电电路、励磁电路(包括交流发电机和调节器内)接线松动。

④交流发电机电刷磨损过甚，电刷弹簧弹力减弱或折断，滑环积污过多。

⑤调节器搭铁不牢,调节器触点有烧蚀、油污现象;晶体管调节器个别元件松动等。

(3)诊断。充电电流不稳故障的诊断可参考上述3中的方法。

5. 交流发电机及调节器的使用注意事项

交流发电机和调节器在使用与维护中应注意以下几点:

(1)JF系列交流发电机均为负极搭铁,因此蓄电池必须是负极搭铁,否则蓄电池将通过硅二极管放电,并使硅二极管烧坏。

(2)交流发电机运转时不得用试火花的方法检查其是否发电,因为交流发电机完好时试火花,忽通忽断的电流会使定子绕组产生过电压烧坏二极管。

(3)发现交流发电机不发电时应及时找出故障并加以排除,不应让其继续运转,否则会引起二极管或定子绕组的烧坏。

(4)硅二极管与定子绕组连接时绝对禁止用兆欧表或220V的交流电源检查交流发电机的绝缘情况,否则将使二极管击穿而损坏。

(5)发动机熄火时应将点火开关断开,否则蓄电池将长期通过励磁绕组和调节器的磁化线圈放电并使其烧坏。

(6)交流发电机与蓄电池之间的导线应连接牢固,防止其突然断开,否则会使交流发电机产生过电压而损坏二极管。

(7)交流发电机应配用专用的调节器,相互协调工作并接线正确。

(8)交流发电机充电电流过大时应及时查明原因,不得随意改变调节器的调节电压值。

(9)装用电子调节器时不得用试火花的方法检查线路的通断。

(10)机械未断开交流发电机线路之前,绝不能用充电机为蓄电池充电。

二、新型交流发电机简介

本节主要介绍无刷交流发电机的结构和工作原理,包括感应式、爪极式和具有励磁机的无刷交流发电机等。

1. 感应式无刷交流发电机

1)结构

感应式无刷交流发电机主要由定子、转子、整流器和机壳等组成,没有电刷与滑环(即无刷),故由此而得名。但它的转子是由齿轮状钢片铆成,其上有若干个沿圆周均匀分布的齿形凸极,而没有励磁绕组。励磁绕组和电枢绕组均安装在定子槽中,如图2-42所示。

2)工作原理

当磁场(励磁)绕组3沿图示方向通入电流后,在定子铁心1中产生固定的磁场——右上部和左下部为N极、左上部和右下部为S极,磁力线如图所示。由于转子4的凸齿部分磁阻最小,磁通容易通过,磁感应强度最大,从而形成磁极。但这个磁极没有固定的极性——当它转到定子右上部和左下部时为N极,转到左上部和右下部时为S极。可见定子上每个固定的电枢绕组只可能与同极性的凸极起作用,不存在旋转磁场。

转子在磁场内旋转,其凸齿正对着定子凸齿时磁通量最大。相反,当转子槽正对着定子凸齿时,磁通量最小。于是在定子铁心内就产生了脉冲磁通,定子绕组中感应出交变电动势,将电枢绕组以一定的方式连接起来,经三相桥式整流后变成直流电输出。

感应式无刷交流发电机的缺点是空载和负载转速较高，且比功率（单位质量所发出的功率）较低。

2. 爪极式无刷交流发电机

爪极式无刷交流发电机的构造，如图2-43所示。励磁绕组安装在交流发电机中部的托架上，托架固定在交流发电机的后端盖上。在托架与转子磁轭、托架与爪极之间均有一附加气隙，故这种交流发电机又可称为附加气隙式无刷交流发电机。另外，转子的两块爪极只有一块固定在转子轴上，另一块爪极则用非导磁连接环固定在前一爪极上，转子旋转时一块爪极带动另一块爪极旋转。

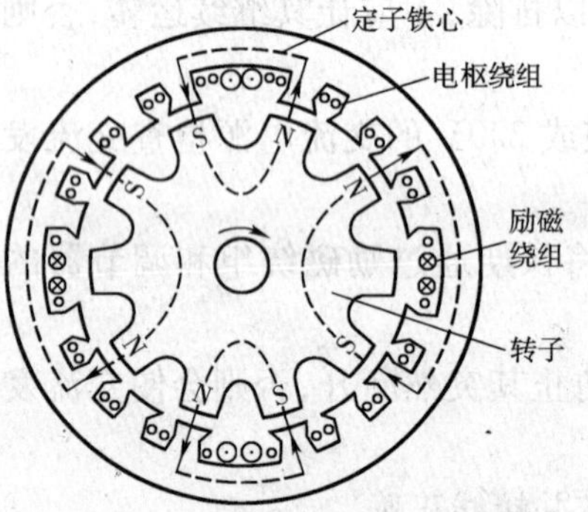

图2-42 感应式无刷交流发电机的励磁及电枢绕组

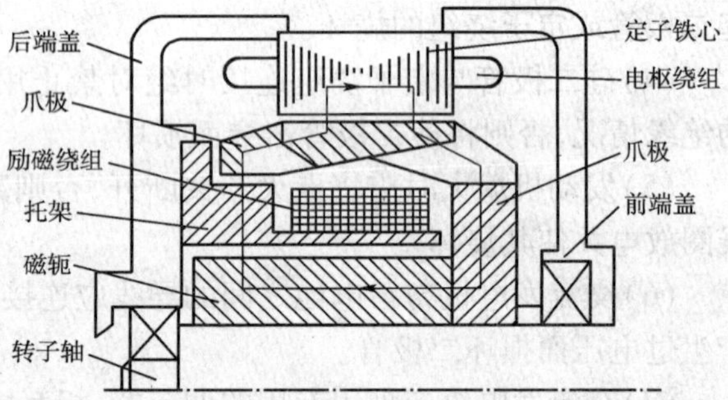

图2-43 爪极式无刷交流发电机

励磁绕组中有直流电通过时产生如图所示的磁通路径，即从转子磁轭→附加气隙→托架→附加气隙→左爪极（N极）→主气隙→定子铁心→主气隙→右爪极（S极）→转子磁轭，构成回路。转子旋转时在定子绕组中便产生三相交流电，经三相桥式整流后变成直流电输出。

爪极式无刷交流发电机由于省去了电刷和滑环，使用寿命长，维修方便，能适应各种恶劣环境。其不足之处是结构、工艺要求高。另外，由于磁路中增加了两个附加气隙，磁组增加，所以在输出功率相同的情况下必须增大励磁功率。

3. 具有励磁机的无刷交流发电机

具有励磁机的无刷交流发电机是在普通交流发电机的基础上，增加了一个励磁机。

励磁机是一台小型交流发电机，但励磁绕组固定，转子上绕有三相绕组。当发电机转子旋转时，在励磁机的三相绕组中便会感应出三相交流电，经二极管整流后变为直流电，供给主发电机的励磁绕组。这种结构形式的无刷交流发电机因装有励磁机，结构上比较复杂，所以仅在大功率交流发电机上采用。

实训　交流发电机充电系故障诊断与排除

一、实训目的和要求

（1）熟悉交流发电机充电系线路的连接。

（2）掌握交流发电机充电系不充电故障的诊断方法。

二、实训学时

2学时。

三、实训设备与器材

(1)发动机1台。

(2)蓄电池1个。

(3)万用表1个。

(4)12V小灯泡试灯10套。

(5)有关工具1组。

(6)配合实验用交流发电机充电系挂图一套。

四、实训内容与步骤

实训参考用原理图见图2-44所示。

不充电故障诊断:

(1)起动发动机,缓缓加大节气门,至中速运转(1500r/min),观察电流表(或充电指示灯)若电流表指示放电(或充电指示灯点亮,或在电池亏电的情况下充电电流为零)即说明充电系有不充电故障。

(2)将发动机熄火,检查风扇皮带张力是否适当。

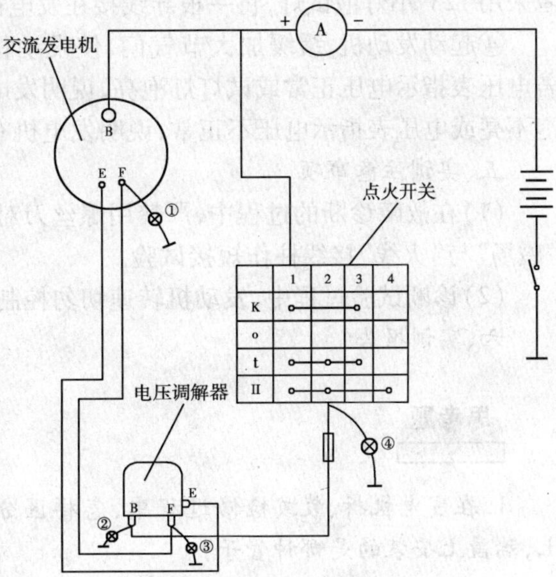

图2-44　交流发电机充电系故障原理图

(3)检查发电机、调节器等充电系各电器接线柱上的导线连接是否牢固或脱落。

(4)检查充电回路是否良好。方法是:

将12V小灯泡试灯(或万用表)的一根导线接在发电机“电枢”(B)接线柱上,另一根导线搭铁(图2-44)。如果试灯亮(或万用表指示电压正常),说明从发电机“电枢”(B)接线柱→电流表→起动机主电路接线柱上的导线连接良好(检查是在发动机不运转情况下)。

(5)检查励磁电路是否良好。方法是:

①接通点火开关,将12V小灯泡试灯的一根导线接发电机“磁场”(F)接线柱,另一根导线搭铁,见图2-44表中1。若小灯泡亮说明励磁回路正常,故障在发电机本身;若小灯泡不亮或亮度不够,说明励磁回路断路或调节器触点烧蚀、脏污。

②将试灯一根导线接调节器“磁场”(F)接线柱,另一根导线搭铁,见图2-44表中3。若小灯泡亮,说明断路故障在调节器和发电机两“磁场”接线柱之间;若小灯泡不亮,进行第3步检查。

③将试灯一根导线接调节器“点火”(B)接线柱,另一根导线搭铁,见图2-44表中2,若小灯泡亮,说明调节器有故障;若灯仍不亮,进行第4步检查。

④将试灯一根导线接点火开关的“点火”接线柱,另一根导线搭铁,见图2-44表中4,若小灯泡亮,说明断路故障在调节器“点火”(B)接线柱到点火开关之间(可能是连接导线断路,或熔断丝烧断)。

(6)发电机性能的诊断。方法是:

①将调节器“点火”和“磁场”两接线柱上的导线拆下,将这两根导线接在一起,用绝缘胶布包好。

②拆下发电机“电枢”接线柱上的导线，并用绝缘胶布包好，以防搭铁产生火花。

③将万用表置于直流 50V 电压挡，“ + ”表笔接发电机“电枢”接线柱，“ - ”表笔搭铁；或者采用 12V 小灯泡试灯，将一根导线接在发电机“电枢”接线柱上，另一根导线搭铁。

④起动发动机，缓缓加大节气门，使发动机以 700 ~ 800r/min 运转，观察万用表或试灯。若电压表指示电压正常或试灯灯泡亮，说明发电机良好，不充电故障在调节器；反之，若试灯灯泡不亮或电压表指示电压不正常，说明发电机有故障，也可说明调节器正常。

五、实训注意事项

(1)在故障诊断的过程中，严禁用螺丝刀对发电机“电枢”接线柱作搭铁试火，或将调节器“磁场”与“火线”接线柱作短接试验。

(2)诊断试验过程中，发动机转速切勿控制过高。

六、实训报告

思考题

1. 在发电机拆、装或检修过程中，怎样区分正极管子和负极管子？在负极搭铁的发电机上，端盖上安装的是哪种管子？

2. 交流发电机在高速满载时，如果突然失去负载，对晶体管有何危害？为什么？

3. 硅整流交流发电机在拆、装过程中应注意哪些问题？

4. 发动机在中等转速运转时，汽车上电流表指示为“0”，充电系是否有故障？

5. 简述交流发电机充电系不充电故障，你如何诊断？

6. 在故障诊断的过程中，为什么严禁用螺丝刀对发电机“电枢”接线柱作搭铁试火。

Danyuansan

单元三 起动系

知识点

1. 起动机的组成、各组成部分的结构原理；
2. 起动机的工作特性；
3. 典型起动电路的工作原理。

技能点

1. 运用仪表、常用工具检测起动机；
2. 运用电器万能试验台检测起动机；
3. 典型起动电路的线路连接；
4. 起动机常见故障的原因分析及排除。

课题一 概 述

一、起动系的作用

凡是自行式工程机械的发动机都是靠外力起动的。常用的起动方式有人力起动、辅助汽油机起动和电力起动3种。人力起动最简单,但不方便,大部分工程机械上已不使用,在部分机械上仅作为后备起动方式。辅助汽油机起动系统结构复杂、操作麻烦,目前也很少采用,只在个别工程机械(如推土机)的柴油发动机上使用,其功率为主发动机功率的5%~20%。电力起动具有操纵轻便、起动迅速可靠、重复起动能力强等优点,因此被工程机械发动机所广泛采用。

起动系的作用就是产生起动转矩,带动发动机曲轴由静止转变为自行运转状态;当发动机进入自行运转状态后,便能自动立即停止工作。

二、起动系的组成

电力起动系统简称起动系,它由蓄电池、起动机、起动开关、起动继电器等组成,如图3-1

所示。

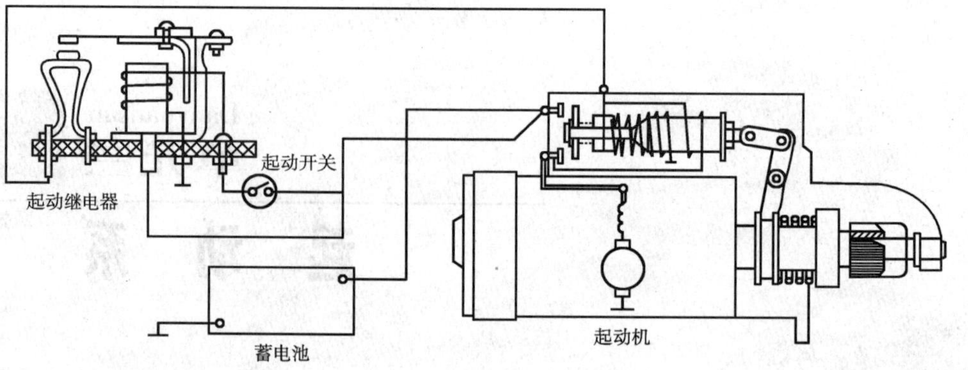

图 3-1　起动系的组成

蓄电池:为起动机提供电能。

起动机:将电能转变为机械能产生电磁转矩,带动发动机曲轴运转。

起动开关:控制起动系电源电路的接通与切断。

起动继电器:控制起动机电路的接通与切断。

起动时为增大转矩、便于起动,起动机与发动机曲轴的传动比:汽油机一般为 13 ~ 17,柴油机一般为 8 ~ 10。起动机驱动齿轮的齿数一般为 5 ~ 13 齿。

三、起动机的组成与解体

1. 起动机的组成

起动机一般由直流串励式电动机、传动机构和操纵机构 3 大部分组成,如图 3-2 所示。

直流串励式电动机的作用是将蓄电池输入的电能转换为机械能,产生电磁转矩。

传动机构的作用是在发动机起动时使起动机的驱动齿轮啮入飞轮齿圈,将起动机的电磁转矩传递给发动机曲轴,在发动机起动后又能使起动机的驱动小齿轮与飞轮齿圈自动脱开。

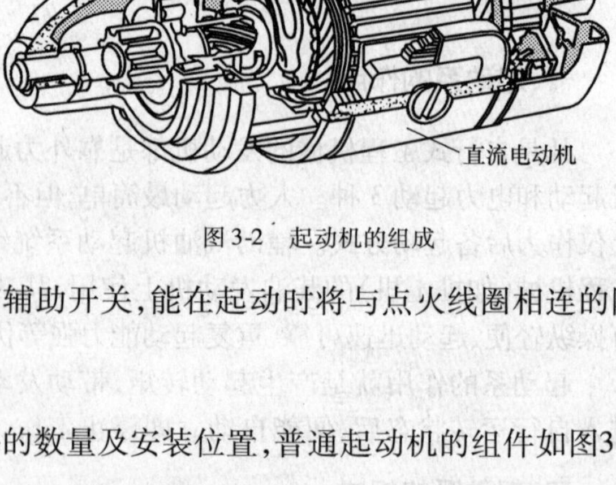

图 3-2　起动机的组成

操纵机构(又称电磁开关)的作用是接通或切断起动机与蓄电池之间的主电路,并产生驱动拨叉的电磁力。有些起动机操纵机构还有辅助开关,能在起动时将与点火线圈相连的附加电阻短路,以增大起动时的点火能量。

2. 起动机的解体

起动机解体时,应注意垫片、垫圈等小零件的数量及安装位置,普通起动机的组件如图3-3所示,解体步骤如下:

(1)拆下电磁开关与起动机接线柱之间的导电铜片。

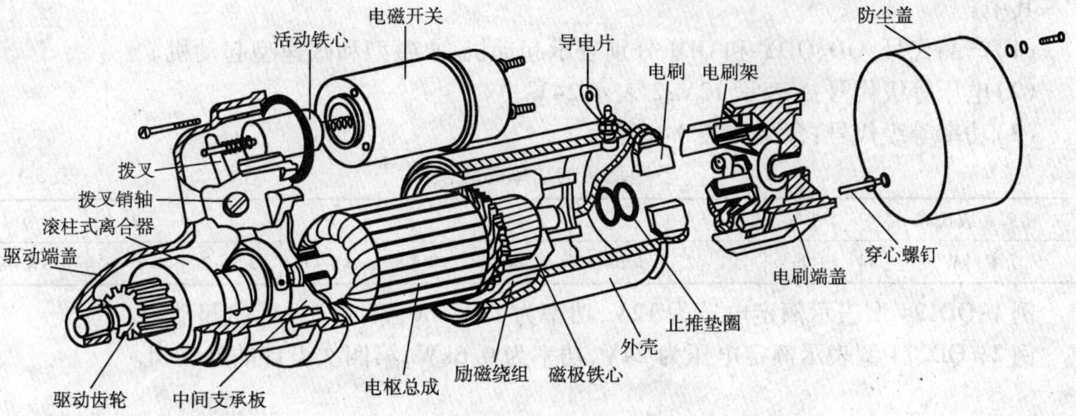

图 3-3 典型起动机分解图

(2)拆下电磁开关与壳体的紧固螺钉,取下电磁开关。

(3)拆下起动机防尘盖,用专用电刷钩取出电刷。

(4)作好装复记号,旋出两支穿心连接螺栓,使驱动端盖与磁极、电刷端盖分离,并注意转子换向器处止推垫圈片数。

(5)拆下中间支撑板,拆下拨叉销轴,从驱动端盖中取出电枢及单向离合器总成。

(6)拆下电枢轴上的卡簧,先取下挡圈,再取下单向离合器及中间支撑板。

(7)部分组合件无故障时不必彻底解体,如电磁开关、定子铁心和绕组、传动机构等。

(8)不同型号的起动机解体步骤有所不同,应按厂家规定的操作顺序进行。

四、起动机的分类与型号

1. 起动机的分类

按传动机构的啮合方式不同可分为:

(1)惯性啮合式起动机:其驱动齿轮借助惯性力自动啮入或脱离飞轮齿圈。

(2)强制啮合式起动机:靠人力或电磁力拉动拨叉,强制拨动驱动齿轮啮入或脱离飞轮齿圈的。

(3)移动电枢式起动机:靠起动机磁极磁通的吸力使电枢沿轴向移动,将驱动齿轮啮入飞轮齿圈的。

按操纵机构不同可分为:

(1)直接操纵式起动机:由脚踏或手拉杠杆联动机构直接控制起动机的机械式开关,接通或切断起动机主电路。

(2)电磁操纵式起动机:由起动按钮或点火开关控制起动机电磁开关,通过电磁开关接通或切断起动机主电路。

2. 起动机的型号

根据标准 QC/T73—93 的规定,起动机型号由 5 部分组成:

产品代号	电压等级代号	功率等级代号	设计序号	变型代号

其中：

(1)产品代号：QD、QDY 和 QDJ 分别表示起动机、永磁型和减速型起动机。

(2)电压等级代号：1 表示 12V；2 表示 24V。

(3)功率等级代号：含义如表 3-1 所示。

起动机的功率等级代号 表 3-1

功率等级代号	1	2	3	4	5	6	7	8	9
功率(kW)	~1	>1~2	>2~3	>3~4	>4~5	>5~6	>6~7	>7~8	>8~9

例 1：QD124 型表示额定电压为 12V，功率为 1.47kW，第四次设计的起动机。

例 2：QD274 型表示额定电压为 24V，功率为 6.6kW，第四次设计的起动机。

课题二　直流串励式电动机的构造及检测

直流串励式电动机主要由磁极、电枢、电刷及电刷架、机壳和端盖等组成，如图 3-4 所示。

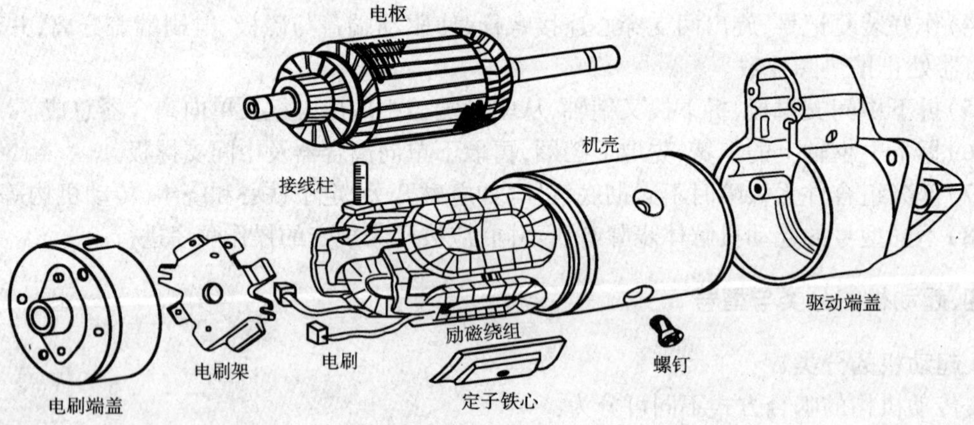

图 3-4　直流串励式电动机的构造

一、磁极

1. 磁极的组成与作用

磁极（或定子）由定子铁心和励磁绕组组成，其作用是产生电磁场。

定子铁心用低碳钢制成，并用螺钉固定在外壳上，利用外壳构成磁路。励磁绕组绕在铁心的外面形成磁极。为增大起动机的转矩，磁极的数量较多，一般为 4 极，功率超过 7.35kW 的起动机有用 6 个磁极的。如图 3-5 所示，励磁绕组由扁铜带（矩形截面）绕制而成，其匝数一般为 6～10 匝，铜带之间用绝缘纸绝缘，并用白布带包扎好，浸上绝缘漆烘干。各个线圈的绕向应保证通电后产生的磁场 N 极和 S 极相间排列，即同名磁极相对。

一般磁场绕组的各个线圈串联在一起，然后再与电枢绕组串联，如图 3-6a)所示。有的起动机磁场中是每两极线圈分别串联后再并联的接法，如图 3-6b)所示。这种连接可以在导线截面相同的情况下增大起动电流，提高起动转矩。

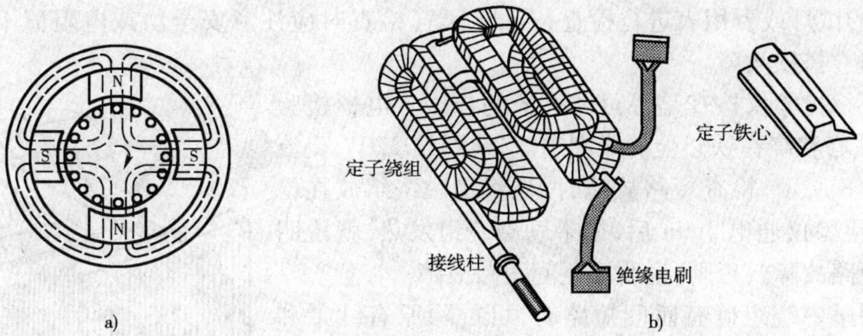

图 3-5　励磁绕组与磁路

a）磁路；b）励磁绕组

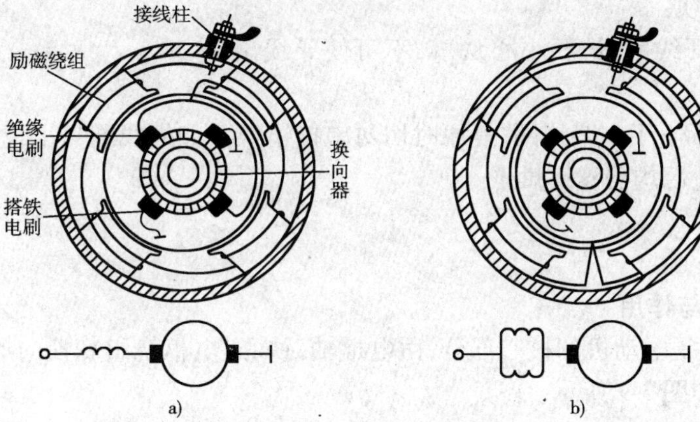

图 3-6　励磁绕组与电枢绕组的联结方式

a）四个线圈串联；b）两串两并

2. 励磁绕组的检测

励磁绕组的导线截面积比较大，发生断路的可能性很小。但如果大电流通过、发热时间过长或铁心松动，则很可能导致绝缘损坏，引起搭铁或短路等故障。

励磁绕组搭铁故障的检查分简易方法检查和仪器检查两种。简易检查可用图 3-7a）或图

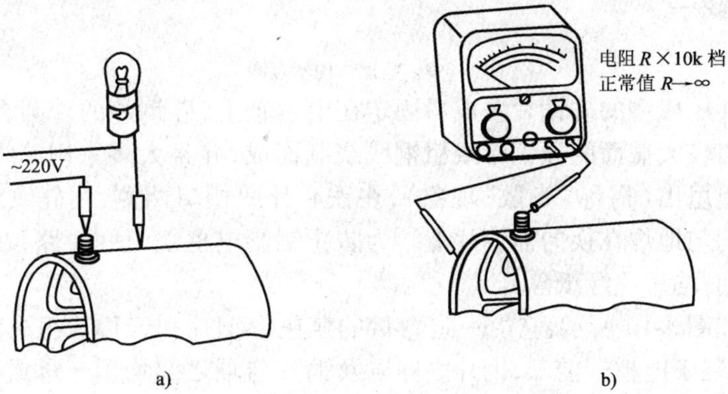

图 3-7　励磁绕组搭铁故障的检查

a）试灯法；b）用万用表测量

3-7b)所示的试灯或万用表进行检查,若试灯亮(检查时应注意安全!)或电阻值不为∞,都说明励磁绕组有搭铁故障。

使用电枢检验仪检查是最可靠有效的方法。电枢检验仪由U形铁心和绕在铁心上的线圈组成,线圈接220V交流电。如图3-8所示,检查短路故障时,先将励磁绕组放在检验仪上,当检验仪通电3min后,如果励磁绕组发热,就说明匝间存在短路故障。否则,说明无匝间短路故障。

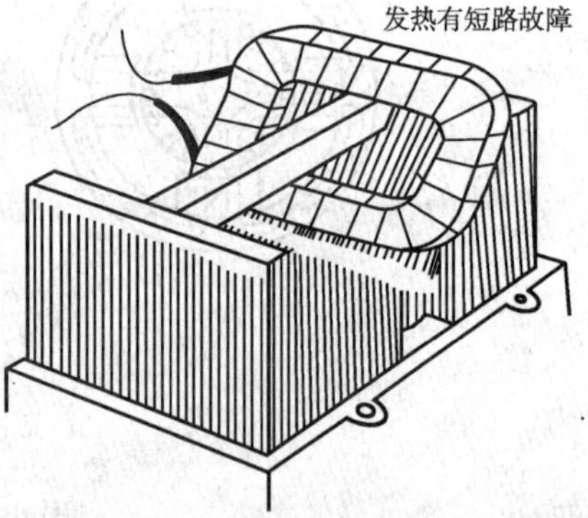

图3-8　励磁绕组短路故障的检查

当查明励磁绕组确有匝间短路时,可拆除原有纱带和绝缘纸,用小刀剥开线圈,一层一层地夹入新的绝缘纸(宽度与导线相同),再用新纱带包扎、浸漆、烘干即可。

修理时注意事项:

(1)用小刀拨开线匝时,要小心从事,不可使导线出现塑性变形。

(2)如果同时拆下了4个线圈,复原时切勿串接错误。如果线圈只出现搭铁故障,仅用新纱带包扎,重新包扎后均需浸漆烘干。

二、电枢

1. 电枢的组成与作用

电枢(或转子)是电动机的核心部分,由电枢轴、铁心、电枢绕组和换向器等组成。其作用是产生电磁转矩,如图3-9所示。

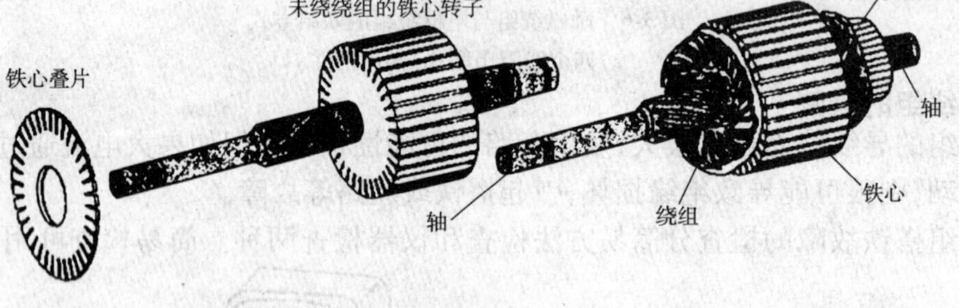

图3-9　电枢结构示意图

电枢铁心由冲压成型的硅钢片叠成后固定在电枢轴上,硅钢片的外圆有槽用来嵌装电枢绕组。电枢绕组由较大截面的裸铜带或粗铜线绕制而成,并且大多采用波绕法。为防止转子高速运转时将绕组甩出(俗称“飞散”现象),在铁心片线槽口两侧,用轧纹将电枢绕组挤紧。电枢绕组的端头均匀地焊在换向器铜片上。为防止铜制电枢绕组间短路,在铜线与铜线之间及铜线与铁心之间,均用绝缘纸隔开。

换向器结构如图3-10所示,它由一定数量的燕尾形铜片和云母片组成,并用轴套和压环组成一个整体,压装于电枢轴前端,铜片之间以及铜片与轴之间均用云母或硬塑料片绝缘,换向器铜片与电枢绕组线头采用锡焊连接。换向器的作用是:换向器与电刷配合将电流引入励磁绕组维持电枢轴定向转动。

2. 电枢绕组的绕线方法

直流电动机的电枢绕组有叠绕法和波绕法两种形式。起动机中一般采用波绕法。

波绕法的特点是每个线圈的两端分别焊在相隔较远的两个换向片上，而且互相连接的两个线圈也相隔较远，如图 3-11 所示。图中 Y_1 为线圈节距。即每个线圈两个有效边在电枢上所距离的槽数，约等于两极间的距离(极距)，如极距不是整数，Y_1 必须是整数。

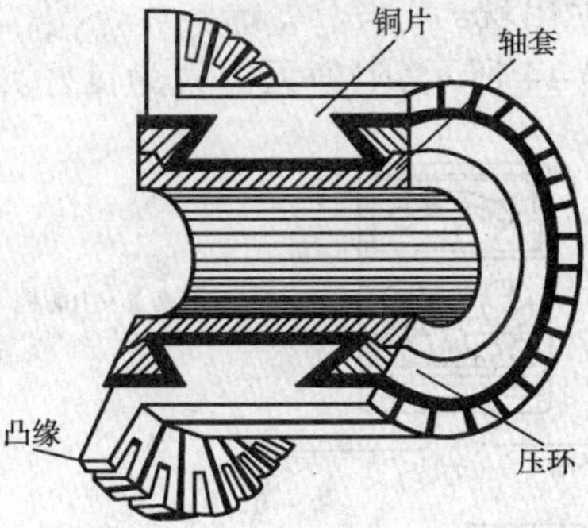

图 3-10 换向器的结构

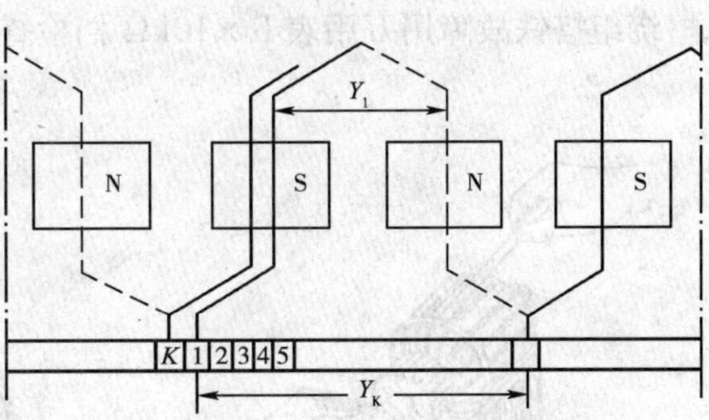

图 3-11 电枢绕组的波绕法

$$Y_1 = \frac{Z}{2P} \pm \varepsilon$$

式中：Z——电枢铁心的槽数；

P——磁极对数；

ε——使 Y_1 凑成整数的一个分数。

图中 Y_K 为换向节距。即线圈起端和末端相接的换向片之间的距离，一般以相隔的云母片数计算。

$$Y_K = \frac{K \pm 1}{P}$$

式中：K——换向器片数；

P——磁极对数。

上式中正、负号的选择要满足 Y_K 为一整数。取正号为右行绕组；取负号为左行绕组。一般都采用右行绕组。左、右行绕组如图 3-12 所示。

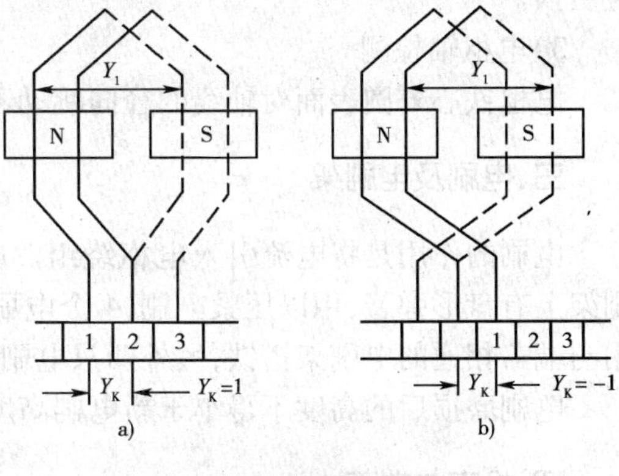

图 3-12 电枢绕组的联接方式

a)右行绕组；b)左行绕组

采用波绕法时，由于线圈总是朝一个方向移动，形如波浪，故得波绕法之称。

电枢绕组采用波绕法时，所有 N 极下的线圈串联成一条支路，所有 S 极下的线圈串联成另一条支路，所以电枢绕组只有两条并联支路。电枢转动时，每个线圈不断地从一条并联支路转入另一条并联支路，线圈中的电流方向改变，这一过程即是所谓的换向过程。

3. 电枢的检测

1）电枢绕组的故障检测

电枢绕组易出现的故障有:断路、短路和搭铁。

电枢绕组的断路故障通常发生在绕组与换向器片上的焊接处,一般都能发现。

电枢绕组短路故障一般用电枢检验仪检查。如图3-13所示,将电枢放在检验仪上(或电器试验台上),将一钢片放在电枢顶面的槽上,检验仪通电后,钢片的空间位置不动,慢慢转动电枢。若发现钢片在某些槽上振动,并发出蜂鸣声,说明该槽内的线圈发生了短路。当电枢铁心槽上、下两层导线发生短路时,蜂鸣现象将会在所有槽上出现。

电枢绕组搭铁故障用万用表 R×10kΩ 挡检查,如图3-14所示,阻值无穷大为良好。

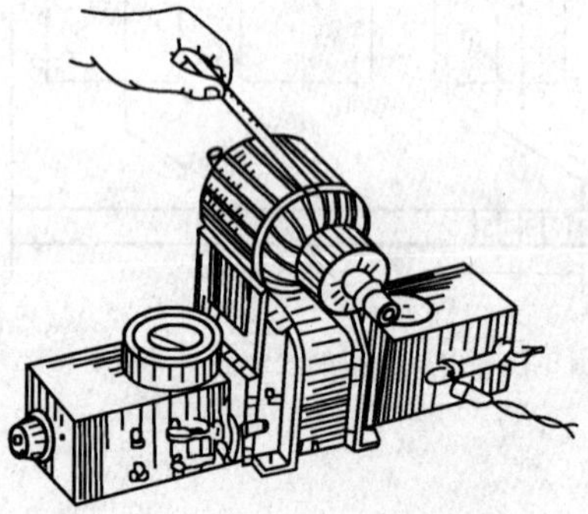

图3-13 电枢绕组短路检查

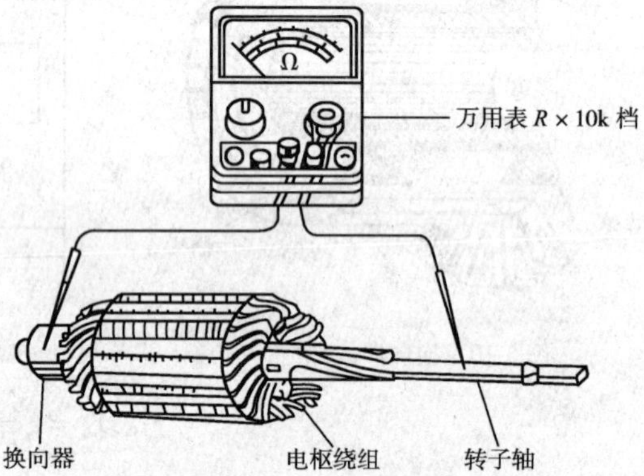

图3-14 电枢绕组搭铁检查

2)换向器的故障检测

换向器的故障多为表面烧蚀、云母层突出等。轻微烧蚀的用"00"号砂纸打磨即可,严重烧蚀或失圆(圆柱度超过0.25mm)时应精车加工,但换向器的剩余厚度不得小于2mm,否则应更换。

3)电枢轴检测

电枢铁心外圆表面对轴线的径向跳动不得大于0.15mm。

三、电刷及电刷架

电刷的作用是将电流引入电枢绕组。电刷由铜粉(80%~90%)和石墨粉压制而成。电刷架上有盘形弹簧,用以压紧电刷,4个电刷及电刷架装在电刷端盖上,其中两只搭铁电刷利用与端盖相通的电刷架搭铁,另外两只电刷与端盖绝缘。

电刷磨损后的高度不得小于新电刷高度的2/3,接触面积应大于75%。

四、机壳与端盖

机壳用钢管制成,一端开有窗口,用来观察电刷与换向器,平时用防尘箍盖住。机壳上有一个接线柱于内部磁场绕组的一端相接。壳内装有磁极。

驱动端盖上有拨叉座和驱动齿轮行程调整螺钉,轴承一般采用青铜石墨轴承或铁基含油轴承。两端盖与机壳体间接合面上一般有对位用的安装记号,它们靠两个穿心连接螺栓组装成一个整体。

课题三 直流串励式电动机的工作原理及特性

一、工作原理

直流串励式电动机是将电能转变为机械能的装置。它是根据通电导体在磁场中受到电磁力作用这一原理为基础而制成的，其工作原理如图3-15所示。

当接通直流电源时，电流由正电刷和换向片A流入，由负电刷B流出，此时线圈中的电流方向是由$a \to d$（图3-15a）。由左手定则可知线圈ab边和cd边分别受到向左和向右电磁力的作用，于是整个线圈在逆时针方向转矩的作用下而转动。当电枢转过半圈后，电刷改为与另一 换向片相接触，线圈中电流的方向为$d \to a$（图3-15b），但由于在N极和S极下线圈相应边中的电流方向保持不变，因此，其所受到的电磁转矩的方向也不变，电枢继续朝逆时针方向转动。

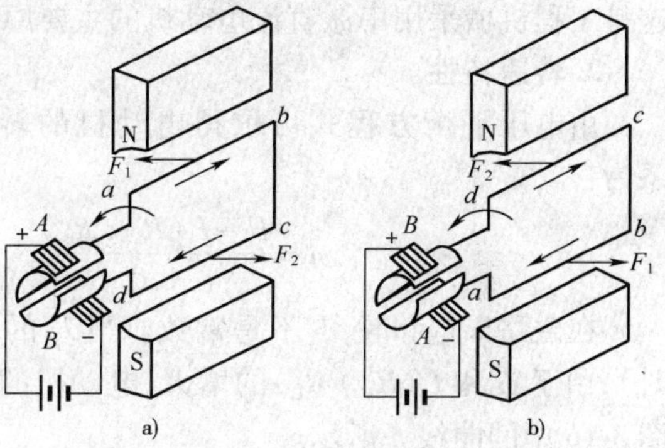

图3-15 串励式电动机的工作原理示意图

a）电流方向$a \to d$；b）电流方向$d \to a$

由于一个线圈所产生的转矩太小，且转速也不稳定，所以电动机的电枢绕组都是由很多线圈组成的，换向器的片数也随线圈的增多而增多。

电动机转矩M的大小与电枢电流I_a及磁极磁通ϕ的大小成正比即：$M = C_m \phi I_a$。

当电枢受到电磁转矩作用而旋转时，电枢绕组会因切割磁力线而产生感应电动势。电动势的方向与电枢电流的方向相反，亦称反电动势，大小为：

$$E_f = C_e \phi n$$

式中：C_e——与电机有关的常数；

n——电动机转速。

外加电压除一部分消耗在电枢绕组和励磁绕组的电阻R_a和R_L上外，其余部分则用来平衡电动机的反电动势E_f。用公式表示为：$U = E_f + I_a R_a + I_a R_L$ 该式称为电压平衡方程式，也是电动机运转时必须满足的一基本条件。

由上式求得电枢电流为：$I_a = \dfrac{U - E_f}{R_a + R_L} = \dfrac{U - C_e \phi n}{R_a + R_L}$

当电动机的阻力增大时，电枢转速就会降低，E_f随之减小，使I_a增大，结果是电磁转矩也增大，一直到电动机的电磁转矩与阻力矩相等时为止。这时电动机在新的负载下以新的转速稳定运转。相反，当电动机的负载减小时，电动机的电磁转矩会自动减小到与阻力矩相等，电动机在更高的转速下稳定运转。由上述可知，直流电动机具有转矩自动调节功能。

二、工作特性

1. 转矩特性

在串激电动机中，由于激磁绕组和电枢绕组是串联的，因此电枢电流和激磁电流相等。

在磁路未饱和时,磁极磁通 ϕ 与电枢电流 I_a 成正比,即 $\phi = C_n I_a$,电动机的电磁转矩为:

$$M = C_m \phi I_a = C_m C_n I_a I_a = C I_a^2$$

即电磁转矩与电枢电流的平方成正比。但在磁路达到饱和时,若继续增大电枢电流,磁极磁通 ϕ 几乎不变,此时电磁转矩与电枢电流成直线关系,如图 3-16 中的曲线 M 所示。

在起动瞬间,由于阻力矩很大,电动机处于完全制动的情况下,$n=0$,$E_f=0$,此时电枢电流达到最大值(称为制动电流),电磁转矩也达到最大(称为制动转矩),这样发动机便容易起动。这是工程机械采用串激直流电动机的主要原因。

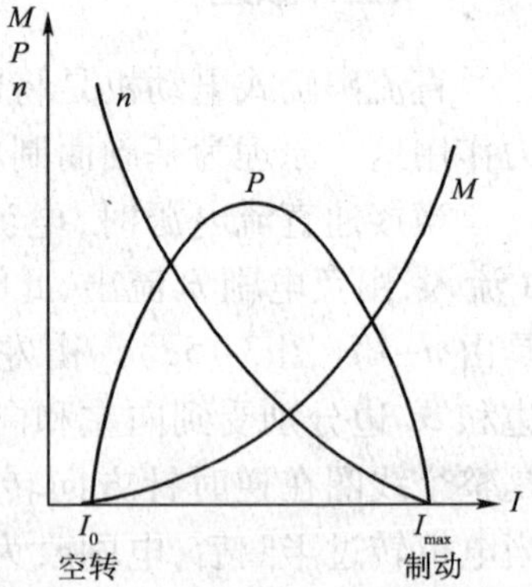

图 3-16 串励式电动机的特性曲线

2. 转速特性

由电压平衡方程式可求得电动机的转速与电枢电流的关系为:

$$n = \frac{U - I_a(R_a + R_L)}{C_e \phi}$$

在磁路未饱和时,ϕ 不是常数。当 I_a 的增大(机阻力矩增大时),由于 ϕ 和 $I_a(R_a + R_L)$ 的增大,电动机的转速将显著下降,如图 3-16 中的曲线 n 所示。

由于串激式直流电动机轻载时转速高,重载时转速低(即具有软的机械特性),故对起动发动机十分有利。因为重载时转速低,可使起动安全可靠,这是工程机械广泛采用串激式直流电动机的又一原因。

串激式直流电动机在空载和轻载时转速较高,容易造成"飞车"事故,因此功率较大的串激式直流电动机不允许在轻载或空载下运行。

3. 功率特性

电动机的输出功率 P 可通过电枢轴的输出转矩 M 和电枢的转速 n 来确定,即:

$$P = \frac{Mn}{9.55}$$

式中:M——转矩,N · m;

n——转速,r/min。

在完全制动($n = O$)和空载($M = O$)时,电动机的输出功率为零。当电流约为制动电流的一半时,电动机能发出最大功率,如图 3-16 中的曲线 P 所示。由于起动机每次的运行时间很短,允许它在最大功率下工作,所以把起动机的最大输出功率称为起动机的额定功率。

在实际使用中,起动机的输出功率受许多因素影响,其中主要影响因素有:

(1)接触电阻和导线电阻

电刷与换向器接触不良、电刷弹簧张力减弱以及导线与蓄电池接线柱连接不紧等,都会使接触电阻增大,导线过长及过细也会造成较大的电压降,使起动机功率减小。因此,在使用中必须保证电刷与换向器接触良好,导线连接紧固;同时应尽可能缩短蓄电池与起动机之间以及搭铁线的长度,并使导线具有足够大的截面积。

(2)蓄电池的容量

蓄电池的容量越小,其内阻越大,放电时产生的内部压降也越大,于是向起动机提供的电流减小，使起动机的功率下降。环境温度降低时，会使蓄电池的内阻增大，容量减小，从而也将影响起动机的输出功率。所以冬季应注意蓄电池的保温，以改善起动机的起动性能。

课题四 传动机构与操纵机构的组成及检查

一、传动机构的组成与检测

起动机的传动机构是由单向离合器和拨叉等组成。单向离合器的作用是在起动时将电动机的转矩传给发动机飞轮，而在起动后自动打滑，保护起动机电枢不致飞散。常用的单向离合器按结构不同分为滚柱式、弹簧式、摩擦片式3种。

1. 单向离合器的构造与原理

1）滚柱式单向离合器

滚柱式单向离合器是通过改变滚柱在楔形槽中的位置来实现接合和分离的，其结构分十字块式和十字槽式两种，如图3-17所示。

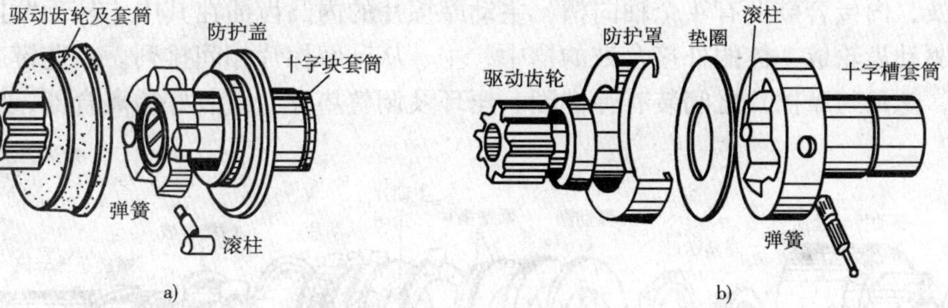

图3-17 滚柱式单向离合器的结构

a）十字块式；b）十字槽式

在发动机起动时，滚柱式单向离合器的滚柱处于楔形槽的窄处被卡死，将起动机转矩传递给驱动齿轮（见图3-18a），带动飞轮齿圈旋转起来。但一旦发动机起动以后，转速升高，飞轮齿圈则带动驱动齿轮旋转，滚柱滚入楔形槽的宽处而打滑（见图3-18b），这样飞轮上的转矩就不会从驱动齿轮传给起动机的电枢轴，从而避免了电枢绕组出现超速飞散的危险。

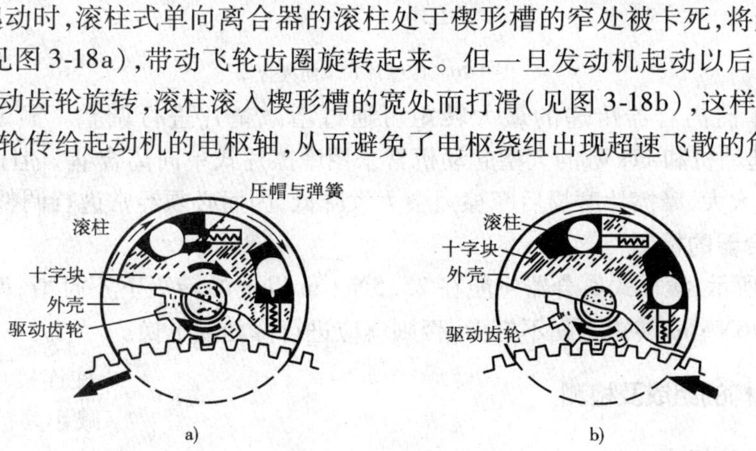

图3-18 滚柱式单向离合器工作原理图

a）起动时；b）起动后

滚柱式单向离合器工作时滚柱属线接触传力，具有结构简单、坚固耐用、工作可靠的优点，但在传递大转矩时滚柱易发卡，故常用于中、小功率的起动机上。

2）弹簧式单向离合器

ST614（QD2612）型起动机用的弹簧式单向离合器是通过扭力弹簧的径向收缩和放松来实现离合的，其结构如图3-19所示。离合器的齿轮与花键套间采用浮动的月形定位键联接，齿轮后端传力圆柱表面和花键套筒外圆柱面上包有扭力弹簧，扭力弹簧两端各有1/4圈内径较小，分别箍紧在齿轮柄和套筒上，扭力弹簧外装有护套。

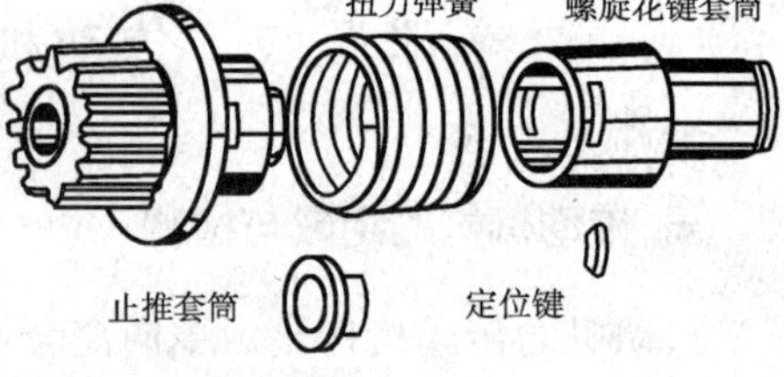

图3-19　弹簧式单向离合器

弹簧式单向离合器具有扭力弹簧圈数较多、轴向尺寸较大、结构简单、寿命长、成本低的特点，故适用于大、中型起动机上。

3）摩擦片式单向离合器

摩擦片式单向离合器是通过主、从动摩擦片的压紧和放松来实现离合的。其结构如图3-20所示，花键套筒套在电枢轴的螺旋花键上，它的外圆表面上制有3线螺旋花键，其上套着内接合鼓，内接合鼓上有4个轴向槽，主动摩擦片的内凸齿插在其中，从动摩擦片的外凸齿插在与驱动齿轮成一体的外接合鼓的槽中，主、从动摩擦片相间排列。在花键套筒的左端拧有螺母，螺母与摩擦片之间装有弹性圈、压环及调整垫片。组装好的离合器，摩擦片间应无压力。

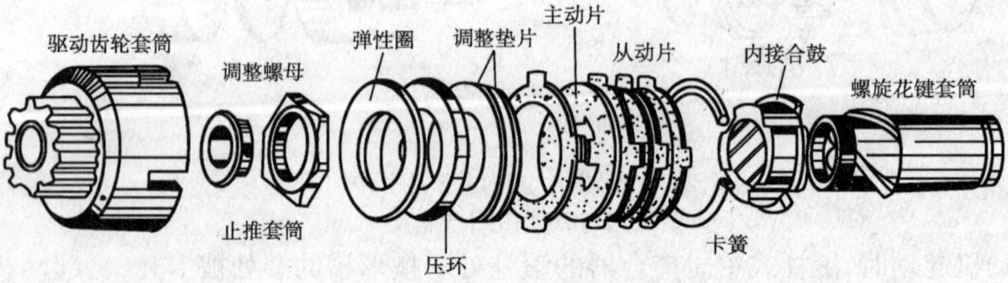

图3-20　摩擦片式单向离合器

摩擦片式单向离合器传递的最大转矩可通过增减垫片进行调整。额定功率为2.2～8.1kW的中型起动机和11kW的大型起动机常采用摩擦片式单向离合器。但该离合器结构复杂，传动比不能太大，摩擦片磨损后摩擦力会大大降低，因而必须经常进行调整。

2. 单向离合器的检测

如图3-21所示，滚柱式离合器应能在25.5N·m以上的转矩下不打滑；摩擦片式离合器应能在117～176N·m转矩之间不打滑，否则就应进行修理或更换。

二、操纵机构的组成及检测

1. 操纵机构的组成

起动机的操纵机构（也称控制机构）分机械操纵式和电磁操纵式两种，机械操纵式已被淘汰。所谓电磁操纵式是指起动机主电路的控制靠电磁开关实现，如图3-22所示。电磁开关由吸拉线圈、保持线圈、活动铁心、固定铁心、主开关接触盘、接线柱、拨叉连杆、铁心及复位弹簧组成。其中吸拉线圈与电动机串联，保持线圈与电动机并联，活动铁心可拉拨叉运动又可推主开关接触盘移动。

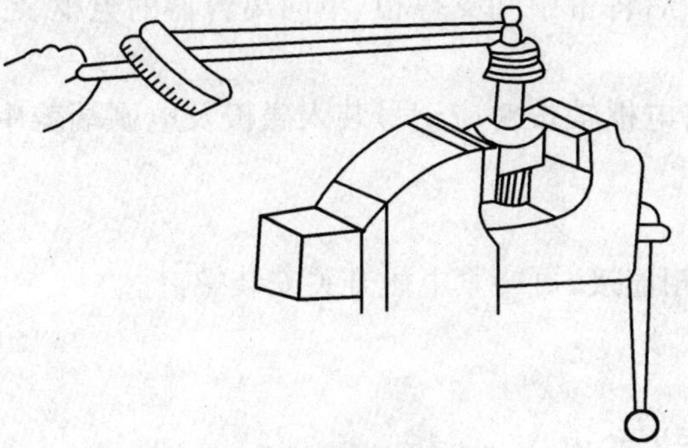

图 3-21　单向离合器的检测

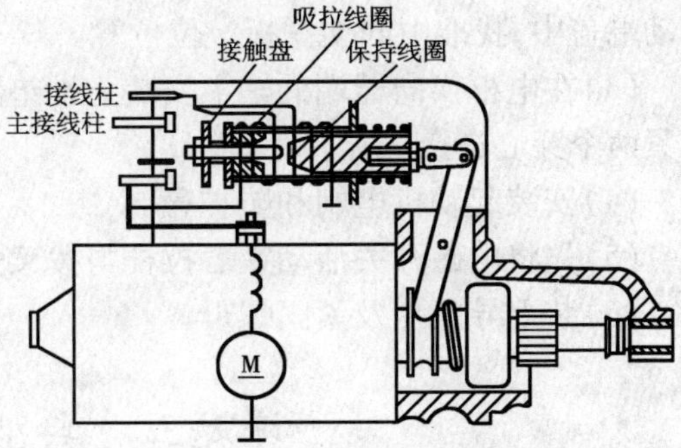

图 3-22　电磁操纵式起动机示意图

2. 电磁开关的检测

（1）电磁开关接触盘和触点的检查

若出现烧蚀、麻斑、接触面太小等故障，可用砂纸打磨或更换。

（2）吸拉线圈和保持线圈的检查

假若某个线圈发生短路、断路或搭铁等故障，可用万用表 R×1k 挡检查电磁线圈的电阻值，并与标准值（如 QD124A 型起动机吸拉线圈和保持线圈电阻标准值分别为 0.33±0.03Ω 和 1.29±0.12Ω）比较判断后，再进行修理或更换。

（3）电磁开关吸放电压的测试

如图 3-23 所示，将可调电源的电压调至最低，闭合开关后，逐渐提高电压，当万用表的读数突然变为零时，电压表的示值就是电磁开关的吸合电压，一般应不大于额定电压的 75%。然后逐渐降低电压，当万用表的读数突然变为无穷大时，电压表的读数就是它的释放电压，一般应不大于额定电压的 40%。

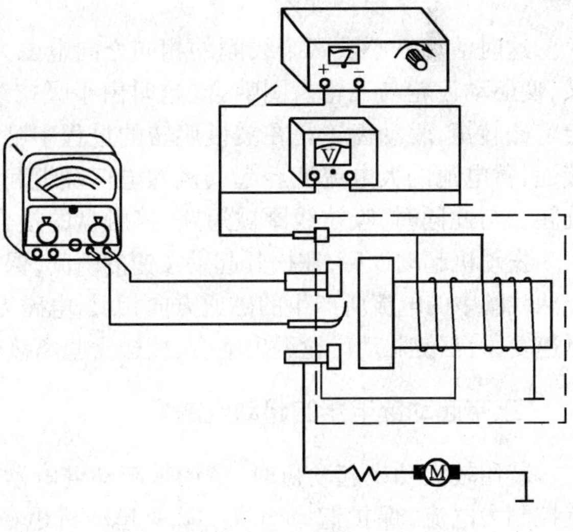

图 3-23　电磁开关吸放电压的测试

三、起动机的装复

1. 装复时的注意事项

（1）不同型号的起动机组装顺序有所不同，应按厂家规定的操作顺序进行。

（2）装复时，不能漏装有关小零件，如垫片、小螺钉等。若起动机与发动机之间装有薄金属片，在装配时应按原样装回。

（3）组装时各螺栓应按规定转矩旋紧，并检查调整各部分间隙。

（4）部分起动机组装时接合面应涂密封剂，各润滑部位应使用厂家规定的润滑剂润滑。

2. 装复步骤

(1)将中间支撑板、单向离合器、挡圈套回电枢轴上,装上轴端卡簧。

(2)先将拨叉套入单向离合器的拨叉套中,然后将带中间支撑板、单向离合器的电枢装入驱动端盖中,找准中间支撑板定位位置。

(3)在电枢换向器端的轴上安装止推垫圈,将电枢轴按对应记号装入磁极及电刷端盖中,旋紧两个穿心连接螺栓。

(4)安装起动机电刷和防护盖。

(5)先将电磁开关活动铁心拉杆与拨叉上端相连接,再旋紧电磁开关安装螺钉。

(6)装上导电片及紧固螺母。

课题五　典型起动机电路分析

一、直接由起动按钮控制的起动电路

3Y12/15 型压路机的起动电路如图 3-24 所示,其组成特点是:起动电路直接由起动按钮控制,拨叉和主电路由电磁开关控制工作。

当接通电源总开关并按下起动按钮时,则吸拉线圈和保持线圈的电路被接通,其电流流径为:

蓄电池"+"→主接线柱→电流表→熔断器→电源总开关→起动按钮→

→ 吸拉线圈 → 起动机 → 搭铁
→ 保持线圈 → 搭铁

这时活动铁心被两个线圈的相同方向电磁力吸入,克服回位弹簧的弹力向右移动,带动拨叉,使驱动齿轮与飞轮齿圈啮合(这时由于吸拉线圈的电流流经励磁绕组和电枢绕组,产生一定电磁转矩,驱动齿轮是在缓慢旋转的过程中啮合的)。当齿轮啮合好以后,接触盘将主电路接通,蓄电池的大电流流经起动机的电枢绕组和励磁绕组,产生正常的转矩,带动发动机曲轴旋转。与此同时,吸拉线圈被短路,接触盘的接合位置由保持线圈的吸力来保持。

发动机起动以后,在松开起动按钮的瞬间,保持线圈中的电流只能经吸拉线圈获得。这时流经两线圈中的电流所产生的磁通方向相反,电磁力互相抵消,活动铁心在复位弹簧的弹力作用下迅速复原,驱使驱动齿轮退出啮合,接触盘脱离接触而切断起动主电路,起动机则停止运转。

二、带起动继电器的起动电路

装用较大功率起动机时,常用带起动继电器的起动电路。起动继电器的作用就是以小电流控制大电流,保护起动开关,减少起动机电磁开关线路的电压降。由起动继电器控制的 QD124 型起动机电路如图 3-25 所示。其组成特点是:

由起动继电器线圈电路、电磁开关线圈电路和起动机主电路 3 条电路组成;前两条电路是控制电路,后一条电路是受控电路。

3 条电路的相互关系可以简述为如下的起动控制过程:接通起动开关→起动继电器工作→起动机电磁开关工作→起动机主电路接通→起动机工作,输出大转矩起动发动机。

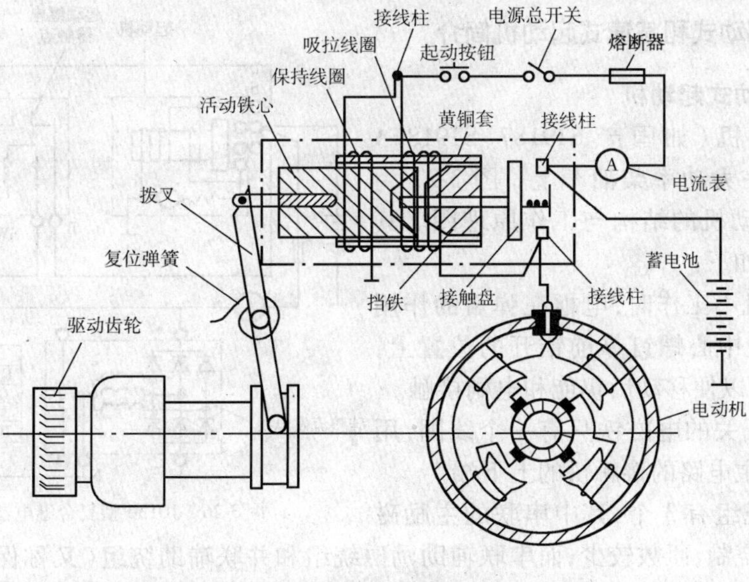

图 3-24 3Y12/15 型压路机的起动电路

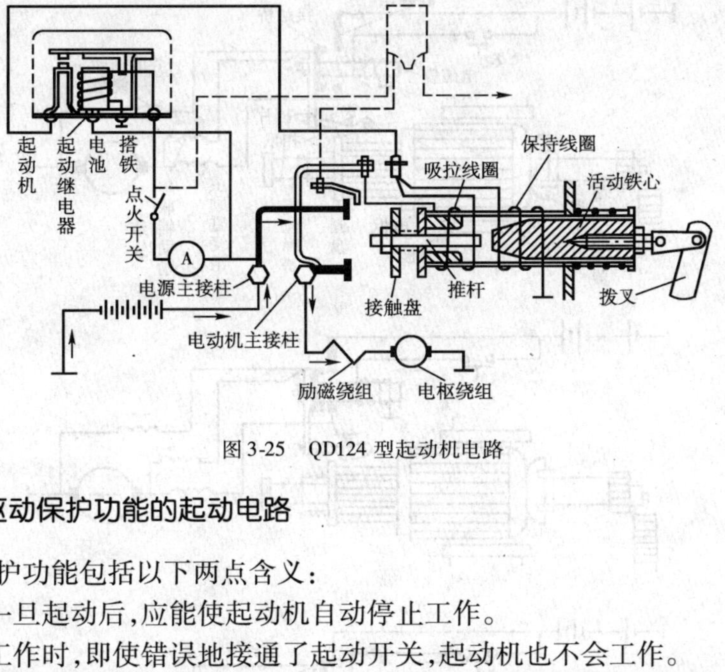

图 3-25 QD124 型起动机电路

三、带安全驱动保护功能的起动电路

安全驱动保护功能包括以下两点含义:

(1)发动机一旦起动后,应能使起动机自动停止工作。

(2)发动机工作时,即使错误地接通了起动开关,起动机也不会工作。

如图 3-26 所示,JD136 型复合继电器控制电路具有安全驱动保护功能,它由起动继电器和保护继电器(也称充电指示灯继电器)两部分组成,其工作原理如下:

在发动机未被起动时,硅整流发电机不发电,中性点抽头(N)接线柱电压为零,保护继电器线圈无电流通过,起动继电器线圈电流经保护继电器常闭触点搭铁,当电源开关转到起动挡时,起动机可正常通电工作。发动机起动后,发电机中性点抽头(N)接线柱输出正常电压,作用在保护继电器线圈上,使常闭触点断开,起动继电器线圈断电,其触点断开,此时即使没有及时放松起动开关或误将开关钥匙重新转到起动挡位置,起动机也不会投入工作。

四、电枢移动式和减速式起动机简介

1. 电枢移动式起动机

这种起动机（如国产 ST9187、ST9187A 型）广泛应用在大功率柴油车上。图 3-27 为电枢移动式起动机的结构与工作原理图。其主要结构特点如下：

（1）起动机不工作时，电枢在弹簧的作用下，停在与磁极中心螺钉靠前错开的位置上，且换向器较长，以便移动后仍能和电刷接触。

（2）电磁开关的电磁铁只有一个线圈，用以接通起动机主电路的接触桥的上下端。

（3）励磁绕组有 3 个，其中串联的主励磁绕组用扁铜线绕制，匝数较少；而串联辅助励磁绕组和并联辅助绕组（又称保持线圈）用细导线绕成，匝数较多。由于扣爪和挡片的作用，辅助绕组首先接通。

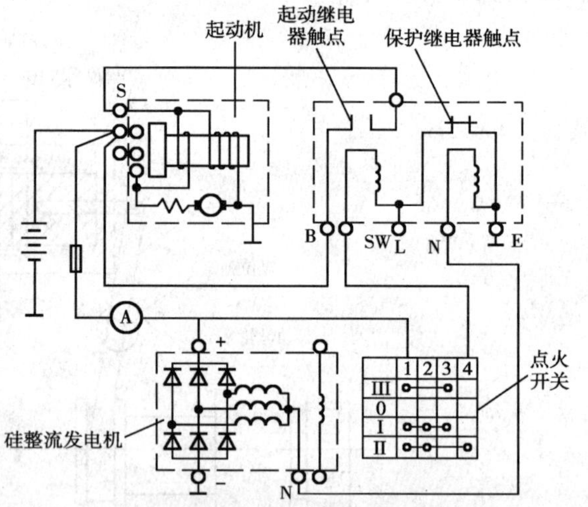

图 3-26　JD136 型复合继电器控制电路

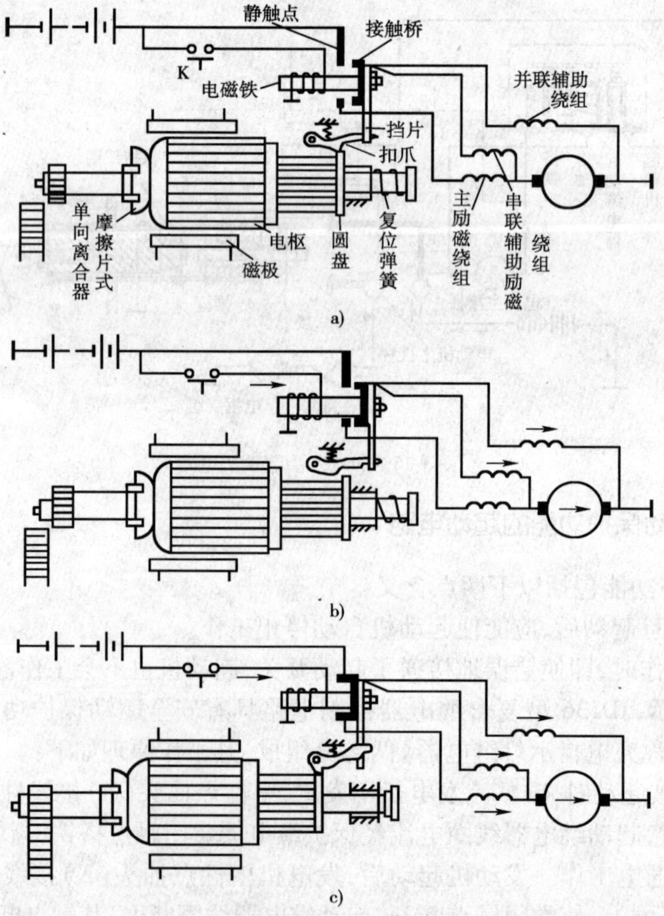

图 3-27　电枢移动式起动机

(4)啮合过程是靠电枢在磁场的作用下进行轴向移动来实现的。起动后,靠复位弹簧的弹力,使齿轮脱离啮合,退回原位。

(5)采用摩擦片式单向离合器。

电枢移动式起动机工作过程可分为3个阶段,起动机不工作时,如图3-27a)所示。

(1)啮入阶段:起动时,按下起动按钮,电磁铁产生吸力吸引接触盘,但由于扣爪顶住了挡片,接触盘仅能上端闭合,如图3-27b)所示。此时辅助励磁绕组接通,并联辅助绕组和串联励磁绕组产生的电磁力,克服复位弹簧的拉力,吸引电枢向后移动,使起动机齿轮啮入飞轮齿圈。由于辅助励磁绕组用细铜线绕制,电阻大,流过的电流较小,起动机仅以较低的速度旋转,使齿轮啮入柔和。

(2)起动阶段:当电枢移动使驱动齿轮与飞轮基本啮合后,固定在换向器端面的圆盘,顶起扣爪,使挡片脱扣。于是,接触盘的下端也闭合,接通主励磁绕组的电路,起动机便以正常的转矩工作,起动发动机。在起动过程中,摩擦片离合器压紧并传递扭矩,如图3-27c)所示。

(3)脱开阶段:发动机起动后,驱动齿轮转速增大,摩擦片离合器被旋松,曲轴转矩便不能传到电枢上,起动机处于空载状态。直到松开起动按钮,电枢又移回原位,驱动齿轮与飞轮齿圈脱开,扣爪也回到锁止位置,起动机才停止运转。

2. 减速式起动机

减速式起动机基本结构与电磁强制啮合式起动机相同,只是在电枢和起动齿轮之间装有减速齿轮,经减速齿轮将起动机转速降低后,再带动驱动齿轮。由于应用了减速齿轮,可采用小型、高速低转矩的电动机,它在同样输出功率条件下比普通起动机的质量减少约20%～40%,体积约减少一半,转矩增高。这不仅提高了起动性能,而且蓄电池的容量也可减小。

国产QD254型减速齿轮式起动机的结构如图3-28所示。它采用了小型、高速串励式直流电动机,在电枢轴端有主动齿轮,主动齿轮与内啮合减速齿轮相啮合,内啮合减速齿轮与螺旋花键轴制成一体,螺旋花键轴上套有滚柱式单向离合器。

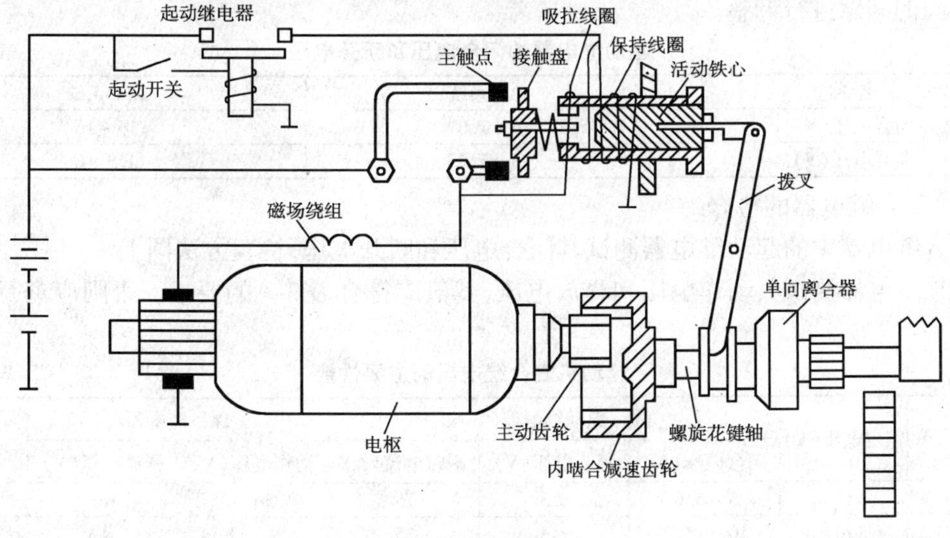

图3-28 QD254型起动机

当起动机主电路接通时，电枢轴开始高速旋转，电枢轴的旋转能量经主动齿轮→内啮合齿轮减速→螺旋花键轴→单向离合器→驱动齿轮→传给飞轮，使发动机起动。

课题六　起动机的检修与常见故障的排除

一、起动机的检修

1. 柴油机起动时的注意事项

(1)按规定做好柴油机起动前的准备工作，冬季应利用预热器配合起动。

(2)检查蓄电池存电是否充足、电气线路是否正确和导线接触是否紧密。

(3)起动机每次起动时间不超过 5s，每次起动的间隔应大于 15s。当柴油机连续 3 次不能起动时，应对柴油机、起动机、蓄电池和连接导线等进行检查，待排除故障后再起动。

(4)当柴油机一旦起动后，立即放松按钮，使起动机齿轮由啮合位置退出而停止工作。

2. 起动机与起动继电器的检修

(1)起动继电器的检修

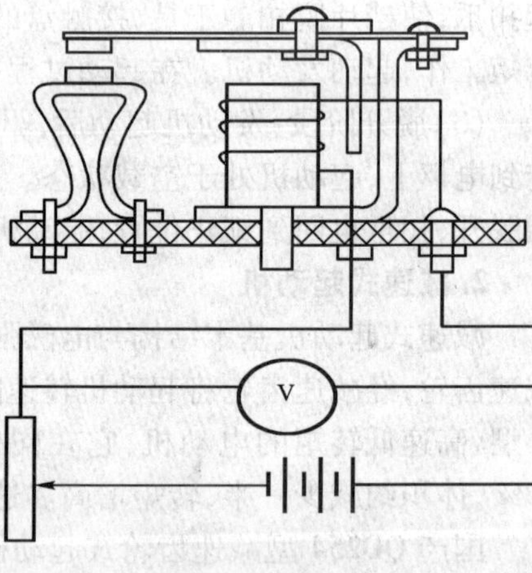

图 3-29　起动继电器的检验

如图 3-29 所示，先将可变电阻调到最大值，然后逐渐减小电阻使触点闭合。当触点刚闭合瞬间，电压表所指示的数值即为闭合电压。之后，再逐渐增大电阻，使触点打开，当触点刚刚打开瞬间，电压表指示的数值即为断开电压。闭合和断开电压应符合表 3-2 的规定，否则应扳动限制钩或改变活动触点臂与铁心之间的间隙进行调整。

起动继电器的闭合电压和断开电压　　表 3-2

名　称	12V 系统	24V 系统
闭合电压(V)	6 ~ 7.6	14 ~ 16
断开电压(V)	3 ~ 5.5	4.5 ~ 8

(2)复合继电器的检修

复合继电器中的起动继电器测试其闭合电压和断开电压，检验方法同上。

保护继电器测试其动作电压和释放电压，其值应符合表 3-3 的要求。否则应进行调整和维修。

起动机复合继电器的主要性能　　表 3-3

型号	额定电压(V)	起动继电器			保护继电器		应用
		闭合电压(V)	断开电压(V)	瞬时电流(A)	动作电压(V)	释放电压(V)	
JD136	12	5 ~ 6.6	≤3	75	4.5 ~ 5.5	≤3	
JD236	24	10 ~ 13.2	≤6	35	9 ~ 11	≤3	柴油机
JD171	12	≤7	≤1.5	75	4.5 ~ 5.5	≤2	
JD236	24	≤14	≤3	35	9 ~ 11	≤4	柴油机

如图3-30所示,将可变电阻器调至最大值,接通开关K,试灯亮。逐渐减小电阻值,当试灯熄灭的瞬间,电压表的读数即为动作电压,然后再逐渐增大电阻值,当试灯再次亮的瞬间,电压表的读数即为释放电压。

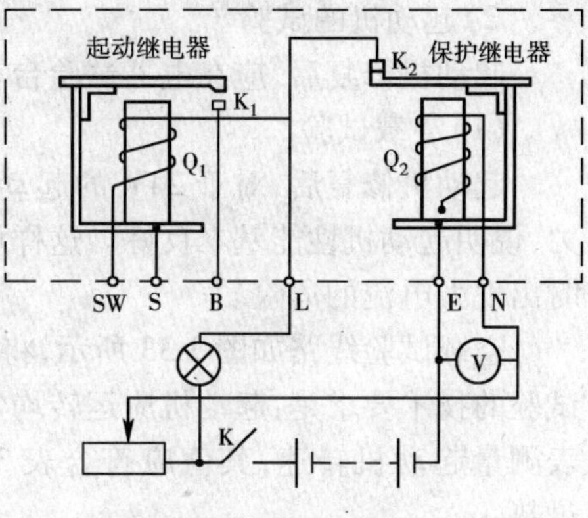

图3-30　复合继电器的检验

3. 起动机的调整与试验

起动机经检修装复后,应进行一系列的调整与试验,以确保其性能符合要求。调整项目包括电枢轴向间隙的调整、驱动齿轮与止推挡圈的间隙调整。试验项目包括空载试验和全制动试验。

1)起动机的调整

(1)电枢轴向间隙的调整

如图3-31所示,电枢轴向间隙C应为0.1~1.0mm,否则应通过增减换向器与端盖之间的调整垫片予以调整。

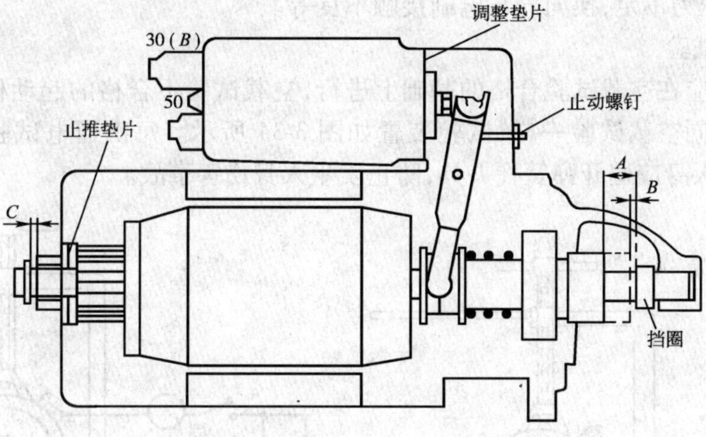

图3-31　常见起动机的调整部位示意图

(2)驱动齿轮与止推挡圈的间隙调整

如图3-31所示,在电磁开关未接通时,驱动齿轮与止推挡圈的间隙A应比飞轮齿圈宽5~8mm;当电磁开关通电,活动铁心完全吸进时,驱动齿轮被推出,此时间隙为B,一般B为1.5~2.5mm,如果该间隙不合适,可根据起动机的具体结构按如图3-32所示的方法调整。

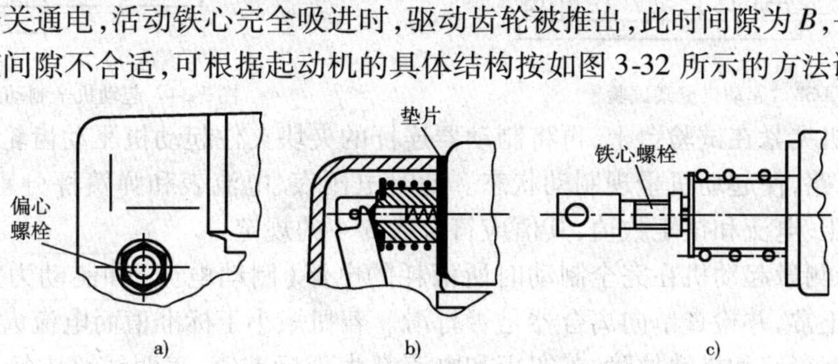

图3-32　起动机的调整方法

a)偏心螺栓法;b)增减垫片法;c)铁心螺栓法

2)起动机的试验

起动机修复后,应在电器试验台上进行试验,如不符合要求,需重新修理。

(1)空载试验

起动机修复后,对于24V的起动机可先用额定电压的一半进行空运转试验。若运转有力,说明起动机性能基本良好。这样可避免当起动机内部存在短路或搭铁故障时,做全压试验时出现大电流的危险。

空载试验线路如图3-33所示,将起动机夹紧在夹具上,接通电路,起动机开始转动。空载试验的技术要求是:起动机应运转均匀、电刷处无火花;记下电流表、电压表的读数,并用转速表测量起动机转速,其值应符合表3-4的规定。整个试验时间不得超过1min,以免起动机过热。

试验目的:测量的空载电流和空载转速值与标准值进行比较,以判断起动机内部有无电路和机械故障。若电流大于标准值、而转速低于标准值,表明起动机装配过紧或电枢绕组和励磁绕组内有短路或搭铁故障;若电流和转速都小于标准值,则表示起动机线路中有接触不良的地方,如电刷弹簧压力不足,换向器与电刷接触不良等。

(2)全制动试验

全制动试验应在空载试验合格的基础上进行,空载试验不合格的起动机不应进行全制动试验。试验线路同空载试验一样,试验装置如图3-34所示。每次通电试验时间不允许超过5s,试验过程中人身应避开弹簧秤夹具,防止发生人身伤害事故。

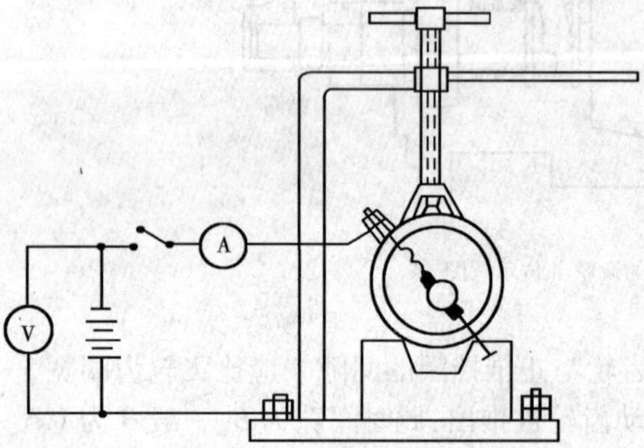

图3-33 起动机空载试验

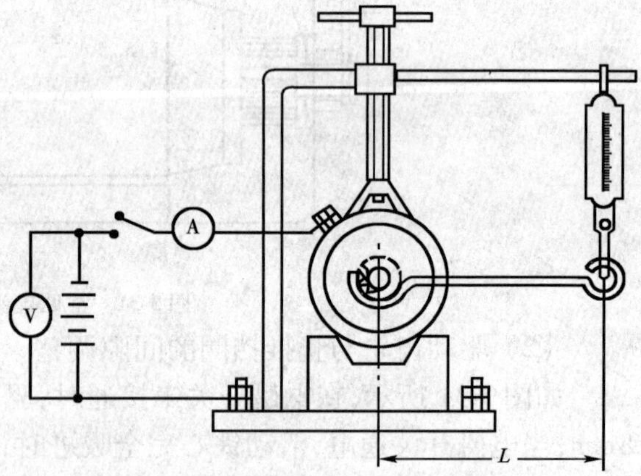

图3-34 起动机全制动试验

先将起动机夹紧在试验台上,再将制动器连杆的夹块夹住起动机驱动齿轮的3个齿,装好弹簧秤,接通电路,使起动机呈现制动状态。此时电压表、电流表和弹簧秤分别指示起动机全制动状态的电压、电流和扭矩数值,其值应符合表3-4的规定。

试验目的:测量起动机在完全制动时所消耗的电流(制动电流)和制动力矩,以判断起动机主电路是否正常,并检查单向离合器是否打滑。若扭矩小于标准值而电流大于标准值,则表明励磁绕组中有短路和搭铁故障;若扭矩和电流都小于标准值,表明线路中接触电阻过大;若驱动齿轮锁紧而电枢轴有缓慢转动,则说明单向离合器有打滑现象。

常用起动机试验数据　　表3-4

型号	规格		空载特性		全制动特性			备注
	电压等级（V）	额定功率（kW）	空载电流（A）	空载转速（r/min）	电压（V）	制动电流（A）	制动转矩（N·m）	
QD1211	12	1.8	≤90	≥5000	7.5	≤850	≥34	
QD124A	12	1.5	≤80	≥5000	6	≤700	≥24	
QD251	24	4.5	≤80	≥6500	8	≤800	≥59	
ST614	24	5.1	≤80	≥6500		≤900	≥58.8	
QD124	12	1.47	≤90	≥5000	8	≤650	≥30	
QD26	24	8.08	≤90	≥3200	9	≤1800	≥142	
QD27E	24	8.08	≤120	≥6000	12	≤1700	≥142	
QD50C	24	5.1	≤90	≥6000	10	≤900	≥58.8	

二、起动机的常见故障诊断与排除

起动系的常见故障有起动机不转动、起动机运转无力、起动机空转、起动机驱动齿轮与飞轮不能啮合且有撞击声等。以 QD124 型起动机为例，参照图 3-25 所示电路进行分析。

1. 起动机不转动

(1)故障现象：接通起动开关，起动机不转动。

(2)故障原因：蓄电池、起动机、起动继电器、起动开关、连接线路等部位可能有问题。

①蓄电池亏电过多、导线连接处松动或电桩表面氧化严重。

②电磁开关吸引线圈和保持线圈有搭铁、断路、短路现象，主触点或接触盘严重烧蚀。

③磁场绕组或电枢绕组有搭铁、断路、短路现象。

④电刷在电刷架内卡死、弹簧折断，或绝缘电刷搭铁。

⑤起动继电器的触点不能闭合或触点烧蚀、油污。

(3)故障诊断方法：首先通过大灯的灯光强弱及喇叭的音量大小，初步判断蓄电池是否放电过甚及导线连接处是否因松动或太脏而接触不良。若蓄电池不亏电，连接导线也正常，用起子将电磁开关的两主接线柱短接，若起动机仍不运转，说明起动机的电动机有问题，应拆检电动机；若起动机运转正常，说明电磁开关、起动继电器或有关连接导线有故障。再用导线短接继电器的火线和起动机接线柱，起动机若不运转，说明电磁开关有故障，应进行检修；起动机若运转正常，则说明起动继电器有故障或起动继电器与电磁开关之间连接导线有搭铁、断路或连接处松动现象，也有可能是起动开关失灵。在确认导线连接无松动的情况下，用万用表或试灯可判断各段连接导线是否有搭铁或断路，同时也可判断出起动继电器的触点是否闭合导通及起动开关是否正常。

2. 起动机运转无力

(1)故障现象：接通起动开关，起动机能够带动发动机转动，但转速过低甚至稍转即停。

(2)故障原因：

①蓄电池亏电较多或导线接触不良。

②起动机有故障。例如换向器油污或烧蚀、电刷磨损过甚或弹簧压力不足、磁场绕组或电枢绕组局部短路、电磁开关主触点或接触盘烧蚀、轴承磨损严重使电枢与磁极摩擦等。

(3)故障诊断方法：首先检查蓄电池的连接导线是否松动，接触是否良好。若导线连接正常，用高率放电计检查蓄电池各单格电压，各单格电压应在1.5V以上，并在5s内保持稳定。若电压也正常，再用起子短接电磁开关的两主接线柱，起动机若运转正常，说明电磁开关的接触盘接触不好，主触点烧蚀严重，否则说明电动机有故障。

3.起动系其他故障的原因和排除方法(表3-5)。

其他起动系故障排除方法 表3-5

故障现象	故障原因	排除方法
起动机空转	单向离合器打滑或拨叉连接处脱开	可采取相应的修理或更换新件
起动机驱动小齿轮与飞轮不能啮合且有撞击声	主电路接通过早或齿轮磨损过甚及损坏	首先检查和调整起动机电磁开关的接通时间，若仍然存在撞齿声，再检查驱动齿轮和飞轮齿圈齿的磨损情况
起动机失去驱动保护功能	充电系有故障，发电机中性点无电压；发电机与复合继电器间连线断路；保护继电器有故障或搭铁不良	先查连线是否良好、继电器是否正常，再测量发电机中性点电压及排查充电系故障

实训一　起动机的构造及解体后的检测

一、目的

(1)能够正确拆装起动机。

(2)能够对解体后的起动机各部件进行检测。

二、设备与器材

(1)起动机一台。

(2)万用表一块。

(3)塞尺一把。

(4)钢锯条一根。

(5)拆装工具一套。

(6)游标卡尺一把。

(7)百分表及表架一套。

三、内容与步骤

1.起动机解体

(1)对照起动机的结构图，思考内部各部件的连接情况及起动机的工作过程。

(2)按照教材中的解体步骤进行解体。

(3)解体过程中注意观察绝缘电刷与搭铁电刷的区别；传动机构与电磁开关的连接；电磁开关与电动机的连接；各调整垫片的位置、数目等。

2.起动机解体后的检测

(1)检查各接线端与接线柱是否氧化，接线是否松脱，焊接端是否脱焊等。

(2)检查电磁开关的触点是否脏污或烧蚀。

(3)检查各轴颈和滑动轴承铜套磨损的程度以及润滑情况。

(4)换向器的外观检查、圆度检查机检查外颈。

(5)检查电刷及电刷架的外观、电刷长度、电刷弹簧的弹力。

(6)检查电枢绕组与励磁绕组有无匝间短路、搭铁及接线脱焊故障。

(7)检查驱动齿轮外观和单向离合器的驱动扭矩。

(8)检查电磁开关两线圈的短、断路故障。

(9)检查转子轴承的磨损及损坏情况。

四、实训注意事项

(1)在拆装过程中,应避免用锤子 、扳手等工具敲击起动机,以免零部件损坏。

(2)在检查电枢绕组与励磁绕组短路故障时,时间要短,以免烧毁绕组。

五. 实训小结(实训报告)

总结解体与检测过程,写出起动机各间隙的调整方法;电枢绕组、励磁绕组、电磁开关、传动离合器的故障检测方法。

实训二 起动系不起动故障诊断与排除

一、目的

(1)能够连接起动系线路。

(2)能够诊断起动系不起动故障。

二、设备与器材

(1)发动机。

(2)蓄电池。

(3)万用表。

(4)试灯。

(5)电工组合工具。

(6)起动系挂图。

三、内容与步骤

(1)接通起动开关,观察起动机工作情况。

(2)检查蓄电池极桩、蓄电池存电、导线连接等情况。

(3)检查、判断故障在起动机还是在继电器。

方法是:短接电源主接柱和电磁开关接柱。

(4)检查起动机:首先短接电源主接柱和电动机主接柱判断故障在电磁开关还是在电动机;若在电动机,主要拆检电刷、电刷架、转子、定子及轴承等。

(5)检查继电器:

主要检查继电器线圈、触点及动臂弹簧等。

四、实训注意事项

(1)用蓄电池作电源检查故障时,起动次数不能过多,每次起动时间不应超过5s。

(2)检查电路过程中绝对不允许将火线直接搭铁,必须使用试灯检查。

五、实训小结(实训报告)

根据实验中遇到的故障现象,写出故障诊断过程及故障排除方法。

思考题

1. 起动机在车上是如何安装的?
2. 对照实物熟悉起动系的连线和工作过程。
3. 传动机构的结构、作用及工作原理。
4. 电磁开关的结构、作用及工作原理。
5. 起动机继电器的结构、作用及工作原理。
6. 后端盖总成的装配关系、结构特点。
7. 电刷的作用及工作过程,电刷压力不足会引起何种不良后果?为什么?
8. 换向器有何结构特点?它是怎样起作用的?
9. 驱动端盖与定子壳体和传动机构的装配关系及特点。
10. 试分析起动机试验的目的及理论依据。
11. 归纳总结起动系故障诊断的方法、步骤。

Danyuanshi

单元四

点 火 系

知识点

1. 传统点火系的基本组成和工作原理；
2. 线圈、分电器总成、火花塞的内部结构；
3. 点火提前角的含义及改变点火提前角的基本方法；
4. 火花塞的热特性对发动机工作的影响；
5. 磁感应式信号发生器、霍尔式信号发生器和光电感应信号发生器的基本原理。

技能点

1. 会按照电路图连接点火系统的电路；
2. 会对点火系的主要部件进行拆装和维护，会正确选用火花塞；
3. 会对点火系统进行点火正时调整，并对点火正时的结果进行检查；
4. 会对传统点火系和电子点火系的常见故障进行诊断和排除。

课题一 概 述

发动机的点火方式有炽热点火、压缩着火和电火花点火 3 种，柴油机用压缩着火，汽油机均采用电火花点火。

点火装置按储能元件的不同，有电感储能和电容储能两类；按结构特点分则有机械触点式、晶体管式和电子自动式。

1990 年以前，我国生产的汽车广泛应用的还是传统点火系，电子点火系的推广使用才刚刚开始。随着汽车电器逐步电子化，传统点火装置已无法适应现代高速发动机的点火需求，终将被电子点火装置取代，进而向微机控制的电子自动点火系发展。

现代公路工程机械一般都采用柴油发动机，但也有采用汽油发动机的，如工程运输车辆。

点火系统是汽油机专用的。

一、点火系的作用

发动机点火系统的作用是适时地为汽油发动机汽缸内已压缩的可燃混合气提供足够能量的电火花,使发动机能及时、迅速地起动。因此,点火系统性能好坏对发动机的工作有十分重要的影响。

二、对点火系的基本要求

点火系统应在发动机各种工况和使用条件下保证可靠而准确地点火,为此对点火系统有下列要求:

1. 点火系应能够产生足以击穿火花塞间隙的高压电

目前车上采用的点火系统都是利用高压电击穿安装在汽缸盖上的火花塞电极间隙而产生电火花,为了确保发动机在工作时火花塞的电极间隙处能可靠的产生电火花,要求点火系统必须能提供10000~30000V的高压电。但电压也不必过高,防止因绝缘不良而产生漏电。

2. 火花塞产生的电火花应具有足够的能量

光有足够高的电压而没有足够的点火能量也不能可靠的点火,这就意味着在点火系产生足够高的点火电压击穿火花塞间隙的同时,还必须具备一定放电的电流,使火花塞处的电火花强劲有力,可靠地点燃混合气。一般要求火花的能量在15~50mJ。

3. 点火的时间应能适应发动机的工作情况

对于多缸发动机来说,点火系要按发动机的工作顺序依次为各个汽缸点火。如某发动机的工作顺序是1—3—4—2,那么点火系就要在发动机的一个工作循环中,配合发动机的工作顺序,首先为1缸点火,然后是3缸,再后是4缸,最后是2缸。

对于每一个汽缸来说,电火花产生的时刻,应使发动机发出的功率最大、油耗最低、排放污染最小。从理论上说,点火的时刻应该在发动机工作循环中压缩行程的上止点,但发动机在实际的运转中,点火时刻应在压缩上止点之前的某一位置,也就是点火相对于压缩上止点应有一定的提前。提前多少要取决于发动机的工作情况,使发动机发出的功率最大、油耗最低、排放污染最小的点火时刻为最佳点火时刻。点火系应使点火的时刻达到或接近最佳的点火时刻。

4. 工作可靠

除在正常的工作条件下工作可靠外,在一些特殊的条件下,如热带、寒带、潮湿地带、空气稀薄的高原地区及工作环境较差的地区,点火系统也必须能够可靠地工作。

三、点火系的分类

目前,在国内外汽车上使用的点火系统种类较多,主要有:

(1)传统点火系

传统点火系又称为机械触点式点火系,它是利用机械开关来控制点火的。

(2)电子点火系

它是利用半导体器件(如晶体三极管、晶闸管)作为开关来控制点火的。

传统点火系结构简单,工作可靠,长期以来在汽车上得到广泛应用。但随着对发动机燃油经济性和排放污染物指标的要求越来越高，传统点火系已无法适应现代发动机的点火要求。在国外，它已基本被电子点火系所取代。近年来，随着电子技术和微机技术的发展，集成电路点火装置和微机控制点火装置也得到了迅速发展。

课题二 蓄电池点火系的组成及工作特性

蓄电池点火系是典型的传统点火系统。

一、蓄电池点火系的组成

蓄电池点火系的组成如图 4-1 所示。主要包括：

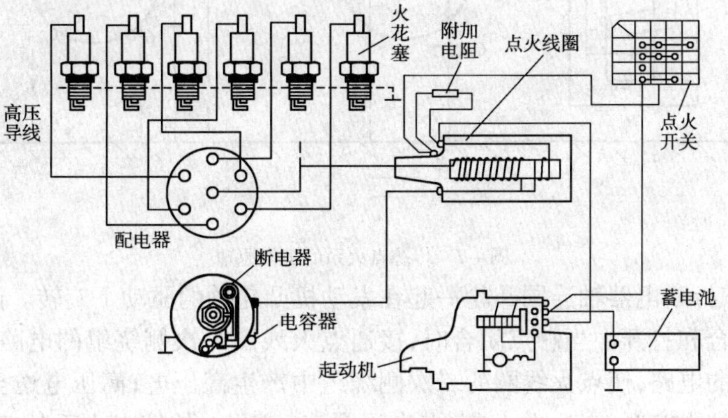

图 4-1 传统点火系的组成

1. 电源

供给点火系统所需的电能，由蓄电池提供。

2. 点火线圈

将电源 12V 的低压电变成 15～20kV 的高压电。

3. 分电器

它包括断电器、配电器、电容器和点火提前机构等部分。各部分作用如下：

(1)断电器 接通与切断点火线圈一次侧电路。

(2)配电器 将点火线圈产生的高压电按汽缸的工作顺序送至各缸火花塞。

(3)电容器 减小断电器触点火花，延长触点使用寿命并提高二次侧电压。

(4)点火提前机构 随发动机转速、负荷和汽油辛烷值变化改变点火提前角。

4. 火花塞

将高压电引入汽缸燃烧室产生电火花点燃混合气。

5. 点火开关

接通或切断电源。

6. 附加电阻

改善点火性能和起动性能。

二、蓄电池点火系的工作原理

在蓄电池点火系中,蓄电池供给的12V低压电,经点火线圈和断电器转变为高压电,再经配电器分送到各缸火花塞,使其电极间产生电火花。点火系的工作原理如图4-2所示。

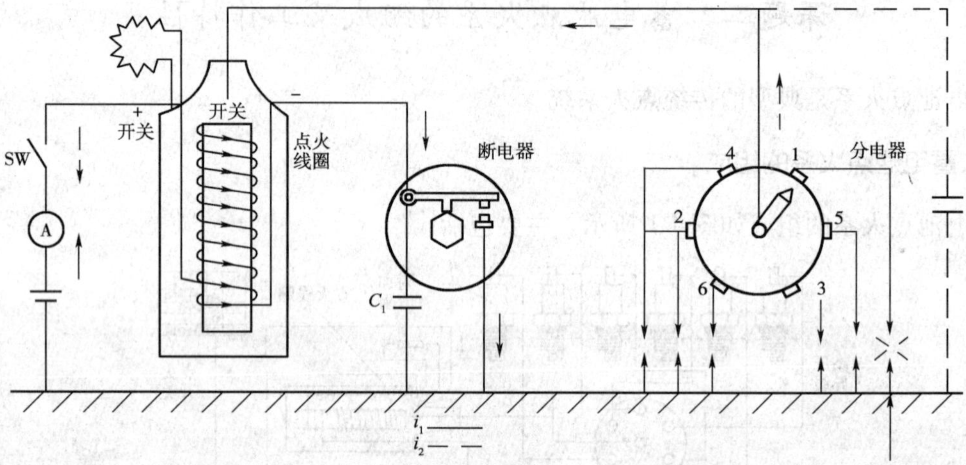

图4-2　传统点火系的工作原理

发动机工作时,断电器轴连同凸轮一起在发动机凸轮轴的驱动下旋转。凸轮转动时,断电器触点交替地闭合和打开。当触点闭合时,接通点火线圈一次侧绕组的电路;当触点分开时,切断一次侧绕组的电路,使点火线圈的二次侧绕组中产生高压电;高压电送至火花塞后,当火花塞的电极间隙被击穿时,产生电火花,点燃混合气。因此,传统点火系的工作过程可分为3个阶段。

1. 触点闭合,一次侧电流增长

在点火开关接通的情况下,当触点闭合时,点火线圈一次侧绕组中有电流通过,流过一次侧绕组的电流称为一次侧电流 i_1,其电路是:蓄电池正极→电流表→点火开关→点火线圈"+开关"接线柱→附加电阻→"开关"接线柱→点火线圈一次侧绕组→"−"接线柱→断电器触点→搭铁→蓄电池负极。此时一次侧电流 i_1 增长,但由于一次侧绕组中产生了一个与一次侧电流 i_1 方向相反的自感电动势,它阻碍一次侧电流的迅速增长,使一次侧电流 i_1 按指数规律增长,如图4-3a)所示。如果触点不分开,经过一段时间(约20ms)后,一次侧电流 i_1 将达到最大稳定值。

2. 触点分开,二次侧绕组中产生高压电

当断电器凸轮转过一定角度后,便将触点顶开,一次侧电路被切断,一次侧电流 i_1 迅速下降到零,它所形成的磁场也迅速消失,在一次侧绕组和二次侧绕组中都产生感应电动势。一次侧绕组匝数少,产生200~300V的自感电动势,二次侧绕组由于匝数多,产生的互感电动势高达15~20kV。

一次侧绕组中产生的自感电动势在触点分开时,将作用在触点之间,并击穿触点间隙形成火花,使一次侧电流 i_1 通过触点间的火花放电而继续形成通路。一次侧电流 i_1 不能迅速断流,就会造成铁心中磁场的下降速率减小而使二次侧绕组的互感电动势降低。此外,触点间的火花会很快烧蚀触点,使点火系统不能正常工作。为此,在断电器触点之间并联一个电容 C_1,使触点分开瞬间,一次侧绕组中的自感电动势迅速向电容 C_1 充电,减小触点火花,提高二次侧绕组的互感电动势。

同时,二次侧绕组中产生的互感电动势将向分布在二次侧电路中的分布电容 C_2 充电。分布电容 C_2 是分布在高压导线与高压导线之间、高压导线与机体之间、火花塞中心电极与侧电极之间的电容,相当于一个并联在二次侧绕组两端的电容 C_2。如果火花塞电极间隙很大,不能击穿,则二次侧电压将达到最大值 U_{2max},铁心中积蓄的磁场能全部转变为 C_1、C_2 的电场能。二次侧电压达到最大值以后,将随一次侧电流的变化进行衰减振荡,如图 4-3b)中虚线所示。

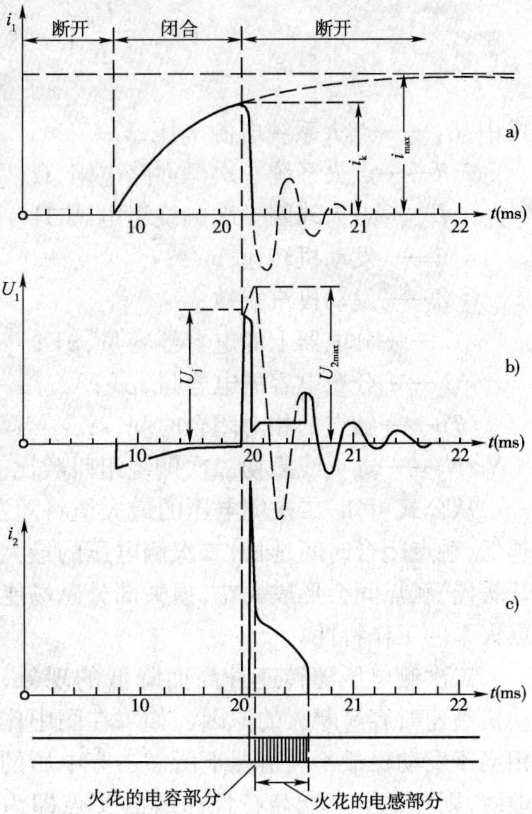

图 4-3 传统点火系统工作过程波形图

a)一次侧电流的变化;b)二次侧电压的变化;c)二次侧电流的变化(触点打开后,时间坐标的比例放大 10 倍)

3. 火花塞电极间隙被击穿,产生电火花,点燃混合气

通常火花塞的击穿电压 U_j 总是低于 U_{2max},这样当增长的二次侧电压 U_2 达到 U_j 时,就使火花塞电极间隙击穿而形成电火花,使二次侧电流 i_2 迅速增加,二次侧电压 U_2 急剧下降,如图 4-3b)、c)所示。

火花塞电极间隙击穿以后,储存在 C_1、C_2 中的电场能首先放出。这部分由电容器储存的能量维持的放电称为"电容放电",其特点是放电时间极短,放电电流很大。由于电火花是在二次侧电压达到最大值 U_{2max} 以前发生的,所以电容放电只消耗了磁场能的一部分。火花塞间隙击穿以后,阻力大大减小,铁心中剩余的磁场能将沿着电离了的火花塞间隙缓慢放电,形成"电感放电"(又称"火花尾"),其特点是放电时间较长,放电电流较小,放电电压较低。实验证明,电感放电的持续时间越长,点火性能越好。

发动机工作期间,断电器凸轮每转一周各缸按点火顺序轮流点火一次。若要停止发动机的工作,只要断开点火开关,切断一次侧电路即可。

三、蓄电池点火系的工作特性与影响二次侧电压的因素

1. 工作特性

点火系统的工作特性是指点火系统所能产生的最高二次侧电压 U_{2max} 随发动机转速变化的规律。发动机工作时的转速变化范围是很大的,理论上说,点火系统的最高二次侧电压随发动机转速的变化如下式所示:

$$U_{2\max}=\frac{U_{\mathrm{B}}}{R}\left(1-e^{-\frac{R120Tb}{LnZ}}\right)\sqrt{\frac{L}{C_1\left(\frac{N_1}{N_2}\right)^2+C_2}}$$

式中：U_{B}——点火系统电源电压，V；

R——点火系统一次侧回路电阻，Ω；

L——点火线圈一次侧绕组电感，H；

n——发动机转速，m/s；

Z——发动机汽缸数；

C_1——分电器上的电容器容量，μF；

C_2——分布电容的电容量，μF；

Tb——触点的相对闭合时间，s；

N_1/N_2——点火线圈初二次侧绕组匝数比。

从公式可知，二次侧电压的最大值将随发动机转速的升高而降低。理论上讲，发动机转速越低，触点闭合时间越长，二次侧电压的最大值就越高。但实际上，在转速很低时，由于触点打开缓慢，触点间会形成火花，损失部分磁场能，使二次侧电压的最大值减小，图 4-4 所示为传统点火系的工作特性。

二次侧电压随转速升高而降低的现象，是发动机高速时容易断火的原因。如果在图中作一条相当于发动机最不利情况下所需击穿电压的水平虚线，则此水平虚线与特性曲线的交点即为发动机的极限转速 $n_{\max}$，超过此转速将不能保证可靠点火。

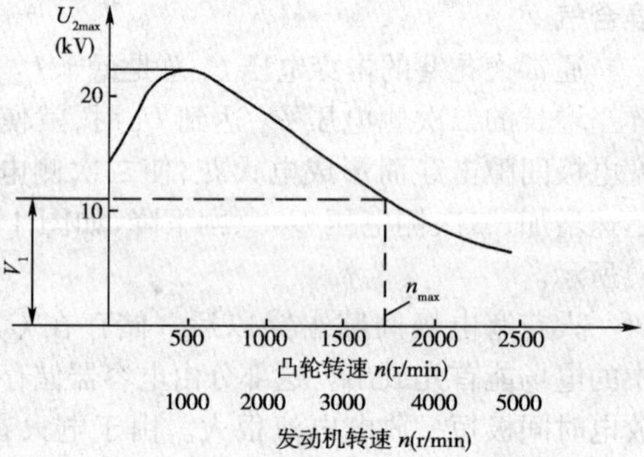

图 4-4　传统点火系的工作特性

2. 影响点火系统二次侧电压的因素

(1)发动机汽缸数

从公式可知，二次侧电压的最大值将随发动机汽缸数的增加而降低。这是因为凸轮的凸角数与汽缸数相同，发动机的汽缸数越多，凸轮每转一周触点闭合与打开的次数就越多，于是触点的闭合时间缩短，二次侧电压的最大值降低。

(2)火花塞积炭

未燃烧的汽油或机油粘附在火花塞绝缘体上，在混合气燃烧时高温的影响下，起裂化反应而形成炭粒，这些炭粒的存积就形成积炭。由于积炭具有导电性，它覆盖在火花塞绝缘体的表面，相当于在火花塞电极间并联了一个电阻，如图 4-5 所示，使二次侧电路形成闭合回路。当触点打开，二次侧电压增长时，在二次侧电路内会通过积炭泄漏电流，消耗部分磁场能，从而使 $U_{2\max}$降低。当积炭严重时，由于漏电严重，会使 $U_{2\max}$ 低于火花塞击穿电压，火花塞将不能跳火，发动机就不能工作。

当火花塞由于积炭严重而不能跳火时，可用“吊火”的方法临时补救。即拔出高压导线使它与火花塞间保留 3 ~4mm 的间隙（称附加火花间隙），如图 4-5b）所示，使二次侧电压上升过程中不发生泄漏，当二次侧电压上升到较高值后，将附加火花间隙和火花塞间隙同时击穿。但

"吊火"是在提高二次侧电压的条件下工作的,会使点火线圈负担过重而损坏,因此在积炭严重时,应及时清除,消除积炭的影响。

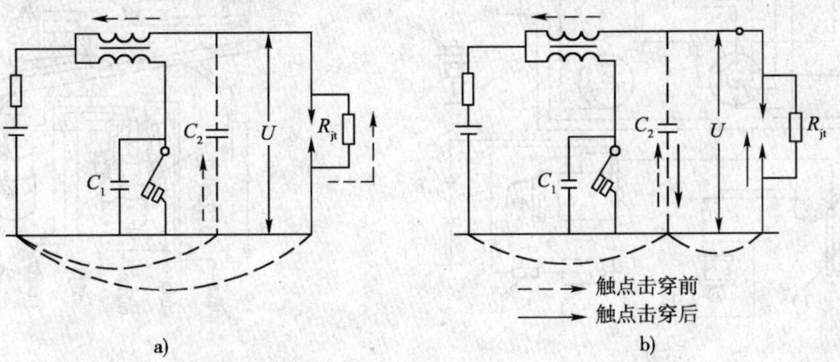

图 4-5 火花塞积炭对二次侧电压的影响

a)积炭的影响;b)吊火

(3)电容值的大小

由公式可知,二次侧电压的最大值随电容 C_1 和 C_2 的减小而增大。理论上当 $C_1=0$ 时,U_{2max} 最大,但实际上 C_1 太小,就不能很好起到吸收点火线圈一次侧绕组自感电动势的作用,触点断开时的触点火花就会加大,从而使二次侧电压降低。C_1 过大时,触点火花虽小,但电容器充放电的周期较长,磁场消失减慢,也会使二次侧电压降低。一般 C_1 值在 0.15~0.35μF 之间为宜。分布电容 C_2 减小则 U_{2max} 增大,但 C_2 不可能减小到零,因为二次侧绕组、配电盘、高压导线和火花塞本身都具有一定的电容量,所以受结构限制不可能过小,一般为 40~70μF。

(4)触点间隙

触点间隙是指断电器凸轮将动触点顶开至最大位置时触点间的距离,如图 4-6 所示。触点间隙增大,触点闭合角 β(触点闭合时凸轮转过的角度)减小,相对闭合时间缩短,二次侧电压的最大值 U_{2max} 降低。反之,若触点间隙减小,触点闭合角 β 增大,相对闭合时间增加,二次侧电压的最大值 U_{2max} 提高。但如触点间隙过小,会因触点火花严重而降低二次侧电压。因此触点间隙应按制造厂规定进行调整,一般为 0.35~0.45mm。

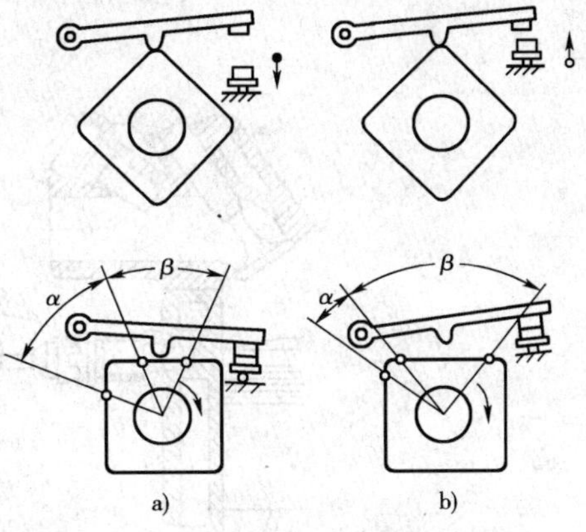

图 4-6 触点间隙对闭合角的影响

a)触点间隙大;b)触点间隙小

(5)点火线圈温度

使用中当点火线圈过热时,由于一次侧绕组的电阻增大,使一次侧电流减小,二次侧电压下降。

四、点火特性的改善

点火系特性的优劣,决定了发动机的工作性能。提高点火特性的措施如下。

1. 加装爆震限制器

它是当前传统点火装置改善点火特性的一个较简易、较先进,向电子点火系过渡的有效方法。加装爆震限制器的点火系组成如图 4-7 所示。

爆震限制的原理是由装在发动机缸体上的爆震传感器进行振动检测,在发动机将要产生

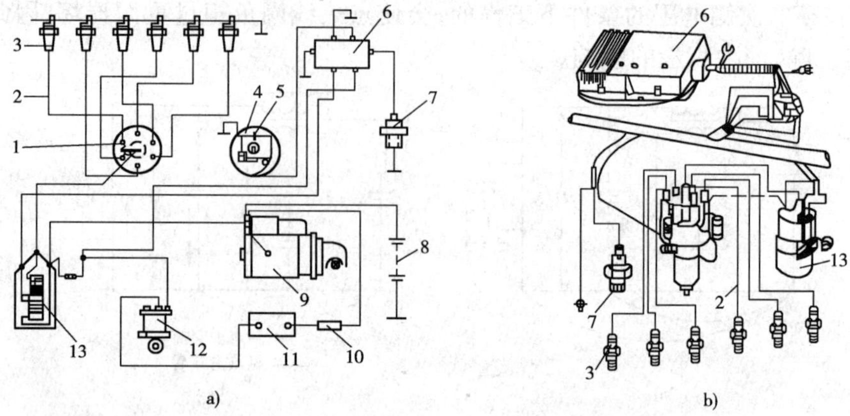

图 4-7　点火系的组成

1-配电器;2-高压线;3-火花塞;4-断电器;5-电容器;6-爆震限制器;7-爆震传感器;8-蓄电池;9-起动机;10-30A 熔断丝;11-电流表;12-点火开关;13-点火线圈

爆震的临界点之间,发出共振高频电压信号反馈至点火系,使其自动校正点火时间,达到更为准确合理的目的,从而提高了点火特性,发动机能在耗油最经济的情况下提高输出功率和改善工作性能。

目前爆震传感器有电磁感应式和压电式两种。使用较多的是宽频带共振型压电式爆震传感器。装有爆震限制器的点火系,即使采用不同辛烷值的汽油,或利用稀薄混合气,也能获得最佳点火。从而改善燃料经济性,提高发动机功率,延长机件和断电器触点寿命。

图 4-8 所示为加速度计型爆震传感器。

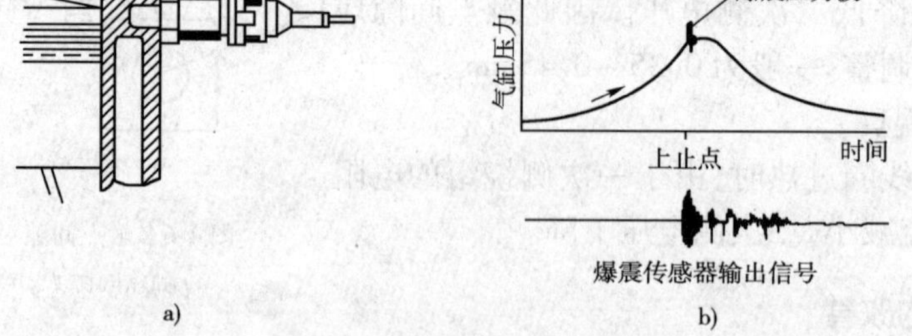

图 4-8　加速度计型爆震传感器

发动机爆震时产生的压力波,其频率范围约为 1 ~ 10kHz。压力波传给缸体,使其金属质点产生共振加速度。加速度计爆震传感器就是通过测量缸体表面的振动加速度来检测爆震压力的强弱。这种爆震传感器用螺纹旋入汽缸壁。其主要元件为一个压电陶瓷晶体片,螺钉使一个惯性质量压紧压电晶体片产生预负载。负载大小影响传感器的频率响应和线性度。

当爆震压力波作用于传感器体时，通过惯性质量使压电晶体片的压缩状况发生变化，产生电动势。传感器以模拟信号传给电子控制装置，经滤波后，再转换成指示爆震/不爆震的数字信号。当逻辑电路测到爆震脉冲时，电子控制装置立即推迟点火时间以消除爆震。

2. 采用双触点断电器

将断电器的触点由原来的一对增加至两对，其实质是延长触点的闭合时间，提高断电电流 I_p 的值，达到 U_{2max} 相应增大的目的。它能使多缸(6 缸以上)发动机的点火击穿电压不受转速和汽缸数的影响，保证点火可靠。图 4-9 是一种使用一个电火线圈，将断电器凸轮边数改为汽缸数的一半(或保持不变)的双触点断电器装置。两对触点并联，又使两对触点相继先后闭合和打开，延长总闭合时间，即增大总闭合角。

另一种方式是采用两个点火线圈，各供一半汽缸的点火击穿电压，如图 4-10 所示。

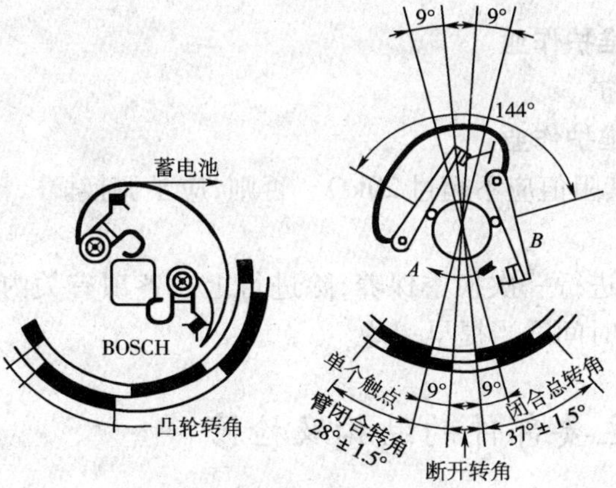

图 4-9 八缸发动机用双触点断电器

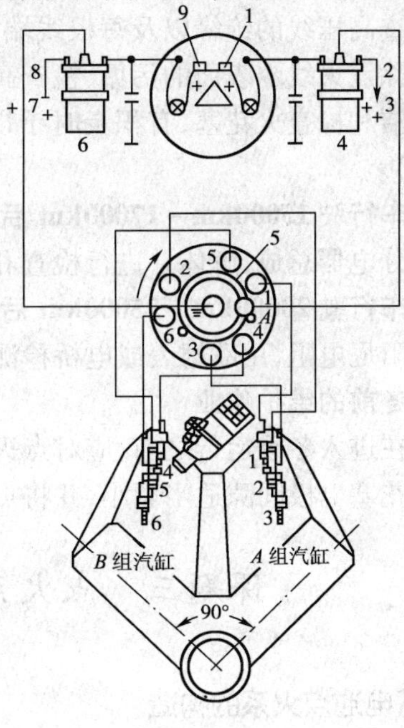

图 4-10 V 型六缸双点火线圈双层电器触点装置

1、9-第一、第二层电器热点；2、8-第一、第二附加电圈；3、7-第一、第二点火开关；4、5-第一、第二点火线圈；6-分火头

由图可知，实际上相当于两套点火装置，但提前机构只用一套，分电器盖上有两个中心高压线插孔。其最大优点是点火线圈有充足的储备能量，点火效果好。

五、蓄电池点火系使用与维护

1. 汽车行驶 1000km 后的维护作业

主要进行清洁、检查作业。

①清除分电器壳体表面的灰尘和油污。

②检查初级电路的连接，并加以紧固。

③用棉纱沾汽油擦净火花塞表面油污。

2. 汽车行驶 5000km 后的维护作业

主要进行清洁、检查、调整和润滑作用。

①清洁分电器内外表面的油污。

②检查触点状态并加以清洁。触点表面烧蚀不平，应予磨平。用厚薄规检查触点间隙，应为 0.35 ~ 0.45mm，如不符合要求，应予调整。

③润滑分电器总成。需要润滑的部位是：a）分电器轴。每次保养时将油杯旋进 0.5 ~ 1 圈，润滑脂如用完应补充。b）凸轮和断电器小轴连接处。拆下配电转子，取去毡芯，滴上一、二滴机油，待油渗入后装回。c）凸轮工作面。如断电器内有特备的毡块，应用涂抹的方法加入钙基润滑脂；如没有毡块，应清除凸轮表面的陈油，抹上一薄层钙基润滑脂。d）活动触点臂销钉。每次滴润滑油一、二滴，不可过多。

④检查高压线的绝缘以及每根线端和分电器的座孔接触是否良好。

⑤清除点火线圈表面的污垢，检查高压线端和座孔的接触情况。

⑥清洁和检查火花塞，有积炭时予以清除，并校准间隙，检验密封性与发火连续性（用清洁试验器）。

3. 汽车行驶 15000km ~ 17000km 后的维护作业

取下分电器总成，解体并进行检查和维护。

4. 汽车行驶 20000km ~ 25000km 后的维护作业

取下阻尼电阻，用欧姆表或电桥检测，其阻值应不超过 20kΩ。否则，应予调换。

5. 入冬前的维护作业

汽车在进入冬季运行之前，应对点火系进行一次换季保养，除进行上述各项有关内容外，还应将火花塞电极间隙适当调小，并将点火时间适当提早一些。

课题三　点火系主要部件的结构及检修

一、蓄电池点火系的构造

1. 点火线圈

点火线圈由一次侧绕组、二次侧绕组和铁心等组成。按磁路的结构形式不同，可分为开磁路式点火线圈和闭磁路式点火线圈。

（1）开磁路式点火线圈

开磁路式点火线圈的结构如图 4-11 所示。

点火线圈的中心是用硅钢片叠成的铁心，在铁心外面套上绝缘的纸板套管，套管上绕有二次侧绕组，它用直径为 0.06 ~ 0.10mm 的漆包线绕 11000 ~ 23000 匝。一次侧绕组用直径为0.5 ~ 1.0mm的高强漆包线，绕在二次侧绕组的外面，以利于散热，一般绕 230 ~ 370 匝。绕组绕好后在真空中浸以石腊和松香的混合物，以增强绝缘。绕组和外壳之间装有导磁钢套，底部有瓷质绝缘支座，上部有绝缘盖，外壳内充满沥青或变压器油等绝缘物，加强绝缘并防止潮气侵入。

三接线柱式点火线圈的绝缘盖上有接线柱“ - ”、“开关”、“ + 开关"和高压插孔，它们分别接断电器、起动机附加电阻短路接线柱、点火开关和配电器。其与两接线柱式点火线圈的主

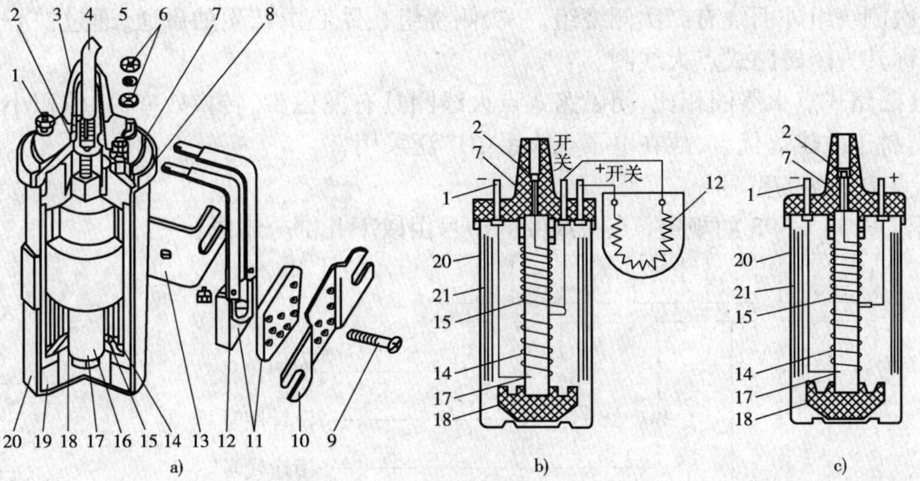

图 4-11　开磁路式点火线圈

a）结构示意图；b）三接线柱式原理图；c）二接线柱式原理图

1-“－”接线柱；2-二次侧绕组引出头及弹簧；3-橡胶罩；4-高压阻尼线；5-高压线插座；6-螺母及垫片；7-绝缘盖；8-橡胶密封圈；9-螺钉及螺母；10-附加电阻盖；11-附加电子瓷质绝缘体；12-附加电阻及接线片；13-固定夹；14-一次侧绕组；15-二次侧绕组；16-绝缘纸；17-铁心；18-瓷绝缘体；19-沥青材料；20-外壳；21-导磁钢套

要区别是外壳上装有一个附加电阻，为固定该电阻，增加了一个低压接线柱。附加电阻就接在标有“开关”和“＋开关”的两接线柱上，与点火线圈的一次侧绕组串联。附加电阻可用低碳钢丝、镍铬丝或纯镍丝制成。具有受热时电阻迅速增大，而冷却时电阻迅速降低的特性。因此，在发动机工作时，可自动调节一次侧电流，改善高速时的点火特性。

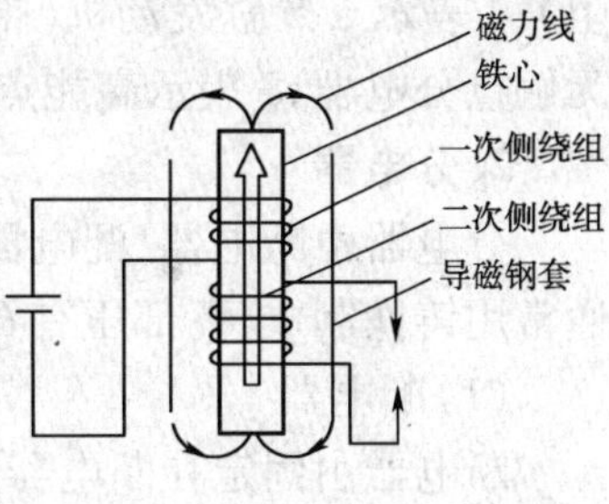

图 4-12　开磁路点火线圈的磁路

当一次侧电流流过开磁路式点火线圈的一次侧绕组时，使铁心磁化，其磁路如图 4-12 所示。由于磁路的上、下部分都是从空气中通过的，一次侧绕组在铁心中产生的磁通，需经壳体内的导磁钢套形成回路，磁路的磁阻大，漏磁较多，能量损失较大。

（2）闭磁路式点火线圈

闭磁路式点火线圈的结构如图 4-13 所示。在“口”字形或“日”字形铁心内绕有一次侧绕

图 4-13　闭磁路点火线圈

组，在一次侧绕组外面绕有二次侧绕组，一次侧绕组在铁心中产生的磁通，通过铁心形成闭合磁路，故称其为闭磁路式点火线圈。

与开磁路式点火线圈相比，闭磁路式点火线圈具有漏磁少、转换效率高、体积小、重量轻、铁心裸露易于散热等优点，故在电子点火系中广泛采用。

(3)点火线圈的型号

根据 QC/T73—93 的规定，点火线圈的型号由以下几部分组成：

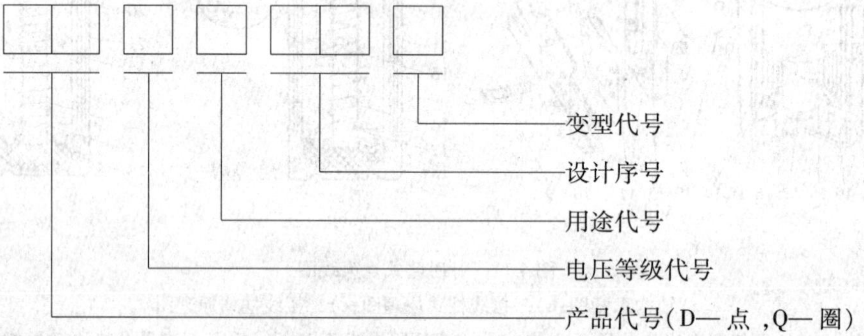

电压等级代号:1 表示 12V;2 表示 24V;6 表示 6V。

用途代号:1 表示单、双缸发动机;2 表示 4、6 缸发动机;3 表示 4、6 缸发动机(带附加电阻);4 表示 6、8 缸发动机(带附加电阻);5 表示 6、8 缸发动机;6 表示 8 缸以上发动机;7 表示无触点分电器;8 表示高能点火;9 表示其他。

2. 分电器

分电器由断电器、配电器、电容器和点火提前机构等组成，如图 4-14 所示。分电器的壳体通常用铸铁制成，下部压有石墨青铜衬套，分电器轴由凸轮直接或间接驱动。

(1)断电器

断电器由固定在断电器底板上的断电器触点和断电器凸轮组成。断电器的底板由固定底板和活动底板两部分组成。固定底板通过固定螺钉与分电器外壳相联，活动底板与固定底板之间通过弹簧联结，可以相对转动。断电器的触点是由钨制成，一触点固定，另一触点活动。固定触点搭铁，固定在活动底板上，可借助转动偏心螺钉调整触点间隙。活动触点固定在活动触点臂的一端，臂的另一端有孔，套在销钉上。臂中部连有夹布胶木顶块，靠弹簧片压紧在凸轮上。断电器凸轮安装在分电器轴上，其凸角数和发动机汽缸数相同。

(2)配电器

配电器安装在断电器的上方，它由胶木制的分电器盖和分火头组成。分电器盖的中央有一高压线(中央电极)座孔，其内装有带弹簧的炭柱，压在分火头的导电片上。分电器盖的四周均布有与发动机汽缸数相等的旁电极，可通过高压分线与各缸火花塞相联。分火头装在分电器凸轮的顶端，随凸轮一起旋转，当断电器触点分开时，分火头上的导电片总是正对某一旁电极。发动机工作时，断电器触点分开瞬间，来自点火线圈的高压电经中央电极的炭柱、分火头上导电片，以火花形式跳到旁电极上，再经高压分线送往火花塞。

(3)点火提前调节机构

点火时刻对发动机的工作影响很大，从火花出现到混合气大部分燃烧完毕而使汽缸内气压升到最高值，是需要一定时间的。虽然这段时间很短，不过几秒，但发动机转速很高，在此短时间内转过的角度却可达相当大的数值。

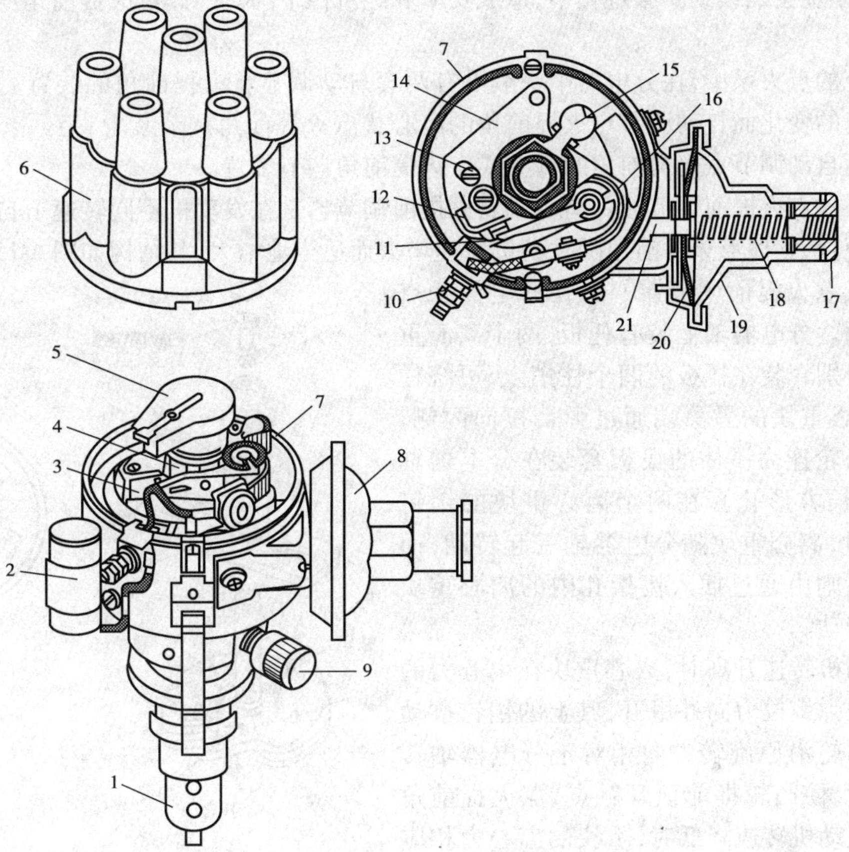

图 4-14　分电器结构示意图

1-联轴节；2-电容器；3-触点及断电器底板总震；4-凸轮；5-分火头；6-分电器盖；7-分电器壳体；8-真空提前调节器；9-油杯；10-接线柱；11-活动触点臂；12-固定触点及支翘；13-偏心螺钉；14-活动底板；15-冶磁及失圈；16-触点臂弹簧片；17-螺母；18-弹簧；19-真空提前调节器外壳；20-真空提前调节器膜片；21-拉杆

若恰好在活塞到达上止点时点火，则混合气燃烧，活塞下移使汽缸容积增大，这将导致燃烧压力降低，发动机功率减少。因此，应当在活塞达到上止点前点火，使气体压力在活塞位置相当于曲轴转到上止点后 10°～15°时达到最大值。这样，气体能在作功行程中得到比较完全的膨胀，而热能得到最有效的利用。

从开始点火到活塞到达上止点这段时间内，曲轴转过的角度称为点火提前角。若点火提前角过大，混合气在压缩行程就开始燃烧，汽缸压力渐渐上升，给上行的活塞造成很大的阻力，白白消耗发动机的功率，还易出现爆震等不正常燃烧现象。点火提前角过小，混合气将在作功行程燃烧甚至在排气管中补燃，使汽缸中的压力降低，发动机过热，功率下降。

最佳点火提前角随许多因素而变。最主要的因素是发动机转速和混合气的燃烧速度。因此对一定的发动机而言，当转速一定时，随着负荷的加大，进入汽缸的可燃混合气的增多，压缩终了时的压力和温度增高，同时残余废气在缸内混合气中的百分数下降，因而混合气燃烧速度增大，这时点火提前角应适当减少。反之，发动机负荷减少时，点火提前角应当加大。

当负荷一定时，发动机转速增高，燃烧过程所占曲轴转角增大，这时应适当加大点火提前角。否则，燃烧会延续到膨胀过程中，造成功率和经济性下降。因此点火提前角应随转速提高适当增大。

在传统的点火系中，在分电器中一般设有两套自动调节点火提前角的装置。一套是能随发动机转速的变化而自动调节点火提前角的离心式点火提前角调节装置；另一套是按发动机负荷不同而自动调节点火提前角的真空式点火提前角调节装置。

①离心式点火提前调节器。离心式点火提前调节器是在发动机不同转速下自动调节点火提前角的装置，它使点火提前角随发动机转速增大而适当地增大，其结构如图 4-15 所示。

离心式点火提前调节器一般在断电器触点底板的下面。分电器轴上装有托板，两个离心重块的一端分别套装在托板的两个柱销上，可绕柱销转动，离心重块的另一端通过弹簧拉向内侧。与断电器凸轮连为一体的拨板套装在分电器轴上，其上的长方形孔套在两个离心重块的销钉上。工作时，离心重块随分电器轴一起转动，而断电器凸轮则由通过插入拨板孔内的离心重块上的销钉带动。

当发动机转速升高时，离心重块在离心力的作用下克服弹簧拉力向外甩开，其上的销钉推动拨板连同凸轮沿原旋转方向相对于分电器轴转动一个角度，使凸轮提前顶开触点，点火提前角增大。当发动机转速降低时，重块的离心力相应减小，弹簧将重块拉回一些，点火提前角减小。

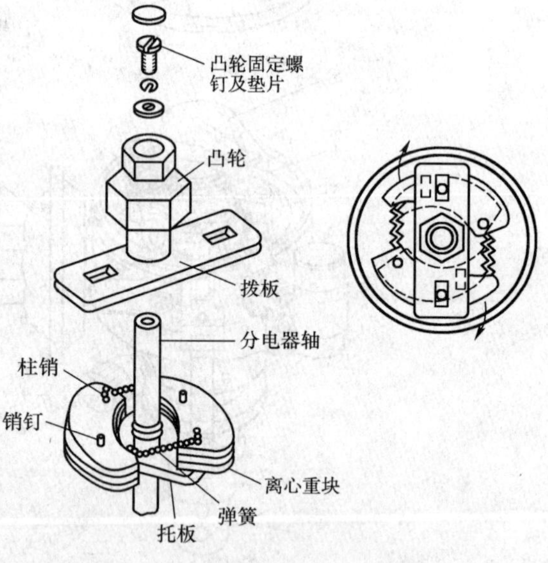

图 4-15　离心式点火提前调节器

在发动机高速范围，转速的变化对混合气的燃烧速度影响较大（燃烧速度增幅较大），这时希望随着转速的升高点火提前角的增量小一些。为此，有些离心式点火调节器的每个重块设有一粗一细两个弹簧。细弹簧只要重块一开始甩开就起作用，而粗弹簧要在转速达到一定值，重块外甩的角度较大时才能起作用。由于离心重块在发动机高速时有两个弹簧起作用，相应的点火提前角的增量也就较小，使之更符合发动机的要求。

②真空式点火提前调节器。真空式点火提前调节器能根据发动机负荷的变化自动调节点火提前角，使点火提前角随发动机的负荷增大而减小。真空式点火提前调节器装在分电器壳体的外侧，其结构原理如图 4-16 所示。

真空式点火提前调节器内膜片的左侧通大气，右侧通过真空管与化油器空气道中位于节气门上方的吸气孔相通。当发动机起动和怠速时，由于曲轴转速低，混合气燃烧时间只占很小的曲轴转角，故点火提前角应当很小，或为零。此时，节气门接近关闭，因吸气孔在节气门的上方，该处的真空度几乎为零。真空式点火提前调节器内的膜片在弹簧力作用下向左拱曲至最大，拉杆拉动断电器底板连同触点顺分电器轴旋转方向转动最大角度，使点火提前角最小或不提前，如图 4-16c）所示。当发动机小负荷工作时，在节气门开度小于 1/4 开度（图 4-16a））时，随着负荷增大，节气门开度增大，吸气孔处的真空度也增加，膜片克服弹簧力向右拱曲，拉杆拉动断电器底板连同触点逆分电器轴旋转方向转动一个角度，使凸轮顶开触点的时间提前，点火提前角增大。当发动机大负荷工作时，随着负荷增大，节气门开度增大，吸气孔处的真空度减小，弹簧推动膜片使点火提前角减小，如图4-16b）所示。

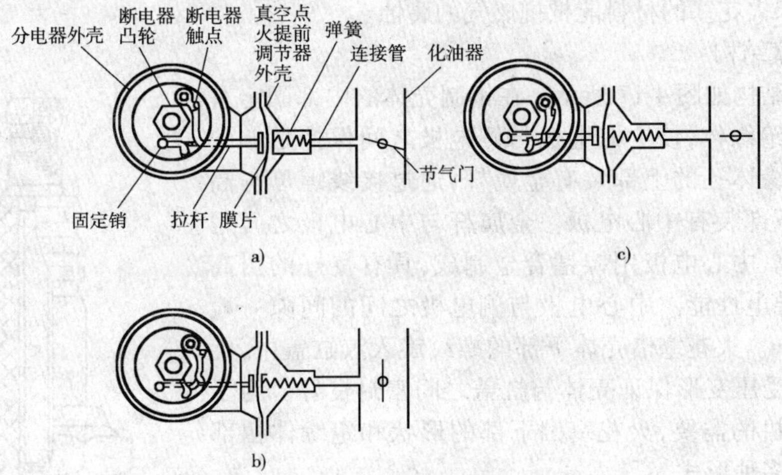

图4-16　真空点火提前调节器结构原理示意图

a）小负荷（节气门1/4开度）；b）大负荷；c）起动和怠速

另外，为适应不同汽油的不同抗爆性能，在换用不同品质的汽油时，常需调整点火时间，为此在分电器上常装有辛烷选择器。通常可将分电器总成的固定螺钉旋松，使分电器外壳相对于轴转过一个角度后，再紧固以改变点火提前角。为了使调整时能看到调整的角度，在有些分电器壳体的下部装有指针和刻度板，即辛烷选择器。它可以指示出壳体转过的角度。

（4）分电器的型号

根据QC/T73—93的规定，分电器的型号为：

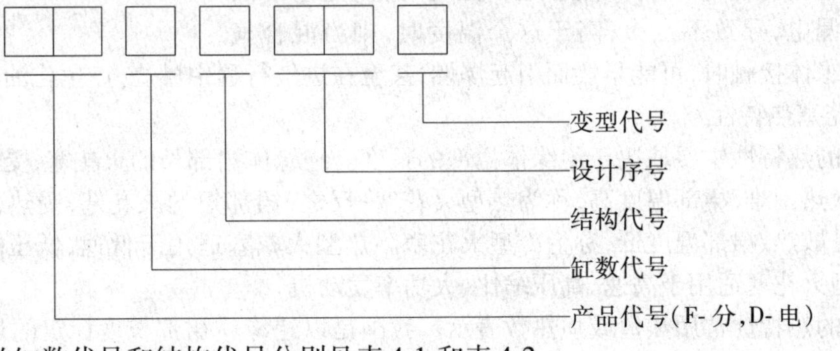

分电器的缸数代号和结构代号分别见表4-1和表4-2。

分电器缸数代号　　表4-1

缸数代号	1	2	3	4	5	6	7	8	9
缸数	—	2	3	4	—	6	—	8	—

分电器结构代号　　表4-2

结构代号	1	2	3	4	5	6	7
结构	无离心	无真空	拉偏心	拉同心	拉外壳	无触点	特殊结构

3. 火花塞

火花塞的工作条件极其恶劣，它要受到高压、高温以及燃烧产物的强烈腐蚀。因此，必须具有足够的力学强度，能够承受冲击性高压电的作用，能承受剧烈的温度变化，并具有良好的热特性，并要求火花塞的材料能抵抗燃气的腐蚀。

（1）火花塞结构

火花塞的结构如图4-17所示。在钢制壳体的内部固定有高氧化铝陶瓷绝缘体，使中心电极与侧电极之间保持足够的绝缘强度。绝缘体孔的上部装有金属杆，通过接线螺母与高压分线相连，下部装有中心电极。金属杆与中心电极之间用导电玻璃密封。中心电极用镍锰合金制成，具有良好的耐高温、耐腐蚀和导电性能。中心电极与侧电极之间的间隙一般为0.6～0.7mm。火花塞借壳体下部的螺纹旋入汽缸盖中，旋紧时密封垫圈受压变形保证壳体与缸盖之间密封良好。为了适应不同发动机的需要，火花塞因下部的形状和绝缘体裙部长度的不同有多种形式。

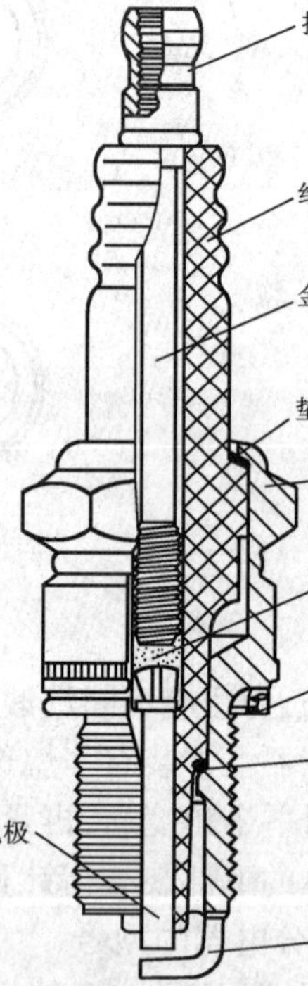

图4-17　火花塞结构

火花塞工作时，周期性地受到高温燃气作用，使绝缘体裙部温度升高，这部分热量主要通过壳体、绝缘体、中心电极、金属杆等传至缸体或散发到空气中，当吸收和散发的热量达到平衡时，火花塞的各个部分将保持一定的温度。火花塞的发火部位吸热并向发动机冷却系散发的性能，称为火花塞的热特性。实践证明，当火花塞绝缘体裙部的温度保持在500～600℃时，落在绝缘体上的油滴能立即烧完，不形成积炭，这个温度称为火花塞的自净温度。低于这个温度时，火花塞常因产生积炭而漏电，导致不点火；高于这个温度时，则当混合气与炽热的绝缘体接触时，可能早燃而引起爆燃，甚至在进气行程中燃烧，产生化油器回火。

（2）火花塞热特性

火花塞的热特性主要取决于绝缘体裙部的长度。绝缘体裙部长的火花塞，受热面积大，传热距离长，散热困难，裙部温度高，称为热型火花塞；反之，裙部短的火花塞，受热面积小，传热距离短，容易散热，裙部温度低，称为冷型火花塞。热型火花塞适用于低速、低压缩比、小功率发动机；冷型火花塞适用于高速、高压缩比、大功率发动机。

火花塞的热特性常用热值或炽热数表示。我国是以绝缘体裙部长度标定的热值（1～11）表示火花塞的热特性。热值代号1、2、3为热型火花塞；4、5、6为中型火花塞；7、8、9、10、11为冷型火花塞。

（3）火花塞的检查

①高压点火线极性检查。火花塞是有极性的，这一点常被人们忽视。火花塞的中心极应该接负极，侧电极应该接正极，对任何火花塞点火的汽油机都应该如此，不论汽车采用的是正极搭铁制度还是负极搭铁制度。汽车电气系统的搭铁制度只是对初级电路而言，是蓄电池的接地电极极性。而火花塞接的是点火系的次级电路，次级的极性是由点火线圈确定的。

火花塞间隙处每跳一次火花，就说明有大量的电子从一个电极飞向另一个电极。因为中心电极温度高（约 450～850℃），处于赤热状态，电子易于飞出。而侧电极温度低（不到400℃），电子不易飞出。当将高压电的负极接中心极时，中心电极与侧电极之间的电位差正好驱使电子从中心极飞出，十分有利。反之，若负极接侧电极，迫使电子从低温的侧电极飞出就比较困难了，要想达到同样强度的电子流，电压需增高 20%左右。

接错极性的原因常是因检修中，错接了点火线圈的低压导线。对于点火线圈外壳上不带附加电阻的，就更易接错。若点火线圈改变了，旧车在购买新备件时，即应改变接线方法。显然，这是十分混乱的。如何检查你所修车辆的火花塞极性是否接对，图 4-18 为用铅笔检查次级高压点火线极性的一种简便方法：

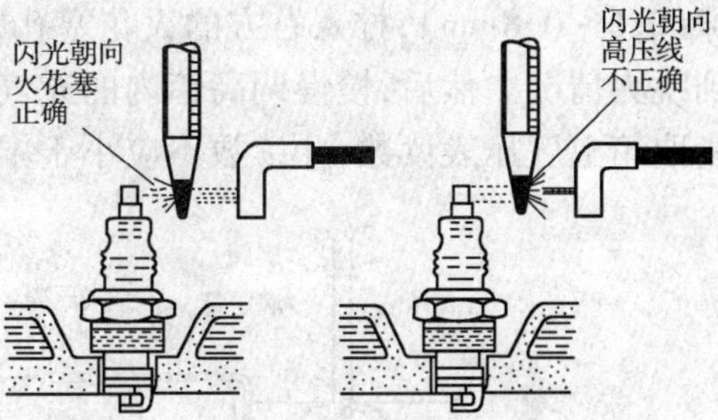

图 4-18 用铅笔检查次级高压点火线极性

将一支软芯铅笔（笔杆上标有 2～6B 字样）的笔尖放在拔下的分缸高压线和火花塞之间，如图 4-18 所示。接线正确时，铅笔尖的闪光朝向火花塞。如果闪光反向，则应调换点火线圈上两低压导线接法。对于带附加电阻的点火线圈，应调换接分电器和接起动开关的两条导线，同时还应将附加电阻原接起动开关的线端也一起改接到此接线柱上。

如果用电压表判断火花塞中心极的极性，会更准确些。如图 4-19 所示，将电压表正表笔（红色）接汽缸盖，负表笔瞬时地碰触火花塞接线端，如果表针摆起，说明次级高压线极性正确，如果表针倒卡（向负方向摆），说明点火线圈初级导线接反，应改正。

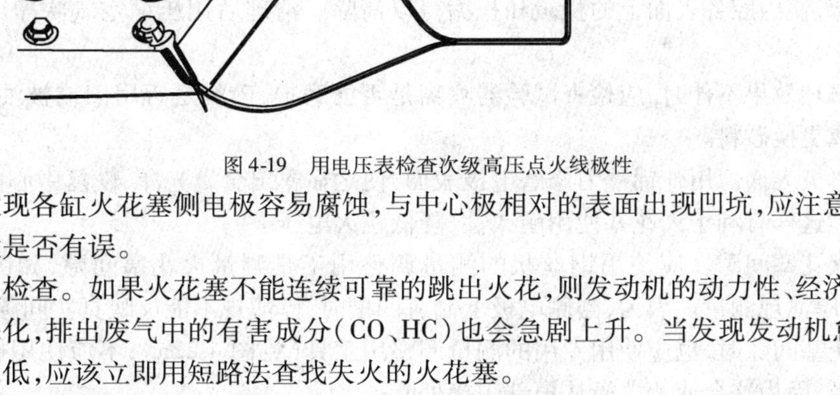
图 4-19 用电压表检查次级高压点火线极性

如果发现各缸火花塞侧电极容易腐蚀，与中心极相对的表面出现凹坑，应注意检查次级高压线的极性是否有误。

②失火检查。如果火花塞不能连续可靠的跳出火花，则发动机的动力性、经济性和工作平稳性都会恶化，排出废气中的有害成分（CO、HC）也会急剧上升。当发现发动机怠速时抖动，声音忽高忽低，应该立即用短路法查找失火的火花塞。

③漏气检查。火花塞漏气的直接后果是中心电极将被烧熔，甚至还可能导致拉缸。可以用图 4-20 所示的火花塞气密性试验器，检查火花塞的漏气故障。向试验器加以 1.5MPa 压力

的压缩空气,若在1min内,通过滴定管下方的集气漏斗收集到的气体体积大于1mL时,火花塞应报废。

④发火试验。火花塞的发火性能是其最基本的质量指标,它是火花塞各项质量因素的综合反映。对使用过的火花塞进行本项试验的目的,在于确定它是否可以继续使用。

试验可在图4-21所示的火花塞清洗试验器上进行。首先,把要检验的火花塞插入试验器的清洗孔中喷砂处理,以清除火花塞上的积炭。然后,取出火花塞用压缩空气吹净,再调好间隙(0.6~0.8mm),拧入右方的火花塞孔中检查发火性能。开启电源开关,即可从观察窗中看到跳火情况。然后,慢慢调高箱内的充气气压,直到发火状态恶化,火花塞开始出现断火为止,读取箱上气压表读数,此读数不应小于本型火花塞规定气压值的80%。

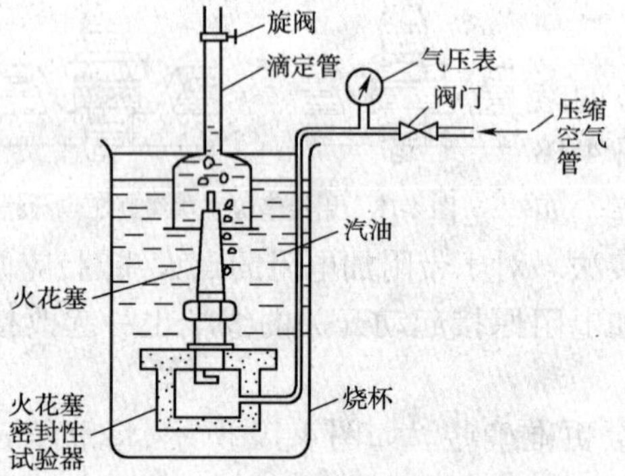

图4-20　火花塞气密性试验

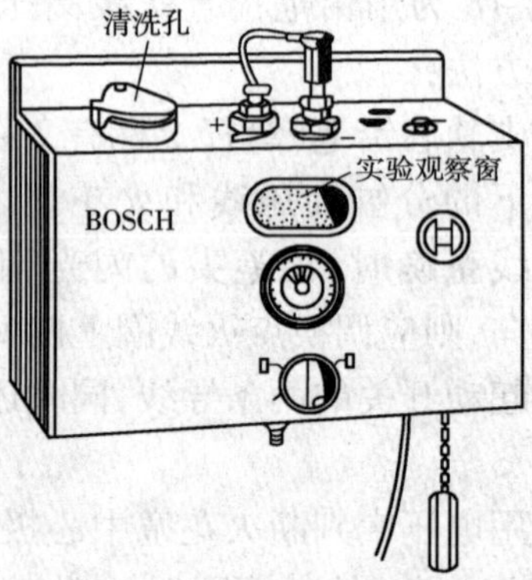

图4-21　火花塞清洗试验器

(4)火花塞的保养

火花塞的保养项目主要有以下5项:

①清理螺纹积垢。用钢丝刷刷去螺纹沟槽中的积垢,刷丝的直径应为0.015mm以下。

②清洗火花塞。用汽油或酒精清洗火花塞瓷芯表面,保证瓷芯与壳体之间空腔内无异物,刷净全部表面。

③清除积炭。将火花塞插入图4-21所示的试验器左孔,打开压缩空气阀门喷砂处理。缓缓转动火花塞,使内腔各表面上的积炭和积垢得以清除。清理后用压缩空气吹净磨料细粒和粉尘。

当发现清理效果不佳时,应检查试验器喷嘴是否已磨损,砂粒是否用旧或被油沾污,视情况修复喷嘴或更换砂料。

④锉光电极表面。用什锦锉刀修磨电极表面,使之显露出金属光泽,恢复中心电极和侧电极原有形状。这样有利于火花塞使用耐久性,降低跳火电压。

⑤调整火花塞间隙。应使用钢丝状的测量调整用工具测量火花塞间隙,如图4-22a)所示,不宜使用厚薄规测量。因为,当侧电极上制有凹槽时,厚薄规不能反映真实间隙值。

校正火花塞间隙时,也应使用专用的测量调整用工具(见图4-22a),不应使用旋具之类工具撬动侧电极,因为这会使侧电极从根部焊接处断掉。

火花塞间隙应按说明书的规定值调整,一般都在0.6~1.0mm范围内,冬季使用间隙可以偏小些。

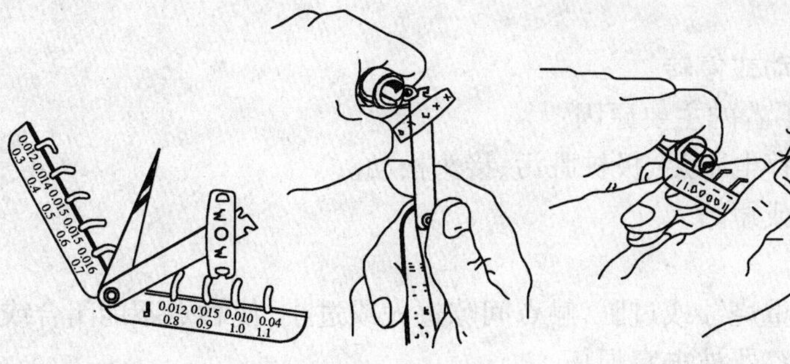

a)　　　　b)　　　　c)

图 4-22　火花塞间隙的测量与调整

a)测量调整用工具;b)调整火花塞间隙;c)测量火花塞间隙

二、点火系正时调整

蓄电池点火系和无触点晶体管点火系,通常都使用带离心及真空提前调节器的分电器。因此,调整点火正时的方法基本一致。车辆在使用中,若出现爆震现象或感到发动机无力,加速不灵敏,或者遇到下述的 3 种情况才需要重调点火提前角。

(1)找不到合适的燃料,只能暂时使用低于规定标号的汽油时;

(2)改用不同类点火系(如从晶体管点火系改为蓄电池点火系)时;

(3)原分电器损坏,换用新分电器时。

可按下述方法调整分电器点火提前角:

①在平直路面上,从慢加速向急加速逐次试验,当出现爆震时立即停止加速,将分电器外壳向顺分火头旋转方向略作转动(即推迟点火提前角),然后继续试验。直至无论怎样加速都不出现爆震为止。

②以直接挡正常车速行驶,油门一脚踩到底作急加速,直到车速起来,发动机声音平缓为止。在此加速过程中无任何爆震声音,且加速反应迅速不迟钝,即完成了第一步调整。

③其他各挡按②项方法复核,均不应出现爆震。若有爆震应按①项操作推迟点火提前角。

④停车,使发动机怠速运转,转速在(500 ± 50)r/min 范围内,用排气分析仪测量排气中 CO(一氧化碳)和 HC(碳氢化合物)的含量。若 CO 含量高于当前法规限定值,需将化油器怠速油针略旋入(右旋),直至符合要求;若 HC 含量仍高于当前法规限定值,需将分电器外壳向顺时针方向略转动,直至符合要求为止。调整过程中要随时用旋拧节流阀最小开度限位螺钉的方法,保证发动机转速始终在制造厂规定的怠速转速范围内。

三、蓄电池点火系故障诊断

车辆运行期间,发动机不能起动或起动后运转不均匀,以及中途熄火等,大都由点火系和燃油供给系故障所致。据统计,供油电路的故障占总故障的 50% 以上。因此,如何迅速诊断和排除油电路故障是很重要的。一般来说,若发动机在运行中突然熄火,再次起动时无起动迹象,多为电路故障。如在运转中逐渐熄火的为油路故障。

点火系的故障,主要表现为无火、缺火、火花弱和点火不正时,使发动机不能起动或起动后运转不正常。

1. 发动机不能起动或停转

(1)发动机发动不着的主要原因:

①蓄电池无电或存电不足、极桩脏污、接头松动。

②低压线路断路或短路。

③点火开关损坏。

④断电器触点严重烧蚀或过脏,触点间隙过大或过小,使触点不能闭合或断开。

⑤点火线圈或电容器被击穿损坏。

⑥分火头或分电器盖漏电。

⑦中央高压线脱落、老化或潮湿而漏电。

⑧点火不正时,高压线错乱。

(2)检查方法和步骤:传统点火系由电源线路、低压线路和高压线路3部分组成。因此,当发动机确定是由于点火系故障不能起动时,必须首先判断故障是出在哪一部分,然后再逐步深入查找故障所在的具体位置,一般可遵循如下步骤:

①检查蓄电池供电是否正常。可按喇叭或开大灯检查,如喇叭不响,大灯不亮,则故障在电源部分,即蓄电池到电流表或蓄电池与搭铁之间接触不良,或者是蓄电池电压过低容量不足等。

②判断故障在低压电路还是在高压电路。接通点火开关,踩下踏板或摇转发动机,观察电流表指针,如在3~5A放电,并间歇摆动,则表示低压电路正常,故障在高压电路。若电流表指针不摆动,指示为零或指示大电流放电,表示低压电路有故障。

还可根据跳火情况来判断故障所在。拔出分电器的中央高压线,使其端头距汽缸体6~8mm接通点火开关,摇转曲轴,观察高压跳火情况。如火花强烈,表示低压电路和点火线圈良好,故障在分电器部分或火花塞等高压电路部分。如无火花或火花弱,表示故障在低压电路或点火线圈。

另外,还可观察火花颜色进行判断。正常的火花是白色或浅蓝色的。在有阻尼电阻的汽车上,正常的火花带紫色。

③高压电路的故障判断。判断高压电路故障的方法,是装回中央高压线,再从火花塞上拆下高压线头,摇转曲轴,对缸体试火。如跳火很强,表示分电器和高压线正常,故障在火花塞或点火正时不准;如无火花,表示故障在分电器盖、分火头或高压导线(绝缘损坏或潮湿漏电)。

④低压电路的故障判断。低压电路故障的判断方法是开闭触点,观察电流表的读数。若电流表指针指示放电3~5A并间歇摆动,则低压电路良好,表明故障在点火线圈,或电容器失效或中央高压线脱落漏电。若电流表指示为零,表针不摆动,表明低压电路有断路。若表针指示10A以上不动,则为电流表至点火线圈之间的电路中有搭铁。若表针指示放电3~5A不动,表示点火线圈"-"接线柱到触点臂之间有搭铁或电容器短路。

2. 发动机个别缸不着火

(1)现象:发动机个别缸缺火时,运转就不均匀,排气管冒黑烟,并发出有节奏的"突突"声,甚至放炮或化油器回火。

(2)产生原因:

①高压分线脱落、错乱或受潮漏电。

②火花塞潮湿、积炭过多或绝缘体击穿漏电。

③分电器盖的旁插座漏电,座孔锈污导电不良。

④触点间隙不当,或凸轮磨损不均,分电器轴松旷。

⑤高压火花过弱。

(3)检查方法和步骤:

①找出缺火的汽缸。用起子将火花塞接线柱逐个搭铁短路。如果短路后,发动机振动加大,从排气管也能听到更加明显的异响,则说明此缸工作;若发动机并没有任何反应,则说明此缸缺火。

另外,根据火花塞的温度也可以判断。不着火汽缸的火花塞温度常低于正常工作着的火花塞。

②找出缺火的原因。将缺火汽缸火花塞的高压线拆下,使线端离火花塞接柱 3～4mm。发动机工作时,如有连续的火花,说明故障在火花塞。如有了这个附加间隙后,火花塞开始正常工作,表示火花塞原来有积炭,加了间隙后,使火花塞上电压提高,工作后绝缘体温度提高,积炭被烧去而变得清洁了,如有了附加间隙,而工作无变化,则应拆下检查。

③如无连续火花,表明高压线或分电器盖有故障。这时应将高压线一端装回火花塞,而从分电器盖侧旁接柱孔中拔出它的另一端,把线端放在座孔 2～3mm 处。如果发动机工作时,火花塞间隙中有连续火花,表示高压线的绝缘有损坏;如无火花,则分电器盖漏电。

④如有几个缸同时不着火,应从分电器盖中央极柱孔中拆下高压线,使线端离座孔 2～3mm,进行跳火试验。如有火,表示高压正常,而分电器盖绝缘不良,或几个火花塞有故障;如跳火有断续现象,表明断电器、电容器或点火线圈有故障。

⑤有时发动机在汽车行驶中缺火,而在空转时则正常,不能用搭铁的方法检查。这时,只能依次换上良好的火花塞作比较观察或拆下全部火花塞,用仪器检验。

3. 发动机动力不足

(1)现象:突然加大油门时,转速不能随之迅速提高,反而感到发“闷”无力,甚至产生发动机过热,排气管放炮,化油器回火,发动困难等现象。

(2)主要原因:点火时间过迟或触点间隙过小。

(3)检查方法和步骤:

①检查分电器外壳固定螺栓是否松动。用手转动分电器外壳,如能转动,则应检查是否由于分电器外壳固定螺栓松动,从而引起点火时间过迟。

②检查点火时间是否过迟,用手逆着分火头旋转的方向,转动分电器外壳,若发动机工作好转,说明是点火过迟。

③检查触点间隙是否过小。用厚薄规检查触点间隙,若过小,则应进行调整。

4. 发动机起动时反转,加速时爆震

(1)现象:发动机在突然加速时,发出“嘎嘎”的类似金属的敲击声,摇转曲轴时有反转现象,怠速不稳、发抖。

(2)主要原因:点火时间过早或触点间隙过大。

(3)检查方法和步骤:

①检查点火时间是否过早。首先检查分电器外壳的固定螺栓是否松动。若松动,外壳不能紧固,也可能引起点火时间过早。如果顺着分火头旋转方向,转动外壳,发动机工作好转,则为点火时间过早。

②检查触点间隙是否过大。若过大,则应进行调整。

5. 发动机高速运转不良

(1)现象:发动机怠速运转时正常,但高速运转时不平稳,排气管放炮。

(2)主要原因:触点间隙过大或触点臂弹簧弹力不足,活动臂绝缘套管装配过紧,火花塞间隙过大,或点火线圈、电容器工作不良。

(3)检查方法和步骤:

从火花塞上拆下高压分线,使其端头距汽缸体 6 ~ 8mm,发动发动机并提高转速:

①如有断火现象,应进一步检查分电器。打开分电器盖,慢慢摇转曲轴,检查触点间隙是否过大。若间隙正常,将触点闭合,用手拨动触点试火。如高压火花很强,并不断火,说明活动触点臂的弹簧片过软或其绝缘胶木与轴的装配过紧。

②如火花弱,跳火距离短。应检查触点是否烧蚀或接触不良,触点的铆钉是否松动(触点头松动时,最容易烧蚀触点),以及点火线圈和电容器工作是否良好。

实训　分电器总成的检修

一、目的

分 5 部分对分电器总成进行检查和修理。

二、设备与器材

(1)分电器总成。

(2)实习车 1 台。

(3)游标卡尺。

(4)弹簧秤。

(5)百分表。

(6)电工组合工具。

三、内容与步骤

分电器总成的检修:

1. 配电器的检修

检查分电器盖高压线插孔中有无烧蚀、锈蚀或脏污。若有烧蚀、锈蚀和脏污现象应及时清除干净。检查分电器盖内的炭精棒是否发卡或松脱,如有发卡及松脱现象应及时修复。

检查分火头的绝缘。用高压电检查分火头的方法如图 4-23 所示。拆下分电器盖,从分电器盖中央插线孔内拔出高压总线,并对准分火头上的导电铜片 5 ~ 7mm,同时拨动断电器触点,察看有无火花出现。若有火花,表明绝缘被击穿,将引起发动机断火,必须更换新件;若无火花,证明该分火头绝缘性能良好。

检验分电器盖的中央插孔与各高压分线插孔之间有无裂纹的方法,如图 4-24a)所示。取下分电器盖,让其悬空,然后取下连接在火花塞上的高压分线,使所有的高压分线末端均对准汽缸盖,距离 5 ~ 7mm。拨动断电器触点,察看是否跳火。若有某根高压分线跳火,则说明该分线插孔与中央高压线插孔之间有裂纹或有砂眼而窜电，此分电器盖不能再用，必须更换。若所有的高压分线均不跳火，则证明分电器盖上的中央插孔与各高压分线插孔之间完好无损。

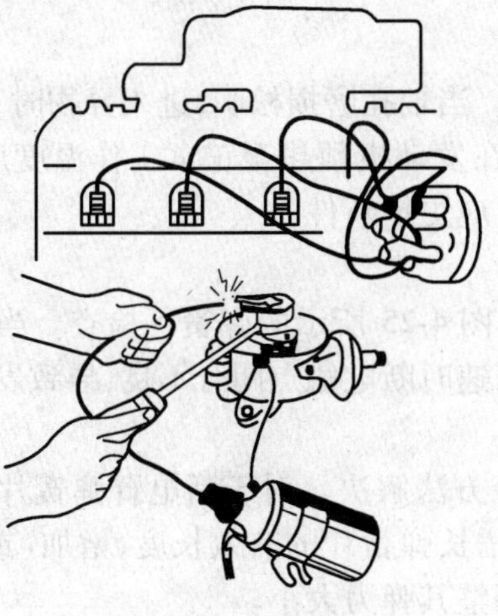

图 4-23　分火头绝缘性能试验

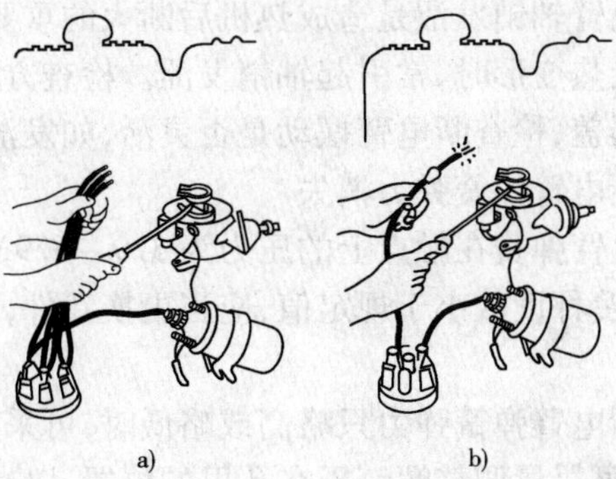

图 4-24　分电器盖窜火试验

a）查中央孔与旁插孔窜火；b）查旁插孔间窜火

检验分电器盖上的各高压分线插孔之间有无损伤的方法，如图 4-24b）所示。取下分电器盖，拔出全部高压线。然后，把高压总线任意插入分电器盖上的一个分线插孔，另用两根高压分线分别插入与高压总线相邻的两个插孔内，使这两根高压分线的另一端对准汽缸盖，距离 5 ~ 7mm。同时拨动断电器触点，察看跳火情况。若某根高压分线跳火，说明该分线插孔与插入高压总线的那个插孔之间有裂纹或砂眼而窜火。其他高压分线插孔的检查方法依此类推。窜电的分电器盖应报废，更换新件。

2. 断电器的检修

（1）断电器触点的检修

正常的断电器触点，其工作面应为白色，光洁平整，无油污，粗糙度不大于 0.4μm，无明显烧蚀。若用万用表测量触点之间的接触电阻，示值应为零。触点被烧蚀时，表面会有密集的微孔，颜色变为暗灰色。烧蚀严重时，还会出现较大的蚀坑和焦黑印迹，接触电阻可达 1Ω 以上。断电器触点轻微烧蚀，可使用白金砂条或“00”号细砂纸修磨；较重烧蚀时，需使用油石或细锉修磨，磨光触面，消除蚀坑。修磨后，应将粉尘擦掉，不得粘油。

触点装复时，上、下触点的中心线应重合，最大错位距离不得大于 0.25mm，接触面积不小于 85%，中空式触点应达到 100%，否则容易引起烧蚀，影响电流通过。若触点结合不符合要求，可以使用尖嘴钳修正。经过多次修磨后，单片触点的厚度小于 0.5mm 时，应更换新组件。

如果触点在使用中烧蚀过于频繁，应从以下方面查寻原因，并予以消除。

①断电触点间隙过大，接触面过小。

②断电触点过脏。

③电容器引线脱落，容量不当。

④发电机调节器电压调节过高。

⑤蓄电池搭铁线接触不良。

⑥点火线圈接线错误或型号不匹配。

⑦曲轴箱废气漏入分电器。

(2)检修断电臂组件

①断电臂轴销发涩

断电臂轴销发涩是造成热机后断火的重要原因。当轴孔磨损松旷,进入异物时,或采用尼龙轴销受热变形时,常引起轴销发涩。检查方法是:在发动机预热至正常工作温度后停机,取下分电器盖,检查断电臂摆动是否灵活,如发涩严重,应更换新件。

②断电臂弹簧弹力消失

断电臂弹簧在触点上的压力为3.9~6.9N,采用图4-25所示的弹簧秤检查。当触点刚张开时,弹簧秤读数小于规定值,应当更换新件,以免高速时断电触点闭合不良,导致发动机高速断火。

当断电臂弹簧弹力只略高或略低时,可采用调整方法解决。对于断电臂弹簧片固定孔为长孔者,可尽量调整螺钉压在孔里的位置,以减短或增长弹簧片的有效长度,增加(或减少)弹力;若弹簧片固定孔不是长孔,可用手弯曲弹簧片,调整其弹力大小。

(3)凸轮、分电器轴的检修

①凸轮的工作表面应光洁、无腐蚀、裂纹、沟槽

各顶端对轴线的径向圆跳动公差为0.03mm。凸轮棱角最容易磨损,从而导致触点间隙变小或闭合角变小,降低点火系统的点火能量和点火均匀性。

如图4-26所示,较为简便的检测凸轮磨损量的方法,是使用游标卡尺测量凸轮各对顶角磨损处的直径,然后与标准尺寸进行对比。凸轮的最大磨损量不得超过0.4mm,各凸角磨损的不均匀度不应大于0.03mm,凸角最高点分布不均匀度偏差不应大于2°。超过上述值,应更换凸轮。

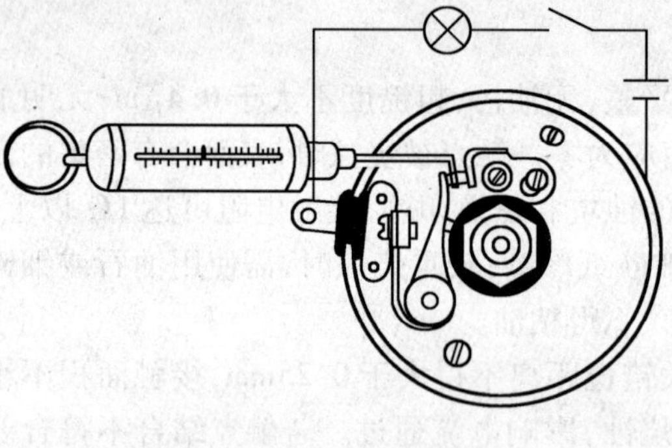

图4-25 断电触点弹力检查

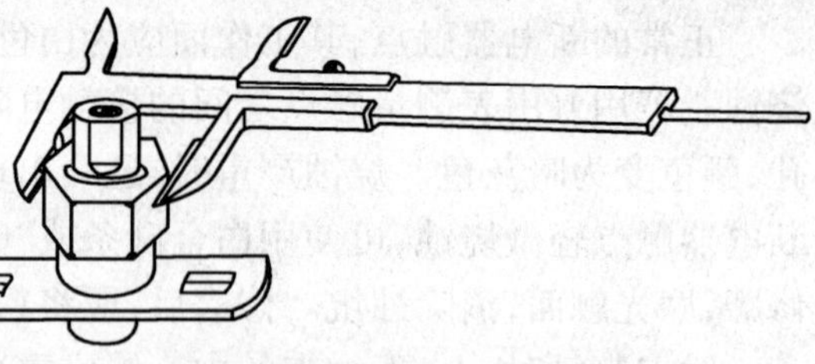

图4-26 测凸轮顶角磨损

②分电器轴的径向圆跳动公差可使用百分表检查,如图4-27所示。用台钳夹住分电器壳,使百分表触针垂直顶住轴的上部,然后转动分电器轴,百分表所示数值即为轴的径向圆跳动公差。此值若超过规定,应当校直分电器轴。同样,可使用百分表检查轴与衬套的配合间隙,沿百分表触针的轴线方向推、拉分电器轴,百分表读数差值即是轴与衬套的配合间隙,此间隙超过规定值时,应更换衬套。

配制分电器轴衬套,通常采用锡青铜棒料车制。衬套与分电器壳体之间的过盈量应在

0.025 ~ 0.05mm之间。压入衬套后，铰削内孔，保证轴与衬套的配合间隙在 0.02 ~ 0.04mm 之间。将分电器外壳固定，上下活动分电器轴，检查其轴向间隙，一般为 0.15 ~ 0.50mm，若超过标准，应加垫片进行调整。

3. 离心点火提前装置

检查离心重块甩动是否灵活平稳，所有销孔结合处应无卡滞和松旷现象，托板与分电器轴静配合应良好。

检查离心块拉簧，当发现有折断、变形和表面出现严重磨痕，应换用新件。将分电器轴固定不动，使凸轮向正常旋转方向转至极限位置，放松时，凸轮应立即返回原位（如图 4-28 所示）。

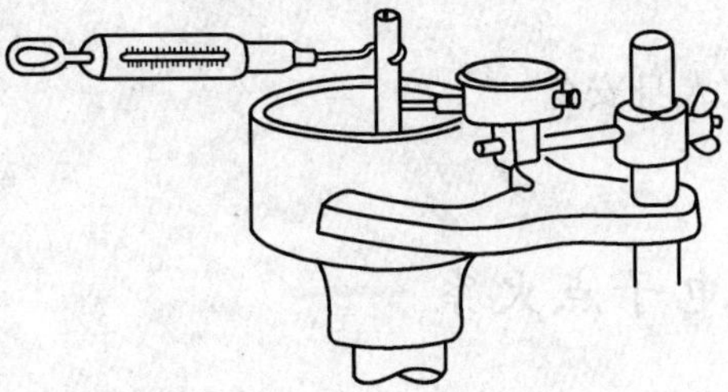

图 4-27 分电器轴检查

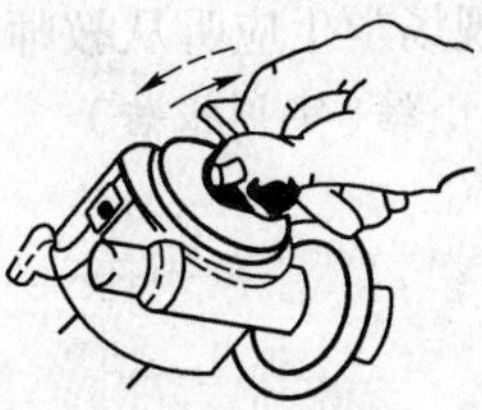

图 4-28 离心提前装置检查

4. 真空点火提前装置的检修

检查真空点火提前装置的工作性能和膜片室密封性能是否良好的方法是：将手动真空泵接到真空点火提前装置的管接螺母上，如图 4-29 所示。当施加负压时，膜片能带动真空点火提前装置拉杆移动。若负压消失，拉杆能迅速回位，说明真空点火提前装置工作性能良好，当施加 66.7kPa 左右的负压时，若真空表的指针能保持 1min 稳定不动，说明膜片气密性能良好。

更为简便的检查方法是：用嘴吸吮真空点火提前装置管端，膜片应能带动真空膜片拉杆移动，否则说明密封性差，应予以更换。

两级式的真空点火提前装置，应将主膜片室和副膜片室分开进行检查，两室的气密性能必须良好。

5. 电容器的检验

电容器的常见故障是击穿短路和引出线断路。检查上述故障可以在电器万能试验台上采用氖灯检查，也可以使用 220V 交流试灯检查，或在车上使用高压电检查。

（1）使用 220V 交流试灯检查电容器

如图 4-30 所示，将交流试灯的两试棒一个接电容器的引线，另一个接电容器的壳体，若试灯亮，说明电容器击穿短路；若不亮，将试棒去掉，将电容器的引线碰电容器壳体，进行放电试验。若有明显火花，而且能听到跳火的声响，说明电容器的容电量基本正常；若无火花，说明电容器断路。

（2）就车取线比较法检查

将电容器引线拆下，取点火线圈中央线跳火；将电容器引线接回，再取点火线圈中央线跳火。两次火花前者应比后者弱，若两次跳火强度一致，说明电容器失效。若拆去反而有高压火，接回无高压火，说明电容器已击穿短路。

电容器击穿短路可用低压火线对其引线刮火确认。若有火花刮出，说明电容器确已击穿。

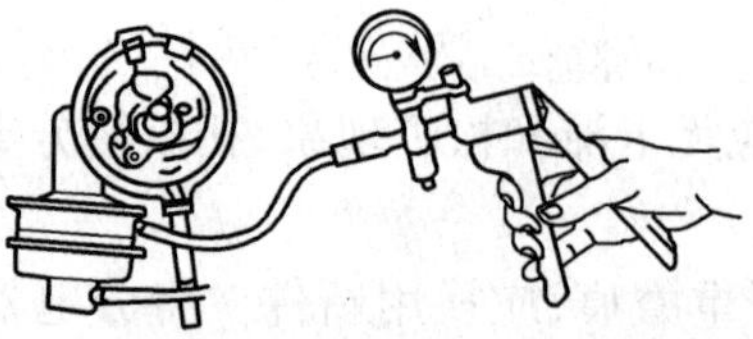

图 4-29　真空点火提前装置检查

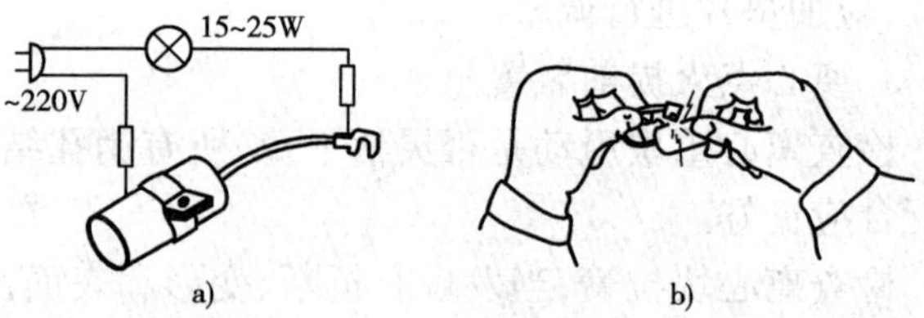

图 4-30　交流试灯法查电容器好坏

四、实训注意事项

1. 注意保护检验仪器、设施的完好。

2. 实习现场学生应听从教师的指导，注意人身安全。

五、实训小结（实训报告）

课题四　电子点火系

电子点火装置的应用，是为了尽快适应汽车排放法规、油耗法规、保养法规等法治化方向的要求；也是为了满足汽车点火系工作的可靠性，点火能量及复杂的点火提前特性等的严格要求。

一、电子点火装置的优点

电子点火装置与传统点火装置相比，它的基本功能并没有什么变化，但从改善电火花的点火性能，提高点火时间的控制精度及可靠性等方面来看，却发生了很大的变化，即电子点火装置具有许多明显的优点。

(1) 因为无机械触点或初级电流不经过触点，所以不存在触点氧化、烧蚀、变形、磨损等问题，使用中几乎不需要维修和经常换件。

(2) 可用晶体管取代断电器触点或使初级电流不经过触点。这样可以增大初级断电电流值，减少点火线圈初级绕组匝数，减小初级电路的电阻，从而提高次级电压，有效地改善和保证点火性能。一般传统点火系初级电流不超过 5A，而晶体管点火装置可提高到 7A ~ 8A，次级电压可达 30kV。

(3) 电磁能量得到充分利用，高电压形成迅速，火花能量大。由于无断电器触点或触点电流很小，根本不会因产生火花而消耗部分电磁能量，所以高压形成很快，使火花能量增大，提高了点火可靠性。传统点火系高电压的形成时间需 120 ~ 200μs，而电子点火系则只需 80 ~ 100μs。

(4) 减小了火花塞积炭的影响。电子点火装置在火花塞积炭阻值达 100kΩ 的严重情况下，仍能维持可靠的点火特性。

(5) 点火时间精确，混合气能得到完全燃烧，可以在稀混合气工况下照常点火，从而保证了发动机在降低油耗的基础上，减少废气污染，获得最好的动力性。

(6) 能适应现代高速、高压缩比发动机的发展需求，有利于汽车的高速化。

(7)对无线电干扰小,结构简单,重量轻,体积小,保养维修简便。

二、电子点火装置的种类

当前,国内外正在研制和应用的汽车电子点火装置的种类较多,大致可分为以下几种类型。

(1)从控制点火线圈初级电流的电子元件来分:

①晶体管点火装置。

②可控硅点火装置。

③集成电路点火装置。

(2)按点火装置有无触点来分:

①触点式电子点火装置,又称半导体管或晶体管辅助点火装置。

②无触点电子点火装置,又称全晶体管点火装置。

根据发动机曲轴位置传感器(信号发生器)的不同类型,无触点电子点火装置又可分为:

磁电式(即磁脉冲式、磁感应式、发电式)电子点火装置;

霍尔(Hall)式(即霍尔效应式)电子点火装置;

光电式(即光电效应式)电子点火装置;

电磁式(即电磁振荡式)电子点火装置。

(3)按点火能量的储存方式来分:

①电感储能式电子点火装置。其储能元件是点火线圈。

②电容储能式电子点火装置。其储能元件是专用的电容器。

三、晶体管辅助触点电子点火系统

1. 基本原理

晶体管辅助触点电子点火系是使用最早的一种电子点火装置,它将一只高反压大功率晶体三极管串联在点火线圈的一次侧电路中,代替触点起开关作用,而断电器的触点则串联在三极管的基极电路中,控制三极管的导通和截止。

图4-31为晶体管辅助触点电子点火系的基本原理图。其工作原理为:接通点火开关SW后,当断电器触点K闭合时,蓄电池电压由电阻R_1、R_2进行分压,使三极管V的发射极得到正向偏压获得基极电流,使三极管V处于饱和导通状态。此时,点火线圈一次侧绕组便有电流流过,其电路为:蓄电池正极→点火开关SW→一次侧绕组L_1→附加电阻R_f→三极管V的发射极e、集电极c→搭铁→蓄电池负极。而当断电器触电分开时,三极管V的基极电路被切断,三极管截止,一次侧电流迅速下降到零,在二次侧绕组中感应出15~30kV的高压电,经分电器送至火花塞进行点火。图中电容器C的作用是:在断电器触电分开瞬间,将一次侧绕组中产生的自感电动势旁路,防止三极管被击穿。

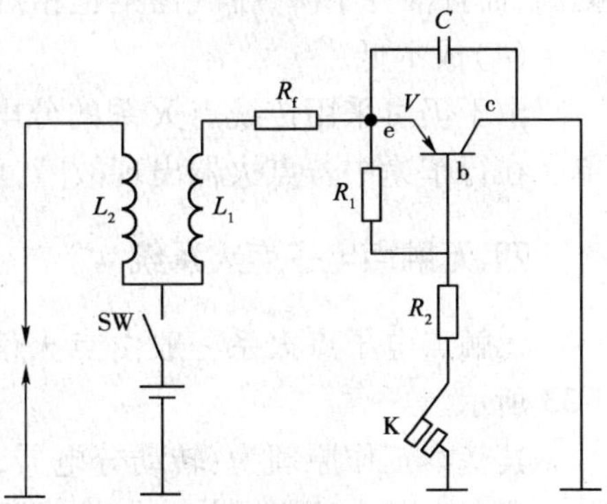

图4-31 晶体管辅助触点点火系原理图

2. 国产 BD—71F 型晶体管辅助触点点火装置

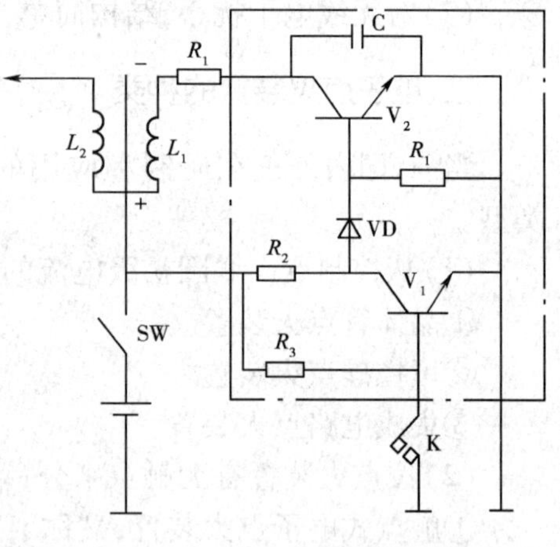

图 4-32 BD—71F 型晶体管辅助触电点火装置

BD—71F 型晶体管辅助触点点火装置可与传统分电器配套使用,其原理如图 4-32 所示,主要由触点、点火器、点火线圈、火花塞等组成。从图中可以看出,该装置比传统点火系增加了一块电子点火控制器,常称点火器。该点火装置的工作原理如下:接通点火开关 SW,当断电器触点 K 闭合时,因三极管 V_1 的基极与发射极短路,故 V_1 截止。这时蓄电池通过 R_2、VD、R_1 构成回路,在 R_2、R_1 的分压作用下,三极管 V_2 获得正向偏压而饱和导通,接通一次侧电路,其电路是:蓄电池正极→点火开关 SW→一次侧绕组 L_1→附加电阻 R_f→三极管 V_2 的发射极 e、集电极 c→搭铁→蓄电池负极。此时,点火线圈一次侧绕组储存磁场能。

当触点 K 打开时,蓄电池通过 R_3 向三极管 V_1 提供基极电流,使 V_1 导通 V_2 截止,点火线圈一次侧绕组中的电流中断,磁场迅速消失,于是在二次侧绕组中产生高压电,提供给火花塞点火。

图中 R_1、R_2 是 V_2 管的偏流电阻,R_2 同时又是 V_1 管的负载电阻,R_3 是 V_1 管的偏流电阻。C 用来保护 V_2 管,二极管 VD 是用来保证 V_1 管导通时 V_2 管能可靠截止。

上述点火装置与传统点火系相比,主要优点是:

(1)延长触点的使用寿命

由于触点只通过很小的基极电流(约为一次侧电流的 1/5 至 1/10),使触点火花大为减小,延长了触点的使用寿命,减少了触点的维护和调整。

(2)改善点火性能

该装置采用低电感、高匝比的点火线圈,因一次侧电流不通过触点,可适当增加一次侧电流值,且触点断开时无火花,能量损失少,可使二次侧电压提高到 30kV。

(3)改善发动机性能

由于点火能量增大,不仅使汽车起动比较容易,整车动力性以及高、低速稳定性均有明显提高,而且油耗下降,排气污染也相对减小。

(4)成本低

由于仍可采用传统点火系的分电器,因此适合于旧车型点火系的改造,并且安装调试简单。在行车途中若点火器出现故障,可很容易恢复为传统点火系统,而不会影响行车。

四、无触点电子点火系统

无触点电子点火系一般由点火信号发生器、电子点火器、点火线圈、火花塞等组成,如图 4-33 所示。

其基本工作原理为:转动分电器,使点火信号发生器产生脉冲电压信号。此脉冲电压信号经电子点火器大功率晶体三极管前置电路的放大、整形等处理后,控制串联于点火线圈一次侧回路的大功率晶体三极管的导通和截止。大功率晶体三极管导通时,点火线圈一次侧回路导通,点火系统储能;当输入电子点火器的点火信号脉冲使大功率晶体三极管截止时,点火线圈一次侧回路断路,二次侧绕组便产生高压电。无触点电子点火系按信号发生器的型式不同可分为:磁脉冲式、光电式、霍尔效应式等多种形式。

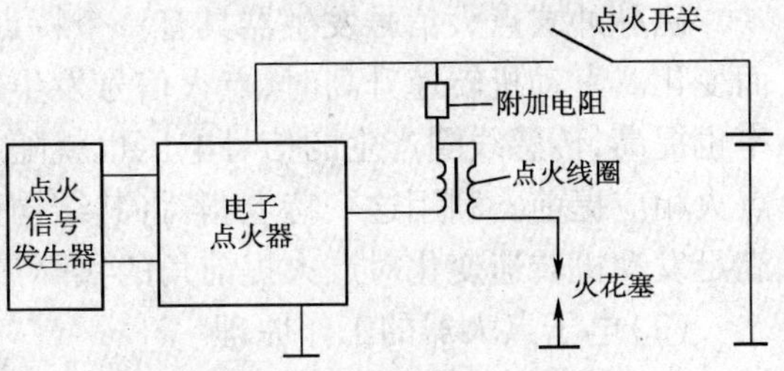

图 4-33 无触点电子点火系统的组成

1. 磁脉冲式无触点电子点火装置

图 4-34 是常用的磁脉冲式无触点电子点火装置。它由点火信号发生器、电子点火器、分电器、点火线圈和火花塞等组成。

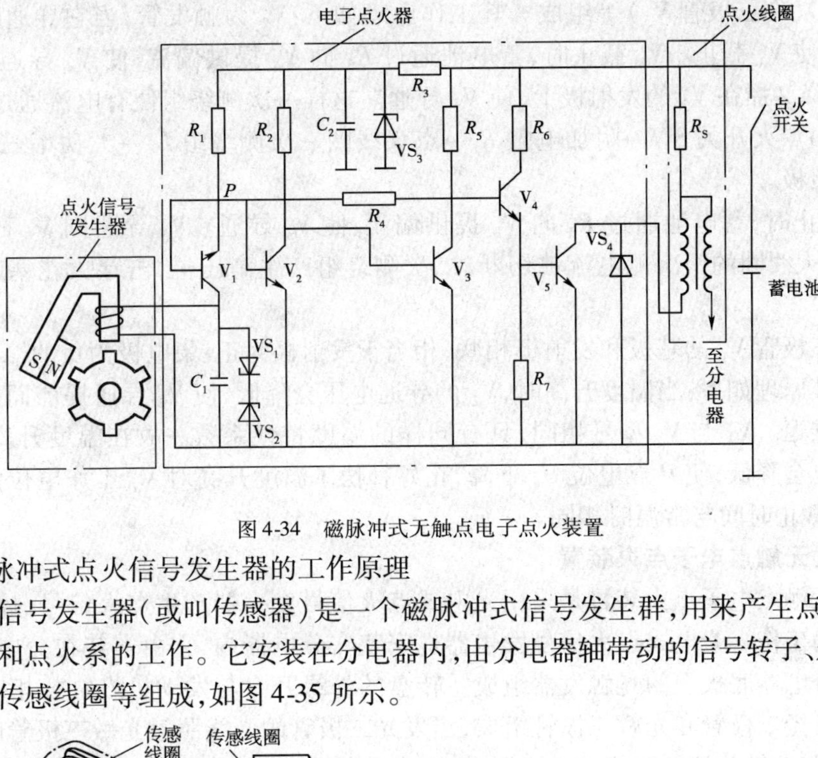

图 4-34 磁脉冲式无触点电子点火装置

(1)磁脉冲式点火信号发生器的工作原理

该点火信号发生器(或叫传感器)是一个磁脉冲式信号发生群,用来产生点火信号,控制电子点火器和点火系的工作。它安装在分电器内,由分电器轴带动的信号转子、永久磁铁和绕在支架上的传感线圈等组成,如图 4-35 所示。

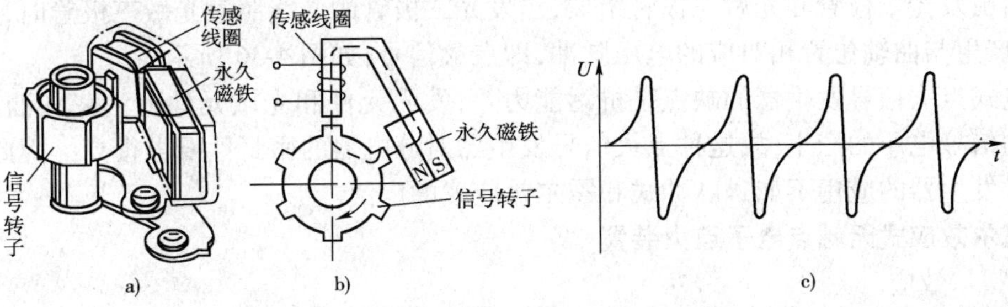

图 4-35 磁脉冲式点火信号发生器的工作原理

a)点火信号发生器的结构;b)原理示意图;c)输出信号

其信号转子上的凸齿数与发动机的汽缸数相同。永久磁铁的磁通经信号转子凸齿、线圈铁心构成回路。当信号转子由分电器轴带动旋转时,转子凸齿与线圈铁心间的空气间隙将发生变化,磁路的磁阻随之改变,使通过传感线圈的磁通量发生变化,因而在传感线圈内感应出交变电动势,如图 4-35c)所示。

磁脉冲式点火信号发生器具有一个特点：其点火信号电压的大小会随发动机转速的变化而变化。发动机转速升高时，点火信号发生器磁路的磁阻变化速率提高，相应磁通量的变化速率也提高，传感线圈产生的信号电压也就随之增大。这一结果会使点火的击穿电压提前到达，点火相应提前。利用这一特点，若将其结构设计合理，使点火提前角随发动机转速的变化正好满足发动机转速变化对点火提前角的实际需要，就可以省去离心式点火提前调节器。

(2)电子点火器的工作原理

电子点火器(图4-34)将从点火信号发生器得到的信号进行整形、放大以控制点火线圈一次侧电路的通断。它由点火信号检出电路(三极管 V_2)、信号放大电路(三极管 V_3、V_4)和功率放大电路(大功率三极管 V_5)等组成。其工作原理如下：V_2 为触发管，当它导通时，其集电极的电位降低，使 V_3 截止。V_3 截止时，蓄电池通过 R_5 向 V_4 提供偏流，使 V_4 导通。V_4 导通时 R_7 上的电压降又加在 V_5 的发射极上，使 V_5 导通。这样一次侧绕组便有电流通过，其电路是：蓄电池正极→点火开关SW→附加电阻 R_f→点火线圈一次侧绕组 L_1→大功率三极管 V_5→搭铁→蓄电池负极。

当 V_2 截止时，蓄电池通过 R_2 向 V_3 提供偏流，使 V_3 导通。V_3 导通则 V_4 截止，V_5 也截止。于是，点火线圈的一次侧电流被切断，二次侧绕组产生高压电，击穿火花塞间隙，点燃混合气。

电路中三极管 V_1 的基极和发射极相联，相当于发射极为正、集电极为负的二极管，起温度补偿作用。其原理如下：当温度升高时，V_2 的导通电压会降低，使 V_2 导通提前而截止滞后，从而导致点火推迟。V_1 与 V_2 型号相同，具有同样的温度特性系数。故在温度升高时，V_1 的正向导通电压也会降低，使 P 点电位 U_p 下降，正好补偿了温度升高对 V_2 工作电位的影响，而使 V_2 的导通和截止时间与常温时相同。

2. 光电式无触点电子点火装置

光电式无触点电子点火装置是采用光电式点火信号发生器产生点火信号，控制电子点火器和点火系的工作。光电式点火信号发生器也安装在分电器内，它由安装在分电器轴上的转盘和安装在分电器底板上的光触发器组成。转盘的外缘开有与发动机汽缸数相对应的缺口。光触发器由发光二极管和光敏三极管组成，当发光二极管的光线照射光敏三极管时，光敏三极管导通，产生与曲轴位置相对应的电压脉冲，即点火信号，如图4-36所示。

光电式点火信号发生器的缺点是抗污能力差，发光元件和光敏元件上沾灰和油污就会影响正常的信号电压的产生，故这种点火信号发生器对分电器的密封性要求很高。因此，光电式点火信号发生器的应用不如磁脉冲式和霍尔效应式的广泛。

3. 霍尔效应式无触点电子点火装置

(1)霍尔效应

霍尔效应的原理如图4-37所示。当电流 I 通过放在磁场中的半导体基片(即霍尔元件)且电流方向和磁场方向垂直时，在垂直于电流和磁场的半导体基片的横向侧面上会产生一个电压，这个电压称为霍尔电压 U_H。霍尔电压的高低与通过的电流和磁感应强度成正比，可用下式表示：

$$U_H = \frac{R_H}{d} IB$$

式中：R_H——霍尔系数；

d——半导体基片厚度，m；

I——电流，A；

B——磁感应强度，T。

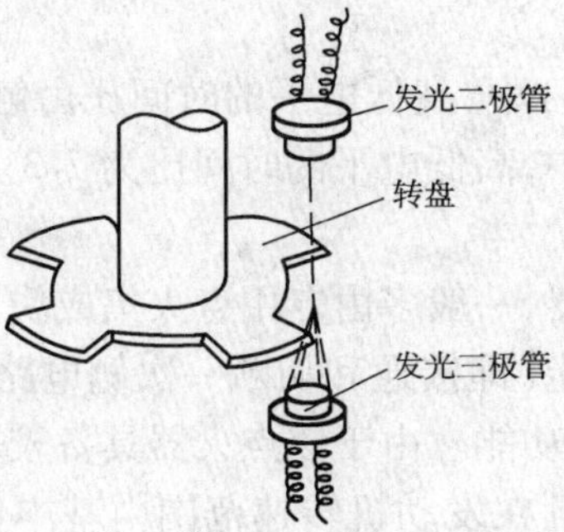

4-36 光电式点火信号发生器示意图

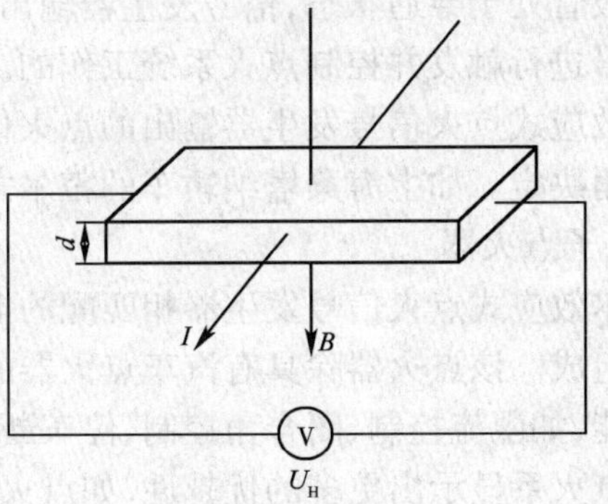

图 4-37 霍尔效应原理

由上式可知，当通过电流 I 为一定值时，霍尔电压 U_H 随磁感应强度 B 的大小而变化；同时也可看出，霍尔电压 U_H 的高低与磁通的变化速率无关。

(2)霍尔效应式点火信号发生器

霍尔效应式点火信号发生器是根据霍尔效应原理制成的，它装在分电器内。其基本结构如图 4-38a)所示，它由触发叶轮和信号触发开关等组成。触发叶轮 1 与分火头制成一体由分电器轴带动，其叶片数与汽缸数相等。信号触发开关由霍尔集成块 2 和带导磁板的永久磁铁 4 组成。霍尔集成块 2 的外层为霍尔元件，同一基板的其他部分制成集成电路，由于霍尔信号发生器工作时，霍尔元件产生的霍尔电压 U_H 是 mV 级，信号很微弱，还需要信号处理，这一任务由集成电路完成。这样霍尔元件产生的霍尔电压 U_H 信号，经过放大、脉冲整形，最后以整齐的矩形脉冲（方波）信号输出。触发叶轮 1 的叶片在霍尔集成块 2 和永久磁铁 4 之间转动。

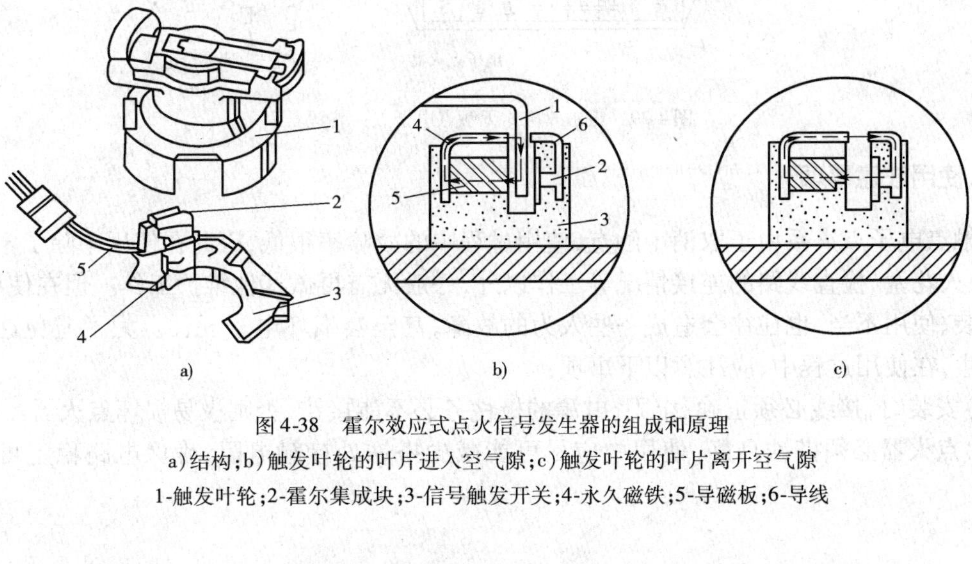

图 4-38 霍尔效应式点火信号发生器的组成和原理

a)结构；b)触发叶轮的叶片进入空气隙；c)触发叶轮的叶片离开空气隙

1-触发叶轮；2-霍尔集成块；3-信号触发开关；4-永久磁铁；5-导磁板；6-导线

霍尔信号发生器的工作原理如图4-38b)、c)所示。触发叶轮转动时,每当叶片进入永久磁铁与霍尔元件之间的空气隙时,磁场即被叶片旁路,这时霍尔元件上不产生霍尔电压。集成电路输出级的三极管处于截止状态,信号发生器输出高电平。当触发叶轮的叶片离开空气隙时,永久磁铁的磁通便通过霍尔元件经导磁板构成回路,霍尔元件产生霍尔电压,集成电路输出极的三极管处于导通状态,信号发生器输出低电平。电子点火器就是依靠信号发生器输出的方波信号进行触发并控制点火系统工作的。

霍尔效应式点火信号发生器输出的点火信号(波形)中,高低电平的时间比由触发叶轮的叶片分配角决定。如上海桑塔纳轿车的霍尔式分电器中,高低电平的时间比为7:3。

(3)电子点火器

与霍尔效应式点火信号发生器相匹配的电子点火器,一般多由专用点火集成块IC和一些外围电路组成。该点火器除具有汽车点火器的开关功能(即接通和切断一次侧电路)外,还具有许多功能,如限流控制、闭合角控制、停车断电保护等功能。由于该点火器具备较多的功能,因而使该点火系显示出更多的优越性,如点火能量高,且在发动机转速范围内基本保持恒定,高速不断火,低速耗能少,起动可靠等优点。图4-39是用于奥迪轿车的霍尔效应式无触点电子点火装置原理图。

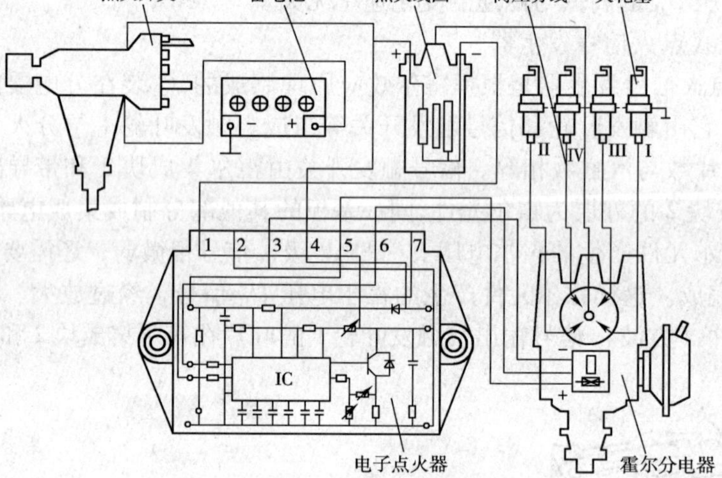

图4-39 霍尔效应式无触点电子点火装置

五、使用注意事项

无触点电子点火系由于取消了触点,使用过程中的故障率很低,因此在使用中除了定期清洁、更换火花塞、检查线路的连接情况等工作以外,一般无需再做其他维护工作。但在使用中,如果安装、使用不当,也往往会造成一些人为的故障,甚至会损坏电子元件。为了避免这种情况的发生,在使用过程中,应注意以下事项:

(1)安装时,接线必须正确、牢固,电源的极性务必不能接错,否则极易损坏点火器。

(2)点火器必须搭铁良好,使用中应尽可能减少搭铁处接触电阻,确保电路稳定可靠地工作。

(3)点火信号线应与高压线分开,避免高压线对点火系统的干扰。

(4)洗车时,应尽量避免洗车水溅到点火器和分电器内。

(5)发动机在运转过程中,严禁拆卸蓄电池,也不可用刮火的方法试电,以免损坏点火器。

(6)电子点火系的点火线圈一般都使用高能点火线圈,应尽可能避免用普通点火线圈代用。

(7)高压线必须连接牢靠,如果连接不牢,容易造成系统电压过高而损坏高压系统的绝缘。

(8)在判断点火系统的故障时,不要使高压电路处于开路状态,否则极易使点火器中的大功率三极管损坏。

(9)当需要拆卸点火系统的连接导线或安装测试仪器时,应先关断点火开关或拆下蓄电池的负极导线。

(10)点火器应安装在干燥、通风良好的部位,使用中应保持其表面清洁,以利散热。

(11)在拆卸或安装电路部件之前,应先关闭点火开关或拆下蓄电池的负极搭铁线。

(12)当利用起动机带动发动机旋转,而又不想使发动机发动的情况下,如进行汽缸压力检查等,应拔下分电器盖上的中央高压线,并将其搭铁。

(13)检修电路时应使用数字式万用表,严禁采用试灯或划火的方法检修电路。否则,会导致电子部件的损坏。

(14)检修计算机点火系统时,在拆下蓄电池的负极搭铁线之前应先读取故障码。

(15)使用起动辅助装置起动时,电压不得超过16.5V。使用快速充电设备对蓄电池充电时,必须从汽车上拆下蓄电池上的“+”、“-”接线柱电线。

(16)在车上进行电焊作业时,应先拆去蓄电池的搭铁线和电控单元的连接器。

(17)清洗发动机时,必须关断点火开关。

六、电子点火系的故障诊断

电子点火系统在出现故障时判断故障的基本思路与传统点火系并无很大区别,也是首先要区分故障发生在低压电路还是在高压电路。区分的方法与传统点火系区分的方法相同,即拔下分电器盖上的总高压线进行试火,有强烈的火花,说明低压电路良好,故障发生在高压电路,判断高压电路故障的方法与传统点火系完全相同,此处不再赘述。如果无火,说明故障出在低压电路。由于电子点火系的低压电路与传统点火系的低压电路有所区别,所以诊断故障的方法也有所不同。

从电子点火系的组成看,电子点火系与传统点火系的主要区别是信号发生器和点火器,因此在低压电路的诊断中与传统点火系故障诊断的主要区别是信号发生器和点火器的诊断,而线路通断的诊断与传统点火系无本质区别。下面就介绍以下点火信号发生器和点火器的故障诊断方法。

1. 点火信号发生器的检查

电子点火系常用的信号发生器的形式有磁感应式、霍尔效应式和光电式的。不管采用哪一种信号发生器,均可采用同一种检查的基本思路,即在点火开关接通,信号转子转动时,用电压表测量信号发生器输出的信号电压。如果无信号电压输出,则说明信号发生器已经损坏。

如果输出的信号电压符合标准,说明信号发生器良好。但由于不同的信号发生器的结构有所不同,工作原理也有所不同,所以在对信号发生器进行进一步检查时,应采用不同的检查方法。

对于磁感应式信号发生器,要检查转子与定子之间的间隙是否符合要求(图4-40),如不符合要求,应进行调整,还要用万用表测量信号发生器线圈的电阻(图4-41)。几种车型信号发生器线圈的标准电阻值见表4-3,如果不符合要求,说明信号发生器已经损坏。

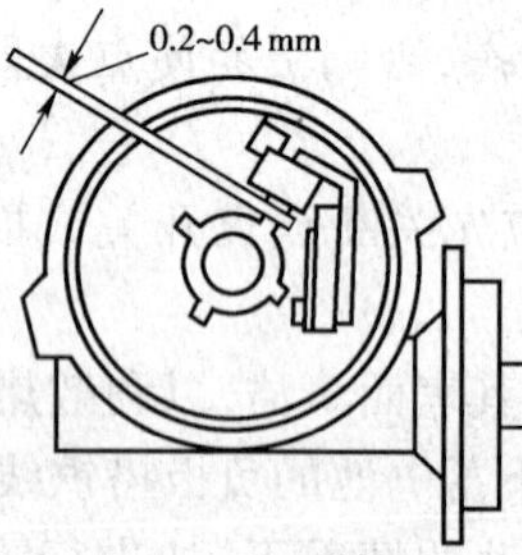

图4-40 检查磁感应信号发生器定子与转子之间的间隙

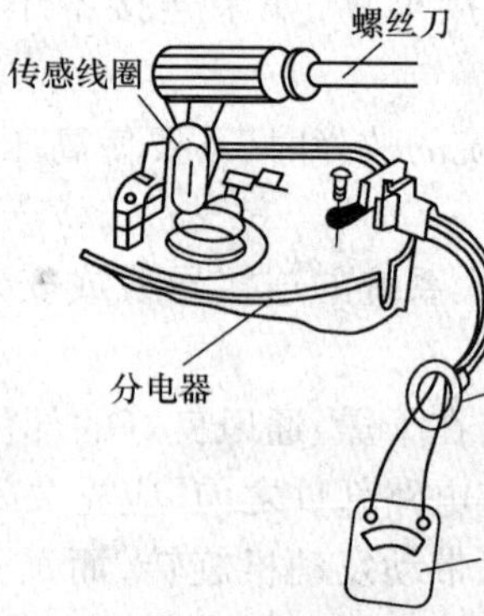

图4-41 信号线圈电阻的测量

几种常见车型信号线圈的标准电阻值 表4-3

车型或分电器型号	JFD667型分电器	解放CA1092型汽车	北京切诺基	富康轿车	丰田汽车	三菱汽车
传感器线圈电阻(Ω)	500~600	600~800	400~800	300左右	140~180	500~700

对于霍尔效应式信号发生器,由于这是一种有源信号发生器,所以要检查信号发生器的供电电源是否正常。例如桑塔纳轿车的霍尔信号发生器的供电电源线是红黑线和棕白线,两者之间在点火开关接通时应有11~12V的电压。如果无电压,信号发生器将不能工作。然后,再检查触发叶轮的叶片在传感器的空气间隙中和离开空气间隙时的信号电压。桑塔纳轿车的信号线是绿白和棕白线,叶片在空气间隙中时,电压为11~12V,叶片不在空气间隙中时,电压为0.3~0.4V。若非如此,说明信号发生器已经损坏。由于不同车型的霍尔信号发生器的结构有所不同,其电路的参数也有所不同,所以在进行检查时,要掌握所检查车型信号发生器的标准电路参数,并以此作为检查的依据。

对于光电式的信号发生器,由于这种信号发生器也是有源信号发生器,因此也需要先检查其输入的电源是否正常。在输入电源正常的情况下,检查信号的输出电压。如果信号输出电压能在0~1V之间摆动(不同类型的信号发生器,输出的电压的幅度可能有所不同),说明信号发生器良好,否则信号发生器损坏。光电式信号发生器由于对灰尘比较敏感,所以在检查时要看看发光光源和受光器上是否受到灰尘的污染。如果有灰尘等污物,应使用酒精擦洗干净后再进行上述检查。

2. 点火器的检查

点火器是电子点火系统的核心部件,车型的不同、信号发生器的不同,点火器的内部电路及外部电路也不尽相同。在检查点火器的故障时,要根据点火信号发生器输出的信号,点火器的基本工作原理、特点,采用适当的方法进行检查。其基本思路是给点火器的信号输入端输入相应的信号电压，再检查点火器中大功率三级管在信号电压的作用下导通和截止的情况，大功率三级管能在信号电压的作用下按要求导通和截止，说明点火器良好，否则可判定点火器损坏。常采用的方法有以下几种：

（1）用干电池电压作为点火信号进行检查

这种检查方法适用于采用磁感应式信号发生器的单功能点火器。在检查时，按图 4-42 所示的电路将干电池接入点火器的信号输入电路，则点火开关接通。信号电压分别为“+”和“-”时，点火器应分别处于导通和截止状况。检查点火电路的导通与截止可利用电压表或试灯，接在点火线圈的“-”极和搭铁之间，如果电压为 12V 或试灯亮，为点火器截止；如果电压为 1~2V 或试灯不亮，说明点火器导通。点火器能在信号电压变化时有导通与截止的变化，则点火器无故障，反之应更换点火器。

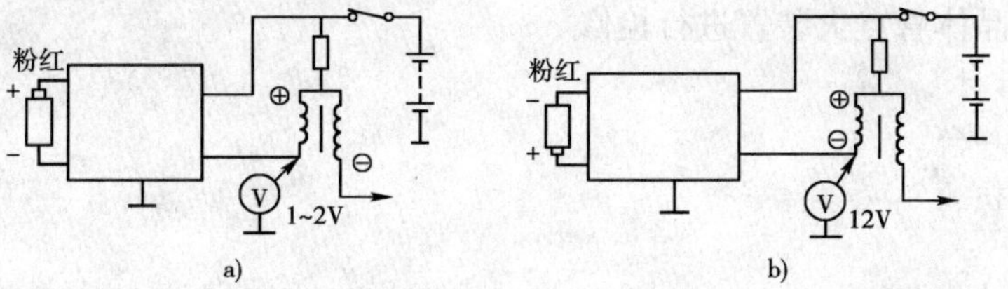

图 4-42　用干电池作信号检查点火器

（2）跳火试验法

在确认除点火器以外的低压电路都是完好的情况下，可用跳火法来检查点火器的好坏。检查时，将分电器盖上的中央高压线拔下，使其端部距缸体 5~10mm 的距离。打开点火开关后，对于磁感应式的信号发生器，按图 4-43 所示的方法。用螺丝刀快速碰刮信号发生器的定子极爪，改变信号发生器线圈的磁通，使其产生信号脉冲，控制点火器的通断，产生点火电压。如果每次碰刮都能产生高压火花，说明点火器完好，否则应予更换。

对于霍尔式电子点火系来说，可将分电器盖和分火头拆下，使中央高压线端部距缸体 5~10mm，接通点火开关，用一锯条插入传感器的气隙并迅速拔出，看拔出时是否有高压火出现。在反复插入拔出时，均出现高压火，则说明点火器良好，否则应更换点火器。

对轿车的电子点火器来说，也可以将分电器上信号发生器的插接器拔下，用一根电线与插接器中的绿白线相连，接通点火开关进行跳火试验，如图 4-44 所示。接通点火开关后，用连接

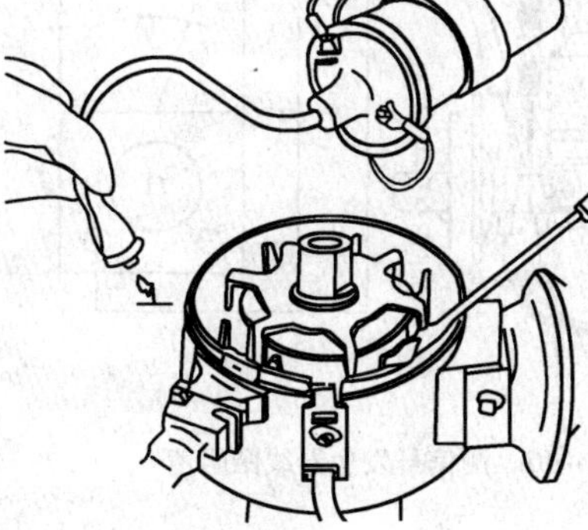

图 4-43　磁感应式电子点火系统的跳火试验

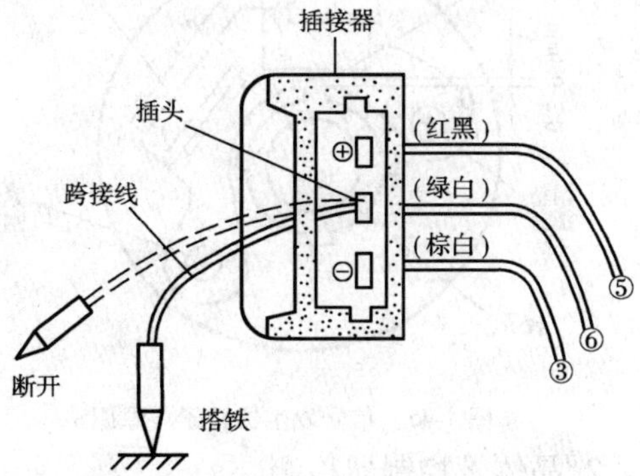

图 4-44　用信号线搭铁的方法进行跳火试验

信号插接器的电线反复搭铁，看有无高压火花产生。如果有，说明点火器良好，否则说明点火器有故障。

(3)替换法

在对点火系低压电路进行检查之后，如果认为点火器出故障的可能性比较大时，可采用规格型号相同的点火器替换怀疑有故障的点火器。如果替换后，故障排除，则说明原点火器有故障，否则说明故障不在点火器。用同规格的点火器替换进行点火系故障诊断是较为简便的方法，也是汽车维修厂采用较多的方法。其使用条件是：必须具备相同规格的点火器。

实训一　磁电式晶体管点火装置的检修

一、目的

会对磁电式晶体管点火装置进行检修。

二、设备与器材

1. 点火装置一台。

2. 厚薄规一套。

3. 万用表。

4. 电工组合工具。

三、内容与步骤

1. 信号发生器的检测与调整

(1)检查调整信号转子凸齿与铁心间的间隙

旁置线圈磁电式信号发生器(如图4-45所示)，信号转子凸齿与传感器铁心之间的空气间隙一般为0.2～0.4mm。检查时，应用塑料厚薄规进行测量。

(2)检测信号发生器线圈电阻

拆下线束插接器，用万用表电阻档对信号发生器线圈进行测量，如图4-46所示。阻值应符合标准值。若阻值为无穷大，表明线圈内部断路，若阻值比标准值小得多，说明信号发生器线圈有匝间短路。发现异常，应予排除或更换信号线圈。

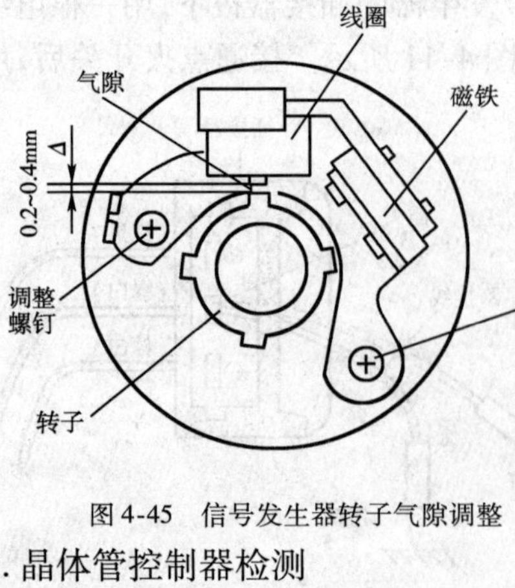

图4-45　信号发生器转子气隙调整

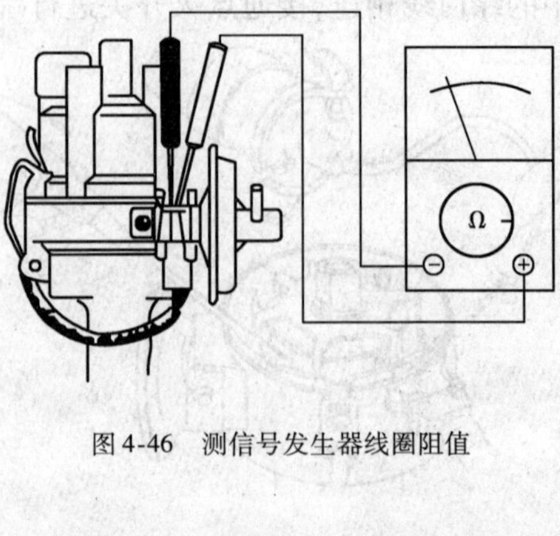

图4-46　测信号发生器线圈阻值

2. 晶体管控制器检测

(1)一般检查

一般检查包括对电子点火器进行外观检查,用欧姆表测量其输入端电阻,以及用电流表测量电路中的电流等。

①外观检查:将晶体管控制器从分电器(或点火线圈)上拆下后,松开连接线或插接器,仔细检查各引出端导线,看是否良好。

②测量晶体管点火控制器输入电阻:控制器输入端是指接到传感器的两个端钮,其输入电阻因点火器电路不同有所差异。如JKF型点火器,其输入等效电阻为3kΩ。检测时,若发现此电阻值过大,应检查各插接件的焊点是否良好,屏蔽线有无断路。若发现此阻值过小,应仔细检查电路各个部分,查明有无搭铁、元件击穿造成短路。

③测量点火装置初级电流:在初级回路串进电流表(或观看车上电流表),缓慢转动曲轴,电流表应在0与6~8A间摆动。

(2)用干电池检查

用1.5V干电池模拟磁电式信号发生器点火信号,取中央线跳火或检查初级绕组“-”端电位,可判断控制器好坏。如检查某一点火控制器,可用干电池正极接于控制器输入端红线,负极接白线,如图4-47a)所示。此时接通点火开关(时间不超过5s),用万用表测量点火线圈。

接线柱与搭铁之间的电压值应为1~2V,撤去干电池或将电池立刻反接,如图4-47b)所示(时间不超过5s),点火线圈负极接柱电压应为12V左右。在正反交换时,取中央线距缸体3~5mm跳火应有火花跳火。若上述试验符合要求,说明控制器正常。

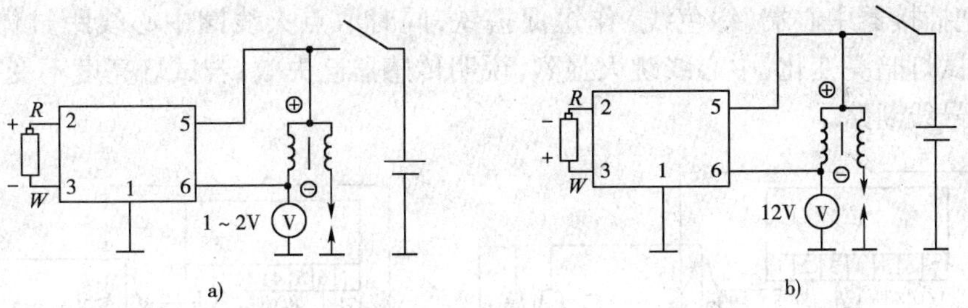

图4-47 用干电池检查

(3)搭磁跳火法

当用螺丝刀碰刮磁电式传感器定子与转子铁心时(将其磁路短接),信号发生器应产生点火信号。此时接通点火开关,取中心线跳火(如图4-48所示),应跳出高压火。有火说明点火装置低压回路、点火线圈及中心线正常。否则,应对上述部件进行检查。

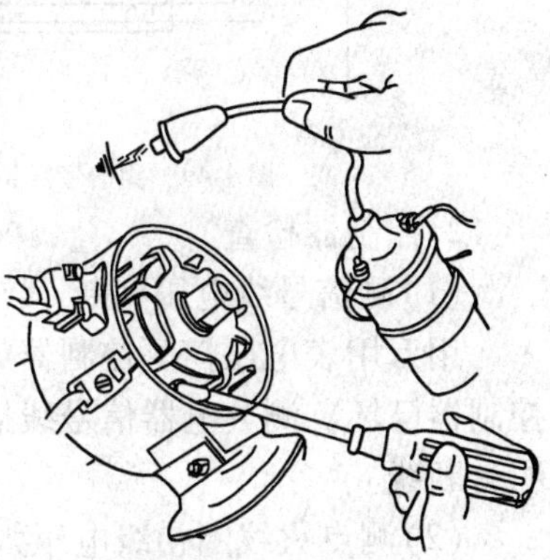

图4-48 搭磁跳火法

3. 点火线圈检查

可用万用表检查点火线圈初级、次级电阻。应注意晶体管点火装置用点火线圈初级电阻值较传统式点火线圈小。

四、实训注意事项

(1)注意保护检验仪器、设施的完好。

(2)实习现场学生应听从教师的指导,注意人身安全。

五、实训小结(实训报告)

实训二　霍尔式晶体管点火装置的检修

一、目的

会对霍尔式晶体管点火装置进行检修。

二、设备与器材

(1)点火装置一台。

(2)厚薄规一套。

(3)万用表。

(4)电工组合工具。

三、内容与步骤

1. 霍尔信号发生器检查

(1)测量霍尔电压法

拆下控制器接线盒上的橡皮套,将高阻抗电压表联于控制器6、3号接线柱上如图4-49所示。接通点火开关,转动分电器转子,当叶片离开气隙中时,电压表读数应小于0.4V。当叶片进入气隙时电压表读数应为9V。否则,说明传感器已失效。

(2)模拟信号法

在点火线圈"-"接线柱与搭铁间连一试灯。从分电器拔下插接器,如图4-50所示。接通点火开关,把插接器中心端(绿色线)作短促搭铁,同时取点火线圈中心线距缸体3~5mm进行跳火。若试灯暗亮变化,中心线跳火强烈,说明传感器已失效;若试灯亮度不变,说明控制器或控制器信号线断路。

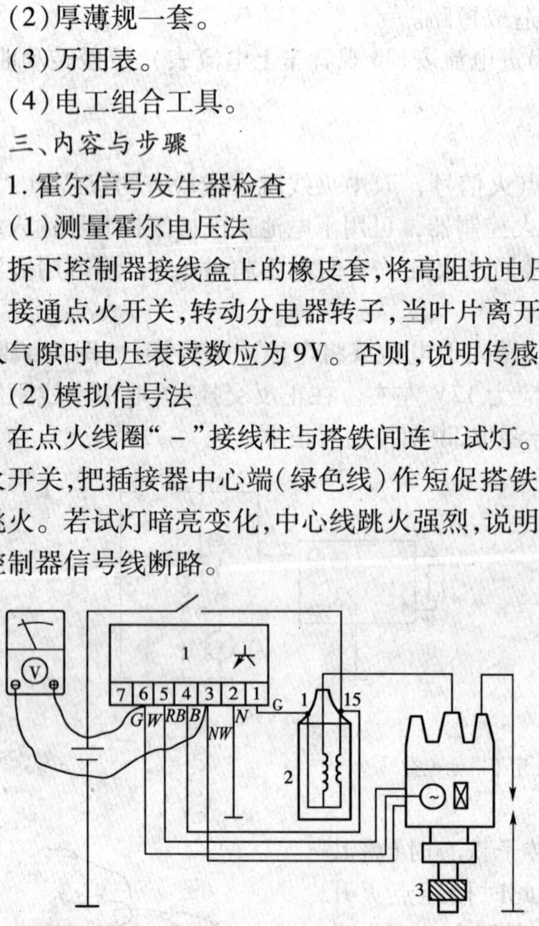

图4-49　测信号发生器电压

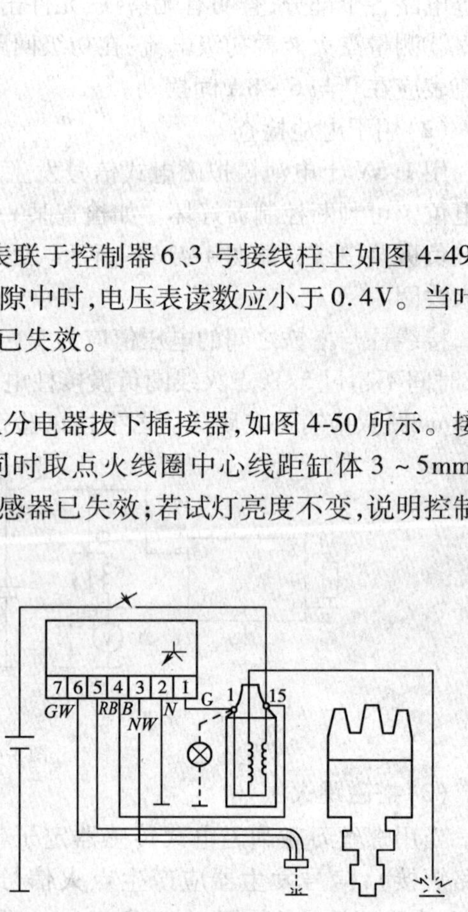

图4-50　模拟信号法

2. 控制器检查

(1)测信号线电压判断

用万用表电压挡测控制器2、4线柱电压应为12V,测3、5线柱电压也应为12V,否则说明控制器已坏。测分电器信号线插接器两边缘线头(红黑为正,棕白为负)也应为12V,否则说明有断线。

(2)测点火线圈初级电压判断

将万用表正极联向点火线圈15(+)线柱,负极联向1(-)接线柱,拔出分电器信号线插接器,接通点火开关,电压表读数应为6V,并在2s左右的时间内降到零。否则说明控制器已失效。

四、实训注意事项

(1)注意保护检验仪器、设施的完好。

(2)实习现场学生应听从教师的指导,注意人身安全。

五、实训小结(实训报告)

课题五　计算机控制点火系统

计算机点火系统采用微机控制点火提前角和闭合角。按照系统的组成可分为有分电器和无分电器两类。在发动机电控系统中,计算机点火系统是一个子系统。

一、有分电器计算机点火系统

1. 点火系统的组成

计算机点火系统主要由各种传感器、电控单元、分电器、点火线圈等组成,如图4-51所示。

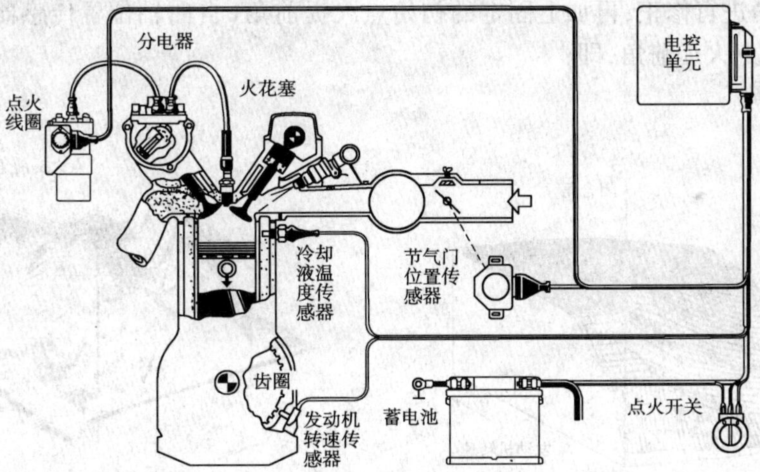

图4-51　计算机点火系统的组成

(1)传感器

传感器的作用是检测发动机运行工况。传感器主要有:发动机转速传感器、曲轴位置传感器、凸轮轴位置传感器、空气流量计(或进气压力传感器)、冷却液温度传感器、进气温度传感器、爆燃传感器、节气门位置传感器等。

(2)电控单元

电控单元,又称ECU或电脑,其作用是根据发动机各传感器输入的信息及内存的控制程序,控制点火线圈的闭合和断开时间,实现闭合角和点火提前角的控制。电控单元由输入回路、输出回路、A/D转换器、微型计算机以及电源电路、备用电路等组成。

(3)点火器

点火器的作用是根据电控单元输出信号,通过内部的大功率三极管的导通和截止,控制初级电流的通断。有些点火器只有大功率三极管,单纯起开关作用;有些点火器除开关作用外,还有恒流控制、闭合角控制、汽缸判别、点火监视等功能。大功率三极管设置在电控单元内部时,点火系统中无点火器。

2. 点火系统的基本工作原理

(1)闭合角控制

电控单元根据闭合角三维脉谱图控制闭合角。制造厂通过大量实验,确定发动机不同转速和蓄电池电压的最佳闭合角,取得闭合角三维脉谱图,如图4-52,并存储在电控单元的存储器内。发动机工作时,电控单元根据发动机转速传感器输入的转速信号和蓄电池电压即可查得所对应的闭合角,控制点火线圈初级绕组的接通时间。

(2)点火提前角控制

电控单元根据基本点火提前角三维脉谱图控制基本点火提前角。制造厂通过大量实验,确定发动机不同转速和负荷的最佳点火提前角,取得基本点火提前角三维脉谱图,如图4-53所示,并存储在电控单元的存储器内。发动机工作时,电控单元根据发动机转速传感器输入的转速信号和发动机负荷信号(空气流量计或进气压力传感器检测信号),即可查得所对应的基本点火提前角,再根据冷却液温度传感器、进气温度传感器、节气门位置传感器等输入信号对基本点火提前角进行修正,再加上固定的初始点火提前角(自曲轴位置传感器的安装位置决定)得到实际的点火提前角,即:

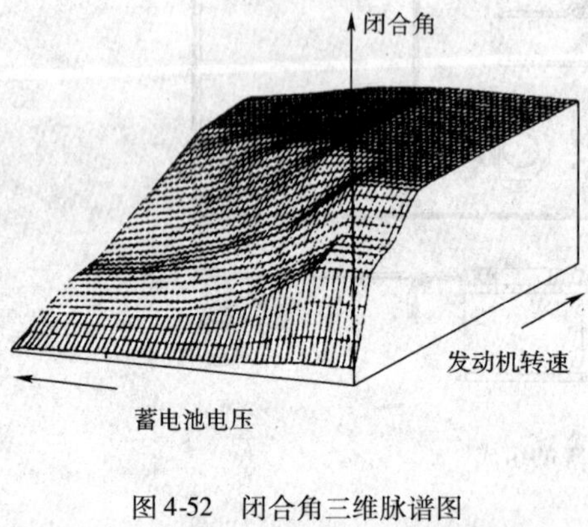

图4-52　闭合角三维脉谱图

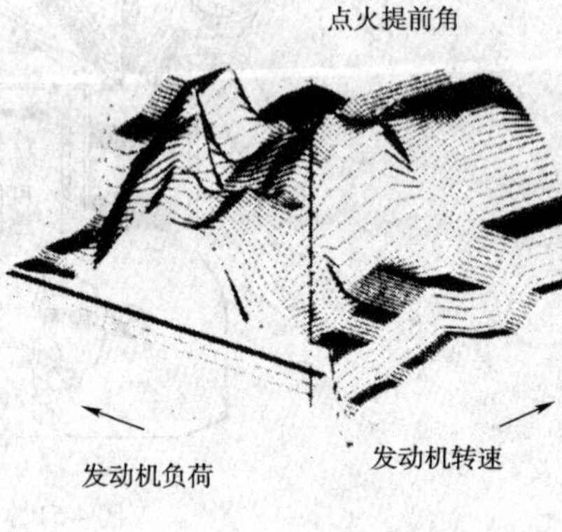

图4-53　基本点火提前角三维脉谱图

点火提前角 = 初始点火提前角 + 基本点火提前角 + 修正点火提前角

根据曲轴位置传感器或凸轮轴位置传感器提供的基准信号,控制点火线圈初级绕组的关断,实现点火提前角控制。

(3)爆燃控制

实验表明,当点火提前角接近发动机爆燃极限时,发动机的动力性和经济性最佳。为尽可能的增大点火提前角,同时又避免由于点火提前角的增大使发动机产生爆燃,采用爆燃传感器作为点火提前角控制的反馈信号,进行点火提前角的闭环控制。

爆燃传感器通常用螺栓安装在汽缸体上,其内部结构如图4-54所示,主要由压电陶瓷晶体、震子等部件组成。发动机爆燃时,产生频率为1～10kHz的压力波,经汽缸体传给螺栓和压电陶瓷晶体。碟形弹簧对震子和压电陶瓷晶体产生一定的预加载荷,载荷的大小影响传感器的频率响应和线形度。压电陶瓷晶体随爆燃强度的变化,产生20MV/g的电动势,输入电控单元,经输入电路放大、滤波和模/数转换,转换为指示爆燃的数字信号。一旦产生爆燃,电控单元输出控制信号推迟点火提前角;当爆燃停止时,电控单元又以一定的角度逐渐增加点火提前角。如此循环往复,使点火时刻接近发动机爆燃极限。当爆燃传感器出现故障时,电控单元推迟点火提前角并终止爆燃控制。爆燃控制的原理框图如图4-55所示。

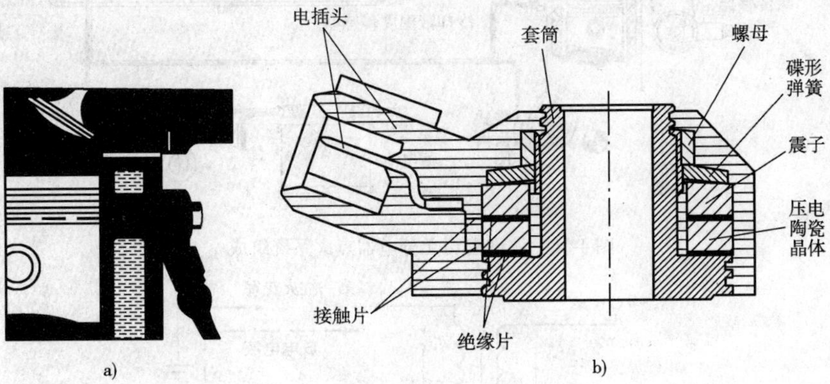

图4-54 爆燃传感器

a)安装位置;b)结构

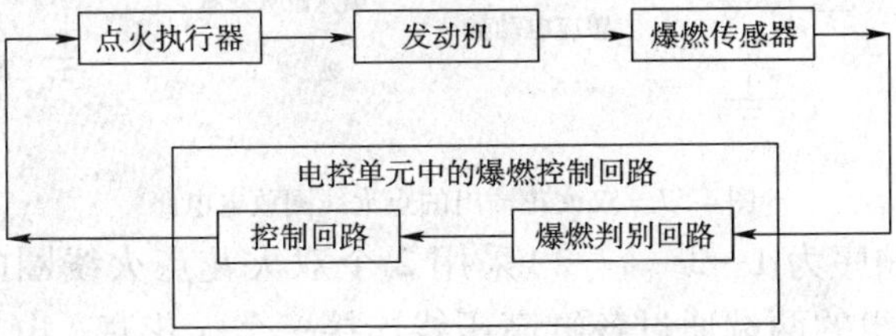

图4-55 爆燃控制的原理框图

二、无分电器计算机点火系统

1. 无分电器点火系统的组成

无分电器点火系统又称直接点火系统,简称DIS。该种类型计算机点火系统,除采用电控单元控制闭合角、点火时刻和爆燃控制外,还取消了分电器,电控单元控制点火线圈模块实现点火高压的分配。波许公司无分电器点火系统的组成如图4-56所示。

2. 无分电器点火系统的工作原理

无分电器点火系统的闭合角控制、点火时刻控制和爆燃控制的工作原理与有分电器的计算机点火系统相同,而点火高压的分配通过多个点火线圈实现。

(1)汽缸数为偶数发动机点火高压的分配

对于汽缸数为2、4、6、8等偶数的发动机,通常采用双火花点火线圈,使同时处于上止点的两个汽缸共用一个双火花点火线圈数同时点火,其中一缸处于压缩上止点前正常点火;另一缸处于排气上止点前,点火火花"浪费"在排气中,如图4-57所示。双火花点火线圈的个数为汽缸数的一半。

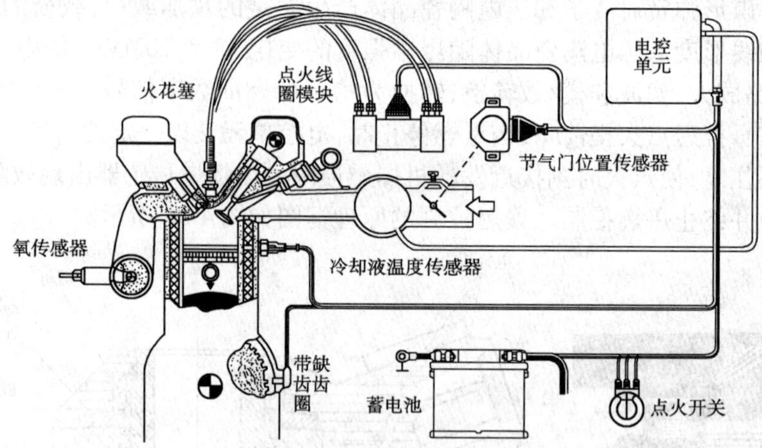

图 4-56　波许公司无分电器点火系统组成

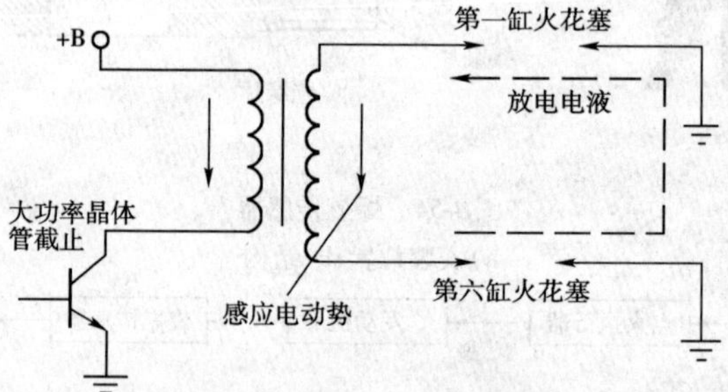

图 4-57　双火花输出的点火线圈放电电路

四缸发动机(点火顺序为 1—3—4—2)采用 2 个双火花点火线圈的电路如图 4-58 所示。每个点火线圈的次级绕组的两端通过各缸高压线连接一个火花塞。电控单元根据发动机转速传感器、曲轴位置传感器或凸轮轴位置传感器信号判定出各缸上止点位置,控制功率三极管,使初级绕组适时接通和关断,实现点火高压的分配。

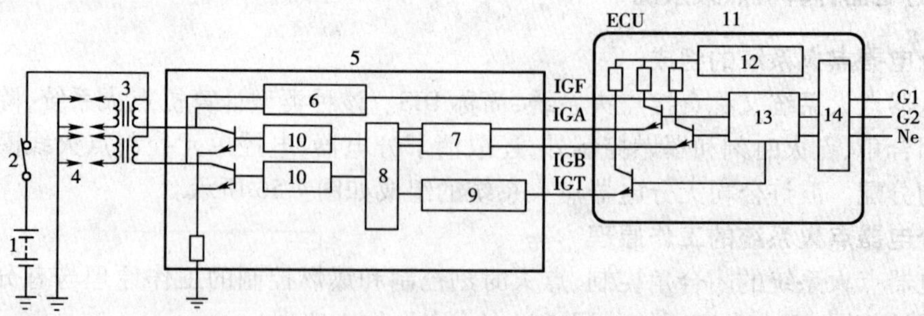

图 4-58　四缸发动机双火花点火线圈的电路

1-蓄电池;2-点火开关;3-点火线圈;4-火花塞;5-点火器;6-IGF 信号;7-输入电路;8-汽缸识别电路;9-闭合角控制电路;10-驱动电路;11-ECU;12-稳压电路;13-微处理器;14-输入电路

(2)汽缸数为奇数的多缸发动机点火高压的分配

汽缸数为 3、5 的发动机,由于各缸处于上止点的时刻不同,每缸分别采用一个点火线圈,实现点火高压的分配。采用无分电器点火系统的5缸发动机点火系统电路如图4-59所示。

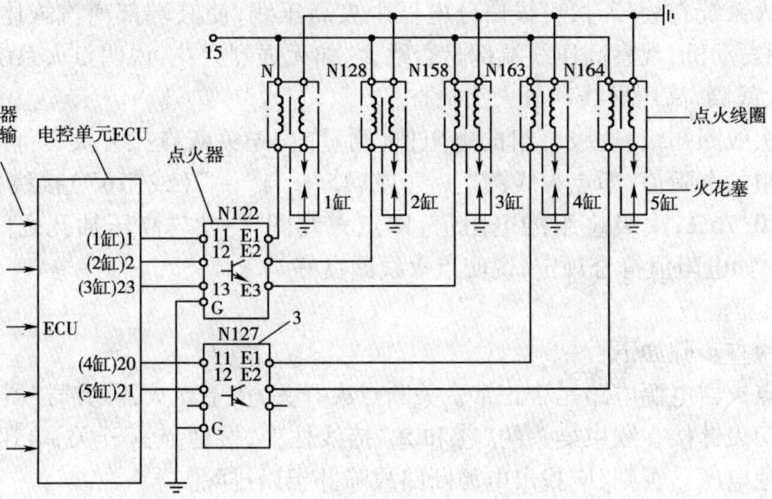

图4-59 发动机无分电器单独点火系统电控原理图

三、计算机点火系统的故障诊断

故障诊断的基本方法如下:

1. 进行自诊断测试

首先应进行自诊断测试,如果系统中有关传感器及有关电路发生故障,组合仪表上的发动机检查灯就会发亮,告诉驾驶员发动机控制系统出现故障,同时故障内容以故障码的形式存储在计算机的存储器中。维修时,首先要采用一定方式读取故障码,然后再查阅该故障码表的内容检查和排除故障。

2. 点火系统车上检查

在车上检查点火系统时可参照图4-60进行。应首先检查跳火情况。从分电器上取下中央高压线,距汽缸体12.5mm,转动发动机看跳火情况。注意为避免试验时喷油器里喷出汽油,防止污染三元催化器,每次转动发动机的时间不要超过2s。根据跳火情况,对点火系统有关部件进行检测。

3. 无触点电子点火系统的故障检查

可参照图4-60,故障检查步骤如下:

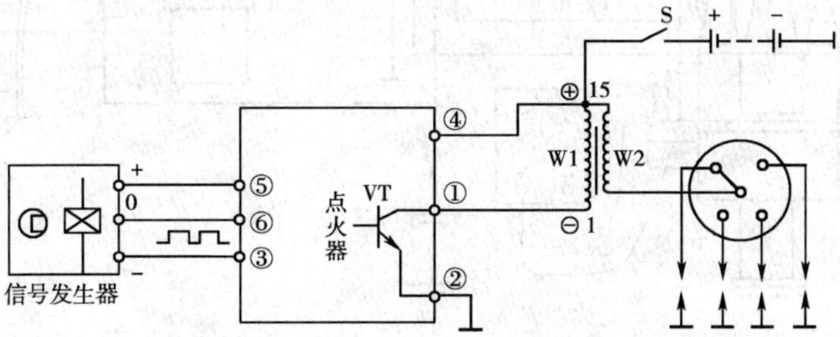

图4-60 霍尔电子点火系统基本电路图

(1)点火系统检查

怀疑点火系统有故障时,可拔出分电器中央高压线,使其端部离汽缸体5~7mm,接通点火开关,起动发动机,观察高压线端部是否跳火,如无强烈火花,说明点火系统有故障。

(2)点火线圈、高压导线和分火头检查

测量点火线圈初级、次级绕组的电阻值,测量前,先关断点火开关,拆除点火线圈上的导线。初级绕组的电阻值,即点火线圈"+"(或"15")与"-"(或"16")接线柱之间的电阻值,应为0.52~0.76Ω;次级绕组的电阻值,即点火线圈"+"与高压插孔之间的电阻值,应为2.4~3.5Ω。如电阻值符合规定,说明点火线圈良好。

(3)点火器检查

点火器检查步骤如下:

①确认点火器电源电路是否正常。关断点火开关,拔下点火器的插接器,将万用表拨至直流电压挡。两表针接在线束插头的"④和②"接线柱上,接通点火开关,电压表测得的电压值应约为蓄电池电压。否则,应找出电源断路故障并予以排除。

②确认点火器工作性能是否正常关断点火开关,连接好点火插接器,拔下分电器霍尔信号发生器插接器,将电压表两表针接在点火线圈的15(+)和16(-)接线柱上。当接通点火开关时,电压表的电压值应为2~6V,并在1~2s后降为0V,否则应更换点火器。

③确认点火器向霍尔信号发生器输出电压值是否正常,关断点火开关,将电压表的两表针接在霍尔信号发生器线束插头"+"和"-"接线柱上,接通点火开关时,电压表测得的电压值应为5~11V,如低于5V或为0V,再用同样方法对点火器插接器中的接线柱5和3进行测试,若电压值为5V以上,则说明点火器与信号发生器之间的线束有断路故障,应予以排除;若电压值仍为5V以下,则应更换点火器。

(4)霍尔信号发生器的检查

在点火线圈、点火器及连接导线正常的前提下,按以下方法检查信号发生器:

关断点火开关,打开分电器盖,拔出分电器盖上的中央高压线并搭铁,将电压表的两表针接在插接器信号输出线(绿白线)和接地线(-)接线柱上,如图4-61所示。然后按发动机转

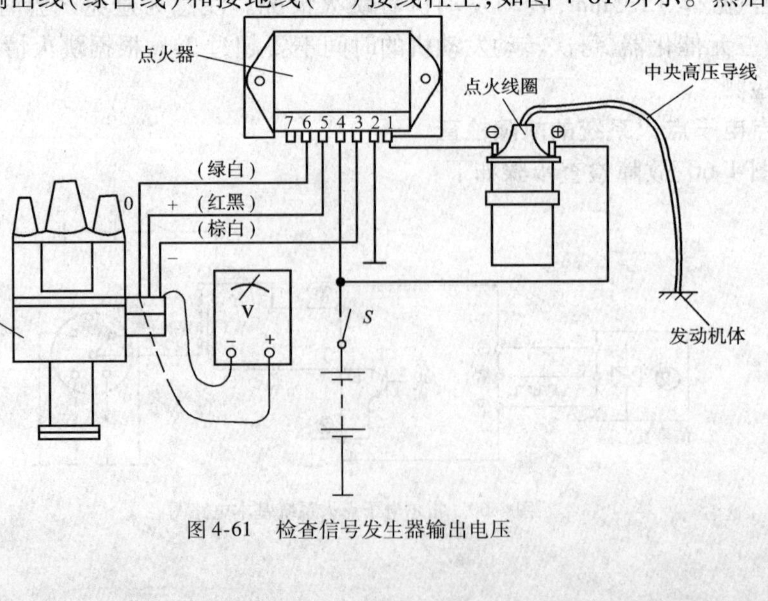

图4-61 检查信号发生器输出电压

动方向转动发动机，同时观察电压表上的读数，电压表上的读数应在0～9V之间变化。当分电器触发叶轮的叶片在空气隙时，其电压值为2～9V；当触发叶轮的叶片不在空气隙时，其电压值约0.3～0.4V，若电压不在0～9V之间变化，则应更换霍尔信号发生器。

上述电压表显示的数值，由于生产年代不同，内部电路参数不同，其电压值有所不同，测试时应与同期生产的汽车进行对比判定。

4. 零部件检查

火花塞、点火线圈和分电器等部件与无触点电子点火系统基本相同。

思考题

1. 传统点火系是如何产生高压电火花的？
2. 点火系的次级电压都会受到哪些因素的影响？它们是如何影响的？
3. 附加电阻是如何改善点火系的性能的？
4. 电容器作用体现在哪些方面？
5. 为何要有点火提前？点火提前怎样来表示？
6. 随发动机工况的改变，点火提前角应怎样变化？
7. 当点火系统电路有故障时，怎样判别故障在电源电路、低压电路或高压电路？
8. 电子点火系统检修的一般要求有哪些？
9. 断电器触点间隙的大小对点火性能有何影响？
10. 火花塞的热特性对发动机的工作有何影响？
11. 电感储能电子点火系是怎样产生高压电的？
12. 常用的点火信号发生器是如何产生点火信号的？
13. 怎样调整和检查点火正时？
14. 如何判断点火系的故障？
15. 微机控制电子点火系是如何控制点火提前的？
16. 什么是点火提前角的开环控制和闭环控制？
17. 对分电器要进行哪些性能测试？
18. 试述计算机控制点火系统的一般组成及工作原理。
19. 试述霍尔效应式电子点火系统的工作原理。
20. 专用点火示波器如何接线？能测试几种波形？

Danyuanwu

单元五

照明、信号、仪表及辅助设备

知识点

1. 照明系统、信号系统、仪表系统和警报系统的组成及控制电路；

2. 对前照灯的基本要求、前照灯的光学结构及调整方法；

3. 前照灯电子控制装置的工作原理；

4. 闪光器的基本结构与工作原理；

5. 各种仪表及传感器的结构和工作原理；

6. 电喇叭的结构、工作原理及调整方法；

7. 各种警报装置的结构、工作原理；

8. 柴油机辅助起动设备分类、功用、结构和工作原理；

9. 常用刮水器的功用、结构和工作原理；

10. 空调系统的组成及工作原理。

技能点

1. 根据给定的电路图，分析各系统的工作情况并能正确连线和检修电路；

2. 进行常见故障诊断与排除；

3. 进行日常维护和保养；

4. 空调系统的常见故障分析及排除方法。

为了保证公路工程机械行驶的安全性，减少交通事故和机械事故的发生，车辆上都装有照明系统、信号系统、仪表及警告系统。我国交通法规规定，在车辆的使用过程中要求各装置应齐全、完好、功能有效。

课题一 照明设备

一、照明系统的组成和功用

工程机械照明系统主要是用于夜间施工照明、车厢照明、仪表照明及检修照明。该照明系统主要由照明设备、电源和线路(包括控制开关)组成,其中主要照明设备有:

1. 前照灯

前照灯俗称大灯,安装于车辆头部的两侧,用于夜间或光线昏暗路面上车辆行驶时的照明。国家标准规定,机动车前照灯必须具备远光和近光两种照明方式,并可通过变光装置转换。当前照灯由远光变换为近光时,所有远光灯必须同时熄灭。

2. 雾灯

一般在有雾、雪、暴雨或尘埃等恶劣条件下使用,用来改善道路的照明情况,安装在车头和车尾。装于车头的雾灯称为前雾灯,安装在车尾的雾灯称为后雾灯。由于黄色光波较长,穿透性好,所以雾灯一般使用黄色光源。

3. 仪表灯

仪表灯用于夜间行车时仪表的照明,安装在仪表板总成内,以便于驾驶员观察车辆和发动机的工作状况。

4. 顶灯

顶灯又称室内灯,安装于驾驶室顶部,作为内部照明之用,可用相应的开关控制。目前,很多车辆的室内灯也可用门控开关控制,当车门打开时,门控开关将顶灯的电路接通,使顶灯点亮;当关上车门时,门控开关将电路断开,顶灯熄灭。若进入车辆后仍需照明,可由相应开关控制。

5. 牌照灯

用于车辆夜间行驶时,牌照的照明,安装于车辆牌照的上方或两侧,其亮度应保证在25m以外能认清牌照号码。

6. 工作灯

为了便于检修车辆,一般配备了配有插头的工作灯,插座安装在发动机罩下或其他位置。现在许多车辆已将工作灯安装在发动机罩下,通过开关直接控制。

二、前照灯

在照明设备中,前照灯具有特殊的光学性质,而其他灯在此方面无特殊要求,因此下面重点讨论前照灯。

1. 对前照灯的基本要求

由于车辆前照灯的照明效果对夜间行车安全影响很大,故世界各国多以法律的形式规定了前照灯的照明标准,其基本要求主要有如下两个方面:

(1)前照灯应能保证车前有明亮而又均匀的照明,使驾驶员能够看清车前100m内路面上的物体。

(2)前照灯应具备防止眩目的功能,以避免夜间两车相会时,使对方驾驶员眩目而造成交通事故。

2. 前照灯的光学系统

前照灯的光学系统包括反射镜、配光镜和灯泡。

(1)反射镜

反射镜又称反光镜,其作用是最大限度地将灯泡发出的光线聚合成强光束,以增加照射距离。反射镜一般是由冷轧钢板冲压成旋转抛物面状(如图 5-1 所示),内表面镀铬、铝或银,然后抛光,目前多采用真空镀铝。

一般前照灯发出的亮度有限,若无反射镜,只能照明车前数米的距离。当有了反射镜,如图 5-2 所示,将灯丝置于焦点 F 上,灯丝大部分光线向后射在立体角 ω 范围内,经反射成为平行光束射向远方,其距离可达 150m 或更远;而在立体角 $4\pi-\omega$ 范围内的光线是直接向前散射的,其中散射向侧方和下方的光线,可照明车前 5 ~ 10m 的路段。

(2)配光镜

配光镜也称为散射玻璃,它是由透明玻璃压制而成的棱镜和透镜的组合体(图 5-3),装于反射镜之前,可将反射光束扩散分配,使路段的照明更加均匀,使用配光镜前、后的光束分布曲线如图 5-4 所示。

图 5-1　半封闭前照灯反射镜

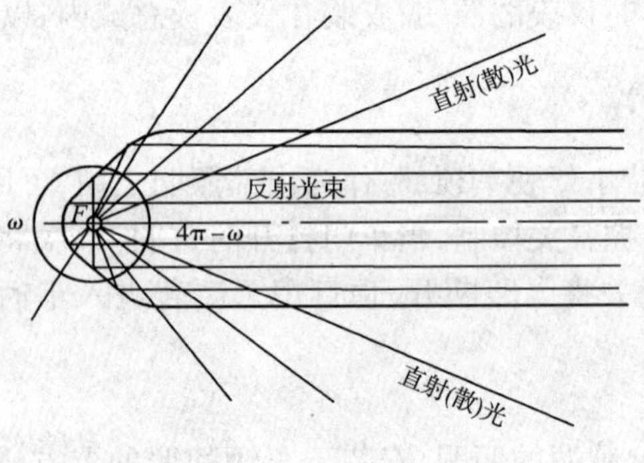

图 5-2　反射镜反射光线示意图

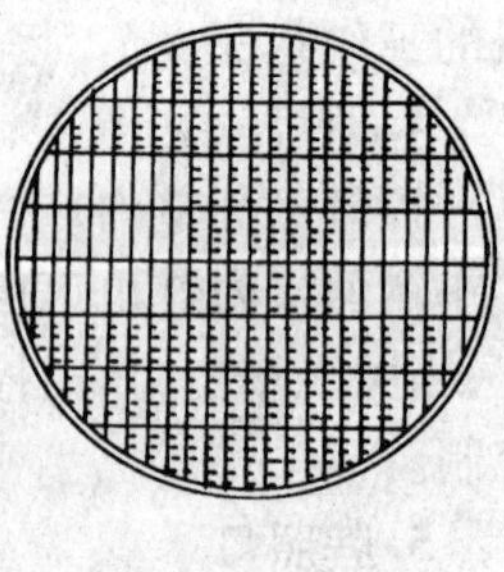

图 5-3　配光镜的几何形状

有些国外工程机械的配光镜上还设有调整凸块,以便调整前照灯光束分布曲线的形状。

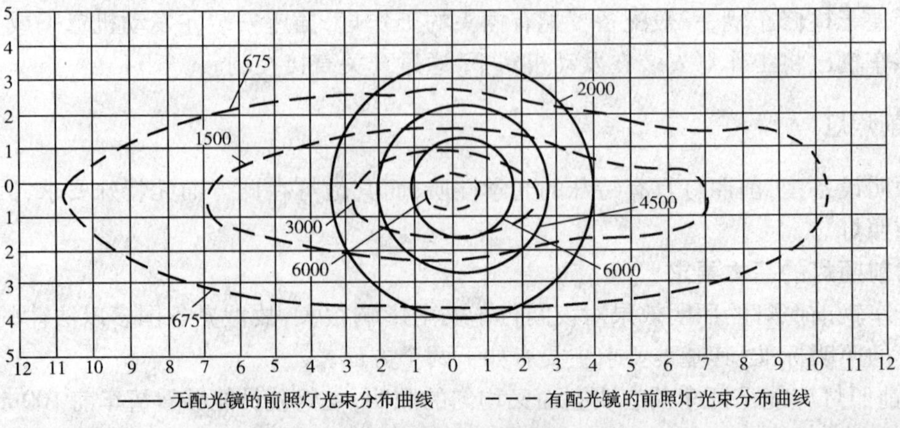

图 5-4　前照灯的光束分布

(3)灯泡

目前,车辆前照灯的灯泡主要有两种,即白炽灯泡和卤素灯泡。无论哪种灯泡,其灯丝都是用钨丝制成的。由于钨丝在使用时蒸发损耗,使灯泡的使用寿命缩短,为延长其寿命,将玻璃泡中的空气抽出,然后充入其他气体。若充入玻璃泡中的气体为惰性气体,即为白炽灯泡(图 5-5a);若充入的是卤族元素(碘、氯、氟、溴)即为卤素灯泡。卤素灯泡从外形上分 H_1、H_2、H_3、H_4(图 5-5b),其中 H_4 为双丝灯泡,广泛用于前照灯,H_1、H_2、H_3 灯泡为单丝灯泡,常用于辅助前照灯(如雾灯等)。

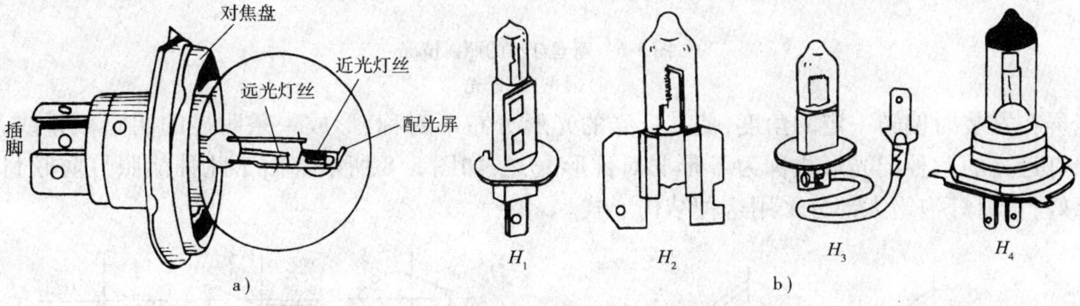

图 5-5　前照灯灯泡

卤素灯泡是利用卤、钨再生循环反应原理制成的。卤、钨再生循环反应原理指从灯丝上蒸发出来的气态钨,与卤素反应生成一种挥发性的卤化钨,它扩散到灯丝附近的高温区又受热分解,使钨重新回到钨丝上,被释放的卤素继续扩散参与下一次的循环反应,如此周而复始地循环下去,防止了钨的蒸发和钨灯泡的黑化现象。因此,卤钨灯泡与白炽灯泡相比具有寿命长、亮度大的特点。

目前,现代工程机械的前照灯可设计成各种式样,以符合车辆外观整体美观的要求,不同车型前照灯的配光镜和反射镜也有很大的差异。但不论前照灯的样式如何,都应满足车辆行驶照明的要求。

3. 防眩目措施

夜间会车时,前照灯强烈的灯光可造成迎面驾驶员眩目,容易引发交通事故,所以必须采取有效的防眩目措施。

(1)利用交通法规强制约束

我国交通法规规定,夜间会车时,须在距对面来车 150m 以外互闭远光灯,改用防眩目近光灯。

(2)采用双丝灯泡

前照灯一般采用双丝灯泡,一个灯丝为远光灯丝,功率较大(45 ~ 60W),位于反射镜的焦点位置,射出的光线远而亮;一个灯丝为近光灯丝(功率 22 ~ 55W),位于反射镜焦点的上方或前方并稍向右偏斜,由于光线弱,且经反射后光线大部分向下倾斜,从而减少了对迎面来车驾驶员的眩目作用,如图 5-6 所示。前照灯近光的此种配光形式称为对称形配光。

(3)加装配光屏

在近光灯丝下加装配光屏(遮光罩),当接通近光灯时,配光屏能将近光灯丝下部分的光线完全遮住,消除了向上的反射光线;而接通远光灯丝时,配光屏不起作用,如图 5-7 所示。配

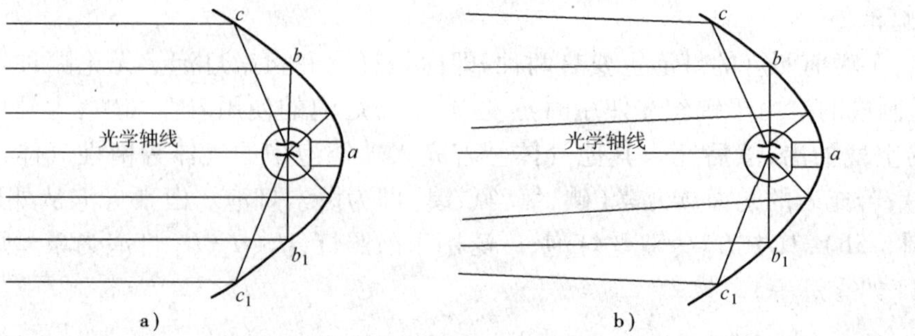

图 5-6 双丝灯泡的照射情况

a)远光;b)近光

光屏在安装时偏转一定的角度,使其近光的光形分布不对称,形成一条明显的明暗截止线,前照灯近光的此种配光形式称为 E 形非对称形配光,如图 5-8 所示。由于此种前照灯防眩目效果好,目前灯泡绝大部分采用这种结构形式。

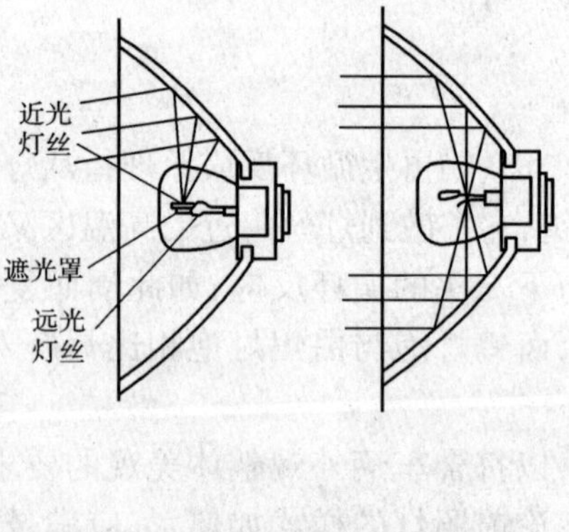

图 5-7 装有配光屏的双丝灯泡

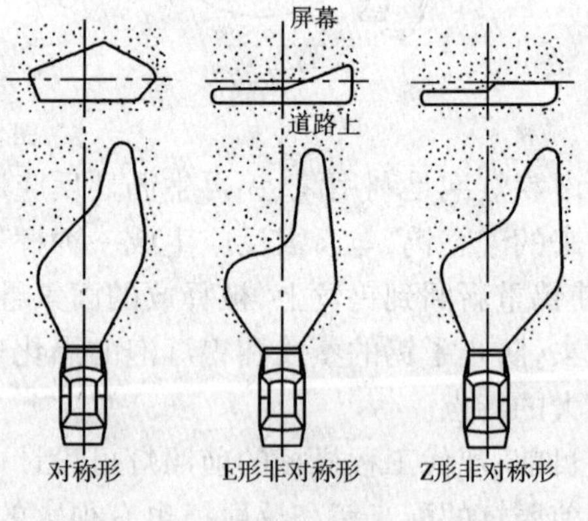

图 5-8 前照灯配光光形

(4)采用 Z 形配光光形

近年,国外又发展了一种更优良的光形,明暗截止线呈 Z 字形,故称为 Z 形配光,此种光形能使对面来车驾驶员和非机动车人员都不眩目,提高了夜间行车的安全性。

为确保正确的配光光形,必须保证灯泡安装的正确位置,为此将灯泡的插头做成插片式(图 5-9),用插头凸缘上的半圆形开口与灯头上的半圆形凸起配合定位。另外,为保证可靠连接,三个插片呈不均匀分布。

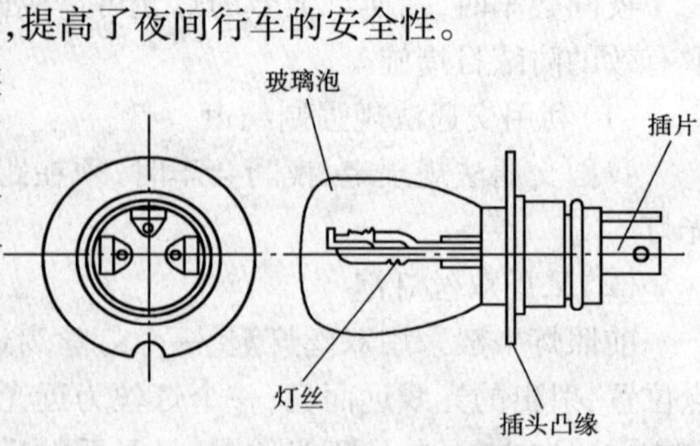

图 5-9 三插片式双丝灯泡

三、前照灯的分类

前照灯按装车灯数目不同,可分两灯制和四灯制,两灯制前照灯均采用双丝灯泡,为远、近双光束灯;四灯制的前照灯装于外侧的一对使用双丝灯泡,为双光束灯,装于内侧的一对为远光单光束灯。

前照灯按结构又可分为可拆式前照灯、半封闭式前照灯和封闭式前照灯。

1. 可拆式前照灯

这是最早使用的一种，其反射镜边缘的齿簧与配光镜组合，再用箍圈和螺钉安装于灯壳上，灯泡的装拆必须将全部光学组件取出后才能进行。因而密封性很差，反射镜易受外界环境气候的影响而污染变黑，严重降低照明效果，目前已趋淘汰。

2. 半封闭式前照灯

半封闭式前照灯的结构如图5-10所示，其配光镜是靠卷曲反射镜周缘的牙齿而紧固在反射镜上，两者之间垫有橡皮密封圈，其灯泡拆卸只可从反射镜的后方进行。更换时，先拔下灯泡上的插座，取下密封罩、卡簧，即可取下灯泡（图5-11）；安装新灯泡时，注意在灯泡上不能留下污迹，特别是在更换卤素灯泡时，切勿用手指触及灯泡玻璃壳部分，因受皮肤脂肪沾污过的玻璃壳，会大大缩短玻璃壳寿命，因此拿灯泡只应拿基座，整理灯泡亦应如此。

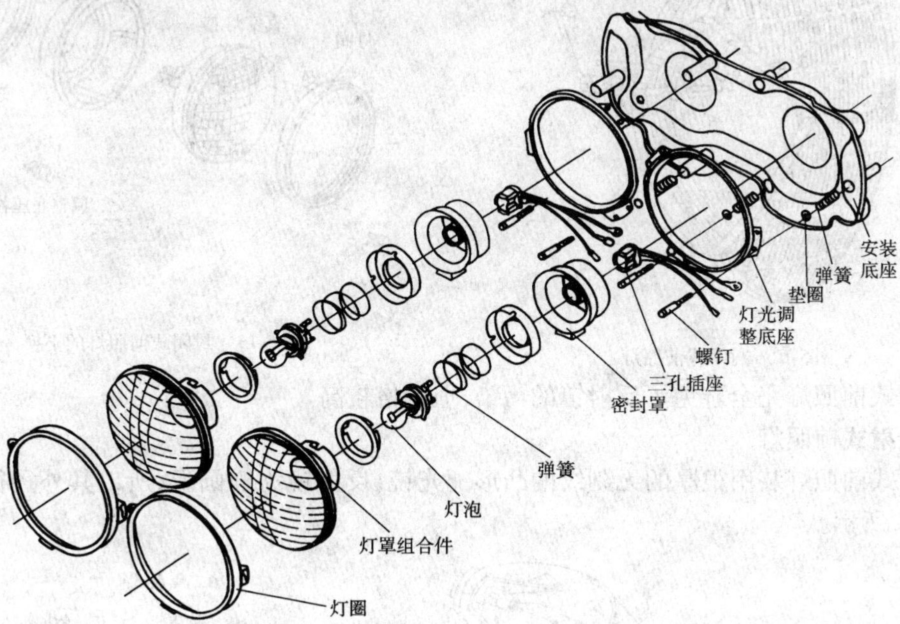

图5-10　半封闭式前照灯

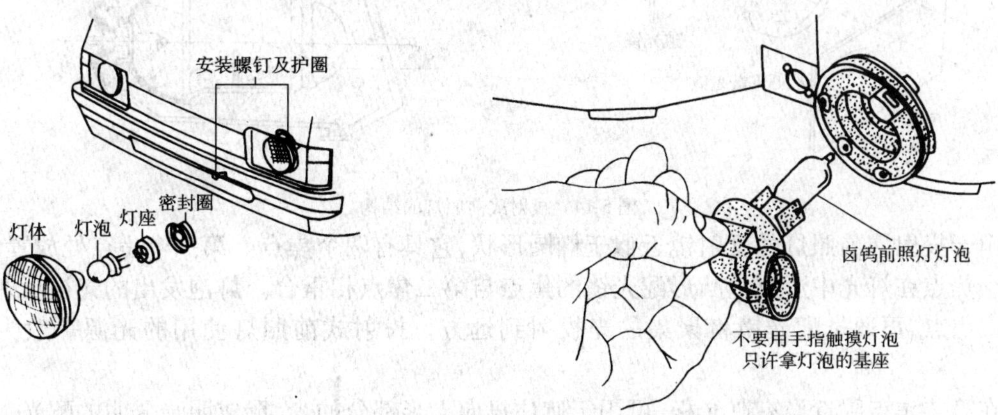

图5-11　半封闭式前照灯灯泡的更换

半封闭式前照灯拆装时,不必拆下光学组件,维护方便,因此得到广泛应用,但密封性能不良。

3. 封闭式前照灯

封闭式前照灯又称真空灯,其灯丝焊在反射镜底座上,反射镜与配光镜熔合为一体,形成灯泡,里面充入惰性气体,如图 5-12 所示。当封闭式前照灯灯丝烧坏后,需要更换整个灯芯总成。更换时,先拔下灯脚与线束连接的插座,然后拆下灯圈,即可取下灯芯(图 5-13);安装灯芯时,应注意配光镜上的标记(箭头或字符),不应出现倒置或偏斜现象。

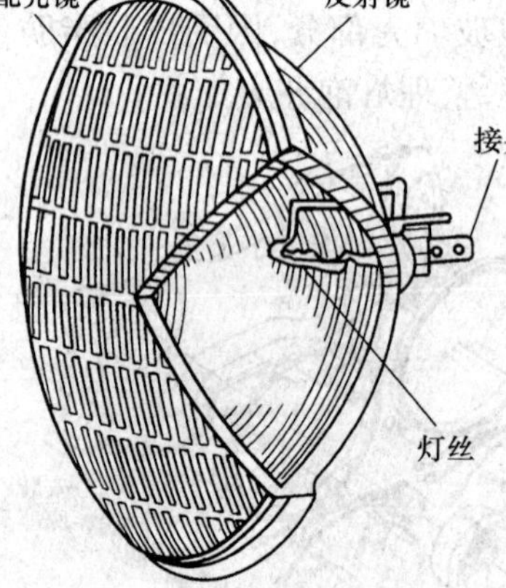

图 5-12　封闭式前照灯

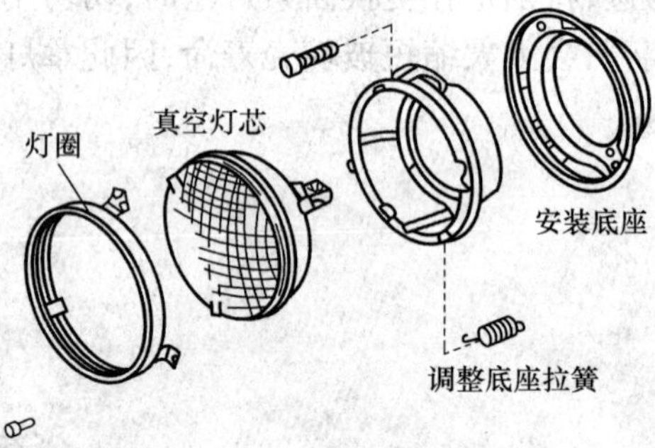

图 5-13　封闭式前照灯的更换

封闭式前照灯完全避免了反射镜的污染,但价格较高。

4. 投射式前照灯

投射式前照灯装用很厚的无刻纹的凸形配光镜,反射镜为椭圆形,所以其外径很小,结构如图 5-14 所示。

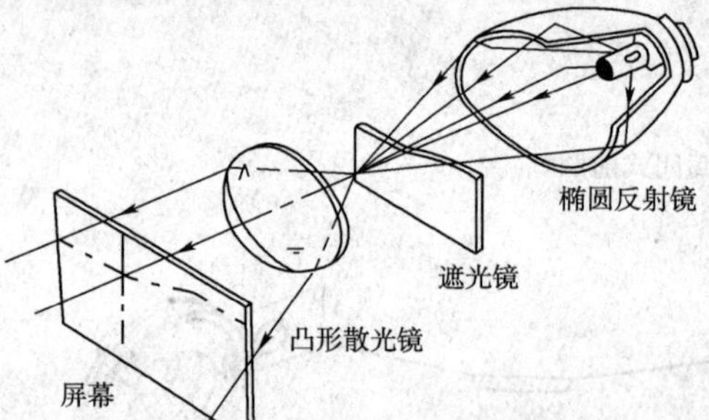

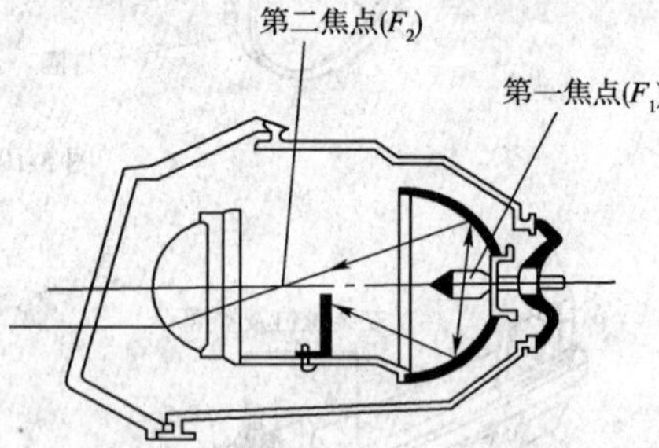

图 5-14　投射式前照灯的结构

由于投射式前照灯的反射镜近似于椭圆形状,它具有两个焦点。第一个焦点处放置灯泡,第二个焦点在灯光中形成。凸形配光镜的焦点与第二焦点相重合。灯泡发出的光被反射镜聚成第二焦点,再通过配光镜将聚集的光投射到远方。投射式前照灯使用的光源一般为卤素灯泡。

在第二焦点附近设有遮光板,可用于遮住投向上半部分的光,形成明暗分明的配光。它的这种配光特性可适用于前照灯近、远光灯,也可用作雾灯。

采用投射式前照灯，可利用的光束增多，若将反射镜做成扁长断面，很多光束便可横向扩散，不仅结构紧凑，而且经济实用。

5. 高亮度弧光灯

高亮度弧光灯结构如图5-15所示，这种灯的灯泡里没有传统的灯丝，取而代之的是装在石英管内的两个电极，管内充有氙及微量金属（或金属卤化物）。当在电极上有足够的引弧电压时（5 000～12 000V），气体开始电离而导电。此时，气体原子处于激发状态，由于电子发生能级跃迁而开始发光；0.1s后，电极间蒸发了少量水银蒸气，电源立即转入水银蒸气弧光放电，待温度上升后，再转入卤化物弧光灯工作。采用多种气体是为了易于起动，加快起动。

弧光放电前照灯由弧光灯组件、电子控制器和升压器组成。其灯泡发出的光色成分和日光灯非常相似，其亮度是目前卤素灯泡的2.5倍，寿命可达卤素灯泡的5倍。由于灯泡点燃达到灯泡正常工作温度后，维持电弧放电的功耗很低（约35W），故可节约40%的电能。

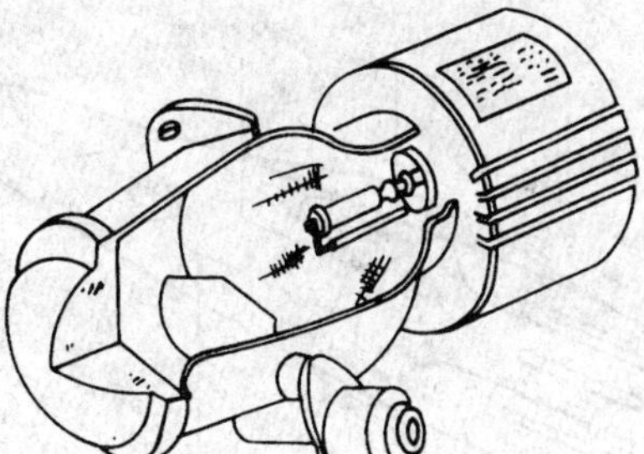

a）

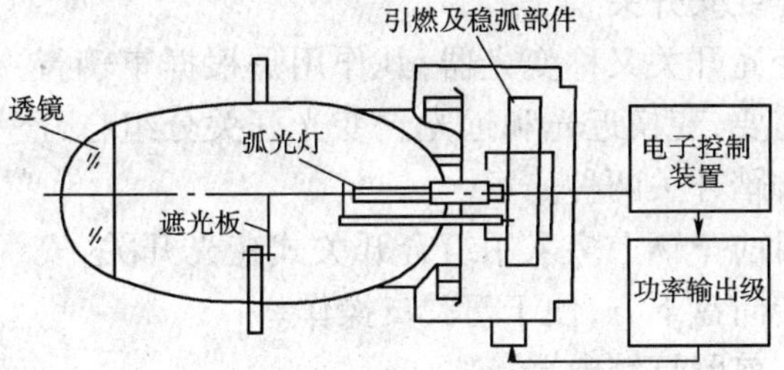

b）

图5-15　高亮度弧光灯

a）外形；b）原理示意图

四、前照灯电路

前照灯电路主要由灯光开关、变光开关、前照灯继电器及前照灯组成。

1. 灯光开关

灯光开关的形式有拉钮式、旋转式和组合式等多种，现代汽车上用的较多的是将前照灯、尾灯、转向灯及变光等开关制成一体的组合式开关。

①拉钮式开关：如图5-16所示为一种拉钮式开关，主要由开关部分和双金属片感温断电器构成，用来控制前照灯、位灯和尾灯。开关部分有3个挡位，4个接线柱，接线柱4为电源接线柱，接线柱3通位灯、尾灯和仪表灯等，接线柱2接前照灯。开关各挡位通断情况，当按钮完全推入时，为0挡位，各灯均不亮。当向外拉至I挡位时，位灯、尾灯及仪表灯亮。当向外拉至II挡位时，除上述灯外，再点亮前照灯。

②旋转式开关：如图5-17所示，即为旋转式开关。开关有4个挡位，6个接线柱，接线柱1、2接电源，4、6接位灯，5接前照灯，3接侧灯。此开关上有4个挡位，0挡位时，电源接线柱1、2与各接线柱都不通，各灯均不亮；当旋至I挡位时，电源接线柱1接通位灯；当旋至II挡位时，电源接线柱1接通前照灯、位灯；当旋至III挡位时，电源接线柱1接通前照灯、位灯，电源接线柱2接通侧灯。

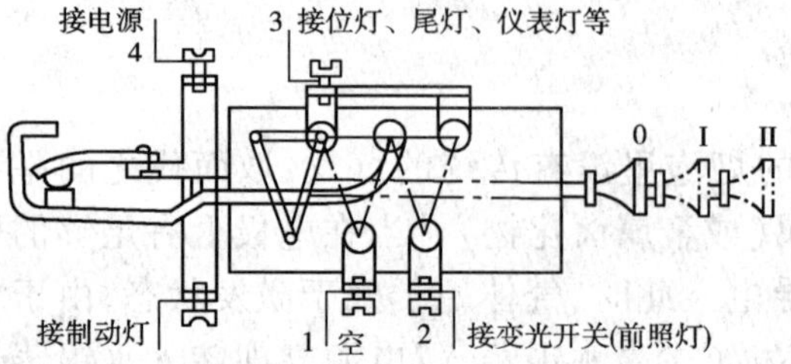

图 5-16　拉钮式车灯开关

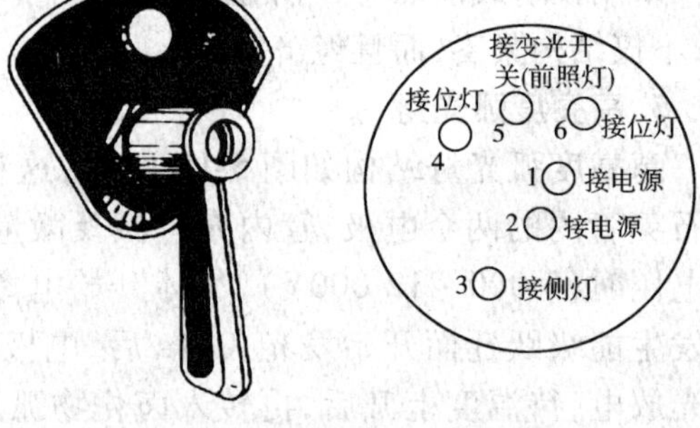

图 5-17　车用旋转式开关外形

③组合式开关:图 5-18 所示为组合式开关,转动开关端部,便可依次接通尾灯(包括位灯)和前照灯,将开关向下压,便由近光变为远光,将开关向上扳,亦可变为远光。不同的是:松手后开关自动弹回近光位置,此位置用来作为夜间行车时的超车信号。前后扳动开关,可使左右转向灯工作。

2. 变光开关

变光开关又称变光器,其作用是根据车辆行驶的需要,变换近光和远光。变光开关分组合开关和脚踏开关两种。

目前车辆上多采用组合开关式变光开关,安装在转向盘下方,便于驾驶员操作。

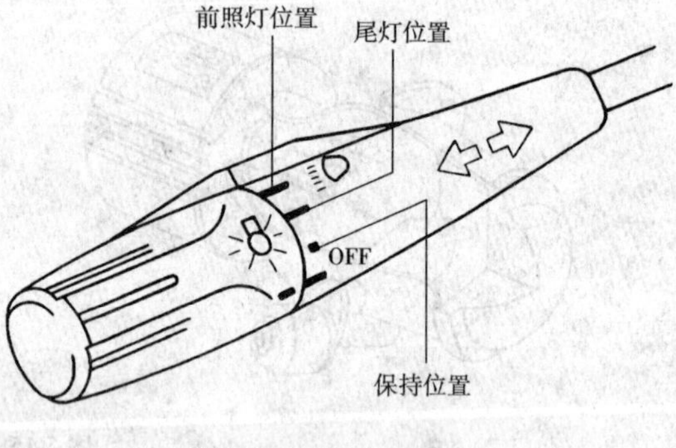

图 5-18　组合式开关

3. 前照灯继电器

前照灯的工作电流较大,特别是四灯制的汽车,如用车灯开关直接控制前照灯,车灯开关易烧坏,因此在灯光电路中设有灯光继电器。

如图 5-19 为触点常开式前照灯继电器的结构。端子 SW 与大灯开关相连,端子 E 接地,端子 B 与电源相连,端子 L 与变光开关相连。当接通前照灯开关后,继电器线圈通电,触点闭合,通过变光开关向前照灯供电。

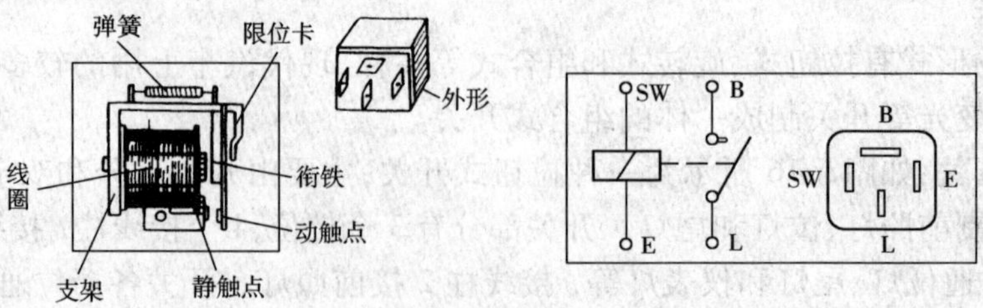

图 5-19　前照灯继电器

4. 灯光的控制电路

通常灯光由灯光开关控制,位灯(小灯)、尾灯、牌照灯、仪表灯一般由灯光开关直接控制,而前照灯还要有变光开关进行控制,部分车辆还装有灯光继电器等。

五、前照灯的检测调整

前照灯检测调整方法有屏幕调试法和检验仪调试法。

1. 屏幕调试法

用屏幕调试法对前照灯光束的检验方法如图5-20所示，具体步骤如下：

(1)在距汽车前照灯正前方L(m)(一般为10m)远的地方，利用幕布或墙壁作为屏幕。在屏幕上画出前照灯的水平中心线$A'—A'$，其离地面距离H(mm)表示。再画一条水平线$A—A$，比水平中心线低h(mm)。

(2)在屏幕上画3条垂线，一条为中垂线，使它与汽车中心线对正；另外两条垂线$B—B$和$B'—B'$位于中垂线两边，且与中垂线的距离均为两前照灯中心距W的一半，水平线与这两条垂线分别交于a、b两点，并画出明暗截止线。

(3)检验时，两只前照灯应分别进行。盖住一侧前照灯，检查另一前照灯的光束是否落在a或b点，且明暗截止线与屏幕上的明暗截止线重合。如不是，可通过调整前照灯上的调整螺钉(图5-21)，使其符合要求。

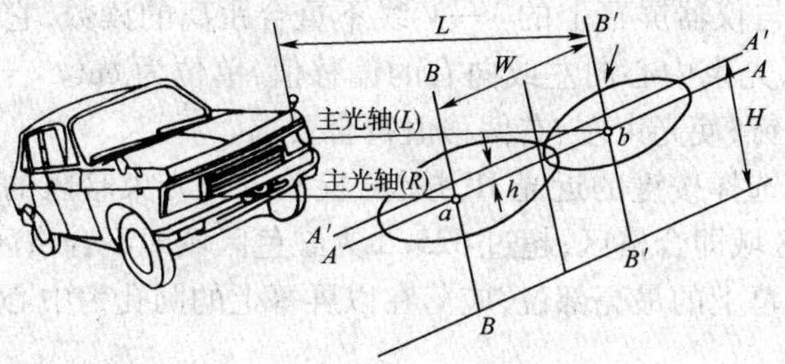

图5-20　前照灯屏幕检验法

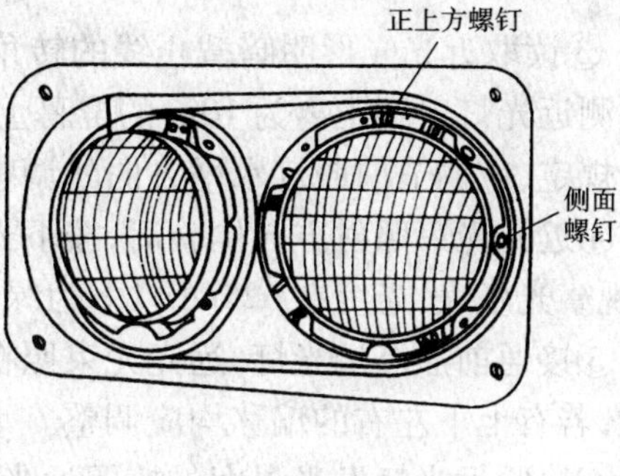

图5-21　前照灯的调整

不同的车型，L、H、W和h的数值也不同。

2. 检验仪调试法

前照灯检验仪根据其结构与原理的不同，可分为聚光式、屏幕式、投影式以及自动追踪式4种。它们的检验项目基本相同，可以检验前照灯的光束照射位置与发光强度(cd)或光照度(ix)国产QD—2型前照灯检验仪属于屏幕式，结构如图5-22所示，其光度指示装置如图5-23所示。使用方法如下：

①检验仪移至车辆正前方，使仪器的透镜镜面距前照灯配光镜镜面30±5cm，调整仪器箱，使其与前照灯中心离地高度一致。通过对正器观察仪器与车辆的相对位置，仪器应对正车辆的纵轴线，当仪器与车辆对正后，即可将仪器移至任一前照灯前开始检验工作。

②接通被检验前照灯的近光灯，光束则通过仪器箱的透镜照到仪器箱内的屏幕上，从观察窗口目视，并旋转光束照射方向选择指示旋

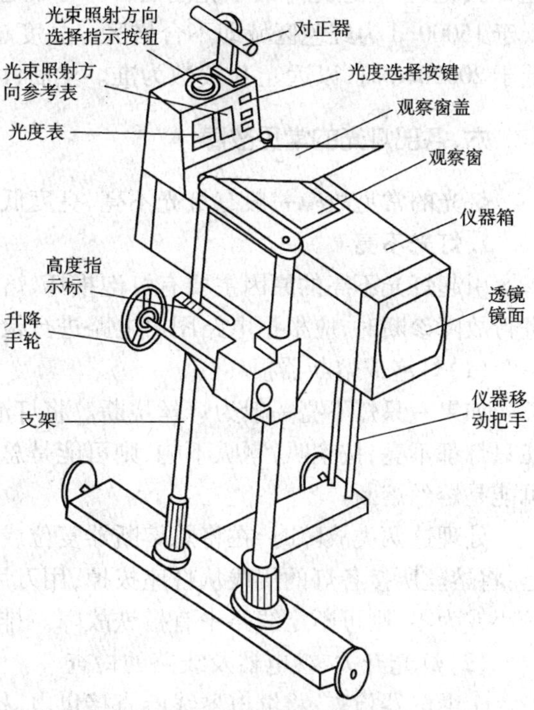

图5-22　QD—2型前照灯检验仪

钮,使光形的明暗截止线左半部水平线段与屏幕上的实线重合。这时光束照射方向选择指示旋钮上的读数即为近光光束的下倾值。它表示前照灯近光照射到距离为10m屏幕上的光束中心下倾值,单位为cm。若光束下倾值不符合规定,应旋转前照灯上方的调整螺钉,使光束向上、下移动,直至符合要求为止。

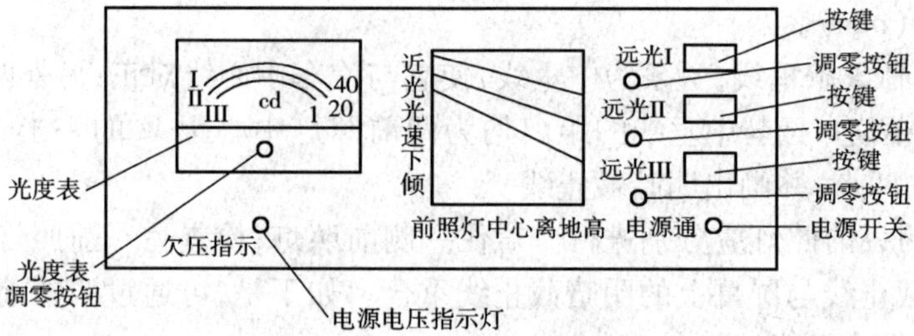

图5-23　光度指示装置

③读取近光光形明暗截止线的转角点与仪器屏幕上的V—V线不重合距离的读数,它表示被测近光灯射到距离为10m的屏幕上时,光束中心向左或向右的偏移值,单位为cm。若不符合规定,应调节前照灯水平方向的调整螺钉,使光束左、右偏移值符合要求。

④近光光束照射方向检验后,按下光度选择按键的近光III按键,检验近光光束暗区的光度,观察光度表,光度在625cd以下为绿色区域即合格区;超过625cd为红色区域即不合格区。

⑤接通前照灯远光灯,远光光束照在屏幕上的最亮部位,应落在以屏幕上的圆孔为中心的区域,若有上下左右的偏移均应调整。

⑥检验远光灯发光强度。按下远光I按键,观察光度表,若亮度不超过20000cd,应按下远光II按键,检验远光灯最小亮度是否符合规定。亮度超过15000cd为绿色区域即合格区;亮度低于15000cd为红色区域即不合格区。亮度超过20000cd时,光度表以远光I读数为准;亮度低于20000cd时,以远光II读数为准。然后,以同样的方法检查另一前照灯。

六、各部灯光的常见故障

灯光的常见故障一般有灯光不亮、亮度低、灯泡频繁烧坏等。

1. 灯光不亮

引起灯光不亮的原因主要有灯泡损坏、熔断器熔断、开关或继电器损坏及线路故障等。在进行故障诊断时,应根据电路图对电路进行检查,并判断出故障的部位。

(1)灯泡或熔断器损坏

如果一只灯不亮一般为灯丝烧断。将灯泡拆下后检查,若灯泡损坏,则更换新灯泡。如果几只灯都不亮,按喇叭,喇叭不响,则可能是总熔断器熔断;若同属一个熔丝的灯泡都不亮,则可能是熔丝熔断。

处理这两类故障时,在将总熔断器复位或更换新的熔丝之前,应查找超负荷的原因,方法是:将熔丝所接各灯的接线从灯座拔掉,用万用表电阻档测接灯端与搭铁之间的电阻,若电阻较小或为零,则可断定线路中有搭铁故障。排除故障后,再把熔断器复位或更换新的熔丝。

(2)灯光开关、继电器及线路的检查

①继电器检查:将继电器线圈直接供电,检查继电器是否能正常工作,如不能正常工作,应

更换继电器。

②灯光开关检查：可用万用表检查开关各挡位的通断情况，若与要求不符，应更换灯光开关。

③线路检查：在检查时，可用万用表或试灯逐段检查线路，找出短路或断路故障的部位。

2. 亮度下降

若灯光亮度不够，多为蓄电池电量不足或发电机及调节器故障所引起。另外，导线接头松动或接触不良，导线过细或搭铁不良，散光镜坏或反射镜有尘埃，灯泡玻璃表面发黑或功率过低及灯丝没有位于反射镜焦点上，均可导致灯光暗淡。

检查时，首先检查蓄电池和发电机的工作状态。若不符合要求，应先恢复电源系统的正常工作电压，在电源正常的状态下，检查线路的连接情况及灯具是否良好。

3. 灯泡频繁烧坏

灯泡频繁烧坏一般是电压调节器不当或失调，使发电机输出电压过高造成的，应重新将工作电压调整到正常工作范围。此外，灯具的接触不良也有可能造成灯泡的频繁损坏，检查时也应注意这方面的情况。

实训　前照灯的检查调整

一、目的

会用前照灯检验仪对前照灯进行检查和调整。

二、设备与器材

(1)前照灯检验仪。

(2)实习车1台。

(3)电工组合工具。

三、内容与步骤

(1)检验仪移至车辆正前方，使仪器的透镜镜面距前照灯配光镜镜面30±5cm，调整仪器箱，使其与前照灯中心离地高度一致。通过对正器观察仪器与车辆的相对位置，仪器应对正车辆的纵轴线。

(2)接通被检验前照灯的近光灯，光束则通过仪器箱的透镜照到仪器箱内的屏幕上，从观察窗口目视，并旋转光束照射方向选择指示旋钮，使光形的明暗截止线左半部水平线段与屏幕上的实线重合。这时光束照射方向选择指示旋钮上的读数即为近光光束的下倾值。若光束下倾值不符合规定，应旋转前照灯上方的调整螺钉，使光束向上、下移动，直至符合要求为止。

(3)读取近光光形明暗截止线的转角点与仪器屏幕上的 V—V 线不重合距离的读数，它表示光束中心向左或向右的偏移值，单位为cm。若不符合规定，应调节前照灯水平方向的调整螺钉，使光束左、右偏移值符合要求。

(4)近光光束照射方向检验后，按下光度选择按键的近光III按键，检验近光光束暗区的光度，观察光度表，光度在625cd以下为绿色区域即合格区；超过625cd为红色区域即不合格区。

(5)接通前照灯远光灯，远光光束照在屏幕上的最亮部位，应落在以屏幕上的圆孔为中心的区域,若有上下左右的偏移均应调整。

(6)检验远光灯发光强度。按下远光I按键,观察光度表,若亮度不超过20000cd,应按下远光II按键,检验远光灯最小亮度是否符合规定。亮度超过20000cd时,光度表以远光I读数为准;亮度低于20000cd时,以远光II读数为准。

(7)以同样的方法检查另一前照灯。

四、实训注意事项

(1)注意保护检验仪器、设施的完好。

(2)实习现场学生应听从教师的指导,注意人身安全。

五、实训小结(实训报告)

课题二　信号装置

一、组成

信号装置主要用于向他人或其他车辆发出警告和示意的信号,其主要的信号设备有:

(1)位灯:也成为小灯,装于车辆前后部两侧,以示意其轮廓和存在。前位灯又称示宽灯,一般为白色或黄色,后位灯又称尾灯,为红色。

(2)示廓灯:主要用于空载车高3.0m以上的货车和大型机械,前后各两只,前面为白色,后面为红色,装于尽可能高的靠边缘的部位。

(3)挂车标志灯:全挂车在挂车前部的左右,各安装一个红色的标志灯,其高度要求高出全挂车的前栏板300~400mm,距外侧车厢小于150mm,以引起其他驾驶员的注意。

国家标准规定,车辆的位灯、示廓灯、牌照灯、仪表灯及挂车标志灯应能同时启灭,当前照灯点亮时,这些灯必须点亮,当前照灯关闭和发动机熄火时仍能点亮。

(4)转向信号灯:也称转向灯,装于车辆的四个角,对于车身较长的车辆,其中部也装有转向信号灯。转向信号灯一般为橙色,当车辆转向或变更车道时,发出明暗相间的灯光,示意本车的行驶方向。

目前很多车辆前转向灯和前位灯共用一个双丝灯泡,其中功率较大的灯丝用于转向信号灯,功率较小的用于位灯;后转向灯和后位灯共用一个双丝灯泡,其中功率较大的灯丝用于转向信号灯,功率较小的用于位灯。

(5)制动信号灯:也称刹车灯,装于车辆后面,一般为红色。当踩下制动踏板,制动信号灯电路被接通,警告后面的车辆及行人,近年小型车辆要求装配高位刹车灯。

(6)倒车灯:当车辆挂上倒挡时,倒车灯开关接通倒车灯电路,装于车后面的白色倒车灯点亮,警告后面的车辆及行人,兼起照明作用;有些车还装配了倒车蜂鸣器或语音警告装置,在倒车的同时发出声响信号,示意车辆倒车。

目前,多将前照灯、雾灯、前位灯等组合起来,称为组合前灯;将后位灯、后转向信号灯、制动信号灯、倒车灯组合起来称为组合后灯。

(7)危险警告灯:由转向信号灯兼任。当车辆发生故障或遇有特殊情况时,按下标有△的红色按钮,此时车辆两侧的转向信号灯同时闪烁作为危险警告灯信号。国标规定,危险警告灯装置不受电源总开关的控制。

(8)驻车灯:装于车头和车尾两侧,用于夜间停车时标志车辆形位。当接通驻车灯开关时,仪表照明灯、牌照灯并不亮,耗电量比位灯小。

工程机械以上装置主要用于向外界传递信息,它们与照明系统一起组成了车灯系。

(9)喇叭:车辆在行驶时,按下喇叭按钮,发出声响,警告行人和车辆,以确保行车安全。

二、转向信号灯及危险警告灯装置

当汽车要转向时,需接通左侧或右侧转向信号灯;当遇有特别情况时,所有转向信号灯应同时闪烁,作为危险警告信号。其组成主要包括开关、信号灯和闪光器,其中闪光器是主要器件。

1. 开关

转向灯开关和危险警告灯开关外形如图 5-24 所示,左右拨动转向开关,可接通转向灯电路,标有△的红色按钮为危险警告灯开关,当按下时,左右转向灯将同时闪烁,其电路见图 5-25。

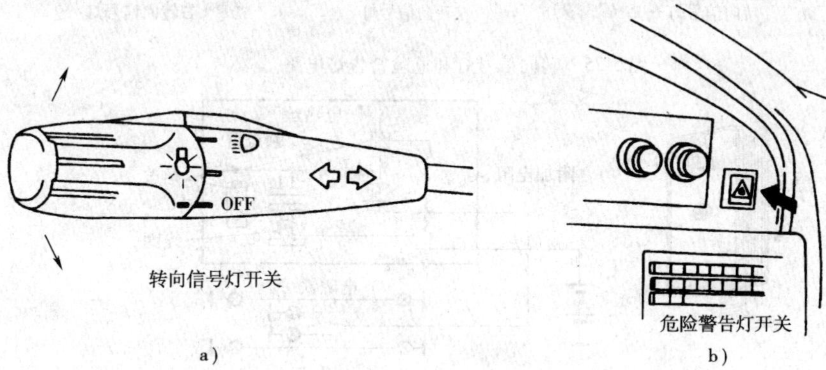

图 5-24 转向信号灯和危险警告灯开关的操作

2. 闪光器

闪光器控制着转向信号灯的闪烁频率。目前,使用的闪光器主要有电热式、电容式、电子式。由于电子闪光器具有性能稳定、可靠性高、寿命长的特点,已获得广泛应用。

(1)电热式闪光器

图 5-26 所示为一种电热式闪光器的结构和工作原理图。当车辆转向时,接通转向开关,电流从蓄电池“+”极→附加电阻→电热丝→触点臂→转向开关→转向灯及仪表指示灯(左或右)→搭铁→蓄电池“-”极,构成回路。由于附加电阻和电热丝串在电路中,使电流较小,故转向灯不亮。经短时间电热丝(镍铬丝)发热膨胀,使触点闭合,此时电流由蓄电池“+”极→线圈→触点→转向开关→转向灯及转向指示灯(左或右)→搭铁→蓄电池“-”极,构成回路。由于此时附加电阻和电热丝被短路,且线圈中产生的电磁吸力使触点闭合更紧,电路中电阻小电流大,转向灯发出较亮的光。由于此时无电流流经电热丝而使其冷却收缩,又打开触点,附加电阻和电热丝又重新串入电路,灯光变暗,如此反复,使转向灯明暗交替,示意行驶方向,闪光频率(60~90 次/min)可通过调整电热丝拉力和触点间隙来进行。

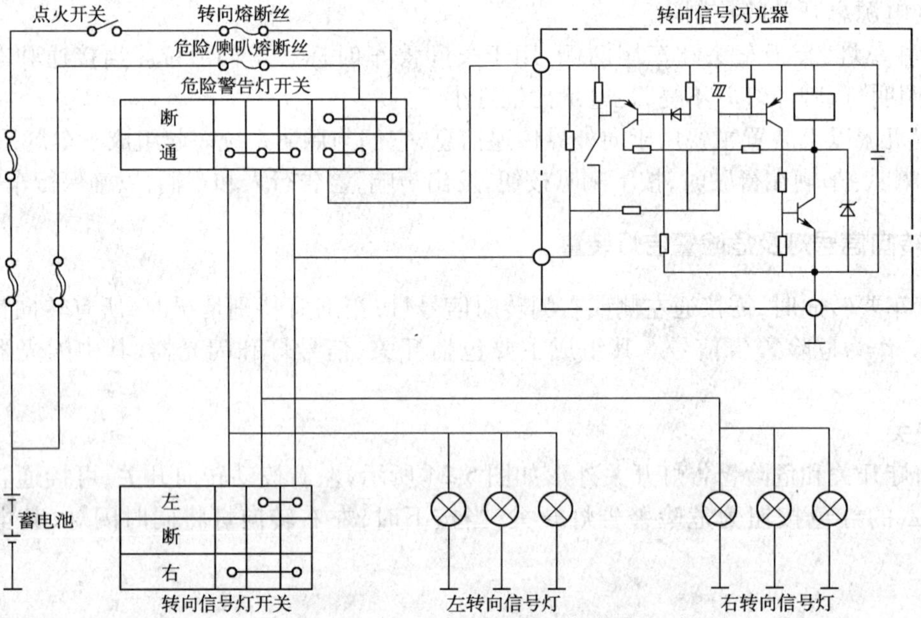

图 5-25　转向信号灯和危险警告灯电路

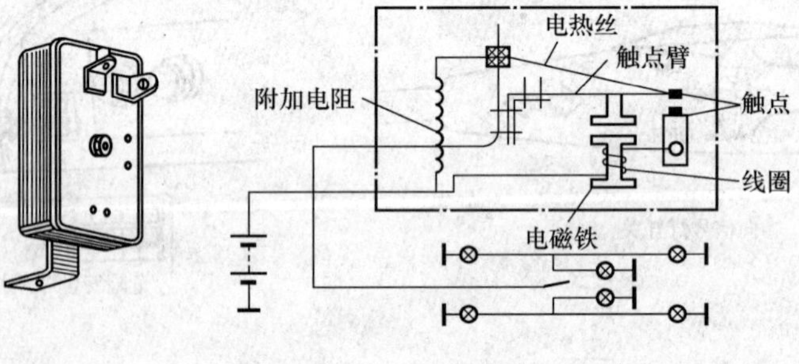

图 5-26　电热式闪光器的外形和结构原理图

(2)电容式闪光器

电容式闪光器,其结构和电路图如图 5-27 所示。

车辆转向时接通转向开关,电流经蓄电池"+"极→电源开关→接线柱 L→线圈→常闭合触点→接线柱→转向灯开关→转向灯及转向指示灯→搭铁→蓄电池"-"极,构成回路。此时线圈、电容、电阻被触点短路,而流经线圈所引起的吸力大于弹簧片的作用力,将触点迅速打开,转向灯处于暗的状态(尚未来得及亮)。触点打开后,蓄电池开始向电容器充电,其回路为:电流经蓄电池"+"极→电源开关→接线柱 B→串联线圈→并联线圈→电容→转向灯开关→转向灯及转向指示灯→搭铁→蓄电池"-"极,构成回路。由于线圈丝电阻较大,使充电电流较小,仍不足以使转向灯亮。与此同时,线圈产生的电磁吸力方向相同,使触点继续打开,随着电容器 C 两端电压升高,充电电流逐渐减小,电磁吸力也减小,在弹簧片作用下,触点闭合。触点闭合后,电源通过线圈、触点、经转向开关向转向灯供电,电容器经线圈、触点放电。由于此时串联线圈和并联线圈方向相反,产生的电磁吸力减小,不足以使触点打开,此时转向灯亮。随着电容器两端电压下降,流经线圈的电流减少,产生的退磁作用减弱,线圈产生的电磁吸力又将触点断开，转向灯变暗。蓄电池再次向电容器充电，如此反复，使转向灯以一定的频率闪烁。

(3)电子闪光器

电子闪光器可分为触点式(带继电器)和无触点式(不带继电器)，不带继电器的电子闪光器又称为全电子闪光器。

电子闪光器一般由多谐振荡器、功率放大器和继电器组成。凡振荡电路是由电阻、电容和晶体三极管组成的，通常称为晶体管闪光器；振荡器部分由集成电路(IC)和电子电容组成的，通常称为集成电路闪光器。

①带继电器触点式晶体管闪光器：带继电器触点式晶体管闪光器电路原理如图5-28所示，其触点为常闭合触点。

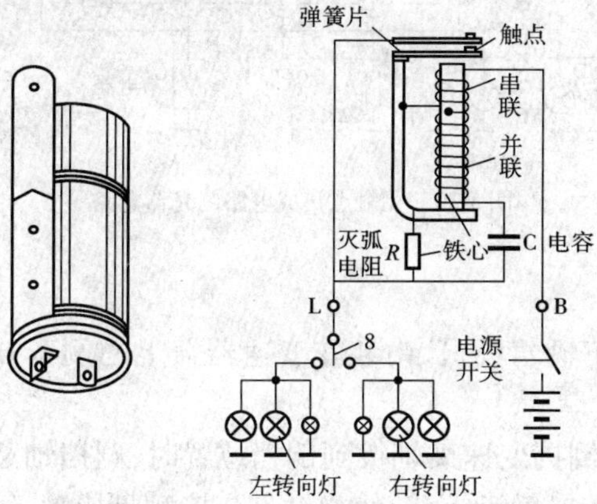

图5-27 电容式闪光器外形和结构原理图

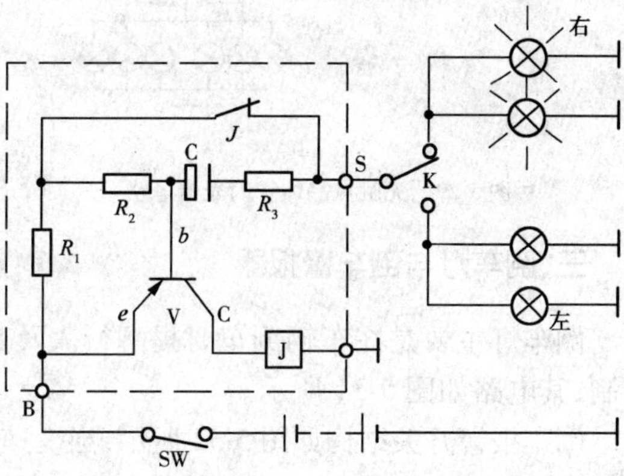

图5-28 带继电器触点式晶体管闪光器电路

当车辆转弯时，接通电源开关SW和转向开关，电流经蓄电池"+"极→电源开关SW→接线柱B→R_1→继电器J的触点→接线柱S→转向开关→转向灯及转向指示灯(左或右)→搭铁→蓄电池"-"极，转向灯亮。由于R_1上的分压给三极管V提供了偏置电压而使其导通，集电极电流流经继电器J的线圈，其上产生的吸力使触点断开。三极管V导通后其基极电流向电容器充电，其回路为：蓄电池"+"极→电源开关SW→接线柱B→发射极、基极→电容器C→R_3→转向开关→转向灯及转向指示灯(左或右)→搭铁→蓄电池"-"极。电容器C充电过程中，随着电容器两端电压上升，基极电流变小，使集电极电流也相应变小。当流经继电器J的线圈的电流不足造成吸力减小而释放常闭合触点时，继电器J的触点又重新闭合，使转向灯点亮，同时电容器通过R_2触点、R_3放电，由于此时R_2向V提供了反向偏压，加速了V的截止。随着电容器放电电流的减小，R_1上的压降又为V提供了正向的偏置电压。这样循环往复，使转向信号灯闪烁发光。

②无触点晶体管闪光器：无触点晶体管闪光器又称全电子式闪光器，即把触点式晶体管闪光器中的继电器去掉，采用大功率晶体管来取代原来的继电器，如图5-29所示。本闪光器电路的振荡部分实际上是一个典型的非稳态多谐振荡器，其电路结构对称，也就是说，$R_1=R_4$、$R_2=R_3$、$C_1=C_2$，VT_1与VT_2为同型号的晶体三极管，且其参数相同。闪光器的输出级采用一只大功率三极管VT_3。当VT_3导通时，可将转向灯电路接通，使灯点亮；当T_3截止时，转向灯

电路被切断而使灯变暗，从而发出频率为 70 ~ 90 次/min 的闪光信号。

③无触点集成电路闪光器：无触点集成电路闪光器与无触点晶体管闪光器相似，将闪光器中功率输出级的触点式继电器改为无触点大功率晶体管，以实现对转向灯开关的控制。LD7208 是一种新型的专用集成电路，如图 5-30 为 LD7208 集成电路内部结构框图及典型的应用电路。

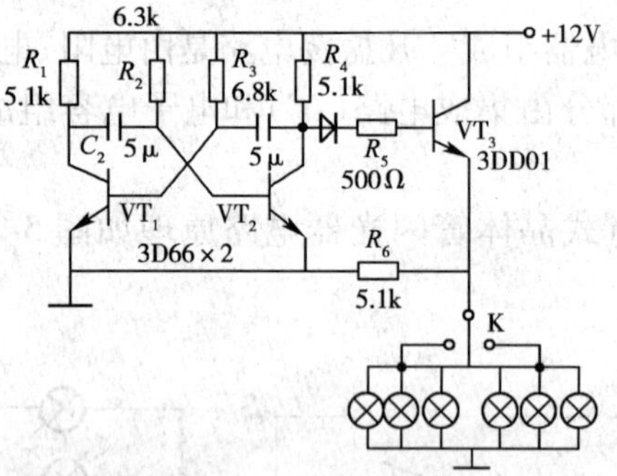

图 5-29　无触点晶体管闪光器电路

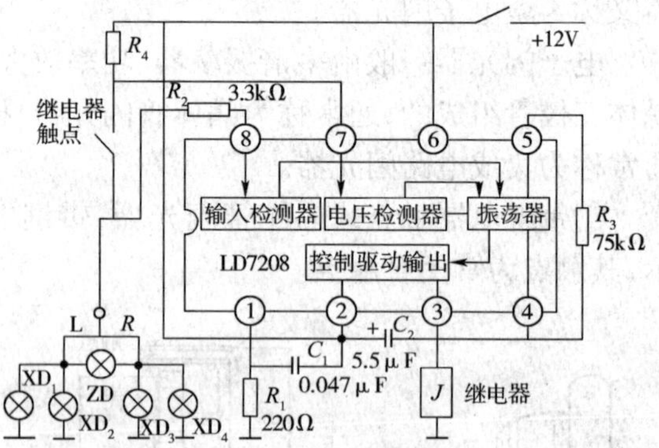

图 5-30　无触点集成电路闪光器电路

三、倒车灯与倒车警报器

倒车灯主要是在车辆倒车时提醒行人及其他车辆驾驶员，由装在变速器盖上的倒车开关控制，其电路如图 5-31 所示。

倒车报警开关结构如图 5-32 所示，当变速杆将倒挡变速叉轴拨到倒挡位置时，倒挡轴叉上的凹槽恰好对准钢球，钢球在弹簧作用下带动膜片和接触盘下移，使静触点与接触盘接触，倒车灯点亮。与此同时，也接通了倒车警报器电路，使警报器发出声响。同时，蓄电池电流还通过线圈 L_2 对电容器进行充电（图 5-31）。由于流入线圈 L_1 和 L_2 的电流大小相等，方向相反，产生的电磁吸力互相抵消，使线圈不显磁性，因此继电器触点继续闭合。随着电容器两端的电压逐渐上升，使流入线圈 L_2 中的电流变小，即电磁吸力减小，但线圈 L_1 产生的电磁吸力不变，当 L_1 与 L_2 产生的吸力差大于触点的弹簧拉力时，触点被吸开，警报器电路被切断而停止发出声响。

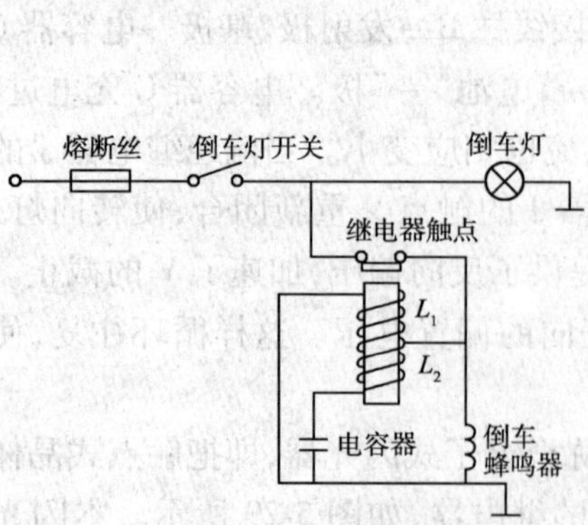

图 5-31　倒车灯与倒车警报器电路

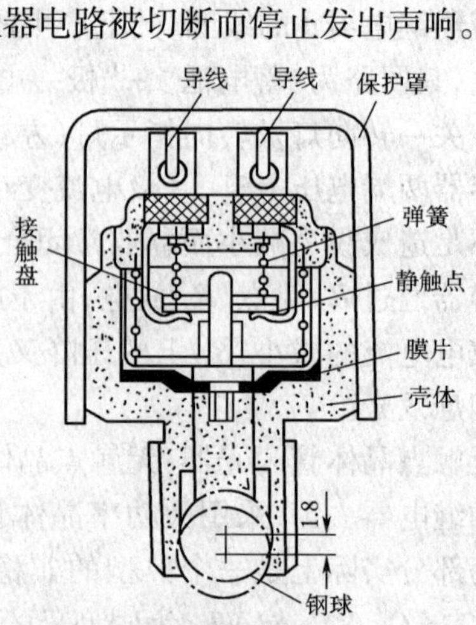

图 5-32　倒车报警开关

在继电器触点打开时，电容器又通过线圈 L_2 和 L_1 放电，使线圈产生磁力，触点仍继续打开。当电容器两端电压下降到一定值时，线圈磁力减弱，继电器触点重又闭合，报警器通电发出声响，电容器重又开始充电。如此反复，继电器触点不断开闭，倒车警报器发出断续的声响，以示倒车。

四、制动信号灯

制动信号灯由制动开关控制，其电路如图 5-33 所示，制动开关分为气压式、液压式和机械式。

气压式制动开关一般装于制动阀上，结构如图 5-34 所示。固定触点接线柱，与蓄电池正极相连，活动触点接线柱与指示灯相连。未踩下制动踏板时，无气压作用在膜片上方，活动触点在活动触点弹簧作用下与固定触点保持分离状态；当踩下制动踏板时，膜片上方的气压增大，迫使膜片压缩活动触点弹簧下移，带动活动触点下移，使其与固定触点接触，这样就接通了制动灯电路，使制动灯点亮。

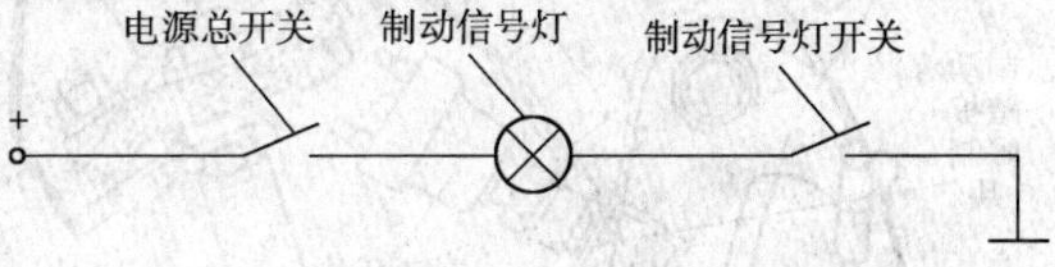

图 5-33　制动信号灯电路

液压式制动开关一般装于制动总泵前端，其工作情况与气压式基本相同，结构如图 5-35 所示。

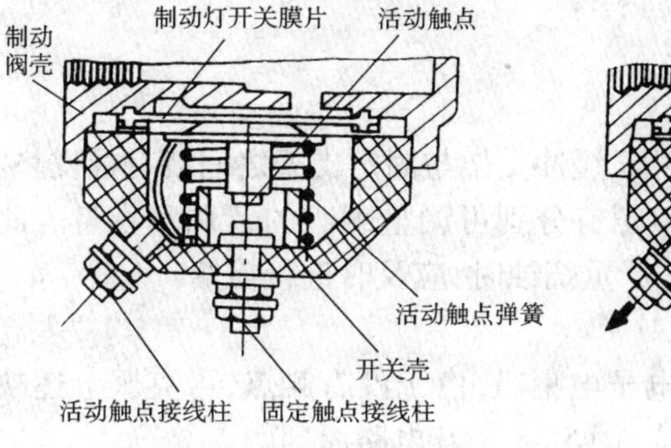

图 5-34　气压式制动开关

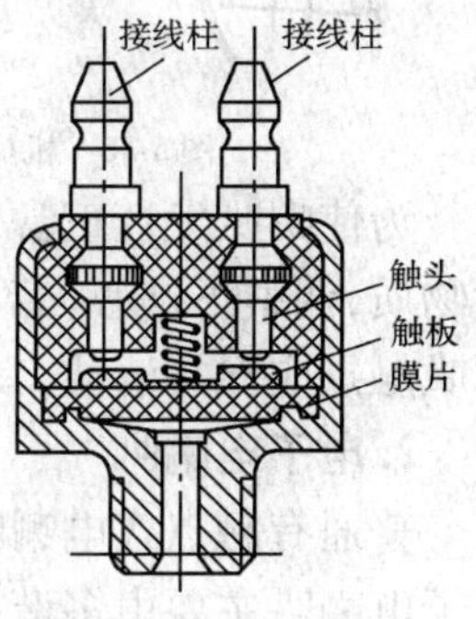

图 5-35　液压式制动开关

机械式制动开关一般装于制动踏板下方，如图 5-36，当踩下制动踏板时，制动开关内的活动触点便将两接线柱接通，使制动灯点亮；当松开踏板后，断开制动灯电路。

五、喇叭和喇叭继电器

喇叭是用来警告行人和其他车辆以引起注意，保证行车安全的，按其发音动力有电喇叭和气喇叭之分。气喇叭主要用于具有空气制动装置的重型载重车上，电喇叭具有结构简单、体积小、质量轻、声音悦耳且维修方便的特点，因而在中小型车辆中获得了广泛应用。电喇叭又分为普通电喇叭和电子电喇叭。

1. 普通电喇叭

下面以盆形电喇叭为例，如图 5-37 所示，介绍普通电喇叭工作情况。

按下喇叭按钮时，电流从蓄电池“＋”极→线圈→触点→喇叭按钮→搭铁→蓄电池“－”极，构成回路。电流流经线圈时产生电磁吸力，向下吸上铁心，上铁心下移，与下铁心（音调调整螺栓）碰撞，同时使触点断开，使线圈断电，电磁吸力消失，膜片带动上铁心回位，使触点再次闭合，如此往复。下铁心与上铁心碰撞产生较低的基本频率，激励与膜片一体的共鸣盘产生共鸣，从而发出比基本振频强且分布比较集中的谐音。为保护触点，在触点之间并联了一只电容器（或消弧电阻）。

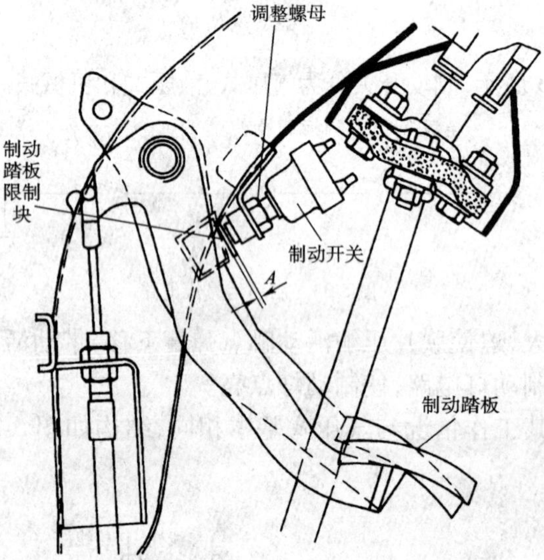

图 5-36　机械式制动开关

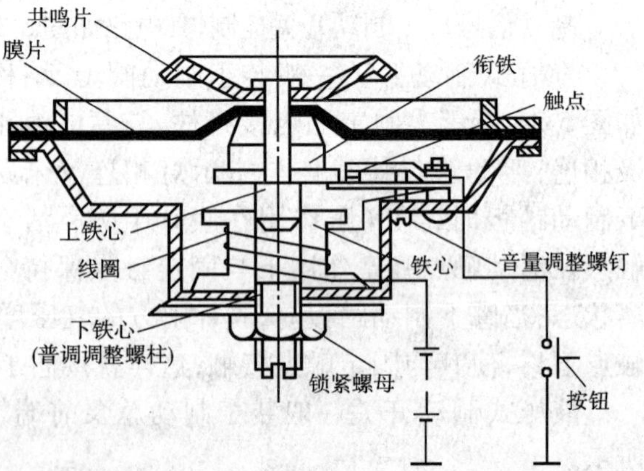

图 5-37　盆形电喇叭

为使喇叭发音正常，喇叭应固定在缓冲支架上，缓冲支架与固定支架之间装有橡皮垫等弹性物质，调整下铁心（音调调整螺栓）和音量调整螺钉分别可调整喇叭的音调和音量。此外，喇叭触点应保持清洁，其接触面积不低于 80%。严重烧蚀时，应及时进行检修。

2. 电子电喇叭

普通有触点式电喇叭，触点易烧蚀氧化，而电子电喇叭，由于没有触点，可克服上述缺点。电子电喇叭主要由多谐振荡器和功率放大器组成，图 5-38 为其电路原理图。

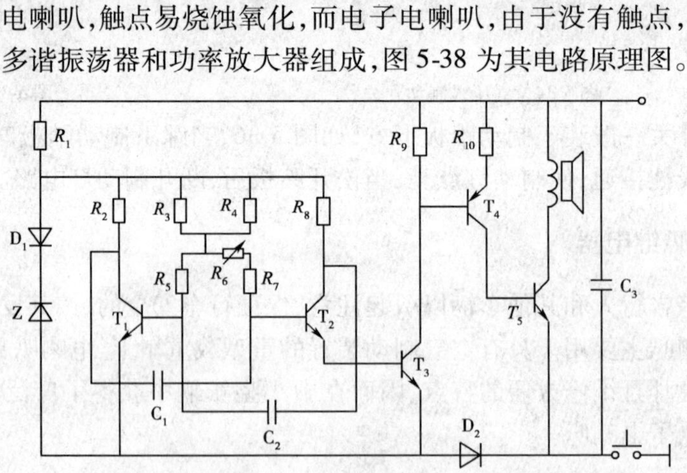

图 5-38　电子电喇叭

T_1、T_2、T_3 构成一个多谐振荡器。为使振荡频率稳定，由稳压管 Z 向多谐振荡器提供稳压电源，二极管 D_1 作为稳压管的温度补偿。T_4、T_5 直接耦合成放大器，喇叭的激磁线圈接在 T_5

的集电极上，C_3 是防止点火电路干扰的。

若振荡器的 T_2 截止，则 T_3 截止，此时 T_4、T_5 导通，喇叭线圈中有电流通过，产生电磁力吸动膜片。

若振荡器的 T_2 导通，则 T_3 导通，此时 T_4、T_5 截止，喇叭线圈中无电流通过，膜片复位。

调整 R_6 的大小，也就调整了 T_2 截止时间的长短，即通电时间的长短，而通电时间影响膜片的振幅，直接控制喇叭音调高低。

3. 喇叭继电器

由于现代车辆大多装有双喇叭，消耗电流较大，为保护喇叭触点不被烧蚀，通常在喇叭电路中设有继电器，喇叭按钮只有小电流通过，用以控制喇叭继电器，而供喇叭的大电流只流经喇叭继电器，不流经喇叭按钮。其电路如图 5-39 所示。

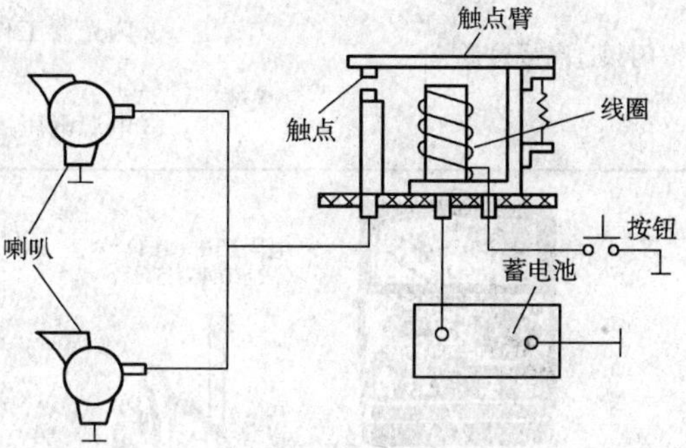

图 5-39　喇叭继电器

六、常见故障与排除

1. 制动灯不亮或制动解除后制动灯不熄灭

若制动灯不亮，可打开点火锁，短接制动阀上制动灯开关的两接线柱，若制动灯燃亮，可断定为制动开关故障，应换用新开关；若制动灯仍不亮，可同时察看电流表指针是否摆向放电一侧，再去除短接线看指针是否回摆，若确认因短接开关而使放电电流增大，可断定从制动灯开关至制动灯之间导线有碰铁故障；若制动灯不亮，电流表指针也不动，可检查制动灯泡断丝和线路断路故障。

2. 开一侧转向灯时，另一侧转向灯也同时闪亮，且亮度均很低

这种现象只出现在小灯用双丝灯泡兼作转向灯用的车辆上，原因是欲开的一侧转向灯接地线松脱了，应检修灯座。

3. 左右转向灯闪烁频率不一致

这是因为左右转向信号灯的总瓦数不一致，频率较高的一侧，总瓦数大存在轻微短路故障。应检查各灯泡型号是否正确，灯座接线是否有误。

4. 转向灯暗淡，不闪烁

这常常是闪烁器间隙过大造成的，应换用新闪烁器或调小闪烁器触点间隙。热线式闪烁器中备有调整片，弯曲此片即可调整触点间隙。

5. 信号灯光常见故障及排除

机械上的灯光信号大体上有两种：一是闪烁信号；二是持续信号。常见故障是信号灯不亮和信号灯不能正常工作。信号灯不亮可以参考照明系统有关内容。闪光信号其他故障与排除方法见表 5-1。

6. 电喇叭的检查调整及故障排除

(1) 喇叭解体前的检查

①接线柱电阻的检查，检查方法如图 5-40 所示。

②接线柱与外壳绝缘性能的检查，检查方法如图 5-41 所示。

信号灯光常见故障及排除　　表5-1

故障现象	原　因	排除方法
两侧转向灯同时亮	转向开关失效	检查转向开关
两侧转向灯闪烁频率不同	①两侧灯泡的功率不等 ②有灯泡坏	检查灯泡型号
转向灯常亮不闪	①闪光器损坏 ②接线错误	检查闪光器及电路连接线
闪频过高或过低	①灯泡功率不当 ②闪光器工作不良，触点间隙过大或过小 ③电源电压过高或过低	检查灯泡 更换闪光器，调整触点 调整电压调节器

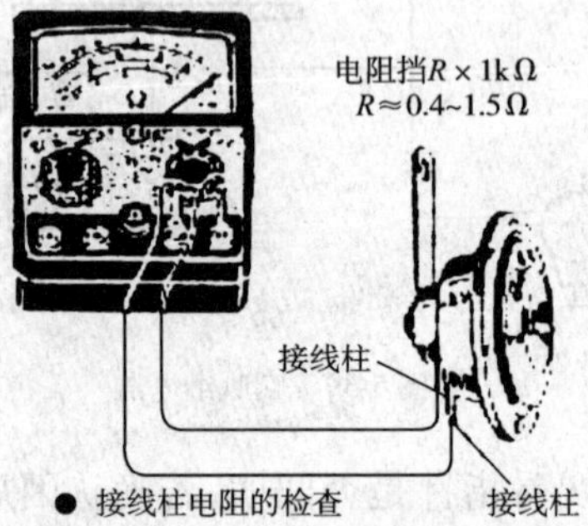

图5-40　喇叭接线柱电阻的检查

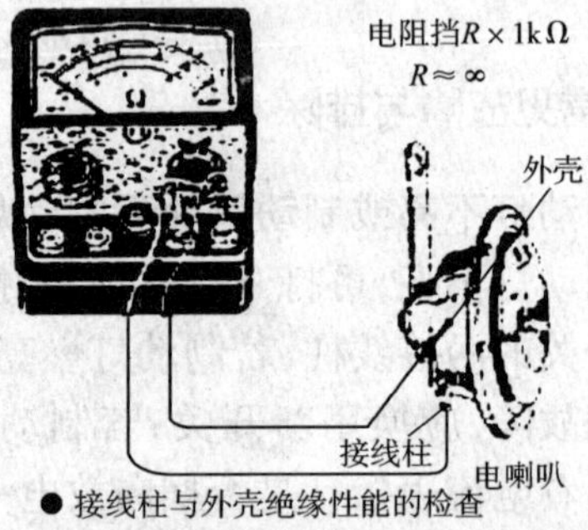

图5-41　接线柱与外壳绝缘性能的检查

(2)喇叭解体后的检查

将喇叭解体后进行如下检查：

①喇叭线圈的检查，检查方法如图5-42所示。

②电喇叭电容器的检查方法：先使被测电容器放电，再按图5-43所示的方法检查。

③喇叭触点的检查：要求上下触点应互相重合，中心线的偏移不超过0.25mm，接触面积不小于80%。若触点烧蚀严重，应用砂纸打磨，但触点厚度不小于0.30mm，否则应予以更换。

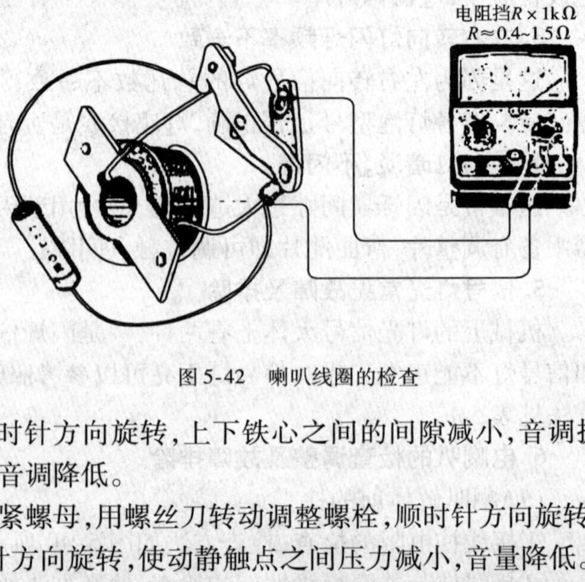

图5-42　喇叭线圈的检查

(3)音调和音量的调整

音调的调整：如图5-44所示，先松开铁心下部的锁紧螺母，用螺丝刀转动铁心，顺时针方向旋转，上下铁心之间的间隙减小，音调提高；逆时针方向旋转，铁心之间的间隙增大，音调降低。

音量的调整：先松开音量调整螺栓的锁紧螺母，用螺丝刀转动调整螺栓，顺时针方向旋转，使动静触点之间压力增大，音量提高；逆时针方向旋转，使动静触点之间压力减小，音量降低。

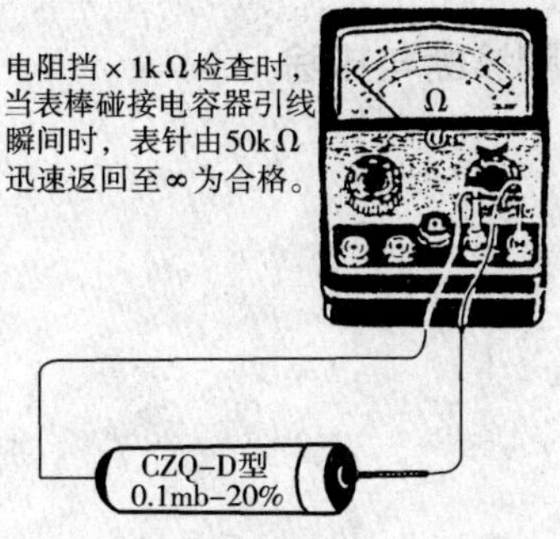

图 5-43 喇叭电容器的检查

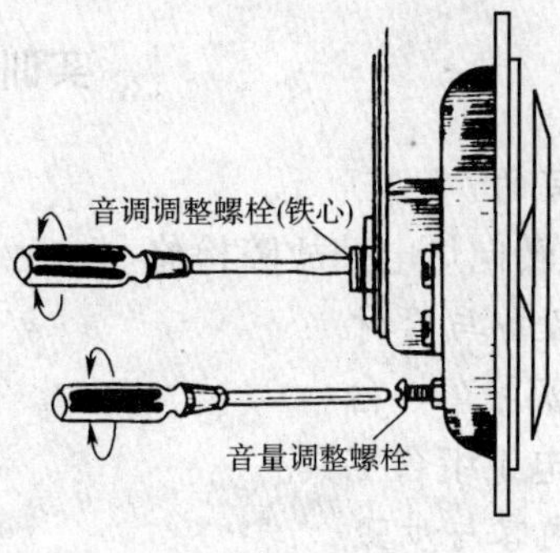

图 5-44 音调和音量的调整

(4)常见故障现象及排除方法

电喇叭常见故障现象、原因及排除方法见表 5-2。

电喇叭常见故障现象、原因、排除方法 表 5-2

故障现象	故障原因	排除方法
按下喇叭按钮，喇叭不响	喇叭电源线路断路	找出断路处接好
	过载或电路短路，熔丝烧断	找出短路处，接好熔丝
	喇叭线圈烧坏或脱焊	更换
	喇叭触点烧蚀或不能闭合	打磨触点，重新调整
	喇叭导线端头与转向器间的接线管脱开	插紧或重接
	导线在转向器轴管里扭断	更换或重接
	喇叭按钮上的连线脱焊或接触不良	重焊
	按钮搭铁或接触不良	检修
	喇叭继电器线圈断路，触点间隙过大，触点不能闭合	检修调整
喇叭声发哑	蓄电池亏电	充电
	喇叭触点烧蚀，接触不良	清洁并打磨触点
	喇叭膜片破损	更换
	膜片复位弹簧钢片折断	更换
按下喇叭，喇叭不响，只发出“嗒”一声	调整不当，使喇叭触点不能张开	重新调整
	喇叭触点间短路	拆下触点固定螺母，更换绝缘垫
	电容器或灭弧电阻短路	更换或检修
触点易烧蚀	调整不当，工作电流过大	重新调整
	喇叭线圈有匝间短路，触点电流过大	检修
	电容器或灭弧电阻短路	更换新件
喇叭长鸣不停	喇叭按钮线短路	检修
	喇叭继电器触点烧结一起	检修或更换

实训一　转向灯电路故障诊断与排除

一、目的

掌握转向灯电路故障检修。

二、设备与器材

(1)实习车一台。

(2)电工组合工具。

三、内容与步骤

转向灯电路常见故障有:单边不亮、频率不当等。

1. 单边不亮

说明电源电路到转向灯开关均正常,故障出在转向灯开关到该侧转向灯支路上有断路。应检查灯丝有无烧断;灯泡是否接触不良;插接器是否接触不良。

2. 频率不当

转向灯及危险报警闪光灯闪光频率应为(1.5±0.5)Hz,起动时间不得大于1.5s。频率不当说明流经闪光器电流失常,一般有主灯灯丝烧断、灯泡与灯座接触不良;灯泡功率过小、个别转向灯灯线有断路时,负载电阻增大,负载电流变小,使频率变快。一只主转向灯灯泡功率失去时,转向灯常亮不闪烁以示不良,相反功率过大时,闪光频率变慢。

四、实训注意事项

(1)注意保护检验仪器、设施的完好。

(2)实习现场学生应听从教师的指导,注意人身安全。

五、实训小结(实训报告)

实训二　制动灯电路故障诊断与排除

一、目的

掌握制动灯电路故障检修。

二、设备与器材

(1)实习车一台。

(2)电工组合工具。

三、内容与步骤

制动灯受行车制动器控制,常见控制开关分踏板控制式、液压控制式、气压控制式3种。典型故障诊断方法如下:

1. 全部制动灯不亮

可先查制动灯保险,再查灯丝是否烧断、灯座接触不良:若上述情况正常,可短接制动灯开关,若灯变亮,说明制动灯开关坏。若仍不亮,应用试灯查线路是否断路。

2. 单边制动灯不亮

应查后线束,该制动灯灯丝是否烧断、灯座是否接触不良、该侧灯线是否折断。

3. 开示宽灯时,尾灯亮,但踩下制动踏板时,尾灯反而灯灭。

说明该尾灯双丝灯泡搭铁不良。

4. 制动灯常亮

松开制动踏板，制动灯常亮，这种故障一般出在踏板控制式制动灯开关上。应检查踏板能否回到位，开关中心顶柱是否磨损或开关内部短路。

四、实训注意事项

(1)注意保护检验仪器、设施的完好。

(2)实习现场学生应听从教师的指导，注意人身安全。

五、实训小结(实训报告)

课题三　仪　　表

一、仪表板总成

为使驾驶员随时了解工程机械各系统的工作状况，车上都设有表示车辆工作状况的仪表、指示灯、警告灯等装置。现代工程机械一般将这些装置合装在一个表壳内，共用一块玻璃密封，成为组合式仪表板，如图 5-45 所示。

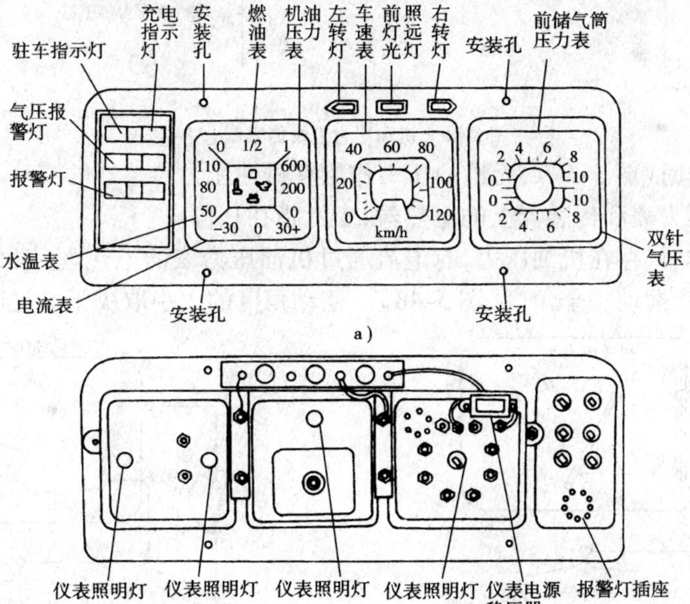

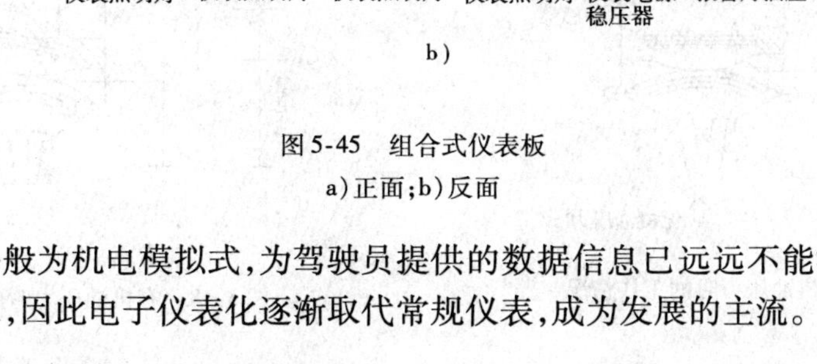

图 5-45　组合式仪表板

a)正面;b)反面

传统的仪表一般为机电模拟式，为驾驶员提供的数据信息已远远不能满足现代汽车新技术高速发展的要求，因此电子仪表化逐渐取代常规仪表，成为发展的主流。

二、常规电器仪表

1. 电流表

电流表又称安培表，主要用来显示电源系的工作状态，当蓄电池放电时，表针指向“－”的一侧；当蓄电池充电时，表针指向“＋”的一侧。目前很多汽车不装电流表，而用充电指示灯表示电源系的工作状态。当指示灯点亮时，表示电源系统工作不正常。

2. 机油压力表及传感器

机油压力表用以显示发动机工作时主油道内的油压，机油压力传感器一般安装在主油道或机油泵上，将主油道的油压转变为电信号，传给机油压力表，其结构如图5-46所示。机油压力表传感器一般采用双金属结构。

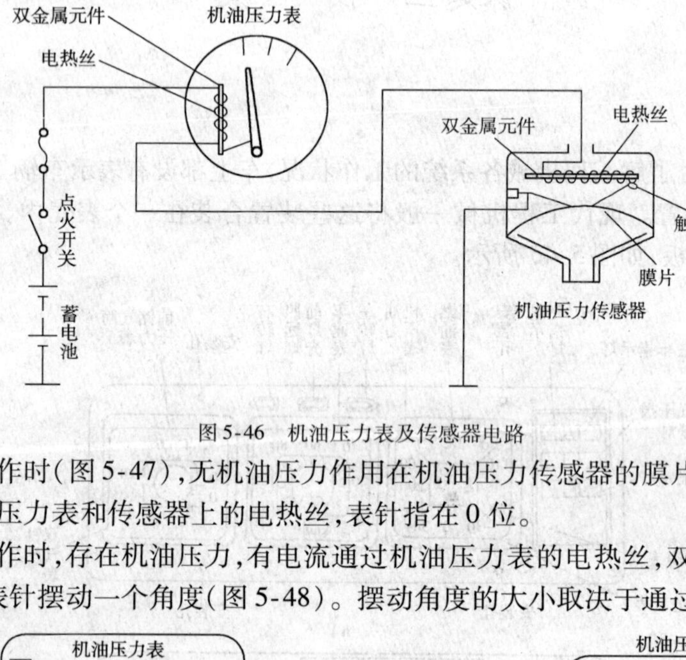

图5-46　机油压力表及传感器电路

发动机未工作时（图5-47），无机油压力作用在机油压力传感器的膜片上，此时触点断开，无电流通过机油压力表和传感器上的电热丝，表针指在0位。

当发动机工作时，存在机油压力，有电流通过机油压力表的电热丝，双金属元件由于受热发生弯曲，带动表针摆动一个角度（图5-48）。摆动角度的大小取决于通过电热丝上的平均电

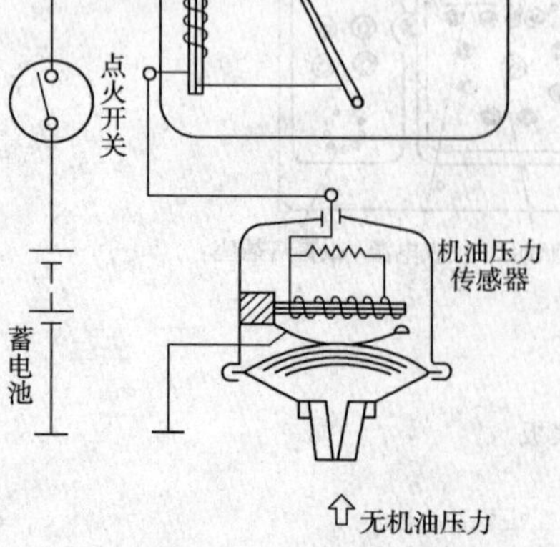

图5-47　无机油压力时的工作情况

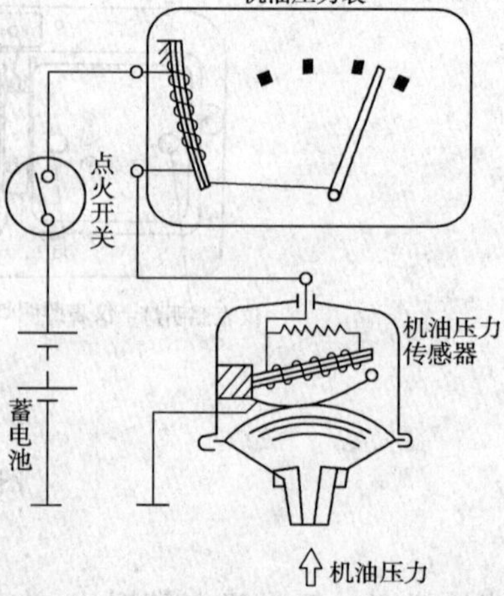

图5-48　有机油压力时的工作情况

流，而平均电流的大小取决于机油压力传感器触点闭合时间的长短。当机油压力低时，膜片在机油压力作用下变形很小，作用在触点上的压力很小，电流通过电热丝，温度略有上升，传感器的双金属片弯曲使触点断开，经过一段时间双金属片冷却伸直，使触点又闭合。如此循环往复，且触点打开的时间长，闭合的时间短，平均电流小，机油压力表双金属片因温度低使表针的偏转角度小。当机油压力高时，膜片向上拱曲，加在触点上的压力增大，传感器的双金属片需较高温度，也就是双金属片上的电热丝通过较大电流、较长时间后，触点才能断开。当触点断开不久，双金属片稍一冷却触点又闭合，这样使得触点闭合的时间变长，流经电流表的平均电流增大，表针的摆动角度也相应增大。

目前，很多车辆用机油压力警告灯代替机油表，警告灯亮时，表示机油压力过低。

电流表和机油压力表用警告灯代替，可使仪表简化，成本降低，直观方便，但不能比较准确显示监控系统的工作情况。

3. 燃油表及传感器

燃油表主要用来显示油箱中的剩余燃油量，常见有两种类型，即一种为电热式，另一种为电磁式。

（1）电热式燃油表

电热式燃油表与机油压力表类似，也是一种双金属结构，依靠双金属元件随温度变化发生的变形，带动表针摆动一定角度以显示油量。如图 5-49 所示，流经电热丝的电流强度要受到浮子式燃油量传感器输出电阻的控制，浮子式燃油量传感器实际上是由浮子位置控制的一个可变电阻器，如图 5-50 所示。当浮子位置高时，输出电阻小，电流大，指针指向 F 或 I 的一侧；当浮子位置低时，输出电阻大，电流小，指针指向 E 或 O 的一侧。

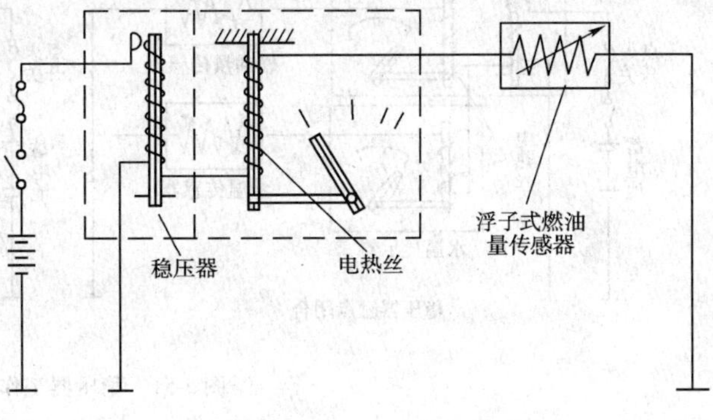

图 5-49　电热式燃油表

电源电压的波动将引起电路中电流的变化，从而造成仪表的指示误差。为了避免这种误差，燃油表内装置了稳压器，用以保持仪表工作电压的恒定。稳压器由带触点的双金属元件和一电热丝构成，工作情况如图 5-51 所示。当点火开关闭合时，电流经稳压器触点和稳压器电热丝后进入水温表和燃油表，同时电热丝通电后，使双金属元件受热变形，触点随之断开，电流停止流经水温表和燃油表。稳压器电热丝停止发热，双金属元件冷却使触点再次接通，如此反复。当电源电压低时，流经电热丝的电流小，触点平均闭合时间长；当电源电压高时，触点平均闭合时间短。这样使得稳压器后的电压基本保持恒定。

（2）电磁式燃油表

图 5-52 所示为交叉线圈型电磁式燃油表，其传感器与电热式相同，各线圈的位置和线圈的缠绕方向不同，线圈 L_1、L_3 绕在同一轴上，旋向相反；线圈 L_2、L_4 绕在另一轴上，两轴夹角为 90°。磁性转子在线圈内部，表针与其连接，4 个线圈的合成磁场决定了磁性转子的位置，即表针的位置。

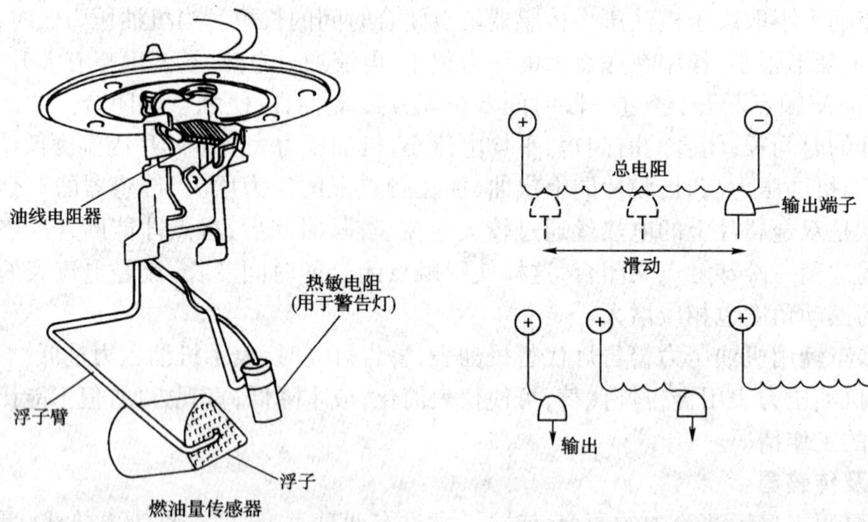

图 5-50　燃油量传感器

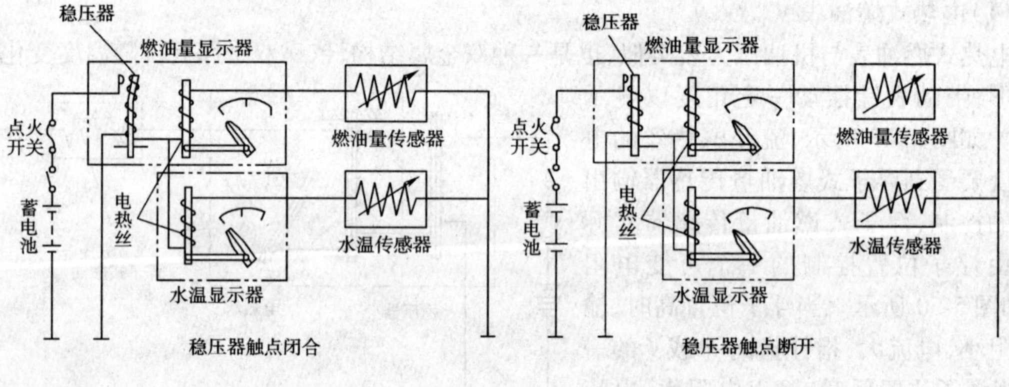

图 5-51　稳压器工作示意图

线圈的连接关系如图 5-53 所示，点火开关闭合时，电流从蓄电池“+”极→L_1→L_2→L_3→L_4→搭铁→蓄电池“-”极，构成回路，还可由蓄电池“+”极→L_1→L_2→传感器→搭铁→蓄电池“-”极，构成另一回路。而电压 V 将随燃油量传感器的电阻，即随燃油液面高度不同而发生变化，使流经 L_1、L_2 的电流 I_1 和流经 L_3、L_4 的电流 I_2 发生变化，使 4 个线圈在各自方向上引起的磁场强度发生变化，引起磁性转子旋转带动指针摆动。

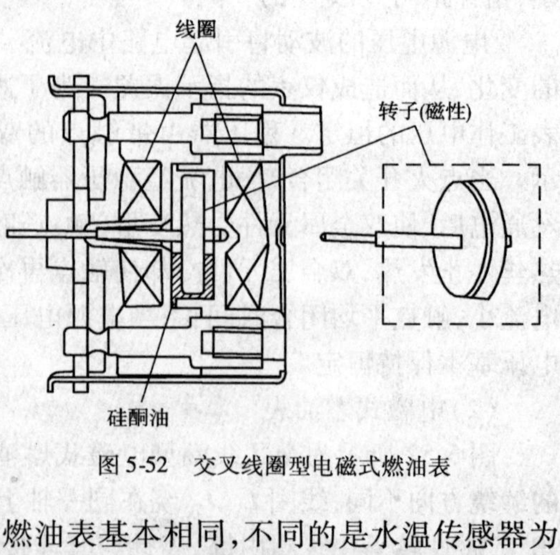

图 5-52　交叉线圈型电磁式燃油表

4. 水温表及传感器

水温表用于监测发动机水套中冷却液的温度，它也分成两种形式，即电热式和电磁式，工作原理与燃油表基本相同，不同的是水温传感器为一个热敏电阻元件，其阻值随温度的不同而发生变化，其结构和温度特性见图 5-54 所示。

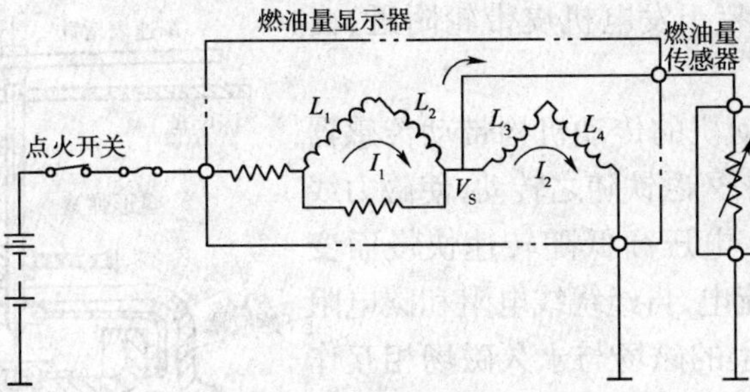

图 5-53 燃油表线圈的连接电路

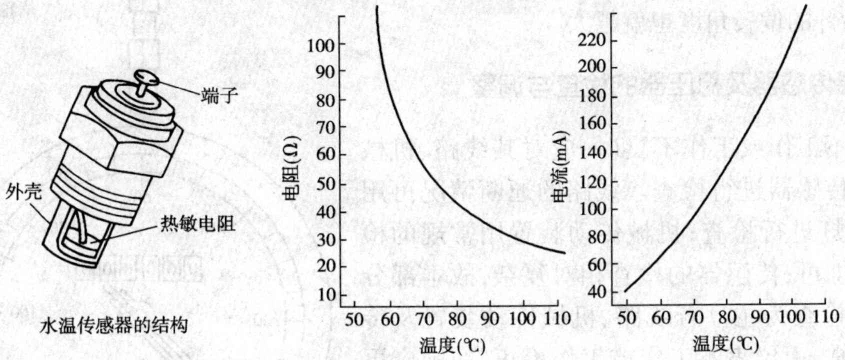

图 5-54 水温传感器的结构和温度特性

5. 车速里程表

车速里程表是用来指示汽车行驶速度和累计行驶里程的仪表，由车速表和里程表两部分组成，普通车速表一般为磁感应式，结构如图 5-55 所示。

车速表主要由永久磁铁、铝罩、护罩、刻度盘和表针等组成，永久磁铁与主动轴紧固在一起，主动轴由来自变速器输出轴的挠性软轴驱动，指针、铝罩固接在中心轴上，刻度盘固定在表外壳上。不工作时，铝罩在游丝的作用下，使指针位于 0 位。当汽车行驶时，软轴驱动主动轴带动 U 形永久磁铁旋转，在铝罩上感应出电涡流而产生磁场，这个磁场与永久磁铁的旋转磁场相互作用产生转矩，使铝罩向永久磁铁旋转方向转过一定角度，直到由游丝的弹力所产生的反方向转矩与之平衡。车速越高，产生的转矩越大，指针在刻度盘上摆动的角度就越大，即指示的车速就越高。

里程表主要由蜗轮蜗杆和数字轮组成，当汽车行驶时，主动轴经 3 对蜗轮蜗杆驱动数字轮上的最右侧的第一个数字轮（一般为 1/10km），任一个数字轮与左侧相邻的数字轮传动比都为 10∶1，这样显示的数字呈十进位递增，便自动累积了汽车总的行驶里程。

6. 转速表

为了检查调整发动机，监视发动机工作情况，使驾驶员正确地选择换挡时机，不少汽车的仪表板上装有发动机转速表。普通机械式转速表又可分为机械传动磁感应式转速表和电动磁感应式转速表两种。

机械传动磁感应式转速表的结构和工作原理与上述磁感应式车速表基本相同，电动磁感应式转速表的基本结构如图 5-56 所示，它是由传感器和指示器两部分组成，传感器实际是一个小型的交流发电机，安装于发电机皮带轮附近，由4个螺钉固定。

当发动机工作时，发动机的传动机构带动传感器扁形轴转动，与轴相连的永久磁铁随之转动，使磁力线切割线圈而产生交流电。电压高低随转速快慢而变化，通过整流器转化为直流电，再经绕线电阻和碳电阻输入动圈，此时动圈所产生的磁场与永久磁场相互作用，其结果使动圈偏转。发动机转速越快，传感器输出的电压也就越大，使动圈的输入电压变大，动圈偏转的幅度越大，指针的偏转角度也就越大。

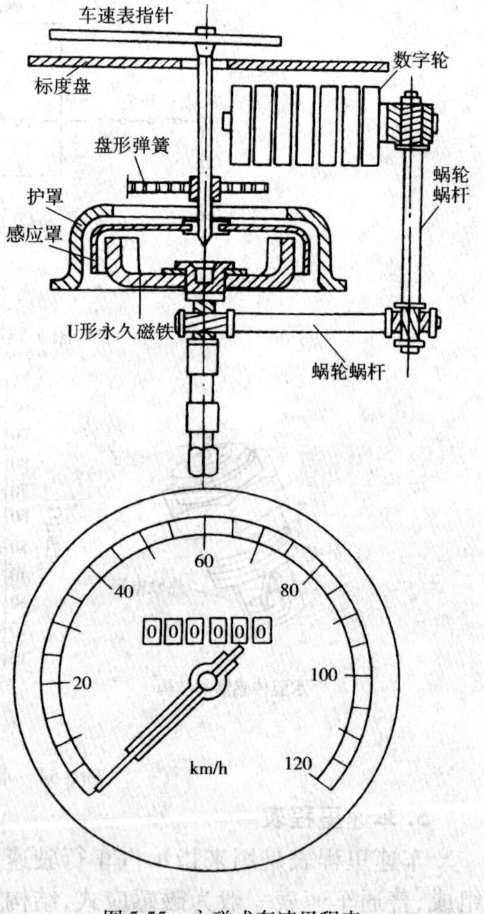

图 5-55　永磁式车速里程表

三、主要传感器及稳压器的检查与调整

当仪表不工作或工作不良时，应对其线路、机械传动装置和传感器进行检查。线路的通断情况可用万用表或试灯进行检查；机械传动装置用常规的检查方法检查即可；传感器的检查相对复杂，故本部分以传感器的检查为主。若线路、机械传动装置及传感器工作正常，而仪表不工作或工作不正常，则应更换仪表。

1. 水温传感器的检查

水温传感器的检查方法如图 5-57 所示。将被检查的传感器装入水槽中，并与标准的水温表串联，然后接入电源。合上开关，将水槽中的水分别加热至40℃和100℃时（此水温由插入水槽中的标准水银温度计测量），保持3min。若标准水温表的指示温度也分别为40℃和100℃，表明传感器的工作正常。否则，应予以更换。

通过检测热敏电阻的阻值，也判定其工作状况。在规定的水温下，热敏电阻的输出阻值应符合规定，否则应予以更换。

2. 燃油量传感器的检查

燃油量传感器的检查与调整的方法如图 5-58 所示。指示表为标准指示表，浮子臂处于31°和89°，表针应指在0和1的位置上，若有误差，应更换传感器。

3. 油压传感器的检查

如图 5-59 所示，可将油压传感器装在一小型手摇式油压机上，并串联一块标准油压表，闭合开关，摇转油压表改变油压。当机械油压表的压力上升到490MPa时，标准油压表未指在5，表明传感器内校正电阻失效，应予以更换。

4. 稳压器的检查调整

稳压器是在电源电压波动时，起稳压作用，以确保电热式仪表指示精确。不同车型的仪表稳压器的输出电压并不相同（EQ1090为8.6±0.15V，CA1091为7.0±0.15V）。若输出电压不准，必须进行调整。

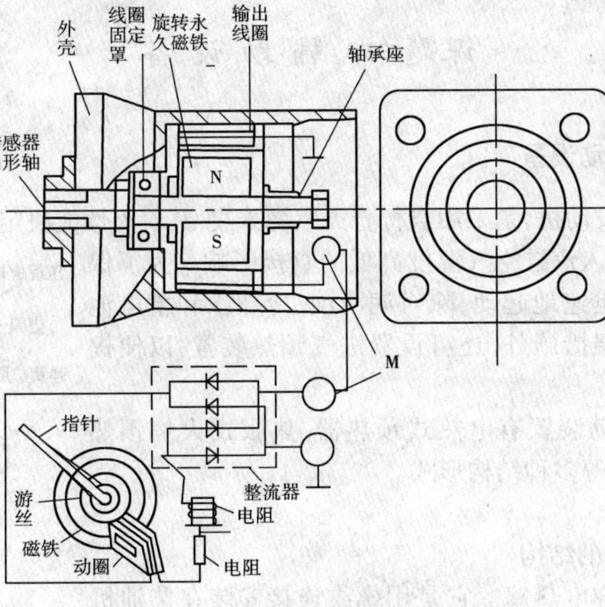

图 5-56　电动磁感应式转速表

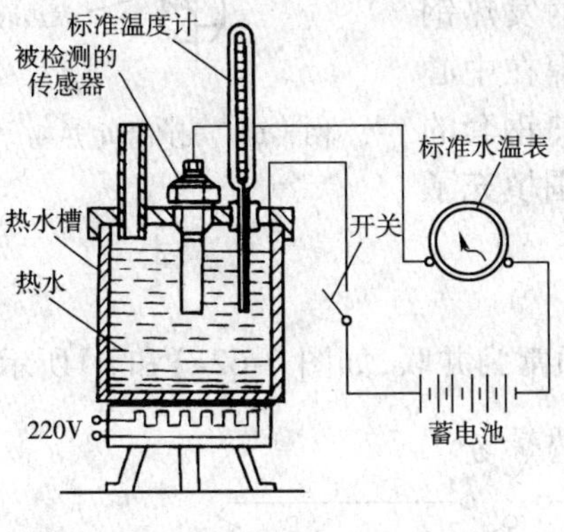

图 5-57　水温传感器的检查

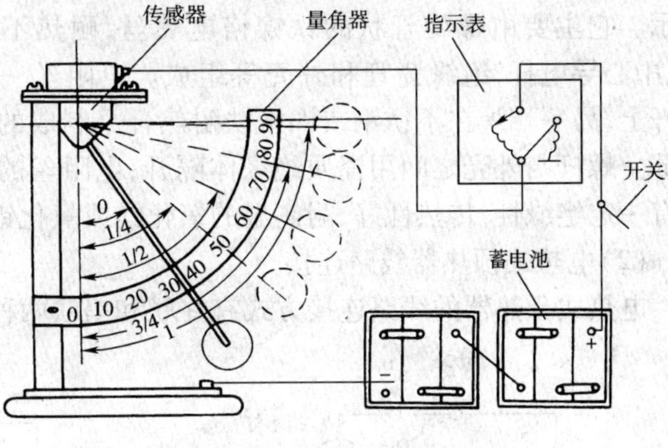

图 5-58　燃油量传感器的检查

调整前首先检查仪表稳压器的动、静触点表面状况，两触点不应有氧化、烧蚀的现象，加热线圈完好，稳压器搭铁可靠。

如图 5-60 所示，调节稳压器调节螺钉，可使电压为标准值。

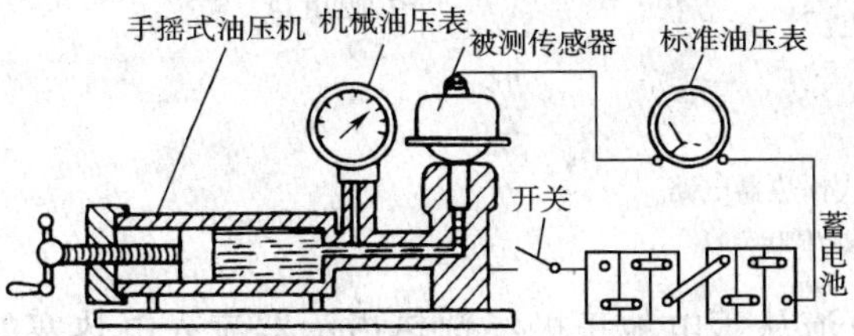

图 5-59　油压传感器的检查

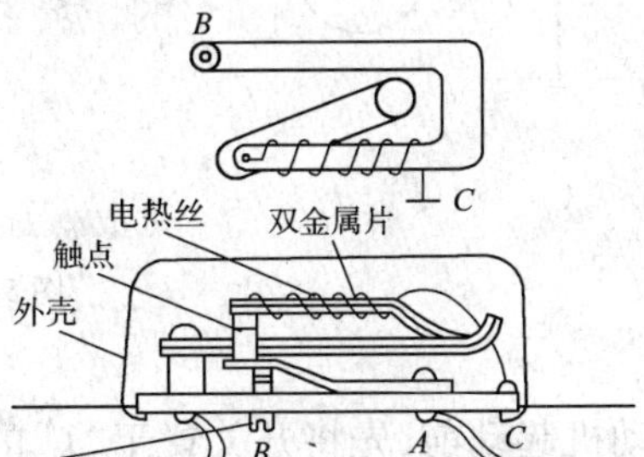

图 5-60　仪表稳压器的调整

课题四　辅助设备

一、柴油机辅助起动设备

柴油机系压燃式发动机，是采用自行着火燃烧方式，其着火性能决定了柴油机冷起动的成功率和可靠性，又受进入汽缸空气温度高低的直接影响。为了保证柴油机冬季可靠而迅速地起动，除对润滑油、冷却水和蓄电池等采用必要的加热保温措施外，还可设置进气预热装置，以便提高进入汽缸空气的温度。

柴油机冷起动辅助装置有电热式预热器，热胀式火焰预热器、电磁式火焰预热器等多种结构形式。

1. 电热式预热

(1)电热式预热器的结构

电热式预热器俗称电热塞。它是用螺纹连接安装在柴油机汽缸上，下端炽热部分伸入燃烧室内，每缸一个，其结构如图5-61所示。它主要由螺旋管状的铁镍铬电热丝，耐热不锈钢发热钢套、中心导电杆，绝缘瓷管和外壳等组成。电阻丝一端焊在中心螺杆上，另一端焊在不锈钢或镍铬铁耐热合金制成的发热钢套的底部。螺杆与外壳之间用瓷质绝缘体隔开，电阻丝的周围填充了具有一定绝缘性，传热性好，耐高温的氧化镁或氧化铝。

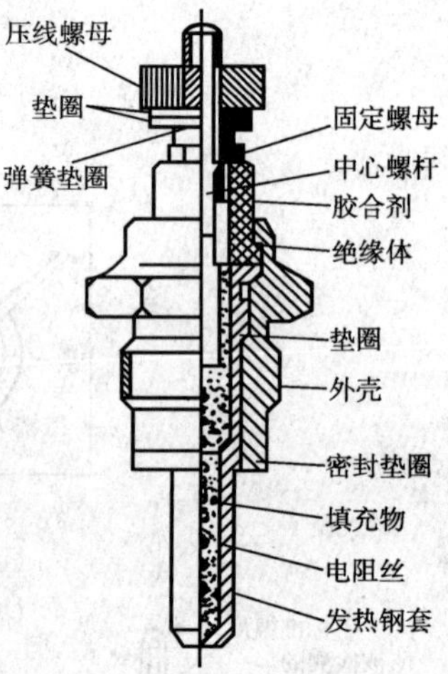

图5-61　封闭型电热塞

(2)电热式预热器线路连接

电热式预热器的线路连接方式有并联和串联两种，通常为并联，如图5-62a)和b)所示。

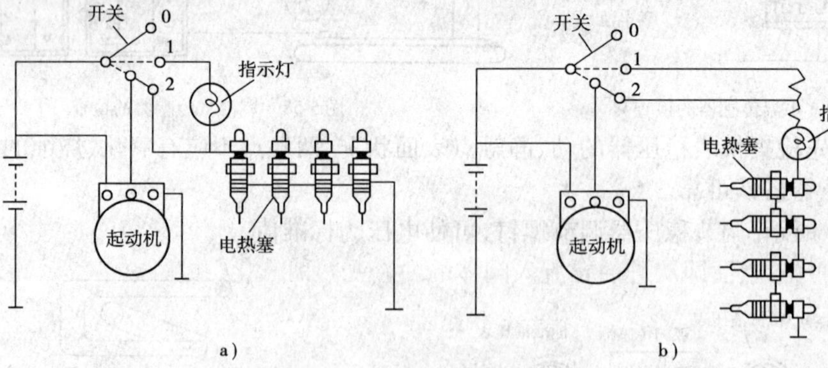

图5-62　电热式预热器电路

a)并联；b)串联

发动机起动前，先将开关置于"1"的位置，电流从蓄电池正极经预热指示器流入电热塞的中心螺杆→电阻丝→发热钢套→外壳→搭铁→蓄电池负极，其工作电流为2～6A，使电阻丝和发热钢套发热变红，加热汽缸中的空气。一般预热时间为30s(不得超过1min)。然后再将开关置于“2”的位置，使起动机和电热塞同时通电，发动机起动后立即切断起动机和电热塞的电路，即将开关置于“0”的位置。

(3)电热式预热器常见故障

预热指示器用来监视电热塞的工作。接通预热开关，如指示器在 20 ~ 30s 内达到红热状态，说明预热线路工作正常；若指示器不红热，则说明线路中有断路处或指示器电阻烧断；若指示器达到红热时间过短，则表明线路中有短路或个别电热塞短路。

2. 热胀式火焰预热器

(1)结构

热胀式火焰预热器如图 5-63 所示，预热器的阀体是用线膨胀系数较大的金属材料制成，呈管状，管内有空腔，顶端有油管接头，用油管与专用的小燃油箱连通，下部靠螺纹与阀芯装在一起，阀芯顶端将小油孔封闭。阀体外面绕着镍铬丝，其一端与外壳相连并搭铁，另一端形成接线柱。预热器不工作时，在阀体冷缩作用下使阀芯锥形尖端将小油孔封闭。

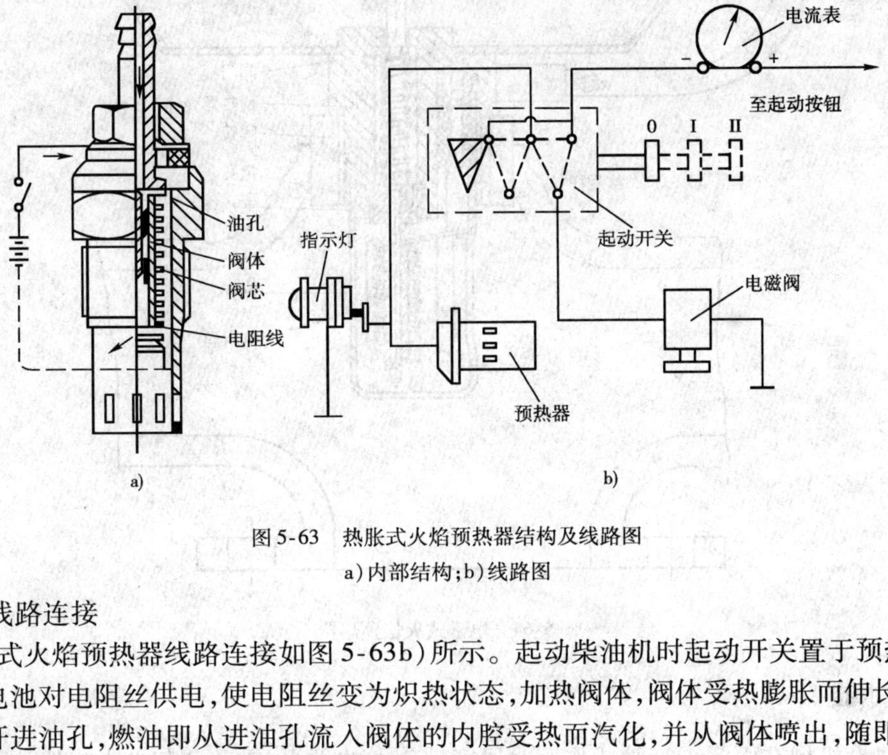

图 5-63　热胀式火焰预热器结构及线路图

a) 内部结构；b) 线路图

(2)线路连接

热胀式火焰预热器线路连接如图 5-63b)所示。起动柴油机时起动开关置于预热挡，接通开关，蓄电池对电阻丝供电，使电阻丝变为炽热状态，加热阀体，阀体受热膨胀而伸长带动阀芯移动，打开进油孔，燃油即从进油孔流入阀体的内腔受热而汽化，并从阀体喷出，随即被炽热的电阻丝点燃，形成火焰，快速加热进入汽缸的空气。

(3)常见故障

热胀式电火焰预热器正常工作时应在 0.5min 内有火焰喷出，可由电流表来判断预热器电阻丝是否完好，24V 预热器的工作电流为 9 ~ 10A(12V 预热器为 12 ~ 14A)。并且预热器不能长期通电，每次起动后应及时断电，观察指示灯明暗即能显示预热器是否处于工作状态。

3. 电磁式火焰预热器

电磁式火焰预热器装在柴油发动机的进气歧管上，结构如图 5-64 所示。

主要由电磁铁和发火装置组成，电磁铁由铁心和线圈组成。铁心的中心有孔，孔中穿有阀门杆,杆的一端有吸盘;另一端有阀门。阀门由特制垫圈和耐油橡胶制成。预热器不工作时,阀门靠弹簧紧压在阀座上。预热器的燃油箱有加油口,用螺塞堵住。支架上有接线柱。电阻丝的一端固定在支承杆的下端;另一端固定在接触杆上。当将起动开关置于预热挡时,电阻丝和线圈同时与电源相接,于是吸盘被吸下,阀门打开,燃油经阀门和量孔流向炽热的电阻丝而产生火焰,预热进气歧管中的空气而改善了发动机的起动性能。

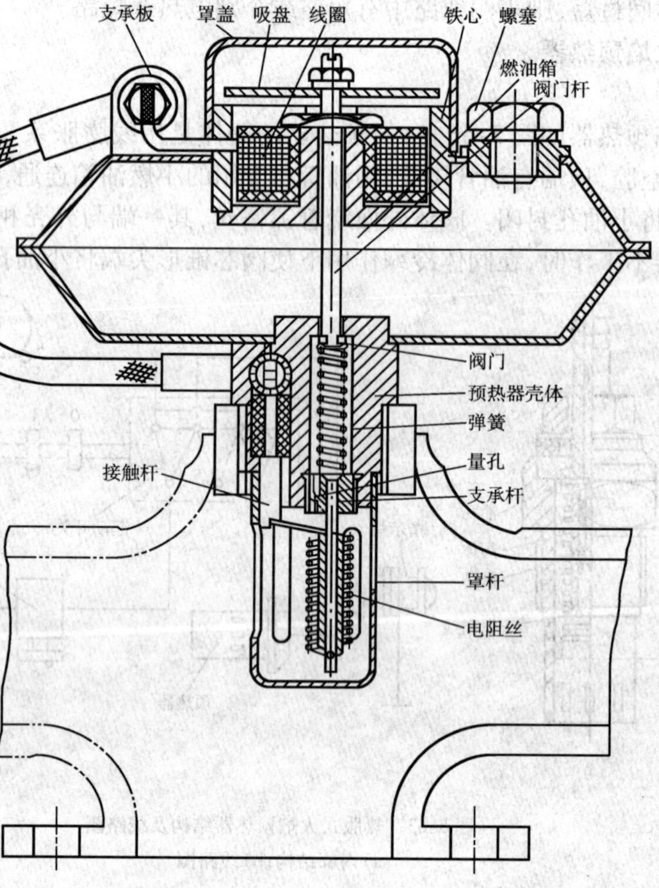

图 5-64 电磁式火焰预热器

二、刮水器

工程建设机械在雨雪天行驶或作业时风窗玻璃上的雨水、雪花和灰尘影响驾驶员的视线,因此现代工程机械上都装有刮水器,以确保行车安全和正常作业。刮水器有电动式、气动式、真空式和机械式等多种形式,其中电动式刮水器应用最广。

1. 电动式刮水器

1)结构

电动式刮水器由刮水电动机、蜗轮、蜗杆及拉杆和摆杆等组成,如图 5-65 所示。电动机通电旋转时带动蜗杆、蜗轮转动,使与蜗轮相连的拉杆和摆杆带着左、右两刮片架作往复运动,橡皮刷便刷去风窗玻璃上的雨水、雪花和灰尘。

为了不影响操作手的视线，刮水器中设有自动复位装置，以便在任何位置切断刮水电动机电路时，刮水器的橡皮刷都能自动停止在风窗玻璃的下部。

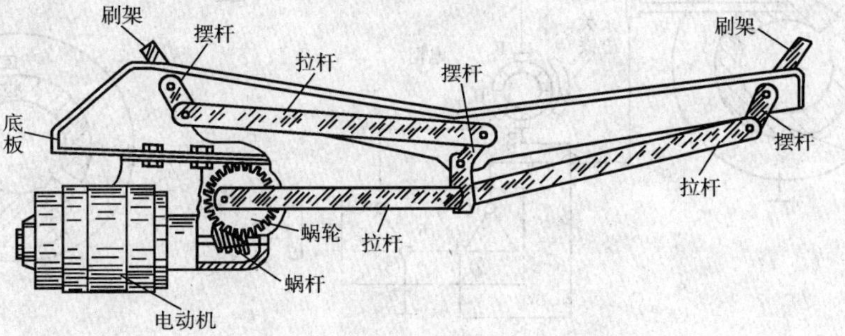

图 5-65　电动式刮水器

刮水器电动机有绕线式和永磁式，它们的区别在于：前者的磁场是由磁极与绕组构成，绕组通电时产生磁场；后者为永久磁铁，它的磁极为铁氧体永久磁铁。因为铁氧体具有陶瓷的脆性、硬度和不耐冲击等特点，因此永磁式发动机具有体积小、质量轻、结构简单、工作可靠且价格低廉等优点，故被工程建设机械广泛采用。永磁式电动机的磁场是不能改变的，为了改变其工作速度，可采用三刷电动机。

2）永磁式电动机刮水器线路连接

按不同的使用条件，电动刮水器设置快、慢两个挡位，其动作快、慢是通过改变电刷间串联的导体数来实现的，三刷永磁电动式刮水器的线路连接如图 5-66 所示。通过控制开关，可实现刮水器的低速运转、高速运转及停机复位功能。

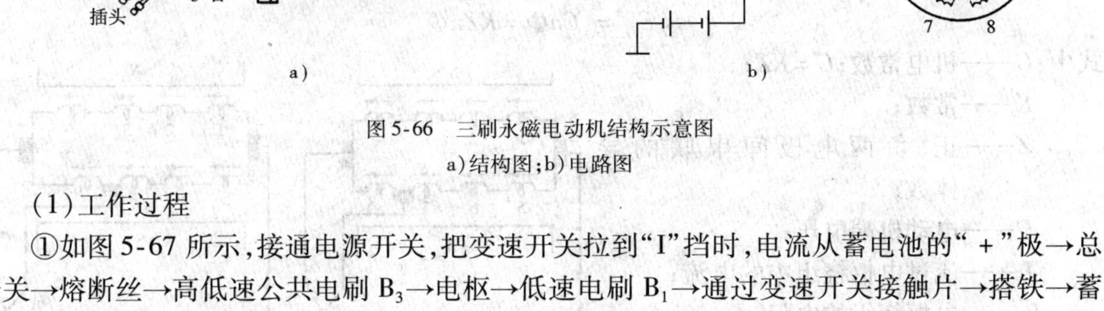

图 5-66　三刷永磁电动机结构示意图

a）结构图；b）电路图

（1）工作过程

①如图 5-67 所示，接通电源开关，把变速开关拉到“I”挡时，电流从蓄电池的“＋”极→总开关→熔断丝→高低速公共电刷 B_3→电枢→低速电刷 B_1→通过变速开关接触片→搭铁→蓄电池“－”极构成回路。电流通过电刷 B_3 和 B_1 之间的导体数较多，电机转速低，故刮水片以低速状态刷除风窗玻璃上的雨、雪和灰尘。

②当变速开关拉到“II”挡时，电流从蓄电池“＋”极→总开关→熔断丝→高低速公共电刷 B_3→电枢→高速电刷 B_2→通过变速开关接触片→搭铁→蓄电池“－”极，构成回路。电流通过

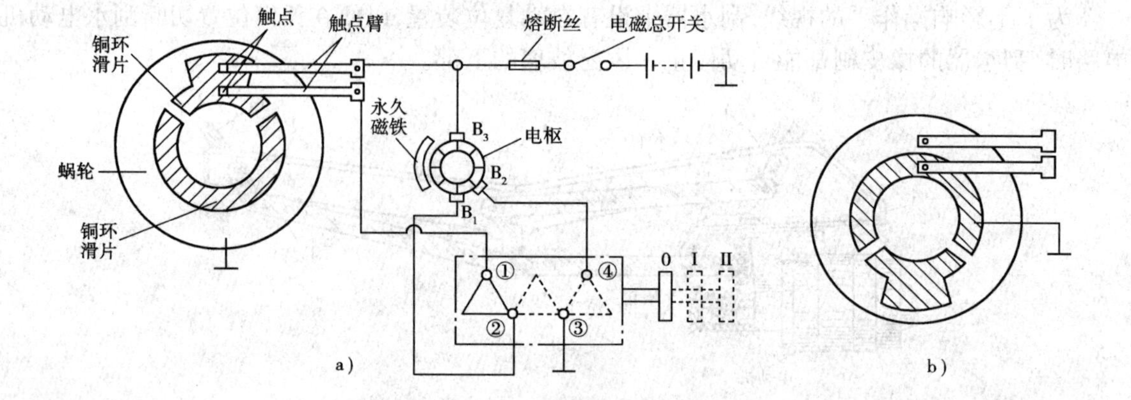

图 5-67　永磁电动机刮水器的线路连接

电刷 B_3 和 B_2 之间的有效导体数较少，电机转速高，从而使刮水片在快速摆动下扫除风窗玻璃上的雨、雪和灰尘。

③当变速开关推到“0”挡时，若刮水片没有停在行程末端的下限而妨碍驾驶员视线时，此时由于自动停位器触点臂与自动停位器滑片接触，电流继续流入电枢。其电路为：蓄电池“+”极→电源开关→熔断丝→高低速公共电刷 B_3→电枢→B_1→变速开关接触片→回位导线→触点臂→滑片→搭铁→蓄电池“-”极，构成回路，电动机以低速运转（如图 5-67b），直至蜗轮转至（如图 5-67a）所示位置，由于触点臂相互接触而导通，使公共电刷 B_3 与低速电刷 B_1 电位相等，电刷无电流通过，电路中断。又因电枢运动的惯性，电动机不会立即停止转动，将以发电机的方式继续运转，电枢绕组产生制动力矩，利用发电制动，使刮水片停止在规定的位置。

发电制动电路为：电枢“+”极→电刷 B_3→触点臂→回位导线→变速开关接触片→电刷 B_1→电枢“-”极。

（2）刮水器变速原理

永磁式三刷电动机是利用 3 个电刷来改变正负电刷之间串联的线圈数实现变速的，变速原理如图 5-68 所示。

直流电动机工作时，必须满足的电压方程式：

$$U = E_{反} + I_s R_s$$

$$E_{反} = Cn\Phi = KZn\Phi$$

式中：C——机电常数；$C = KZ$；

K——常数；

Z——正、负两电极间串联的导体数；

U——电动机端电压；

I_s——流过电枢绕组中的电流；

R_s——电枢绕组的电阻；

Φ——磁极产生的磁通。

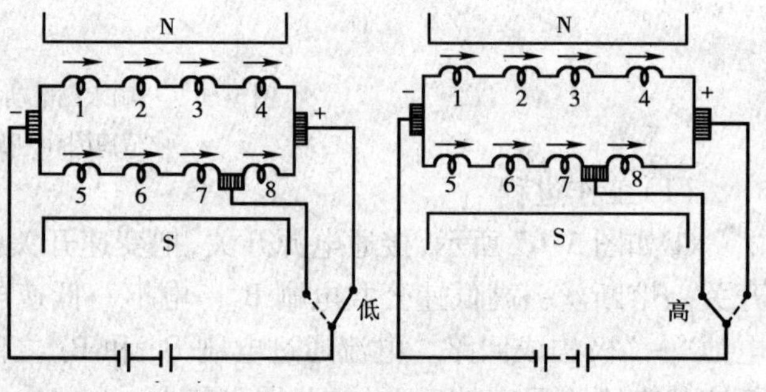

图 5-68　永磁三速电动机变速原理图

由以上两式可得：$n = (U - I_s R_s)/KZ\Phi$

由上式可知，直流电动机的转速与电源电压、电枢回路中的电阻压降、磁通及电刷间串联的导体数有关。通常采用改变磁通或两电刷间串联导体数的方法，对电动机进行变速。

2. 间歇式电动刮水器

前述刮水器如按一般速度在雾天及蒙蒙细雨中刮拭，则风窗玻璃上的微量水分和尘土将会形成一个发粘的表面，因此不仅不能将风窗玻璃刮拭干净，相反使风窗玻璃模糊不清，反而影响驾驶员的视线。为此某些工程机械上增设了电子间歇系统，在绵绵细雨或雾天打开间歇开关，使刮水器按一定周期停止和刮拭，即每动作一次停止一段时间（2～12s），这样可使驾驶员获得较好的视野。

间歇式电动刮水器有同步式和非同步式两种，如图5-69所示。

（1）同步式间歇刮水器

同步式间歇刮水器的组成及电路，如图5-69a）所示。

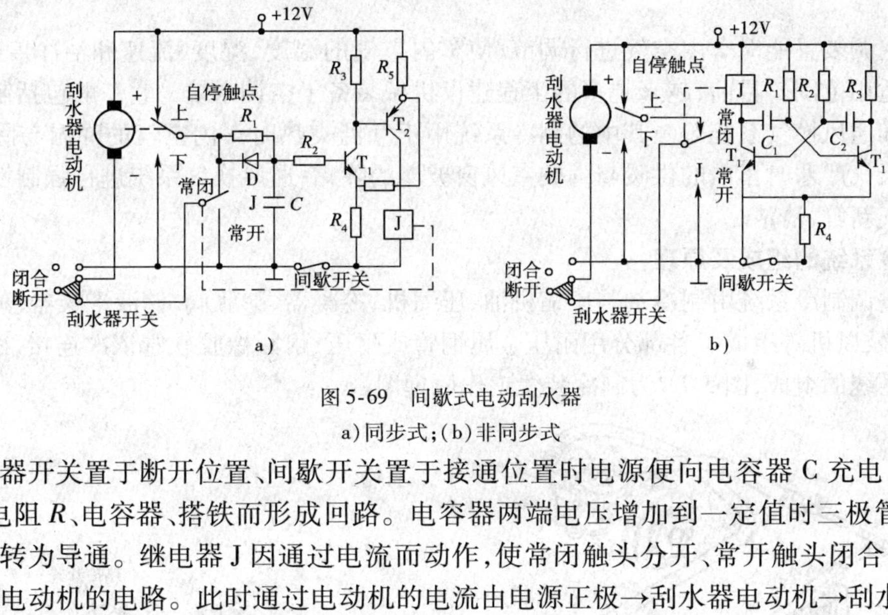

图5-69　间歇式电动刮水器

a）同步式；(b）非同步式

刮水器开关置于断开位置、间歇开关置于接通位置时电源便向电容器C充电，电流经自停触点、电阻R、电容器、搭铁而形成回路。电容器两端电压增加到一定值时三极管T_1、T_2先后由截止转为导通。继电器J因通过电流而动作，使常闭触头分开、常开触头闭合，从而接通了刮水器电动机的电路。此时通过电动机的电流由电源正极→刮水器电动机→刮水器开关→继电器的常开触头→搭铁→电源负极，使刮水器电动机旋转、橡胶刷摆动。

当与电动机连接在一起的凸轮（图中未示出）将自停触点与上触头分开、下触头接通时，电容器通过二极管D、自停触点下触头迅速放电，此时刮水器电动机通电电路不变而继续转动。电容器放电使三极管基极电位降低，从而T_1、T_2转为截止状态，通过继电器的电流中断，常开触头分开、常闭触头回复到常闭位置，此时通过刮水器电动机的电流由电源正极→刮水器电动机→刮水器开关→继电器常闭触头→自停触点的下触头→搭铁→电源负极，因而电动机仍转动。只有当刮水器橡胶刷摆回原位，正好是凸轮将自停触点与下触头分开、与上触头接通复原时电动机才停转。接通电源再向电容器充电，如此重复，使刮水器橡胶刷间歇地动作，其停歇的时间长短取决于电阻R_1与电容C乘积（充电时间常数）。

（2）非同步式间歇刮水器

图5-69b）所示的非同步式间歇刮水器是利用多谐振荡器控制继电器触头的开闭来实现刮水间歇动作的，与刮水器电动机转速无关，故称非同步式。

当刮水器开关置于断开位置、间歇开关置于接通位置时，多谐振荡器电路接通并开始周期性翻转。当三极管 T_1 截止 T_2 导通时，继电器因无电流通过而不动作、常闭触头闭合，因自停触点和上触头接通，所以刮水器电动机被短路而停转。反之，当三极管 T_1 导通 T_2 截止时，继电器因有电流通过而动作、常闭触头断开，常开触头接通电动机电路，电流由电源→刮水器电动机→刮水器开关→常开触头→搭铁而形成回路，使电动机转动、刮水器橡胶刷开始动作。

与电动机连接在一起的凸轮顶开自停触点，使其与下触头相接，多谐振荡电路再次翻转，三极管 T_1 由导通变为截止，T_2 由截止变为导通，继电器的电路中断，常闭触头又接通，此时电动机电路仍接通，流过电动机的电流经刮水器的开关→继电器的常闭触头→自停触点的下触头→搭铁，因此电动机仍转动。只有当刮水器电动机转到某一位置，凸轮使自停触点与上触头相接后电动机电路才中断，刮水器橡胶刷停止在不影响驾驶员视野的位置上。

三、空调系统

车用空调装置能对车内空气进行调节，使车内空气的温度、湿度、流速和洁净度达到人体所需要的适用范围。目前，越来越多的工程建设机械装备了空调系统。它一般包括制冷系统，采暖系统和通风换气系统等。其中的制冷系统用于气温炎热时车内空气的降温与除湿；采暖系统用于天气严寒时车内的供暖与驾驶室风窗玻璃的除霜；通风换气系统进行强制性换气，保持车内空气新鲜、清洁。

1. 制冷系统的组成及原理

车用空调制冷系统由制冷剂与压缩机油、压缩机、冷凝器、膨胀阀、储液干燥器、蒸发器、冷凝器风扇、鼓风机等组成。各部分用耐压金属铜管或耐压、耐氟橡胶软管依次连接，图 5-70 为空调制冷系统的组成，图 5-71 为制冷装置工作原理图。

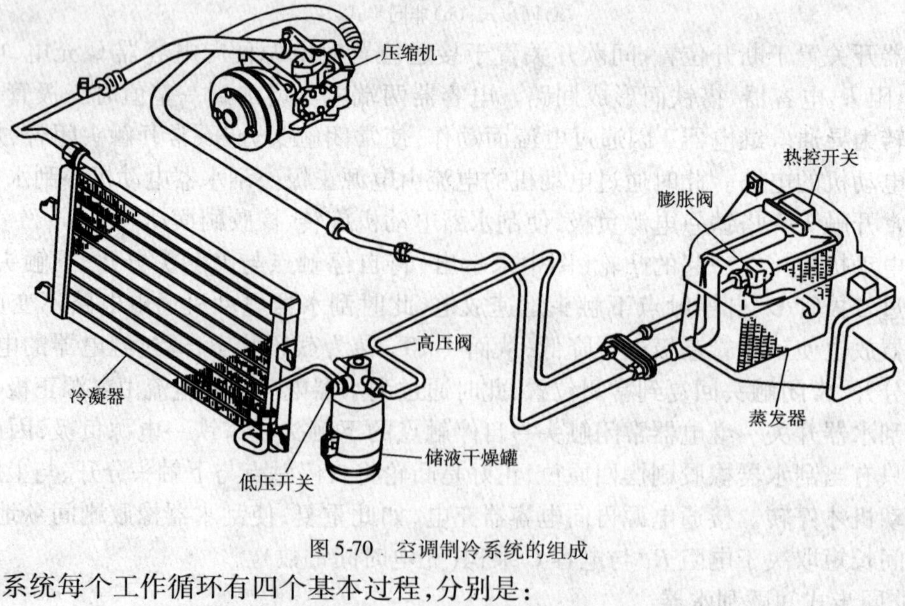

图 5-70　空调制冷系统的组成

制冷系统每个工作循环有四个基本过程，分别是：

(1)压缩过程(在压缩机内完成)：发动机用皮带驱动压缩机，吸入蒸发器中吸收热量而汽化的温度(约 5℃)，低压(约 0.15MPa)制冷剂蒸汽，将其压缩成高温(70～80℃)、高压(1.3～

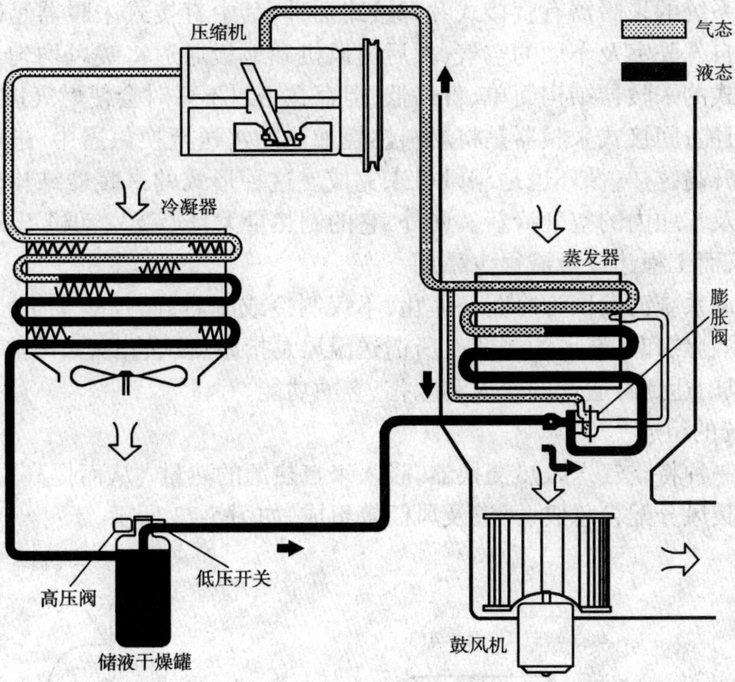

图 5-71 空调装置工作原理图

1.5MPa)的气体,经高压管路送入冷凝器中。

(2)放热过程(在冷凝器上完成):高温高压的过热制冷剂气体进入冷凝器后,冷凝器风扇使流过冷凝器的空气带走制冷剂大量的热量,制冷剂由气体冷凝成液体(约 50℃,压力仍为 1.3 ~1.5MPa),从冷凝器流通管道流出的制冷剂温度大大降低。

(3)节流过程:从冷凝器流出的液态制冷剂进入储液干燥器除去水分和杂质后经高压管送至膨胀阀。由于膨胀阀的节流作用,压力和温度急剧下降,以雾状(细小液滴)形式排出到蒸发器内。

(4)吸热过程(在蒸发器上完成):进入蒸发器后的雾状制冷剂,温度(约 -5℃、压力约 0.15MPa)远低于蒸发器周围的温度。随着鼓风机抽入车内的热空气吹过蒸发器散热片,制冷剂液体吸收流过蒸发器散热片的热量后蒸发成气体,同时从蒸发器出风口流出的风得到冷却。变成了低温低压的制冷剂气体,又被吸入压缩机,进入下一个工作循环。上述过程周而复始地进行下去,即可降低汽车车厢内部空气温度和湿度。

2. 采暖系统的工作原理

(1)采暖系统的分类及工作原理

根据热源的不同,车用采暖系统分为非独立式和独立式两种。

①非独立式(又称发动机热源式)采暖系统是以发动机运转时的冷却水(80 ~95℃)为热源,通过一个热交换器和离心风机组成的暖风机,使流经暖风机的空气被加热,从而使驾驶室及车厢内的温度上升。非独立式采暖系统的制热量较小,并且采暖量受发动机工况的影响较大,但它结构简单、成本低、耗能少,因此被较多的工程建设机械采用。

②独立式(即独立热源式)采暖系统是由安装在底盘上的采暖器向驾驶室及车厢供热。

独立式采暖系统的采暖器有直接式和间接式两种，其中直接式采暖器是燃料燃烧后由换热器直接加热来自驾驶室及车厢的空气，然后由风机和地板通道将暖风均匀地送入驾驶室及车厢内。这种形式的采暖器结构简单、价格低，但存在密封不好时会使燃气进入驾驶室及车厢内，造成污染的可能；间接式采暖器是将燃料燃烧加热的水送至换热器中，进而使驾驶室及车厢内的空气温度升高，空气循环也是靠风机来完成。这种形式的采暖器结构较复杂、价格高，但能保证驾驶室及车厢内的空气清新。此外，它的制热量大且不受发动机工况的影响，所以适用于大中型客车，而工程建设机械很少采用。

现代车用空调系统已发展为冷暖一体化，不仅制冷或制热，而且能全年性的空气调节，包括夏季制冷、冬季制热和送温风的调节。所谓送温风是指冷热风的混合，冷热风的比例可人为设定，通过调节风门达到舒适性的要求和除霜、雾的功能。

(2)暖风系统的组成

暖风系统是一种将空气送入热交换器，吸入来自热源的热量，从而提高空气温度的装置。汽车暖风系统由暖风分配箱总成、风道及风门等组成，如图5-72所示。

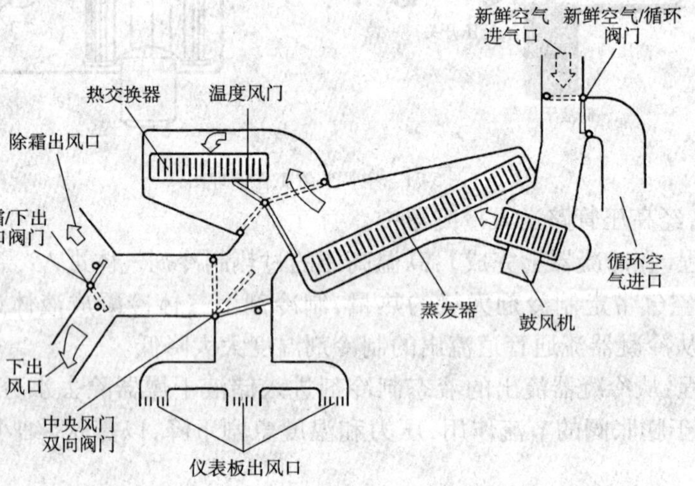

图5-72　暖风系统组成示意图

暖风系统的工作过程是通过操纵暖风控制面板上各种控制开关来配制适宜温度、湿度及流量的空气。

汽车暖风控制面板（如图5-73）上的功能开关一般设有功能选择开关、温度开关、调风开关、后窗除霜开关、空调开关和再循环控制开关。功能选择开关用于气流模式选择；温度开关

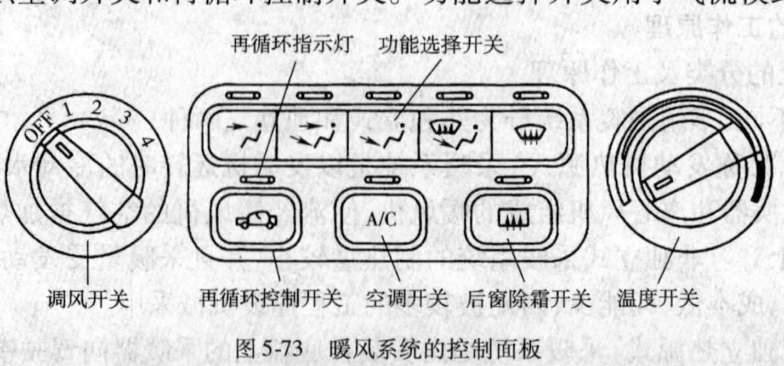

图5-73　暖风系统的控制面板

用于温度风门(又称空气混合门)开度调节;调风开关用于调节鼓风机的转速;后窗除霜开关用于接通后风窗玻璃上的除霜电路;空调开关用于接通制冷电路或向空调电脑发出制冷请求;再循环控制开关用于控制进入车内的新鲜空气数量。

3. 制冷系统主要部件

制冷系统所使用的部件主要包括:压缩机、冷凝器、储液干燥器、蒸发器、膨胀阀等。

(1)压缩机

压缩机是制冷装置的核心部件,其作用是把蒸发器中吸收热量后的低温、低压制冷剂蒸汽吸入并压缩成高温、高压的气体,然后送往冷凝器,保证制冷剂在制冷装置中不断循环。

车用空调制冷装置广泛采用容积式压缩机,即制冷剂蒸汽的压力提高是靠原有的容积被强制缩小,使单位容积内气体分子数目增加来实现的,其分类如下:

- 容积型
  - 往复式
    - 曲轴连杆活塞式
    - 辐射式(十字头型)
    - 斜盘式
      - 摇板式
        - Z 型摇板
        - 楔型摇板
      - 旋转斜板
        - 六缸双作用斜盘
        - 十缸双作用斜盘
    - 变量型压缩机
  - 回转式
    - 旋叶式
      - 叶片型(不通过径向)
      - 滑片型(通过径向)
    - 转子式
      - 旋转活塞式
        - 单缸型
        - 双缸型
        - 容量控制型
      - 固定叶片
    - 螺杆式
      - 单转子螺杆
      - 双转子螺杆
    - 涡旋式
    - 三角转子式(Wankel Type)
    - 变量型回转式

空调压缩机由电磁离合器和压缩机两部分组成:

①电磁离合器。电磁离合器由压板、皮带轮和定子组成,如图 5-74 所示。

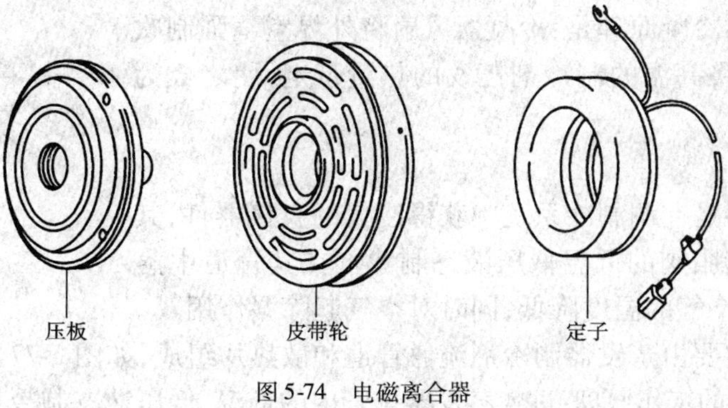

图 5-74　电磁离合器

电磁离合器的工作原理:当电磁绕组断电时,压板与皮带轮端面有一定的间隙(具体间隙值参见维修手册)。由于主轴与压板相连,所以当发动机运转时,皮带轮空转。而当电磁绕组通电时,利用电磁吸力将压板与皮带轮紧紧地吸合在一起,从而主轴被驱动,即压缩机开始工作。

②空调压缩机。汽车用的空调压缩机结构形式有多种。图 5-75 所示的是斜盘式压缩机结构示意图。

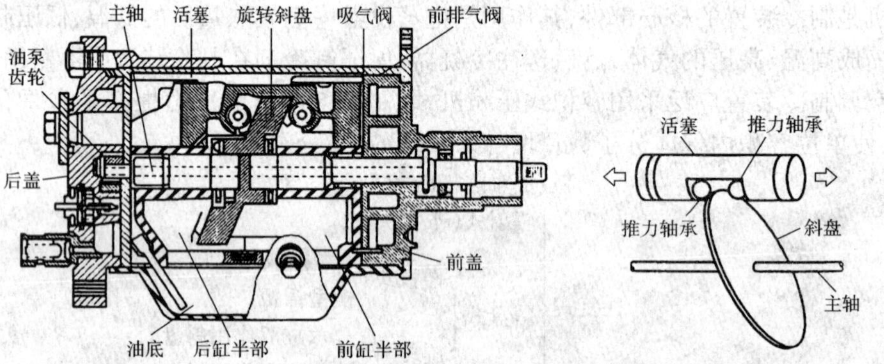

a)　　b)

图 5-75　斜盘式压缩机

a)结构图;b)工作原理图

斜盘式压缩机是一种轴向活塞式压缩机,活塞制成双头活塞,双头活塞的两活塞各自在相对的汽缸(一前一后)中滑动,活塞一头在前缸中压缩制冷剂蒸汽时,活塞的另一头就在后缸中吸入制冷剂,反向时互相对调。各缸均备有高、低气阀,另有一根高压管,用于连接前后高压腔。斜盘与压缩机主轴固定在一起,当主轴旋转时,斜盘也随着旋转,斜盘边缘推动活塞作轴向往复运动。如果斜盘转动一周,前后两个活塞各完成压缩、排气、膨胀、吸气一个工作循环。

(2)冷凝器

①作用。冷凝器是一种散热器,其作用是将压缩机排出的高温、高压制冷剂蒸汽进行冷却,使其凝结为高压的液体制冷剂。制冷剂蒸发所放出的热量,被流动的空气带走,排到大气中去。

②结构。冷凝器结构在形式上主要有管片式、管带式和片式 3 种。它主要由冷凝器制冷剂流通管道和散热片组成,散热片的作用是增大整个散热器的热量交换面积。图5-76所示的是管带式冷凝器结构示意图。

③原理。冷凝器冷凝原理是:冷凝器风扇将外界空气强制吹过冷凝器的散热片,将高温的制冷剂蒸发的热量带走,使之成为液态制冷剂。

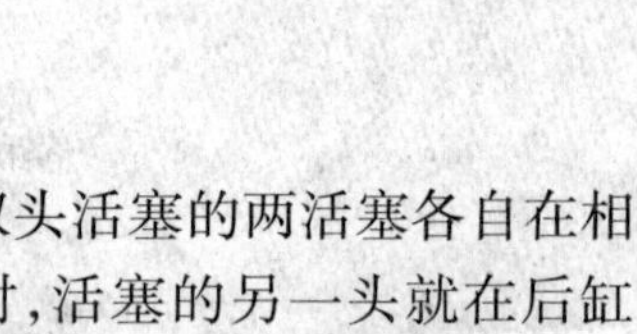

图 5-76　管带式冷凝器的结构示意图

(3)蒸发器

①作用。蒸发器是空调制冷系统中获得冷气的直接器件,其作用是将来自热力膨胀阀的低温低压液态制冷剂在其管道中蒸发,使蒸发器和周围空气的温度降低,同时对空气起除湿作用。

蒸发器的结构主要由蒸发器制冷剂流通管道和散热片组成,如图 5-77 所示。

②原理。蒸发器的工作原理:进入蒸发器排管内的低温、低压液态制冷剂,通过管壁吸收穿

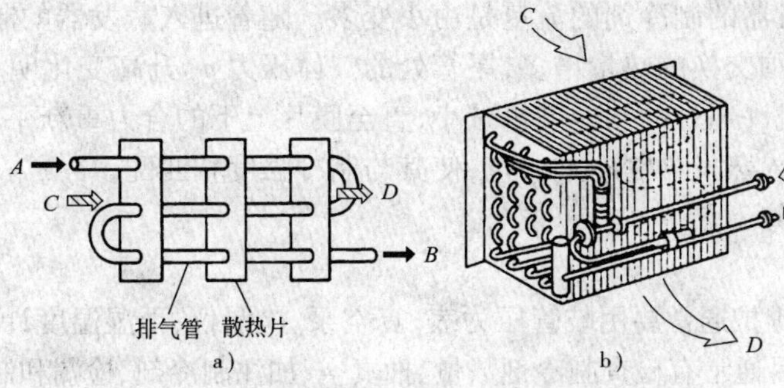

图 5-77　蒸发器的结构与原理

A-来自膨胀阀的液态制冷剂；*B*-气态制冷剂；*C*-车室内热空气；*D*-从蒸发器吹出的冷空气

过蒸发器传热表面空气的热量，使之降温。与此同时，空气中所含的水分由于冷却而凝结在蒸发器表面，经收集排出。使空气除湿，被降温除湿后的空气由鼓风机吹进车室内，就可使车内获得冷气。

(4)储液干燥器

储液干燥器是储液器和干燥器的组合体，安装在冷凝器和膨胀阀之间，其作用是：临时储存液态制冷剂，滤除制冷剂中的杂质，吸收制冷剂中的水分；玻璃观察窗能用于观察系统制冷剂循环流动的具体情况。

储液干燥器的结构通常由储液干燥器体、过滤器、干燥剂、引出管和玻璃观察窗等构成，如图 5-78 所示。

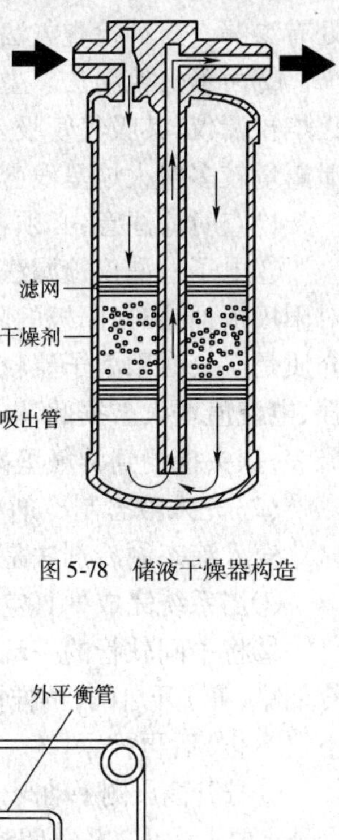

图 5-78　储液干燥器构造

(5)膨胀阀

①作用。膨胀阀又称节流阀。安装在蒸发器的入口处，其作用是将来自储液干燥器的高压液体制冷剂节流降压、降温，并自动调节和控制蒸发器的液体制冷剂量以适应制冷负荷的变化。

典型的膨胀阀有内、外平衡式热力膨胀阀，如图 5-79 所示。

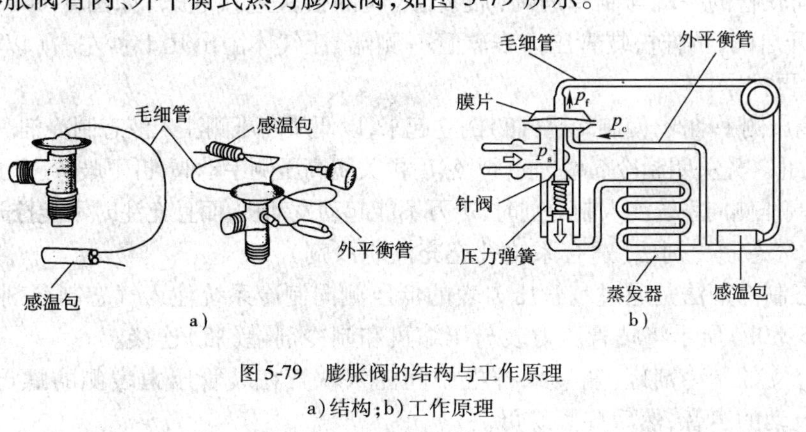

图 5-79　膨胀阀的结构与工作原理

a)结构；b)工作原理

②原理。膨胀阀的工作原理(以外平衡式热力膨胀阀为例)：膨胀阀主要由调节和感温两部分构成。感温包固定在蒸发器出口处或尾管处，感应出尾管处的温度后，通过毛细管对膨胀阀中的膜片产生压力 p_f。当该压力大于蒸发器的制冷内压力 p_c 与弹簧力的合力时，针阀从阀

座移开，此时流入蒸发器的制冷剂的流量是由小变多。随着进入蒸发器的制冷剂的增加，蒸发器制冷剂与蒸发器周围交换的热量增多，尾管处的气体压力 p_c 升高变化明显，所以针阀上移，关小节流口的开度，允许通过的制冷剂量减小，直至膜片上下的合力重新平衡为止。膨胀阀就是如此反复地调节进入蒸发器制冷剂的量，使其与制冷强度相匹配。

4. 空调系统的检修

1)空调系统维护

车内空调系统的维护通常要用歧管压力表、真空泵、检漏仪、干湿温度计、氮气、制冷剂等仪器与材料。维护的项目通常有检查制冷剂数量、抽真空、加注制冷剂、检漏和制冷性能测试等。

(1)对制冷剂渗漏的检查

对制冷剂渗漏的检查，常用的方法有以下3种：

①肥皂检漏法。制冷系统工作时用毛刷将肥皂涂于待检查部位，若有气泡出现则说明该处有渗漏。这种检查方法简单易行，没有危害。

②卤素灯检漏法。主要用于检查制冷剂为氟里昂R12的制冷系统。卤素灯是一种丙烷火焰校漏仪，其吸气管吸入泄露的制冷剂时火焰的颜色将发生变化：泄露量少时火焰呈绿色；泄露量较多时火焰呈浅蓝色；泄露量很多时火焰呈浅紫色。

检查时应注意：必须在制冷系统内有压力时进行；场所必须通风良好。

③电子检漏仪检漏法。基本原理是：有阳(白金)、阴两极板，当给阳、阴两极施加电压并对阳极板加热时，阳极的阳离子便通过两极之间的介质射向阴极而形成电流。两极板之间的介质是空气时阳离子流较弱、电流值很小；两极之间的介质是氟里昂R12蒸汽时阳离子流增强、电流值增大。据此，电子检漏仪设有通往两极之间的探头、电源和串联于电源电路中的电流表，探头探测到的氟里昂R12泄露量越大，电流表的读数也越大。

(2)充入液态制冷剂法(适合于给新系统充注制冷剂)

充入液态制冷剂法是通过歧管压力表的高压侧向制冷系统注入液态制冷剂。其程序为：

①当系统完成抽真空和检漏程序之后，关闭歧管压力表的高低压两侧手动阀。

②将中间软管的一端与制冷剂罐(瓶)注入阀的接头连接起来，如图5-80a)所示，打开制冷剂罐(瓶)开启阀，再拧松歧管压力表软管一侧端，让气体溢出几十秒左右(以驱干净软管内空气为止)后再拧紧。

③拧开高压侧手动阀，使制冷罐(瓶)倒立起来，以便从高压侧注入液态制冷剂。直到注入量符合规定要求为止。先关闭制冷剂罐(瓶)阀，然后再关闭高压侧手动阀，拆下歧管压力表。

注意：从高压侧向系统注入制冷剂时，千万不能起动发动机，而且充注时不能拧开低压手动阀。

(3)充入气态制冷剂法(适合系统补充充注制冷剂)

充入气态制冷剂法是通过歧管压力表的低压侧向制冷系统注入气态制冷剂。其程序为：

①按图5-80b)所示将歧管压力表与压缩机和制冷剂罐(瓶)连接。

②打开竖立的制冷剂罐(瓶)阀，拧松中间注入软管在歧管压力表侧的螺母，直接听到制冷剂蒸气有流动的声音，然后拧紧螺母。

③打开低压侧手动阀，让制冷剂进入系统。当系统压力值达到 4.2×10^5Pa(或按维修使用说明书规定)时，关闭低压侧手动阀。

④起动发动机，将再循环开关设定在“内循环”状态，发动机在1500r/min下运转；把风机

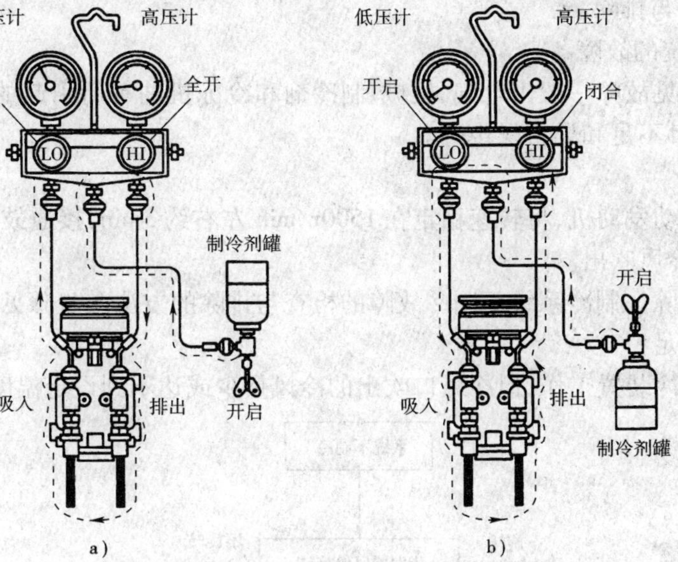

图 5-80 制冷剂充注方法

a) 充注液态制冷剂;b) 充注气态制冷剂

开关置 HI 挡和温度开关置 MAX 挡。

⑤再打开低压手动阀,让制冷剂继续进入制冷系统,直到注入量达到规定值。对于 R134a 空调系统,在工作正常状态时的歧管压力表读数:0.15 ~0.25MPa,高压侧 1.37 ~1.57MPa。对于 R12 空调系统,在工作正常状态时的歧管压力表读数为:低压侧 0.147 ~0.196MPa,高压侧 1.422 ~1.47MPa。

⑥在向系统中注入制冷剂后,从观察窗中观察有无气泡流过,等到没有气泡出现后,关闭制冷剂罐(瓶)阀,关上低压手动阀,拆去歧管压力表。

2)安全预防措施

(1)进行制冷剂作业时,必须戴防护镜和手套,当制冷剂接触到眼睛和皮肤时,应立即用清水冲洗,然后到医院治疗。

(2)作业场所应为平地,而且通风要好,环境清洁。

(3)制冷剂盛在容器内,应在 40℃以下的环境中储存,并避免撞击。

(4)制冷剂在高压状态下有爆炸的危险,因此要远离火和高压空气。

(5)新型制冷剂填充不要过量。

(6)组装制冷剂连部件时不能使蛮力。

(7)修理装备时必须明确应使用哪种制冷剂,更换时应使用规定的产品。

(8)冷冻油(PAG 型)有吸水性,在软管分离时应避免混入水,必须用盖子封口,修理后进行抽真空作业,并进行密封。

(9)连接 O 形圈的配管时,应涂上冷冻液。注意:不要涂到螺母的螺纹部。

(10)O 形圈必须紧贴到管子的安装面上,分解装备时,必须更换 O 形圈。

(11)对空调系统抽真空,必须使用真空泵。

(12)填充制冷剂后,分离高压软管时,应限制制冷剂的泄露量。

3)故障诊断与排除

(1)制冷系统的故障

制冷系统常见故障一般由电气、机械、制冷剂和冷冻机油等所引起的,它表现为制冷系统的不制冷,制冷量不足和异常噪声等。

①不制冷:

a. 现象。起动发动机,将转速稳定在1500r/min左右约3min,接通鼓风机开关和空调A/C开关,冷气口无冷风吹出。

b. 检查与排除。制冷系统不制冷故障的检查与排除的方法及步骤见图5-81。

②制冷量不足:

a. 现象。制冷装置工作,但冷风口吹出的冷风量少或达不到设定温度。

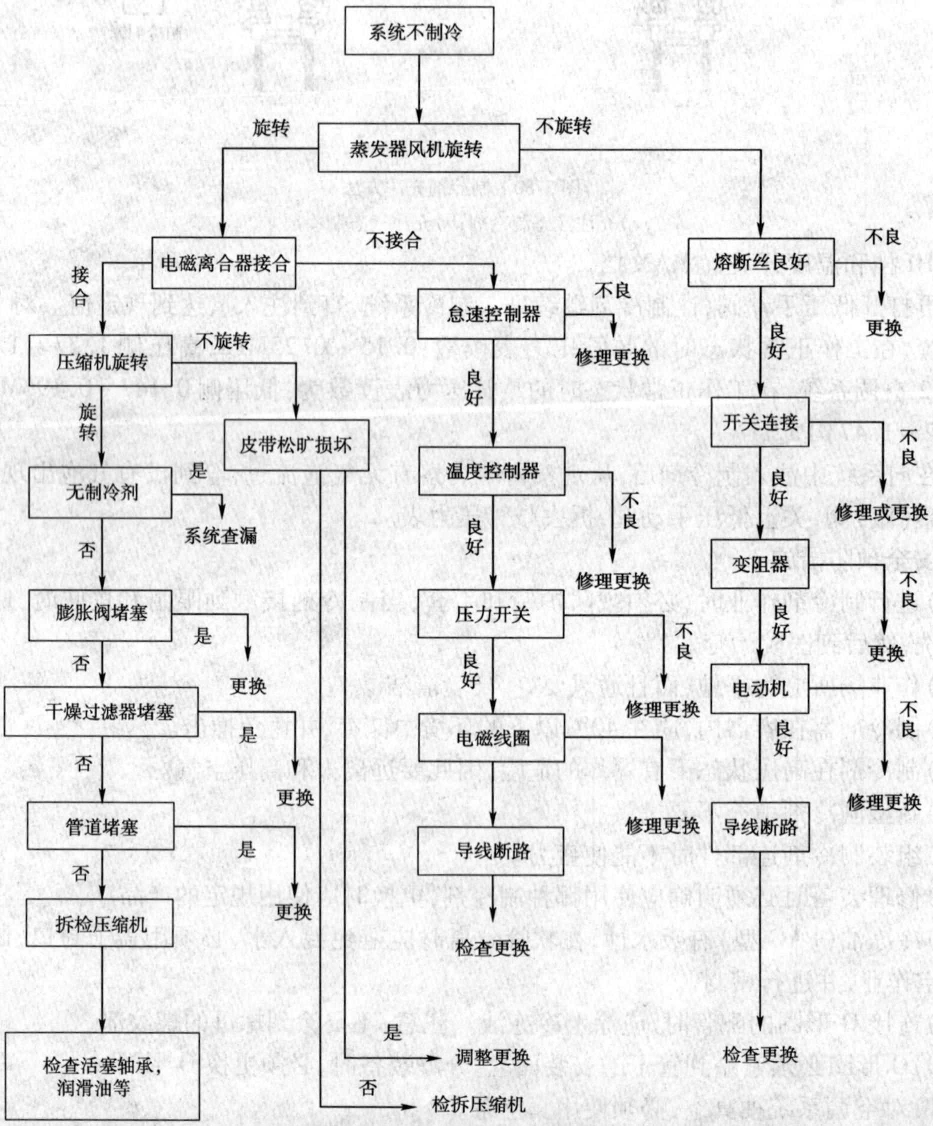

图5-81 不制冷故障的检查与排除

b. 检查与排除。制冷量不足的原因是多方面的，凡是能使膨胀阀出口的制冷剂流量下降的因素均可能使制冷系统制冷量下降；凡是能引起制冷系统高压侧、低压侧温度过高或压力过低的因素也会引起制冷量不足。其检查与排除的方法及步骤见图 5-82。

- 制冷不足
  - 风量不足
    - 鼓风机可转动
      - 运转正常
        - 空气滤清器堵塞 → 清洗滤清器
        - 蒸发器积霜 →
          - 热敏电阻断路 → 修理
          - 热敏电阻故障 → 更换
        - 空气守管移位 → 检查修理
      - → 蓄电池电压低 → 检查蓄电池
      - 转速缓慢 →
        - 蓄电池接线端子松脱或锈蚀 → 检查、修理
        - 鼓风机电机故障 → 检查、修理或更换
    - 鼓风机不转动
      - 高速时能转动，但中、低速时不转动 → 变阻器故障 → 更换
      - 高、中、低速均不转动 →
        - 调速电阻故障、熔断丝烧断 → 检修或更换
        - 鼓风机电机故障 → 修理或更换
        - 鼓风机开关故障 → 修理或更换
        - 鼓风机继电器故障 → 检修或更换
        - 布线不当或接线脱落 → 检查修理
  - 风量正常
    - 压缩机运转正常
      - 压力正常 →
        - 外部空气渗入 → 检查通风口
        - 温控系统故障 → 检查更换有关零件
      - 压力异常
        - 高低压两侧压力均过高
          - 制冷剂过多 → 从低压阀放出适量制冷剂
          - 制冷循环内有空气 → 放出制冷剂，抽真空，加入制冷剂
          - 冷凝器不良 → 检查、修理
        - 高压压力过高 低压压力过低 → 冷凝器管阻塞 → 查出原因后修理或更换
        - 高压正常 低压过高
          - 膨胀阀开启过大 → 调整或更换
          - 蒸发器进口温度过高 → 检查通风口、检查口等处
          - 膨胀阀感温包安装不当 → 检查、修理
          - 压缩机故障 → 检查、修理或更换
        - 高压稍低 低压过高
          - 制冷剂不足 → 查出泄漏口位，修复后再注入
          - 空气滤清器阻塞 → 清洗
          - 膨胀阀滤网阻塞 → 清洗或更换
        - 高、低压均过低
          - 制冷剂泄漏 → 查漏、修复
          - 膨胀阀感温包故障 → 检修或更换
    - 压缩机运转异常
      - 压缩机故障 → 检修或更换
      - 电磁离合器故障 → 检修或更换
      - 驱动皮带损坏或打滑 → 检修或更换
      - 压力开关故障 → 检修或更换

图 5-82 制冷量不足的检查与排除

③异常噪声：

a. 现象。制冷装置工作时有明显的噪声或机械摩擦、碰撞声。

b. 检查与排除。制冷装置的异常噪声一般是机械方面的故障，例如紧固件松动，运动件磨损超过极限或润滑不良等。其检查与排除的方法、步骤见图5-83。

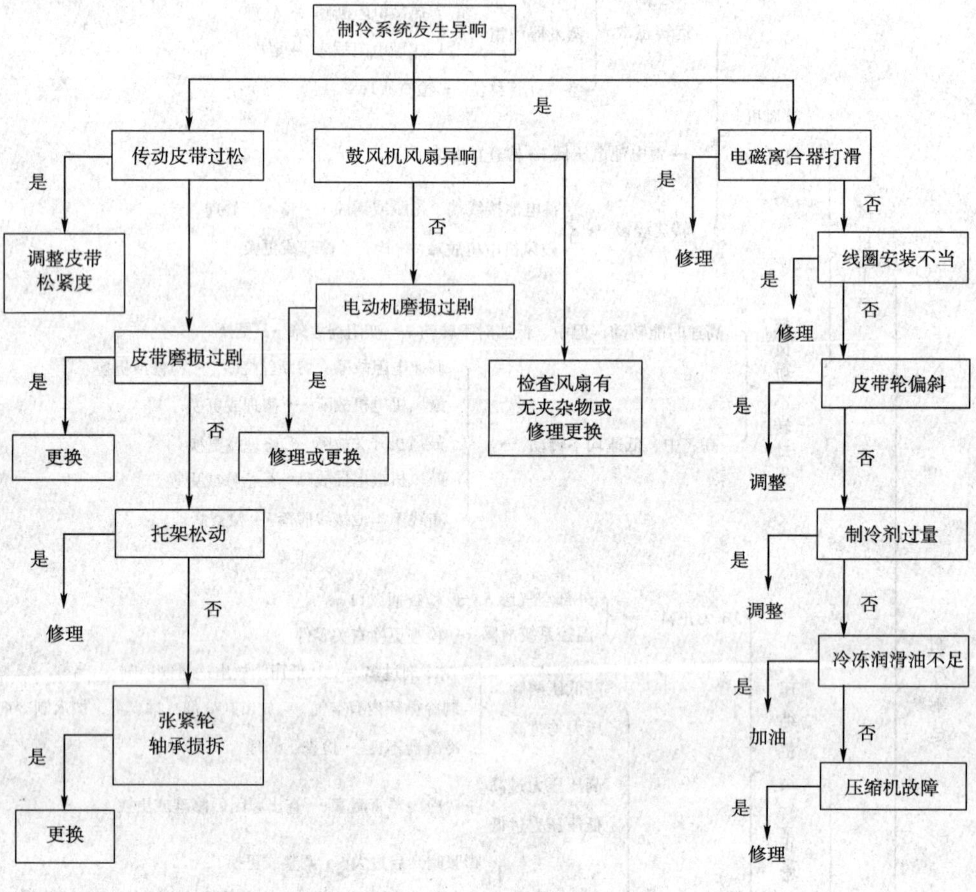

图5-83 制冷装置有异常噪声的检查与排除

(2)暖风系统的故障检查与排除

热水式暖风系统常见的故障有：无暖风、暖风量小、暖风温度低等。

①无暖风：无暖风时应检查暖风电动机及暖风开关。将暖风电动机的插接器拔下，给其两端加上12V电压。若电动机运转则说明电动机正常，故障在暖风开关及外部电路。若电动机不转则说明故障在电机。

②暖风量小：暖风量小时应检查暖风电动机的高速挡能否正常工作。若不能正常工作，应检查高速挡的电路是否良好。当暖风电动机高速挡能正常工作时，应检查送风总管及分管有无漏气之处以及分风阀的工作状态。

③暖风温度低：暖风装置送风量正常而暖风温度低，应检查发动机冷却水温度。若冷却水温度低于规定值(80～90℃)，则应检查冷却系的散热器、节温器等。若冷却水温度正常，则应检查暖风交换器是否有积垢而使管路堵塞。此外，还应检查送风管有无漏气之处。

思考题

1. 对前照灯的基本要求是什么？如何满足这些要求？
2. 防眩目措施是什么？
3. 前照灯检验的基本条件是什么？
4. 前照灯的光学系统包括哪3大组件？各起什么作用？
5. 前照灯为什么要分近光和远光？各有何作用？
6. 车上有哪些报警装置？各有何作用？
7. 怎样调节闪光器的闪光频率？
8. 说明盆形电喇叭和喇叭继电器的工作原理。
9. 说明灯光不亮的原因及排除方法。
10. 说明机油压力表及传感器的工作原理。
11. 电子仪表有哪些优点？
12. 试述电磁式燃油表的工作过程。
13. 电流表有何作用？如何连接？
14. 灯泡经常烧坏是什么原因？怎样排除？
15. 常用刮水器的功用、结构和工作原理。
16. 空调系统的组成及工作原理。
17. 空调系统的常见故障分析及排除方法。

Danyuanliu

单元六

公路工程机械电气总线路

知识点

1. 连接导线的分类、作用、规格、颜色及标记方法；
2. 线束的组成及插接器的使用方法；
3. 电气线路连接的特点及电路图的种类；
4. 有关常用开关、保险装置、继电器的符号、原理及选用。

技能点

1. 会分析压路机、挖掘机等常用工程机械的电气总线路图；
2. 能手工绘制各主要电系线路图；
3. 典型工程机械电气设备的分布及线路连接；
4. 压路机、装载机、挖掘机等常用工程机械的常见故障原因分析、排除方法。

课题一 概 述

一、导线

公路工程机械电气线路中的导线，按承受电压的高低，分为低压导线和高压导线两种，均采用铜质多芯软线外包绝缘层。

1. 低压导线

低压导线按其用途来分，又有普通低压导线和低压电缆线两种。其中充电系统、仪表、照明、信号及辅助电器设备等，均使用普通低压导线，而起动机与蓄电池的连接线、车架等与蓄电池的搭铁线等则采用电缆线。

①普通低压导线的类型。普通低压导线有聚氯乙烯作绝缘包层的 QVR 型和聚氯乙烯—丁腈橡胶复合物作绝缘包层的 QFR 型两种。其耐低温性、耐油性和阻燃性都比较好，尤以后

者为佳。表 6-1 列出了普通低压导线的线芯结构及规格。

汽车用低压导线的型号与规格　　表 6-1

型号	名称	标称截面积(mm²)	芯线结构		绝缘层标称厚度(mm)	电线最大外径(mm)
			根数	直径(mm)		
QVR	聚氯乙烯绝缘低压线	0.5			0.6	2.2
		0.6			0.6	2.3
		0.8	7	0.39	0.6	2.5
		1.0	7	0.43	0.6	2.6
		1.5	17	0.52	0.6	2.9
		2.5	19	0.41	0.8	2.8
QFR	聚氯乙烯—丁腈复合物绝缘低压线	4	19	0.52	0.8	4.4
		6	19	0.64	0.9	5.2
		8	19	0.74	0.9	5.7
		10	49	0.52	1.0	6.9
		16	49	0.64	1.0	8.0
		25	98	0.58	1.2	10.3
		35	133	0.58	1.2	11.3
		50	133	0.68	1.4	13.3

②普通低压导线线芯结构。普通低压导线的线芯采用多股铜质线芯结构，是由于铜质多股线芯承受反复弯曲的能力好，不易折断，制成线束后的柔性仍较好，安装方便。

③低压导线的截面选择。筑路机械电气系统中各种电器设备所用连接导线，通常是根据用电设备的工作电流来选择。其选取原则是：长时间工作的电器设备可选用实际载流量 60% 的导线；短时间工作的用电设备可选用实际载流量 60% ~100% 之间的导线。

此外，还应考虑电路中的电压降、导线发热及导线的机械强度，一般低压导线截面面积不小于 0.5mm²。

低压电缆线选择，不以工作电流大小来选定，而要考虑工作时的电压降落。一般要求每 100A 电流产生的电压降不得大于 0.1 ~0.15V。

从电压降的角度看，在许可的条件下，导线越短越好。表 6-2 为低压导线标称截面积所允许的负载电流值。

低压导线标称截面积允许的负载电流量　　表 6-2

导线标称截面积(mm²)	0.5	0.8	1.0	1.5	2.5	3.0	4.0	6.0	10	13
允许负载电流值(A)			11	14	20	22	25	35	50	60

所谓标称截面积是指：经换算而统一规定的线芯截面积，不是实际线芯的几何面积，也不是各股线芯几何面积的总和。

2. 高压电线

高压导线在电气系统中主要是指点火线。点火线按其结构的不同又可分为普通铜芯高压线和高压阻尼线两种。高压阻尼线能较好地抑制点火系的无线电干扰波。

高压线主要任务是输送高电压(一般在15kV左右)。工作电压高,工作电流较小,因此高压导线的线芯截面积很小,要求耐压性能好,绝缘层很厚。选择的依据是导线应有足够的耐压值。

为了便于区分,导线绝缘层采用不同颜色,有的则在主色基础上加两条轴向辅色,如图6-1所示。

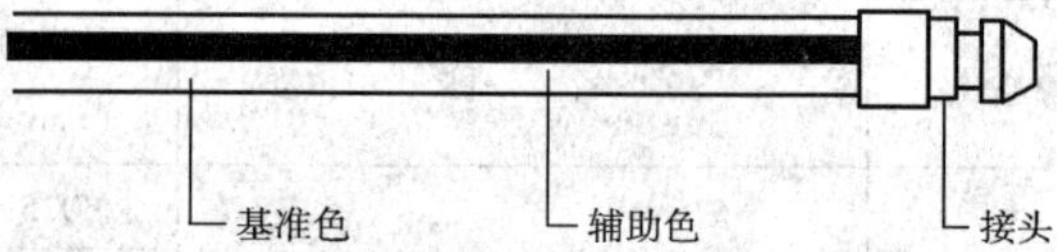

图6-1　导线的主色与辅色

在电路图中,导线的颜色多用英文字母表示(国产的也有用汉字表示);若导线为单色时只用一个字母;若另有辅色则用两个字母表示,其中的前一个字母表示主色,后一个字母表示辅色。

单色导线颜色的代号,如表6-3的固定组成。

导线用颜色　　表6-3

电线颜色	黑	白	红	绿	黄	棕	蓝	灰	紫	橙
代　号	B	W	R	G	Y	Br	BL	Gr	V	O

双色导线的颜色按表6-4的规定组成,其主色所占比例大些,与辅色比例一般为(3:1)~(5:1)。

导线颜色的选用程序　　表6-4

选用程序	1	2	3	4	5	6
电线颜色	B	BW	BY	BR		
	W	WR	WB	WBL	WY	WG
	R	RW	RB	RY	RG	RBL
	G	GW	GT	GY	GB	GBL
	Y	YR	YB	YG	YB	YW
	Br	BrW	BrR	BrY	BrB	
	BL	BLW	BLR	BLY	BLB	BLO
	Gr	GrR	GrY	GrBL	BLB	BLO
	Gr	GrG	GrY	GrBL	GrB	Grb

各电系主色见表6-5所列。

各电系导线的主色　　表6-5

序　号	系统名称	电线主色	代　号
1	电源系	红	R
2	点火和起动系	白	W
3	前照灯、雾灯及外部灯光照明系统	蓝	BL
4	灯光信号系统,转向指示灯	绿	G
5	车身内部照明系统	黄	Y
6	仪表及警报指示和喇叭系统	棕	Br
7	收音机、电钟、点烟器等辅助装置	紫	V
8	各种辅助电动机及电气操纵系	灰	Gr
9	电气装置搭铁线	黑	B

二、线束

1. 线束

为了使整机繁多的导线不零乱、方便安装和保护导线的绝缘层不被损坏，除高压导线外，将同路不同规格的导线用棉纱编织或用聚氯乙烯带包扎成束，称为线束。也可将导线包裹在用塑料制成开口的软管中，检查时将塑料软管的开口撬开即可。

线束由导线、端子、插接器和护套等组成。端子（也称接线）一般由黄铜、紫铜、铝等材料制成。

2. 接插器

接插器多用于线路间的连接，它由插头与插座两部分组成，按使用场合的不同，其插脚多少不等。插接脚有平端和针状两种形状，如图6-2所示。

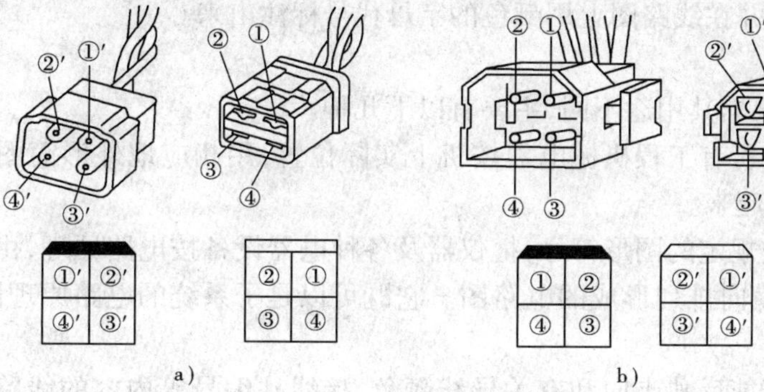

图6-2　四脚插接器

a)平端；b)针状

3. 线束在安装时的注意事项

(1)线束应用卡簧或绊钉固定，以免松动而磨损。

(2)线束不可拉得过紧，尤其在拐弯处绕过锐边或穿过洞口时应用橡皮，毛毡等垫子或护套保护，以防线束磨损。

(3)各接头必须切实紧固，接头间接触良好。

(4)连接电器时，应根据接插器的规格以及导线的颜色或接头处套管的颜色分别接在各电器上。

三、电器总线路分析方法

1. 电气线路图的特点

各种公路工程机械电器在电路图绘制、符号标注等方面有所不同，但其线路连接均有以下共同特点。

(1)低压直流供电。为了简化结构和保证安全，汽车电器设备采用低压直流供电，柴油车大多采用低压24V供电，汽油车大都采用12V电压供电。

(2)单线制。工程建设机械(包括汽车)上所有电器设备的正极用导线连接，负极不用导线而是与机身(金属)相连接(即搭铁——用机身作为连接负极的线路)，既节约导线又减少线路连接的复杂性。

(3)安装有保险装置。为了防止电路或元器件因搭铁或短路而烧坏电线束和用电设备,各种类型的工程机械(汽车)上均安装有保险装置,这些保险装置有的串接在元器件(或零部件)回路中,也有的串在支路中。

(4)大电流开关通常加接中间继电器。工程机械电器中大电流的有起动机、电喇叭等,工作时的电流很大,如果直接用开关控制它们的工作状态,往往会使控制开关早期损坏。因此,控制大电流用电设备的开关常采用加中间继电器的方法,利用流过继电器线圈的小电流来控制流过用电设备的大电流。

(5)具有充放电指示。工程建设机械上蓄电池的充、放电情况一般由电流表指示,也有用充电指示灯来指示的。由于起动机和电喇叭的用电量大,故它们的工作电流不经过电流表。

(6)有颜色和编号特征。为了便于识别和检修繁杂的用电设备和连接导线,通常用不同的颜色来表示低压线,并在线路图上用颜色的字母代号标注出来。

2. 电路图的种类

工程机械电路图根据其用途不同,主要有以下几种。

(1)线路图。是将所有工程机械电器按机上实际位置,用相应地外形简图或原理简化出来,并用线条一一连接起来。

(2)原理图。是按规定的图形符号,把仪器及各种电器设备按电路原理,由上到下合理地连接起来,然后 进行横向排列形成的电路图。它既可以是子系统的电路原理图,也可以是整车电路原理图。

(3)线束图。是指能反映走向和有关导线颜色、接线柱编号等内容的线路图。这种图成树枝样,上面着重标明各导线的序号和连接的电器设备及接线柱的名称,各插接器插头和插座的序号。

(4)系统电路图。是将单个电控系统按功能特点,只画出与该电系有关联的电器原件间连接关系的电路图。

系统电路包括基本系统电路和具有特殊功能的电控系统两大部分。基本系统电路包括:充电系(蓄电池、发电机、电流表)、起动系、照明及仪表、辅助装置等。汽油机还增加一套点火系等电路。

3. 电路图中各种电器元件(或部件)的表示方法

(1)用国家标准符号表示。

(2)用厂方规定的符号表示。

(3)用各种电器的简易外形表示。

4. 电气线路图的分析步骤

要分析研究整机电路,首先应识读工程机械的电路原理图。它是以掌握各电器设备的结构,工作原理和图形符号为基础的。通常电气总线路识读分析的步骤是:

(1)了解各电气设备的结构与工作原理。

(2)识别电气设备的图形符号(见表6-6)。

(3)把整机电路划分成单元电路,在电气线路图上找到相关电器设备。

(4)沿着与电气设备相连的实线(导线),找出走向及与其相连的开关、保险、电源等,逐一认识局部电路图，为电气设备导线的布线和故障诊断做好准备。

常用电器设备图形符号　　表6-6

名　称	图形符号	名　称	图形符号	名　称	图形符号
蓄电池组		磁感应信号发生器	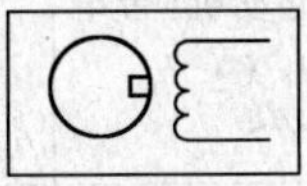	刮水电动机	
直流发电机	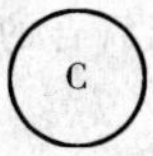	霍尔信号发生器	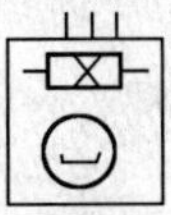	天线电动机	
定子绕组为星形连接的交通发电机	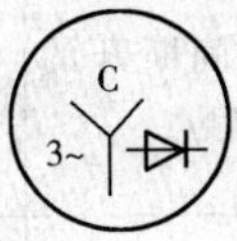	点火电子组件		风扇电动机	
定子绕组为三角形连接的交流发电机	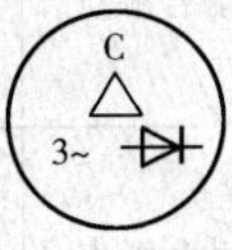	断电器	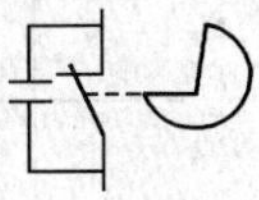	燃油泵电动机 洗涤电动机	
外接电压调节器与交流发电机	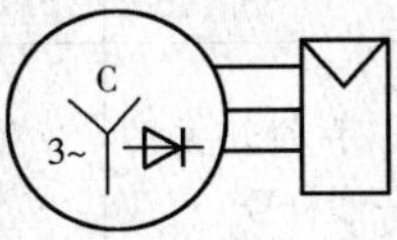	直流电动机		晶体管电动燃油泵	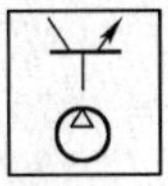
整体式交流发电机	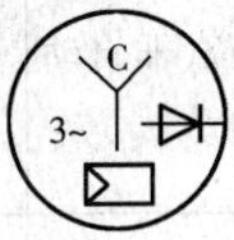	串激直流电动机	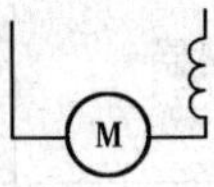	加热定时器	
点火线圈	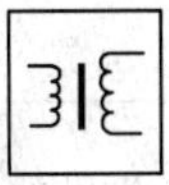	并激直流电动机	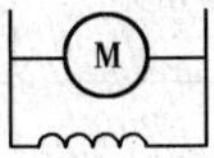	信号发生器	
分电器	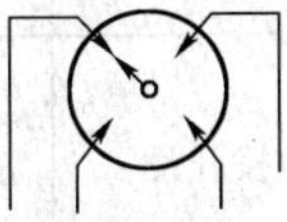	永磁直流电动机	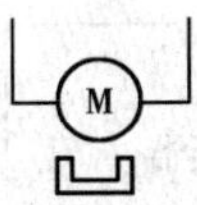	脉冲发生器	
火花塞		集电环或换向器上的电刷	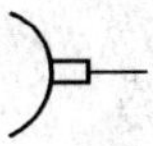	闪光器	

183

续上表

名　　称	图形符号	名　　称	图形符号	名　　称	图形符号
双线灯	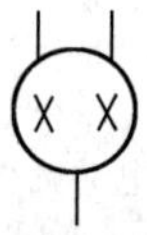	起动机(带电磁开关)	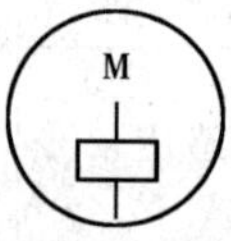	间歇刮水继电器	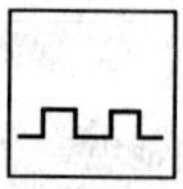
防盗报警器		组合灯	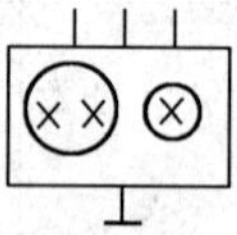	先继后合的触点	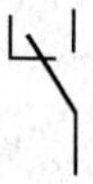
稳压器		荧光机	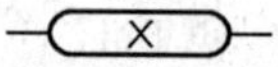	中间断开的双向触点	
电热器加热元件	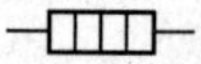	预热指示器	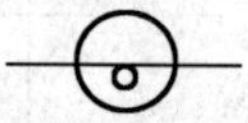	双动合触点	
加热器(除霜器)	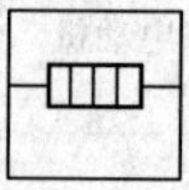	电喇叭	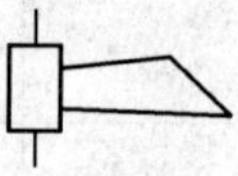	双动断触点	
天线		扬音器		手动开关的一般符号	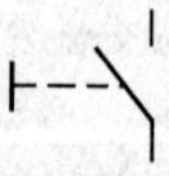
收音机		蜂鸣器		定位(非自动复位)	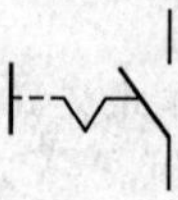
收放机	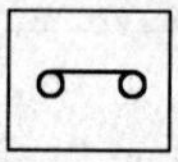	报警器 电警笛		按钮开关	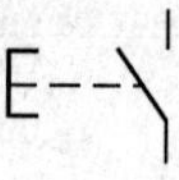
电压调节器	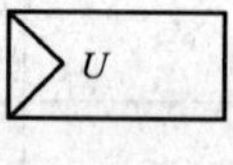	报话器	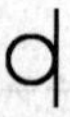	指定位置的按钮开关	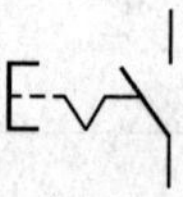
温度调节器	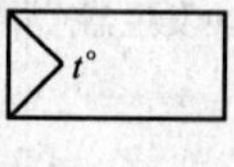	熔断器		拉拨开关	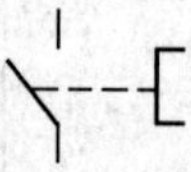
转速调节器	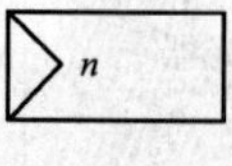	易熔线		旋转、旋钮开关	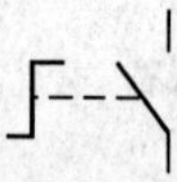

续上表

名　称	图形符号	名　称	图形符号	名　称	图形符号
照明灯 信号灯 仪表灯 指示灯		电路继电器		液位控制开关	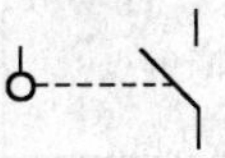
电容器	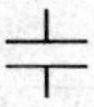	永久磁铁	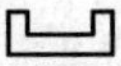	油压开关	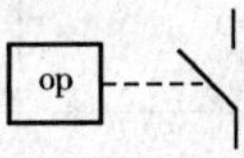
可变电容器		动合(常开)触点		一般机械操作	
极性电容器	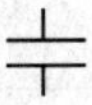	动断(常闭)触点	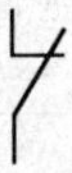	二极管	
钥匙操作		节流阀开关		指示仪表(单号按规定的字母或符号代入)	
热执行器操作	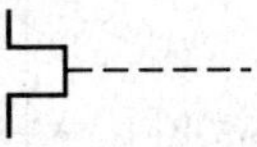	一个绕组电磁铁	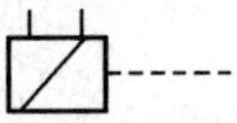	电流表	
温度控制	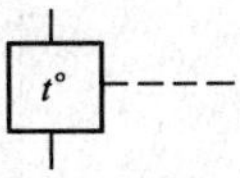		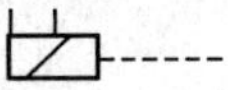	电压表	
压力控制	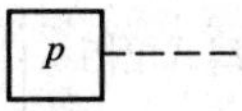	两个绕组		水温表	
制动压力控制	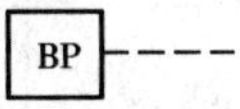	电磁铁	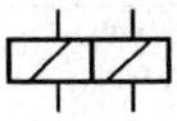	燃油表	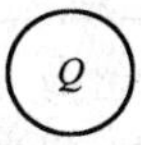
凸轮控制	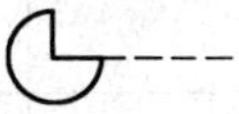	不同方向绕组电磁铁	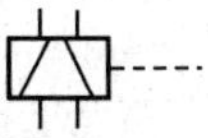	转速表	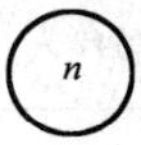
热敏开关动合触点		触点常开的继电器	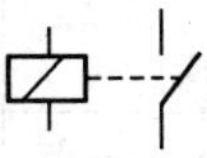	油压表	
电磁离合器	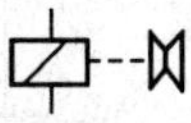	电磁阀的一般符号	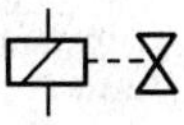	速度表	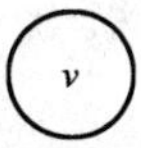

续上表

名　　称	图形符号	名　　称	图形符号	名　　称	图形符号
热敏自动开关动断触点		常开电磁阀	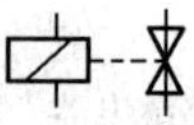	电钟	
热继电器触点	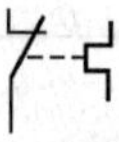	常闭电磁阀	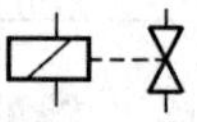	数字式电钟	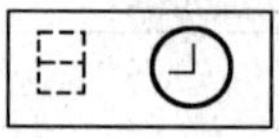
热敏开关动断触点	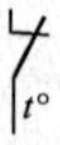	触点常闭的继电器	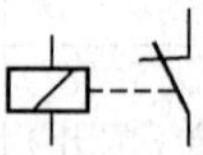	电阻	
推位多挡开关位置		热继电器	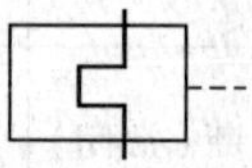	可变电阻	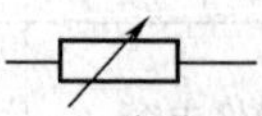
钥匙开关(全部定位)	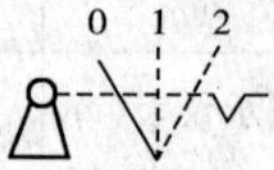	点烟器	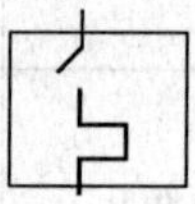	压敏电阻	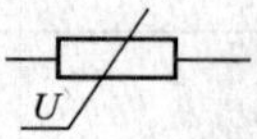
多挡开关点火起动开关瞬时位置为2能自动返回到1(即2挡不能定位)	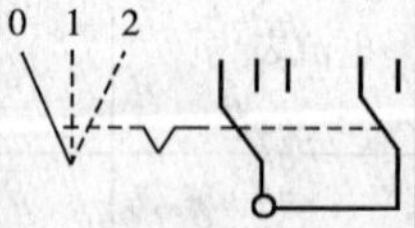	空气调节器		热敏电阻	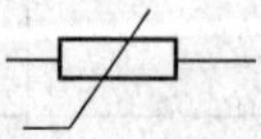
放置多挡开关位置		用电动机操纵的怠速调速装置		滑线式电阻器	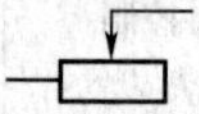
传感器的一般符号控制(星号按规定的字母或符号代入)	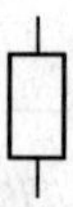	制动压力传感器	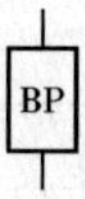	仪表照明调光电阻	
油压表传感器	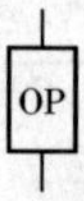	导线分支连接	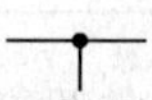	PNP型三极管	
电磁离合器		导线的交叉连接		NPN型三极管	

续上表

名　　称	图形符号	名　　称	图形符号	名　　称	图形符号
空气温度传感器		导线的跨越	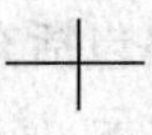	NPN 型三极管集电极接管壳	
水温传感器		插座的一极	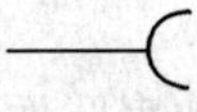	三极晶体闸液管	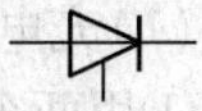
燃油表传感器		插头的一极		电阻器线圈绕组轭流圈	
油压表传感器	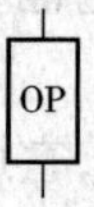	插头和插座	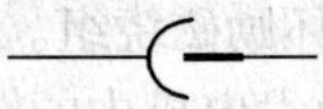	带铁芯的电感器	
空气流量传感器	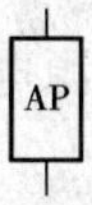		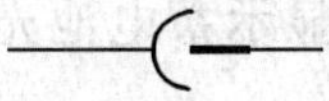	边界线	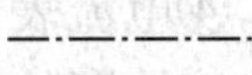
氧气传感器		多极插头和插座(示出的为三极)	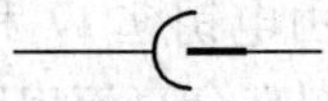	屏蔽(护罩)	
爆震传感器	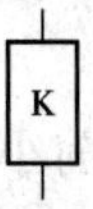		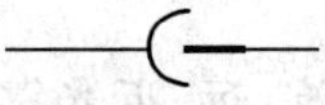	屏蔽线	
转速传感器	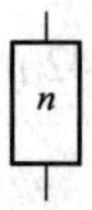	稳压管	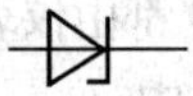	搭铁	
速度传感器	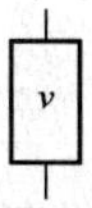	发光二极管	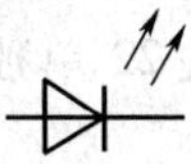	脉冲发生器	
空气压力传感器	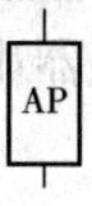	光电二极管	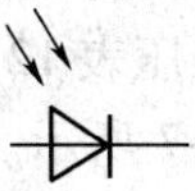	闪光器	

课题二　典型工程机械电气设备总线路

本课题以装载机、压路机、挖掘机为例，分析工程机械电气线路的组成、特点和常见故障的诊断方法。

一、ZL50 型装载机电气线路分析

1. 电气系统分析

ZL50C 型装载机电气设备总线路包括充电系、起动系、照明及信号系、仪表系和辅助电器装置等。全车电气线路图见图 6-3 所示，该线路为并联单线制、负极搭铁，电气系统工作电压均为 24V，各系统电路特点分析如下：

(1) 充电系

①用两个 6-Q-195 型 12V 蓄电池串联而成 24V 电源。由电源总开关 37（蓄电池继电器）控制蓄电池的充、放电路的通断，而电源总开关又受电源控制开关 43 的控制，停车时可防止蓄电池的漏电。

②发电机 36 采用带中性点的六管硅整流发电机，调节器 38 为带磁场继电器的 FT221 型组合调节器。停车后，若电源电路忘记切断，调节器也能及时切断蓄电池与发电机励磁绕组间的电路，以免蓄电池过量放电，烧坏励磁绕组。

③仪表盘上的小时计 14 是由发电机内的转速传感器控制而工作，它用来记录发动机的工作时间。

④电流表 44 与蓄电池串联，显示蓄电池充、放电电流的大小；电源电路中的 30A 熔断器为快速熔断片。

(2) 起动系

ZL50C 型装载机起动系电路由电钥匙 17 和起动按钮 18 直接控制，无起动继电器。起动机 39 采用 QD274 型电磁操纵强制啮合直流串励式电动机。

(3) 照明及信号系

①各灯具并联连接。

②前照灯 2 为两灯制双丝灯泡，远、近光靠变光开关 50 来变换。前小灯 1、尾灯 31 以及前照灯都由前小灯、前照灯专用开关 41 的不同挡位控制工作。

③两个工作灯 54 和两个后大灯 29 都由仪表开关、工作灯、后大灯开关 42 的不同挡位控制工作。

④闪光器 48 串联在转向灯电路中。

⑤制动灯 9 由制动灯开关 3 控制，低气压报警由开关 15 控制。

⑥顶灯 26 和仪表灯 13 由其开关 22 单独控制。

(4) 仪表系

ZL50C 型装载机仪表系的仪表有电流表 44、发动机水温表 49、变速器油压表 16、变矩器油温表 19、发动机油压表 45、双针式气压表 12 和小时计 14 等。其传感器串联在对应仪表的搭铁电路中，各表的正常指示值如表 6-7 所示。

ZL50C 型装载机各仪表正常指示值 表 6-7

仪　表	正常指示值	量　程	仪　表	正常指示值	量　程
电流表		±50A	发动机油压表	0.2～1.6MPa	0～0.6MPa
发动机水温表	67～90℃	50～135℃	变矩器油压表	1.4～1.6MPa	0～3.2MPa
变矩器油温表	50～120℃	50～135℃	双针式气压表	0.6～0.8MPa	0～1.0MPa

(5)辅助电器

ZL50 型装载机辅助电器包括单刮水片电动刮水器 7、电风扇 8、电喇叭 4 和保险装置等。

①电动刮水器 7 由电动刮水器开关 21 控制,有慢、快两个挡位,具有自动复位功能。

②电风扇 8 由电风扇开关 24 单独控制。

③双音电喇叭 4 由喇叭继电器 5 和喇叭按钮 25 控制。

④总线路的熔断器集中布置在熔丝盒 46 内,便于检修和更换。

2. 主要电系常见故障的诊断和排除

ZL50 型装载机主要电系常见故障的诊断和排除方法,见表 6-8 所列。

ZL50 型装载机常见故障诊断和排除方法　　表 6-8

系统	故障现象	原因及排除方法
充电系	不充电	先检查熔断器是否烧断,充电电路连接是否良好;再检查电源开关 37 和电源控制开关 43 是否工作良好;最后检查发电机 36 和组合调节器 38 工作是否正常
	充电电流过大	充电电流过大主要是由于调节器调压值过高或失效造成,应检修调节器
	充电电流过小	先检查调节器的调压值是否过低,触点烧蚀是否严重;再检查各连接导线是否接触良好、电源总开关触点是否严重烧蚀;最后检查发电机内部是否出现接触不良、局部短路、断路、个别二极管断路等故障
	充电电流不稳	先检查各连接导线是否松动;再检查调节器工作是否稳定;最后检查发电机内部是否出现局部断路故障
起动系	起动机不转	先检查蓄电池是否严重亏电,电缆接头是否接触不良;再检查直流电机是否能转动,电磁开关是否正常工作;最后检查电锁(电钥匙)和起动按钮是否工作正常
	起动机运转无力	先检查蓄电池是否亏电,电缆接头是否接触不良;再检查直流电机内部是否存在局部断路、短路,换向器脏污,烧蚀等故障;最后检查电磁开关接触盘是否过度烧蚀
	起动机空转	先检查单向离合器是否打滑,拨叉是否脱出;再检查驱动齿轮与飞轮齿圈是否过度磨损;最后检查主电路接通是否过早
照明系	所有灯都不亮	先检查相关保险是否熔断;再检查相应开关工作是否正常
	个别灯不亮	先检查灯泡是否烧坏;再检查相应连接导线是否断开
仪表系	整个仪表均不正常	先检查保险是否熔断;再检查公共火线是否断开
	个别仪表不正常	先检查该仪表与传感器的连接导线是否接触良好;再检查该仪表配备的传感器是否失效;最后检查该仪表表头内部是否出现故障

二、YZC12 型振动压路机总线路分析

1. 电气系统分析

振动压路机的一个重要组成部分就是电气系统,它在保证压路机作业速度、压实质量以及监控报警方面起着至关重要的作用。三一公司生产的 YZC12 型振动压路机电气系统的工作

原理见图 6-4 所示。该系统由基本车辆电气系统,行驶驱动控制电路、振动控制电路、辅助电气设备控制电路等组成。

(1)基本车辆电系

基本车辆电系包括发动机起动与充电系、发动机工作监控系统、喇叭、仪表、工作灯、制动和紧急停车等。

系统电源为24V,起动系统与充电系统由:蓄电池 G1,起动开关 S2,起动机 M1,起动预热控制装置 P1,预热指示灯 E,预热电阻 R1,预热熔断器 F3(50A),整体式硅整流发电机 G2 等组成。

发动机工作监控系统由工作累计计 P2(指示灯 E1,继电器 K1),燃油量指示表 P4,转速表 P5,机油压力表 P6,机油压力开关 RT3,机油压力指示灯 E2,机油压力报警喇叭 B2(机油压力过低时灯亮与报警通过 D1 同时实现),冷却液指示与报警 E3、B2(通过 D2 同时实现),水温表 P1 及指示灯 E4,报警 B2,油路阻塞压力开关 LX3 及指示灯 E6,零位自动闭锁系统(开关 K1,继电器 K2 及开关 K2,延时继电器 KT 及开关 KT,零位起动指示 E5),防止发动机起动时振动泵参与工作。

驾驶室工作顶灯 H5,工作示警喇叭 B1,前后工作灯 H1 和 H2,H3 和 H4 及指示灯开关 S10、S11。停车和转向示警灯 H6、H7、H8、H9,左右选择开关 S14,频闭控制 K8 组成。

制动指示灯 E7 和继电器 K3 组成,在一般制动进行时,灯 E7 亮,同时继电器 K3 停电,开关 K3 打开,Y4 断电,在一般制动情况下,行驶泵斜盘角控制电磁阀 Y4 使变量泵斜盘角为零,实施液压系统闭锁制动。紧急制动由电磁阀 Y4、Y5,紧急停车开关 S4,指示灯 E7,延时继电器 KT,延时继电器常开触点开关 KT 组成。紧急制动发生时,电磁阀 Y4、Y5 均断电,此时液压系统闭锁,同时前后轮制动油缸释放压力油,制动系统在弹簧作用下产生制动,指示灯亮,延时几秒钟后,振动系统电磁阀 Y8 或 Y9 自动断电,停止工作。

(2)行驶驱动控制电路

行驶高低速控制由开关 K3,电磁阀 Y3 组成。电磁阀 Y3 是两个双位置变量马达的位置控制开关,Y3 断电时,行驶驱动变量马达在低速(大排量)大转矩工况下工作,此时手控变量泵调节压路机的行驶速度为 0 ~ 7km/h;Y3 通电时,行驶马达在高速(小排量)小转矩工况下工作,此时手控变量泵调节压路机的行驶速度为 0 ~ 13.5km/h。保证了压路机在不同工况下以最佳的速度进行压实作业,以不同的速度行驶。

(3)振动时的控制电路

振动方式可以选择前轮振动、后轮振动和前后轮同时振动的方式。由选择开关 S5 实现,Y6、Y7 为对应的前后振动轮驱动马达控制电磁阀。振动频率的选择可以是自动的,也可以是手动的。高频、低频的控制由选择开关 S8,电磁阀 Y8,Y9,指示灯 E8,E9 组成。Y8 电磁阀控制振动泵在大排量位置,即高频小振幅工况下工作;Y9 电磁阀控制振动泵在小排量位置,即低频大振幅工况下工作。这样,可以有效地压实不同种类及厚度的铺料层。

(4)辅助设备控制电路

①手动/自动洒水控制:

手动/自动洒水控制器由选择开关 S9,继电器 K6、K7,常开触点 K6、K7,常闭触点 K7,驱动水泵电机 M2A、M2B,以及洒水智能控制器 ZV 等组成。洒水系统还包括水泵,三级过滤器,前后水箱、水管、接头等。前后车架各有一个水箱。

驾驶员在驾驶室内能方便地进行洒水操作。洒水系统有压力喷水和重力洒水两套装置，保证在任何情况下都能够为钢轮洒水。智能控制器是一个由微处理器(CPU)控制，并编有专用控制程序的高科技电子产品，能够实现自动压力喷水。

②刮水器与洗涤器、收放机：

前后刮水器由微型直流驱动电机 M3、M4，开关 S15、S16 组成。洗涤喷水电机 M5，控制开关 S17。收放机电源由蓄电池直接供给，电压为 24V。

③蟹行指示、空调装置：

蟹行指示 E11 用作手动控制压路机进行蟹行作业时的指示。

空调系统包括制冷和采暖两部分。其中制冷系统里，M6a、M6b 为蒸发器风机，采用的是轴流式双轮直流(24V)风机，其作用是强制驾驶室里的空气进行循环。M7 为冷凝式风机，其作用是增强冷凝器的散热能力，保证冷凝器的工作质量。YC 为压缩机，它是空调系统的心脏部分，保证制冷剂正常的工作循环。LX7 为压力开关(P)，当系统出现冰堵活杂物堵塞，使压缩机高压出口的压力高于 3.1MPa 时，或当系统出现泄漏导致系统压力低于 0.23MPa 时，切断压缩机电路，使压缩机无法工作，从而起到保护作用。

2. 振动压路机主要电系的故障诊断和排除

振动压路机基本电系常出现的故障和排除方法，可参见前面几个单元；振动压路机其他主要电系常见故障的诊断和排除方法见表 6-9 所列。

振动压路机其他主要电系常见故障的诊断和排除方法　　表 6-9

行驶电气系统	行驶系统只有低速挡	先检查熔断器 F4 是否熔断；在检查开关 S3 是否能闭合；如正常进一步检查电磁阀 Y3 是否有电，有电时，进一步检查电磁阀是否短路、断路、搭铁等故障，如果一切正常，应检查相关的液压系统
振动电气系统	前后轮均无振动	先检查熔断器 F16 是否熔断，再在手动方式下检查继电器 K4、KT 是否能闭合，如果正常，继续检查 Y8、Y9
	只有高频或低频振动	先检查高、低频选择开关是否正常，再检查 Y8、Y9 电磁阀是否短路、断路或搭铁。如正常应检查相关的液压系统
	只有前轮或后轮振动	检查开关 S5 及相应的电磁阀 Y6、Y7 是否有电，或出现短路、断路、搭铁故障。如正常，应检查相关的液压系统
空调系统	制冷系统异响	应检查传动皮带是否过松；风机风扇是否加有杂物，电机是否过分磨损；电磁离合器是否打滑；压缩机内部润滑不良等
	系统不制冷	先检查熔断器 F13 是否熔断，再检查风机是否运转，电磁离合器是否工作正常，制冷机的量是否过多或过少，最后检查控制开关、压力开关，怠速控制器是否故障
	系统制冷不足	如果风量不足，应检查风机及其控制电路；如果风量正常，应先检查制冷剂的量，再检查离合器是否打滑，皮带是否过松，压缩机内部是否串气，使压缩机效率低下等

三、挖掘机总线路分析

挖掘机是土方机械中最典型的一种，日本日立(HITACHI)建机公司生产的履带式单斗液压挖掘机 EX200-5 型和 EX220-5 型，其斗容量分别为 $0.8m^3$ 和 $1.0m^3$。它具有更大的工作范围和更强的挖掘力，回转与行驶速度同比有所提高，工作噪声有所降低，因而具有更高的生产和技术经济指标。在我国应用较广泛。下面以 EX200-5 型为例，介绍挖掘机电气系统的分析方法（重点介绍主电路系统）。

电气控制系统由主电路系统、控制系统和监测系统组成。电气控制系统线路图如图 6-5 所示：

主电路的功能是使发动机及其附属设备进行工作。

控制电路控制发动机、液压泵和阀门的工作。阀门包括各种执行机构如电磁阀、主控制器（MC）、开关盒、传感器和压力开关等。

监测电路的功能是使包括各种监测器、传感器和开关在内的监测装置工作。

1. 主电路系统

（1）电源电路（如图 6-5 所示）

电源电路的功能是向挖掘机的所有电气系统供应电力，其由电钥匙开关、蓄电池、熔断器盒、熔线和蓄电池继电器组成。

当蓄电池的负端子接在车体上，钥匙开关在 OFF 位置时，来自正端子的电流流向如下：

蓄电池→熔断丝→
- 热线点火塞继电器（电源）
- 负载速断继电器
- 钥匙开关 B
- 熔断丝
  - 端子 NO.1→备
  - 端子 NO.2→MC（电源）
  - 端子 NO.3→MC（EC 电机）
  - 端子 NO.9→选购
  - 端子 NO.14→空调器

（2）灯泡检查电路（如图 6-5 所示）

该电路的功能是检查指示器的灯泡是否已烧坏，其由钥匙开关、蓄电池继电器、熔断器盒、监测器等组成。

当钥匙开关转到 ON 位置时，钥匙开关的端子 B 使端子 M 与端子 ACC 相通。来自端子 M 的电流激励蓄电池继电器。于是，蓄电池的电能，通过蓄电池继电器和熔断器盒端子 6 到监测器端子 30，使指示器处于 ON 状态（用于灯泡检查）。同时，蓄电池的电能通过熔断器盒的端子 11、12、13 和对应端子 4、8、9，分别供给工作灯、刮水器、加热器、MC（电磁阀电源）和选购电路。

（3）预热电路（如图 6-5 所示）

该电路的作用是帮助发动机在寒冷天气下起动，其由钥匙开关、热线点火塞继电器、热线点火塞组成。

当钥匙开关转到“预热位置”时，钥匙开关的端子 B 就同该开关中的端子 G1 接通。来自端子 G1 的电源电流在流过熔断器盒端子 20 以后，流向热线点火塞继电器端子 3，激励热线点火塞继电器，同时从端子 20 来的电流还流向监测器中端子 31，操作监测器，并点亮了预热指示器。蓄电池的电流通过熔断丝和热线点火塞继电器端子 1、2 流到热线点火塞。预热约 20s 后，监测计时器就把预热指示器转到 OFF 状态，告知发动机已经预热。

(4)起动电路(如插图 6-5 所示)

该电路主要的作用是起动发动机。该电路由钥匙开关、起动器(起动电机)、起动继电器组成。

当钥匙开关转到 ON 位置时,它上面的端子 B 就同端子 G_2、M 和 ST 接通。来自端子 M 的电流流向蓄电池继电器端子 M_4,并激励蓄电池继电器,使蓄电池的电流通过蓄电池继电器端子 MB 而流向起动器上的端子 B 和起动继电器。

钥匙开关的端子 ST 同起动继电器上的端子 S 接通,这就使得蓄电池的电流流过起动继电器内的线圈,让继电器把电路关闭。于是,蓄电池电流就能流到起动器上的端子 C,把内部的启动继电器关闭,起动器就开始转动,带动发动机起动。

钥匙开关的端子 G_2 是用导线与端子 G_1 连接的。当钥匙开关在起动位置时,蓄电池电流就流到预热电路,流到热线点火塞。

来自端子 M 的电流流到主控制器(MC),说明钥匙开关是位于 ON 或起动位置,当这个电流信号到达 MC 后,MC 就发出相应的驱动信号给 EC 电机,EC 电机开始移动调节器杆。

(5)充电电路(如图 6-5 所示)

该电路主要元件为交流发电机(带稳压带),对蓄电池充电,补充消耗的电能。

发动机起动之后,钥匙开关返回到 ON 位置。它上面的端子 B 与端子 M 和 ACC 相通,这时,交流发电机开始对蓄电池充电。来自交流发电机端子 B 的电流,通过蓄电池继电器而流到蓄电池,进行充电。

另外,此电流通过熔断器盒的端子 4 流向主控制器(MC)端子 A1,成为电磁线圈(电磁阀)的电源,电流通过端子 11 流向工作灯,通过端子 6 流向监测器端子 29,进入小时计表,还通过保险丝盒的端子 13 流向加热器。来自发电机端子 L 的电流流到监测器端子 42,使交流发电机指示灯熄灭。

(6)冲击电压预防电路(如图 6-5 所示)

其主要元件为负载速断继电器。当发动机突然停止时,冲击电压预防电路能防止控制器内的电气元件和部件受到交流发电机产生的冲击电流的损害。

当蓄电池进行充电时,来自交流发电机端子 L 的电流被引导到监测器端子 42 上,使监测器端子 18 的晶体管转到 ON 状态。蓄电池电流供给到负载速断继电器的励磁电路上,使负载速断继电器关闭。因此,即使发动机运转,钥匙开关转到 OFF 位置,蓄电池电流也能通过负载电器流向激励蓄电池继电器,使蓄电池继电器保持 ON 状态,直到交流发电机停止发电。

(7)附属设备电路(如图 6-5 所示)

当钥匙开关放置在 ACC 位置时附属设备电路便工作,其主要由钥匙开关、蓄电池、熔断器盒等组成。

当钥匙开关转到附属位置时,端子 ACC 同端子 B 接通,于是蓄电池电流通过熔断器端子 B、端子 ACC 进入熔断器盒,从熔断器盒端子 15、16、17、18 分别进入喇叭继电器、收音机、点烟器、顶灯,同时通过端子 19 流进附属电路,使之进行工作。

(8)发动机停止电路(如图 6-5 所示)

该电路利用调速(EC)电机使发动机停止工作,其主要由主控制器(MC)、调速(EC)电机组成。

当钥匙开关从ON位置转到OFF位置时，主控制器(MC)就得到信息——钥匙开关的ON状态已切断，于是MC发出控制信号使调速电机移到停止位置，使发动机熄火。

2. 电气系统的故障排除

挖掘机有时出现的电气故障可能由多种原因引起的，一般可参照表6-10进行判断和排除。

挖掘机常见电气故障的诊断与排除　　表6-10

故障现象	故障原因	排除方法
起动机不转动	蓄电池亏电	充电或更换电瓶
	端子接触不良	清理或更换
	起动开关坏了	更换
	起动继电器坏了	更换
	起动控制器失灵	更换
	导线失效	修理或更换
	蓄电池继电器失灵	更换
	熔断丝熔断	更换
蓄电池不充电	接头松动或腐蚀	拧紧或变换
	电力不足	更换
	发电机皮带松或损坏	调整
	发电机失灵	修理或更换
蓄电池输出电压低	蓄电池内部短路	更换
	导线短路	修理
发动机速度不受控制	速度控制旋钮故障	更换
	节流控制器故障	更换
	速度控制马达故障	更换
	熔断丝故障	更换
	导线损坏	修理
	连接故障	修理
动力模式选择不工作	熔断丝熔断	更换
	动力模式开关失灵	修理
	连接失灵	修理
	导线损坏	修理
	EPOS—V控制器故障	修理
工作模式选择不工作	熔断丝熔断	更换
	工作模式选择开关故障	更换
	连接失灵	更换或修理
	导线损坏	修理
	EPOS-V控制故障	修理或更换

思考题

1. 工程机械电气设备线路连接有哪些特点？通常分为哪几大部分？

2. 公路工程机械电气总线路一般包括车辆电气系统和具有特殊功能的电控系统两大部分，其电路图的表达形式有哪几种？

3. 公路工程机械全车线路进行故障诊断过程中(包括充电系、起动系等在内)，为什么随便“搭接”或“短接”会产生新的故障(举例说明)？

Danyuanqi
单元七

常用传感器及电气控制元件

知识点

1. 常用传感器的种类、功用及工作原理；
2. 常用低压电气控制器件的种类、功用及工作原理。

技能点

常用低压电气控制器件的拆装与检修。

课题一 常用传感器

一、温度传感器

利用电阻随温度变化的特性制成的传感器叫做电阻式温度传感器，按采用的电阻材料可分为金属热电阻（简称热电阻）和半导体热敏电阻（简称热敏电阻）两大类传感器。

1. 金属热电阻传感器

虽然各种金属材料的电阻均随温度变化而变化，但适于制作温度测量敏感元件的电阻材料要具备以下要求：

(1) 要有尽可能大而且稳定的电阻温度系数；

(2) 电阻率要大，以便在同样灵敏度下减小元件的尺寸；

(3) 电阻温度系数要保持单值，并且最好是常数，以保证电阻随温度的变化呈线性关系；

(4) 性能稳定，在电阻的使用范围内，其物理、化学性能基本保持不变。

根据以上要求，纯金属是制造热电阻的主要材料。目前，广泛应用的热电阻材料有铂、铜、镍、铁等。

1) 铂电阻

铂金属的主要优点是物理化学性能极为稳定，并且有良好的工艺性，易于提纯，可以制成极细的铂丝(直径可达0.02mm或更细)或极薄的铂箔。它的缺点是电阻温度系数较小。

用铂丝双绕在云母、石英或陶瓷支架上,或采用溅射工艺在石英或陶瓷基座上生成箔薄膜,构成电阻体,电阻体端线与银丝焊接引出连线,外面再套上玻璃或陶瓷或涂釉加以绝缘和保护,这样就构成了铂电阻传感器。

铂电阻除用作一般的工业测温外,在国际实用温标中,还作为在 -259.34 ~ 630.74℃温度范围内的温度基准。

铂电阻与温度之间的关系近似直线,可表示为:

在 -200 ~ 0℃范围内

$$R_t = R_0[1 + At + Bt^2 + C(t - 100℃)t^3] \tag{7-1}$$

在0 ~ 650℃范围内

$$R_t = R_0[1 + At + Bt^2] \tag{7-2}$$

式中,R_0 和 R_t 分别为0℃和 t℃时的电阻值。

对于常用工业铂电阻

$$A = 3.968\ 47 \times 10^{-3}℃$$

$$B = -5.847 \times 10^{-7}(℃)^2$$

$$C = -4.22 \times 10^{-12}(℃)^4$$

国内统一设计的工业用标准铂电阻其 R_0 分为50Ω和100Ω两种,选定 R_0 值根据式(7-1)和式(7-2)即可列出铂电阻的温度与电阻值的对照关系表,只要测出热电阻 R_t,通过查表就可确定被测温度。

2)铜电阻

铂是贵重金属,在一些测量精度要求不高而温度又较低的场合,用铜电阻更为普遍,这是因为在 -50 ~ 150℃范围内其阻值与温度关系接近线性,并且铜的温度系数比铂高,也容易提纯加工,价格便宜。但是铜易于氧化,不适于在腐蚀性介质或高温下工作,铜的电阻率低,所以铜电阻的体积较大。

铜电阻传感器是用漆包铜线双绕在圆柱形陶瓷或塑料支架上(由于铜的电阻较小,需要多层绕制)引出连线,然后整体用环氧树脂封固,以提高其导热性和机械强度。

在 -50 ~ 150℃温度范围内,铜电阻与温度之间的关系为

$$R_t = R_0(1 + At + Bt^2 + Ct^3) \tag{7-3}$$

式中,R_0 和 R_t 分别为0℃和 t℃时的铜电阻值。

$$A = 4.288\ 99 \times 10^{-3}/℃$$

$$B = -2.133 \times 10^{-7}/(℃)^2$$

$$C = 1.233 \times 10^{-9}/(℃)^3$$

按国内统一设计,R_0 取100Ω和50Ω两种。

3)热电阻测温电路

电阻温度计的测量电路最常用的是电桥电路,精度较高的是自动电桥。图7-1是一般的电桥式电阻温度计的原理图,R_1、R_2、R_3 和 R_t(R_{ref}、R_{FS})组成电桥的四个臂,R_1、R_2 和 R_3 是固定电阻,R_t 是热电阻。R_{ref}、R_{FS} 是锰铜电阻,两者分别等于热电阻 R_t 在起始温度(如0℃)及满度(如100℃)时的电阻值,首先将开关 K 接在位置"1",调节 R_0 使指示仪表指示

为零，然后将开关接在位置“3”，调节 R_F 使指示仪表满度偏转，然后将开关 K 接在位置“2”上，即可正常工作。

在实际的温度测量中，由于热电阻的电阻值很小，所以导线电阻值不可忽视。例如，50Ω的铂电阻，若导线电阻为1Ω，将会产生5℃的测量误差。为了解决这一问题，可采用如图7-2所示的三线式电桥连接测量电路。图中 R_t 为热电阻；r_1，r_2，r_3 为引线电阻；R_1，R_2 为两桥臂电阻，取 $R_1=R_2$；R_3 为调整电桥的精密电阻。由于测量仪表 G 内阻很大，流过 r_3 的电流接近于0，当 $U_A=U_B$ 时，电桥平衡，调节 R_3，使 $r_1+R_2=r_2+R_3$，就可消除引线电阻的影响。

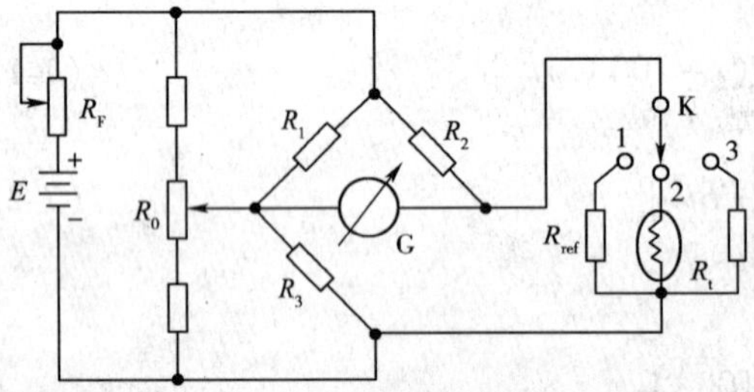

图7-1　电桥式电阻温度计原理图

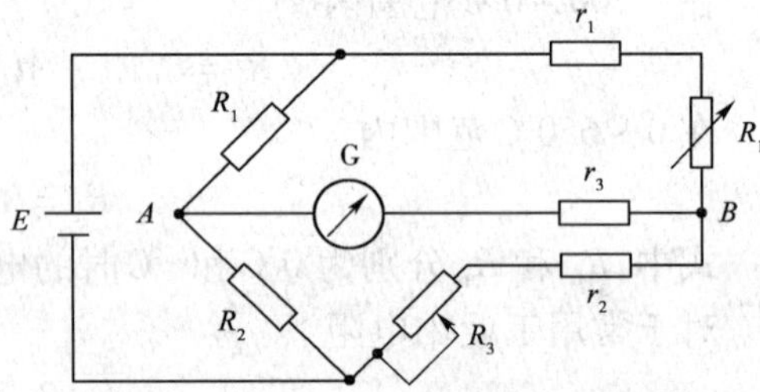

图7-2　热敏电阻测温电桥的三线连接

2. 热敏电阻传感器

热敏电阻是一种利用半导体材料的电阻值随温度变化而变化的性质制成的温度敏感元件，使用时不需放在保护管内，因此测量温度时比热电阻更为方便。

热敏电阻根据温度特性的不同通常分为3种类型，即负电阻温度系数热敏电阻（NTC）、正电阻温度系数热敏电阻（PTC）和在某一特定温度下电阻值会发生突变的临界温度电阻器（CTR）。它们的特性曲线如图7-3所示。

由图7-3可见，使用CTR型热敏电阻组成温度控制开关是十分理想的，其测量范围为0～150℃，只要材料有氧化钒系列等。PTC型热敏电阻主要用于过热保护，恒温控制等，测温范围为-50～150℃，主要材料有 $BaTiO_3$ 等。在温度测量中，使用得最多的是NTC型热敏电阻，其特别适合于-100～300℃温度范围的测量，常用材料有铜、铁、铝、锰、铟、镍、铼等，取其2～4种，按一定比例混合烧制而成。负温度系数的热敏电阻的阻值与温度的关系可表示为

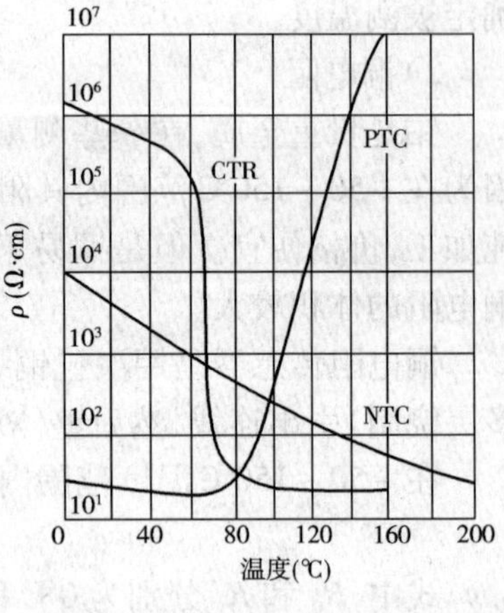

图7-3　热敏电阻的特性曲线

$$R_T=R_0e^{B\left(\frac{1}{T}-\frac{1}{T_0}\right)} \tag{7-4}$$

式中：R_t，R_0——分别为温度 $T(K)$ 和 $T_0(K)$ 时的阻值；

B——热敏电阻的材料常数，一般情况下，$B=2\,000\sim6\,000$K，在高温下使用时，B 值将增大。

若定义 $\frac{1}{R_T}\frac{dR_T}{dT}$ 为热敏电阻的温度系数 α_T，则

$$\alpha_T = \frac{1}{R_T}\frac{dR_T}{dT} = -\frac{B}{T^2} \tag{7-5}$$

可见,α_T 是随温度降低而迅速增大的,α_T 决定热敏电阻在全部工作范围内的温度灵敏度。热敏电阻的测温灵敏度比金属丝的高很多。例如 B 值为 4 000K,当 T = 293.15K(20℃)时,热敏电阻的 α_T = 4.7%/℃,约为铂电阻的 12 倍。由于温度变化引起的阻值变化大,因此测量时引线电阻影响小,并且体积小,非常适合测量微弱温度变化。但是,热敏电阻非线性严重,所以实际使用时要对其进行线性化处理。

3. 热电偶传感器

热电偶传感器简称热电偶,它是目前应用最广泛、也是较成熟的一种接触式温度传感器。其主要特点如下:

(1)较好的计量性能。其测量精度及灵敏度较高;易保证有单值的函数关系,且某些热电偶有近似的线性关系;稳定性及复现性较好,响应时间较快。

(2)材料容易得到,且制造方便,结构简单,有标准化定型产品,互换性好;除铂铑—铂热电偶外,比其他热电偶价格低廉。

(3)测温范围广,高温热电偶可达 2 800℃,低温用热电偶可达 4K(-269℃)等。

热电偶在沥青混凝土拌和设备中应用较广,其用来测量热集科、成品料及沥青的温度。

热电偶是利用物理学中的热电效应制成的温度传感器。

1)热电效应

把两种不同的金属 A 和 B 连接成如图 7-4a)所示的闭合回路,若两端结点温度不同(分别为 T_0 和 T)时,则回路中就有电流产生。如果在回路中接入电流计 G,如图 7-4b)所示,就可以看到电流计的指针偏转,这一现象称为热电效应。在这种情况下产生电流的电动势叫做热电势,用 $E_{AB}(T,T_0)$ 来表示。通常把两种不同金属的这种组合称为热电偶,A 和 B 称为热电极,温度高的接点 T 称为热端(或称为工作端),而温度低的接点 T_0 称为冷端(或称为自由端)。利用热电偶把被测温度信号转变为热电势信号,用电测仪表测出电势大小,就可间接求得被测温度值。

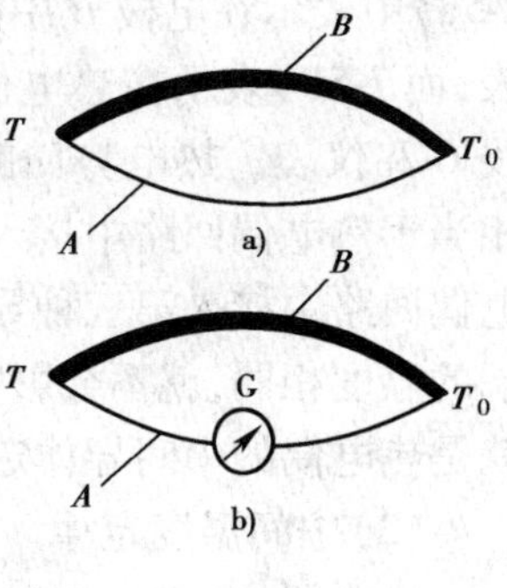

图 7-4 热电效应示意图

2)热电势的产生

热电偶产生的热电势与两个电极的材料及两个接点的温度有关,通常写成 $E_{AB}(T,T_0)$。热电偶产生的热电势由单一导体的温差电势和两种导体的接触电势组成。

(1)单一导体的温差电势

一根匀质的金属导体,如果两端的温度不同,则在导体内部会产生电动势,这种电动势称为温差电势。温差电势的形成是由于导体内高温端自由电子的动能比低温端自由电子的动能电子的动能大。这样,高温端自由电子的扩散速率比低温端自由电子的扩散速率大,使得高温端因失去一些电子而带正电,低温端因得到电子而带负电,从而两端便形成一定的电位差。当导体 A 两端的温度分别为 T、T_0 时电势可用下式表示:

$$E_A(T,T_0)$$

导体 B 两端的温差电势为 $E_B(T,T_0)$。

（2）两种导体的接触电势

当 A、B 两种金属接触在一起时，由于两种金属导体内自由电子密度不同，在结点处就会发生电子迁移扩散。若金属 A 的电子密度 N_A 大于金属 B 的电子密度 N_B 则由金属 A 扩散到金属 B 的电子数要比从金属 B 扩散到金属 A 的电子数多，这样金属 A 因失去电子而带正电，金属 B 因得到电子而带负电，于是在接触面处形成电场。此电场将阻止电子由金属 A 进一步向金属 B 扩散，直到扩散作用与电场的阻止作用相等时，这过程便处于动态平衡。此时，在 A、B 两金属接触面形成一个稳定的电位差，这就是接触电势。接触电势写成 $E_{AB}(T)$ 表示它的大小与两金属的材料有关，也与接触面处的温度有关。

（3）热电偶回路的总热电势

对于图 7-5b）所示的由 A 和 B 两种导体构成的热电偶回路，热端和冷端温度分别为 T、T_0 时，其总热电势用表示，它等于整个回路中各接触电势与各温差电势的代数和。我们从热端出发沿回路一周，按照遇到的导体和温度的顺序，依次写出各接触电势和温差电势，并将它们相加起来便是整个回路的总热电势。对图 7-4b）有

$$E_{AB}(T,T_0)=E_{AB}(T)+E_B(T,T_0)+E_{BA}(T_0)+E_A(T_0,T) \tag{7-6}$$

3）热电偶的基本定律

（1）中间导体定律

在实际应用热电偶测量温度时，必须在热电偶回路中接入测量热电势的仪表，其接法如图 7-5 所示。图 7-5a）中表示在电极 B 中间断开并接入连接导线 C 和仪表，而 7-5b）表示在热电偶的参考端断开并接入连接导线 C 和仪表。热电势回路中接入测量仪表和连接导线相当于热电偶回路中接入第三种导体。可以证明：在热电偶回路中接入第三种导体后，只要第三种导体两连接端的温度相同，就不会影响热电偶回路的总热电势。这就是热电偶的中间导体定律。

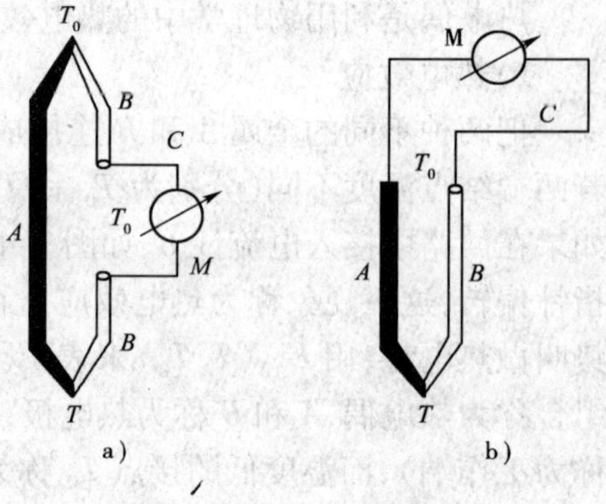

图 7-5 热电偶回路接入第三导体

（2）中间温度定律

热电偶 AB 在接点温度为 T、T_0 时的热电势等于该热电偶在接点温度 T、T_n 和 T_n、T_0 时的热电势之和，即

$$E_{AB}(T,T_0)=E_{AB}(T,T_n)+E_{AB}(T_n,T_0) \tag{7-7}$$

T_n 称为中间温度。根据中间温度定律，只要求得参考温度为 0℃时的"热电势—温度"关系，就可根据下式求出参考温度不等于 0℃时的"热电势—温度"关系

$$E_{AB}(T,T_0)=E_{AB}(T,0)-E_{AB}(T_0,0) \tag{7-8}$$

（3）标准电极定律

由 3 种材料成分不同的热电极 A、B、C 分别组成 3 对热电偶，如图 7-6 所示。在相同结点温度（T，T_0）下，如果热电极 A 和 B 分别与热电极 C（称为标准电极）组成的热电偶所产生的热电势已知，则由热电极 A 和 B 组成的热电偶的热电势可按下式求出

$$E_{AB}(T,T_0)=E_{AC}(T,T_0)-E_{BC}(T,T_0) \tag{7-9}$$

标准电极 C 通常用纯度很高、物理化学性能非常稳定的铂制成，称为标准铂热电极。利

用标准电极定律可大大简化热电偶选配工作，只要已知任意两种电极分别与标准电极配对的热电势，即可求出这两种热电极配对的热电偶的热电势而不要测定。

对于各种不同金属组成的热电偶，温度与热电势之间有着不同的函数关系。一般是用实验的方法来求取这个函数关系。通常令 $T_0=0℃$，然后在不同的温差（$T-T_0$）情况下，精确地测出回路总热电势，并将所测得的结果绘成曲线，或列成表格（称为热电偶分度表），供使用时查阅。

4）热电偶的冷端温度补偿

热电偶产生的热电势的大小不仅与 T 热端温度有关，而且也与冷端温度有关。为了使热电势仅是热端温度的单值函数，必须使冷端温度保持不变。为此，需采取措施减小冷端温度的波动，冷端自动补偿法是其中的一种常用补偿方法。自动补偿法是在热电偶和测量仪表间接入一个直流不平衡电桥，也称为冷端温度补偿器，如图 7-7 所示。当热电偶自由端温度升高，导致回路总电势降低时，补偿器感受到自由端的变化，产生一个电位差，其值正好等于热电偶降低的电势，两者互相抵消以达到自动补偿的目的。

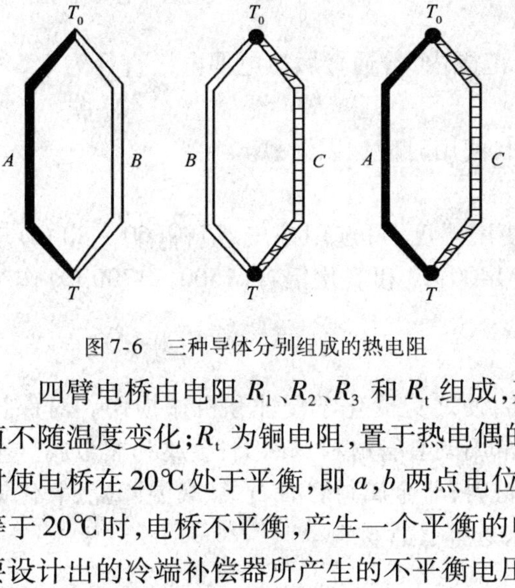

图 7-6　三种导体分别组成的热电阻

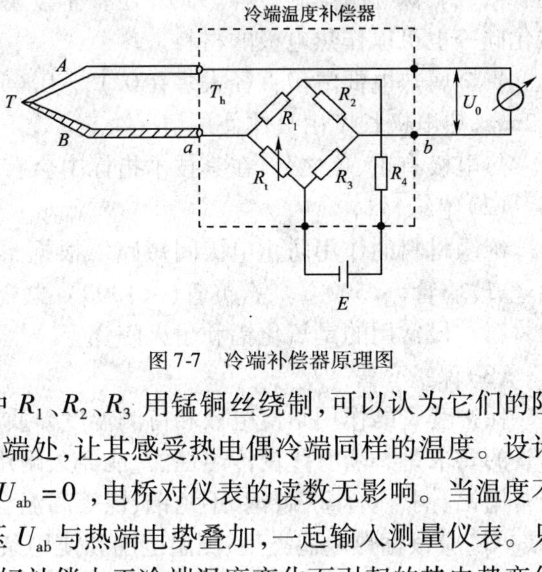

图 7-7　冷端补偿器原理图

四臂电桥由电阻 R_1、R_2、R_3 和 R_t 组成，其中 R_1、R_2、R_3 用锰铜丝绕制，可以认为它们的阻值不随温度变化；R_t 为铜电阻，置于热电偶的冷端处，让其感受热电偶冷端同样的温度。设计时使电桥在 20℃ 处于平衡，即 a，b 两点电位差 $U_{ab}=0$，电桥对仪表的读数无影响。当温度不等于 20℃ 时，电桥不平衡，产生一个平衡的电压 U_{ab} 与热端电势叠加，一起输入测量仪表。只要设计出的冷端补偿器所产生的不平衡电压正好补偿由于冷端温度变化而引起的热电势变化值，仪表便可正确地读出被测温度。

5）热电偶的类型及结构

为了适应不同生产对象的测温要求和条件，热电偶的结构形式有普通型热电偶、铠装型热电偶和薄膜热电偶等。

普通型结构的热电偶在工程机械及工业上使用最多，它一般由热电极、绝缘套管、保护管和接线盒组成，其结构如图 7-8 所示。普通型热电偶按其安装时的连接形式可分为固定螺纹连接、固定法兰连接、活动法兰连接、无固定装置等多种形式。

（1）热电极

理论上讲，凡是两种不同金属材料均可以组成热电偶，但在实际中并非如此。一般说来，对热电偶电极材料有以下要求：

①在测量范围内,热电性质稳定,不随时间而变化;

②在测量范围内,有足够的物理化学稳定

③电阻温度系数小,电导率高;

④它们组成的热电偶,测温中产生的热电势要大,并且希望这个热电势随温度单值地线性或接近线性变化;

⑤材料复制性好,可制成标准分度,机械强度高,制造工艺简单,而且价格便宜。

应该指出,实际上没有一种材料能满足上述全部要求,因此在设计选用热电偶的电极材料时,要根据测量的具体条件来加以选择。

目前,常用热电极材料分为贵金属和普通金属两大类,这些材料在国内外都已经标准化。贵金属热电极材料有铂铑合金和铂,普通金属热电极材料有铁、铜、康铜、考铜、镍铬合金、镍硅合金等,还有铱、钨、铼等耐高温材料。此外还有非金属材料,如碳、石墨和碳化硅等也可以作热电极的材料。

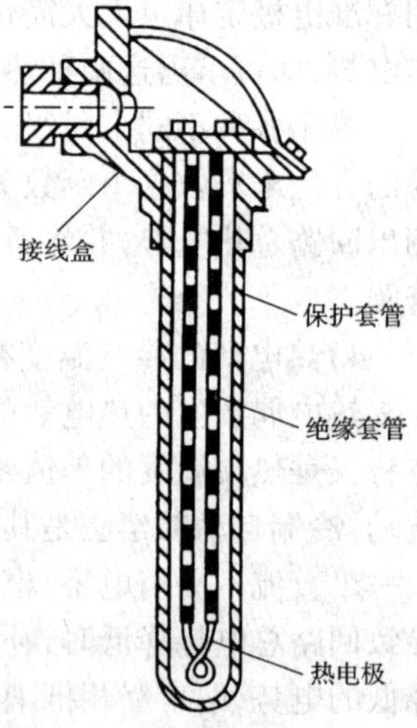

图 7-8　普通热电偶结构图

贵金属热电偶电极直径大多在0.13~0.65mm范围内,普通金属热电偶电极直径为0.5~3.2mm,热电极长度由具体使用情况决定。

热电极有正、负之分,在其技术指标中会有说明,使用时应加以注意。

(2)绝缘材料

绝缘材料的作用防止电极间短路。根据不同使用温度,可选用橡皮、塑料(60~80℃)玻璃丝、玻璃管(<500℃)、石英管(<1300℃)、瓷管(1400℃)和氧化铝管(1500~1700℃)作绝缘材料。最常用的是氧化铝和耐火陶瓷等。

(3)保护套管

保护套管的作用是使电极和待测温度介质隔离,使之免受化学侵蚀和机械损伤。对保护套管的要求是必须有优良传热性能,能经久耐用。常用的套管材料有两类:金属和非金属。金属常用铝、铜、铜合金、碳钢、不锈钢、镍等高温合金材料;非金属材料有石英、高温陶瓷、氧化铝(镁)等,应根据热电偶类型、测温范围和使用条件来选择套管材料。

(4)接线盒

接线盒供热电偶和补偿导线连接之用。接线盒固定在热电偶保护套管上,一般用铝合金制成,分为普通式和密封式(防溅式)两类。

二、称重传感器

现代拌和设备广泛采用电子称来计量集料、粉料及沥青的多少,而称重传感器又是电子称的重要组成部分。根据原理不同,称重传感器有电阻应变式、压电式、电感式、电容式等多种形式,其中电阻应变式传感器具有悠久的历史,是目前应用最广泛的传感器之一。

这种传感器的敏感元件为电阻应变片,应变片粘贴在传感器的弹性元件上。在外力作用下,弹性元件产生变形并引起应变片电阻值的变化,通过转换电路将电阻值的变化转变成电量输出,电量变化的大小便反映了被测力或物重的大小。电阻应变式力传感器是目前工程机械中应用最为广泛的是测力(物重)传感器。

1. 金属的电阻应变效应

电阻应变片的工作原理是基于应变效应,即导体或半导体材料在受到外力作用时,产生机械变形,机械变形导致其电阻值发生变化的现象称为"应变效应"。如图 7-9 所示,一根金属电阻丝,在其未受力时,原始电阻值为:

$$R = \frac{\rho L}{S} \tag{7-10}$$

式中:ρ——电阻丝的电阻率;

L——电阻丝的长度;

S——电阻丝的截面积。

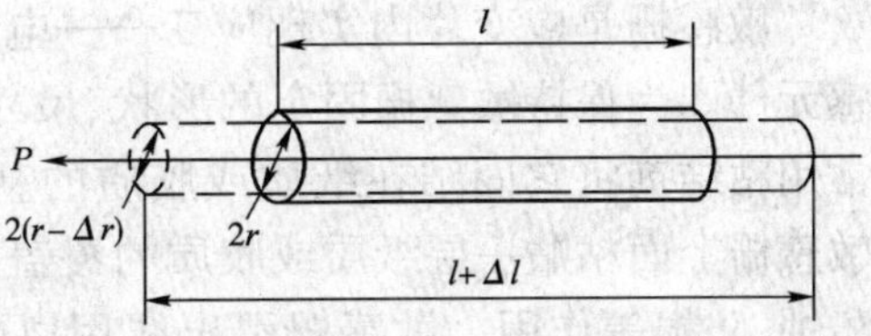

图 7-9　导体受力后的变形

当电阻丝受到拉力 F 作用时,将伸长 ΔL,横截面积相应减小 ΔS,电阻率将因晶格发生变形等因素而改变 $\Delta\rho$,故引起电阻值相对变化量为:

$$\frac{\Delta R}{R} = \frac{\Delta L}{L} - \frac{\Delta S}{S} + \frac{\Delta\rho}{\rho} \tag{7-11}$$

式中:$\frac{\Delta L}{L}$——长度相对变化量,用应变 ε 表示:

$$\varepsilon = \frac{\Delta L}{L} \tag{7-12}$$

$\frac{\Delta S}{S}$——圆形电阻丝的截面积相对变化量,即:

$$\frac{\Delta S}{S} = \frac{2\Delta r}{r} \tag{7-13}$$

由材料力学可知,在弹性范围内,金属丝受拉力时,沿轴向伸长,沿径向缩短,那么轴向应变和径向应变的关系可表示为:

$$\frac{\Delta r}{r} = -\mu\frac{\Delta L}{L} = -\mu\varepsilon \tag{7-14}$$

式中:μ——电阻丝材料的泊松比,负号表示应变方向相反。

将式(7-12)、式(7-14)代入式(7-11),可得:

$$\frac{\Delta R}{R} = (1 + 2\mu)\varepsilon + \frac{\Delta\rho}{\rho} \tag{7-15}$$

或

$$\frac{\Delta R}{R\varepsilon} = (1 + 2\mu) + \frac{\Delta\rho}{\rho\varepsilon} \tag{7-16}$$

通常把单位应变能引起的电阻值变化称为电阻丝的灵敏度系数,其表达式为:

$$K = 1 + 2\mu + \frac{\Delta\rho}{\rho\varepsilon} \tag{7-17}$$

灵敏度系数受两个因素影响:一个是受力后材料几何尺寸的变化,即 $1 + 2\mu$;另一个是受力后材料的电阻率发生的变化,即$\frac{\Delta\rho}{\rho\varepsilon}$。对金属材料电阻丝来说,灵敏度系数表达式 $1 + 2\mu$ 中的值要比$\frac{\Delta\rho}{\rho\varepsilon}$大得多,而半导体材料的$\frac{\Delta\rho}{\rho\varepsilon}$的值比 $1 + 2\mu$ 大得多。大量实验证明,在电阻丝拉伸极限内,电阻的相对变化与应变成正比,即 K 为常数。

2. 电阻应变片的组成结构及类型

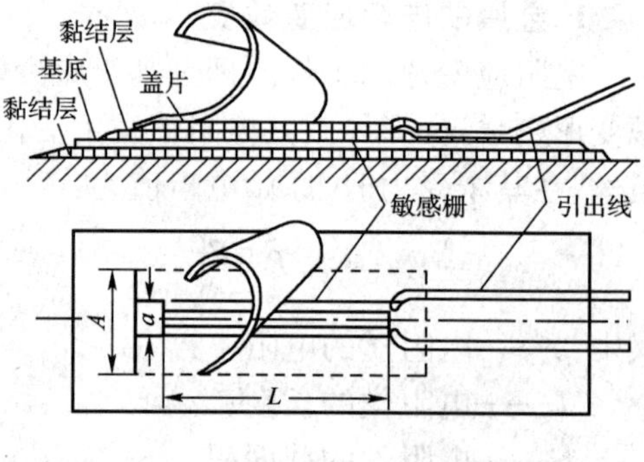

图 7-10　应变片的基本结构

电阻应变片的形式各异,但其基本结构大体相同,一般由敏感栅、引线、基底、盖片、黏结层等组成,如图 7-10 所示。

敏感栅是应变片内实现应变——电阻转换的传感元件。为保持敏感栅固定的形状、尺寸和位置,通常用粘结剂将它固结在纸质或胶质的基底上,再在敏感栅上面粘贴一层纸质或胶质的覆盖层,起防潮、防蚀、防损等作用。敏感栅引出线用以与接口电路连接。应变片使用时用粘结剂将基底粘贴到试件表面的被测部位,基底及其黏结层起着把试件应变传递给敏感栅的作用。为此,基底必须很薄,而且还应有良好的绝缘、抗潮和耐热性能。

按制造敏感栅的材料,电阻应变片可分为电阻应变片和半导体应变片两大类。

按敏感栅的形状和制造工艺不同,金属电阻应变片又可分为丝式、箔式和薄膜式三种。半导体应变片的敏感栅一般为单根状。

(1)金属丝式应变片的敏感栅由直径 0.015 ~0.05mm 的金属丝绕成如图 7-11a)所示的栅状,是应用最早的应变片。

(2)金属箔式应变片的敏感栅由金属箔经光刻腐蚀成栅状如图 7-11b)所示。由于箔式应变片具有横向效应小测量精度高、散热好、工作电流大、测量灵敏度高和易于成批生产等多方面优点,已经在许多场合下取代了丝式应变片。

(3)薄膜应变片是采用真空蒸发或真空沉积方法在薄的绝缘基底上形成金属电阻材料薄膜(厚度 0.1um 以下)作为敏感栅,其优点是应变灵敏系数高,允许电流密度大,易实现工业化生产,是一种很有前途的新型应变片。目前,实际使用中的主要问题是尚难控制其电阻对温度和时间的变化关系。

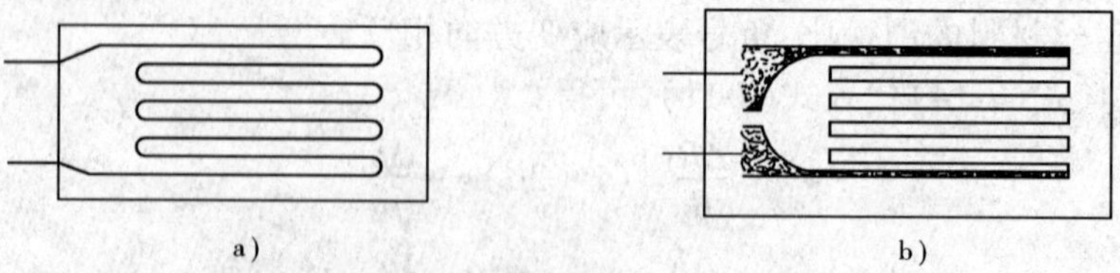

图 7-11　丝式与箔式应变片

a)丝式应变片;b)箔式应变片

(4)半导体应变片的优点是尺寸、横向效应、机械滞后都很小,灵敏系数极大,因而输出也大,可以不需放大器直接与记录仪连接,使得测量系统简化。缺点是电阻值和灵敏系数的温度稳定性差,测量较大应变时非线性严重;灵敏系数随受拉或受压而变,且分散度大,一般在 3% ~5% 之间,因而使测量结果有 ±(3 ~5)% 的误差。

3. 电阻应变式称重传感器

(1)传感器的结构及工作原理

电阻应变式称重传感器由弹性元件、应变片和测量电桥等组成。测试时弹性元件受拉力或压力的作用而产生应变，贴于其表面的应变片将弹性元件的应变转变为电阻的变化，然后经电桥电路转变为电压信号输出。

根据弹性元件的结构不同，应变片式称重传感器可分为柱式、梁式、环式等几种，其中柱式在拌和设备中用得最多。这种传感器的弹性元件结构简单紧凑，承载能力较大，其截面形状有圆形、矩形、方形和圆环形等。被测力沿轴心作用于柱体的承载截面，电阻应变片均匀粘贴在柱面上，并且测量片通常是与柱体轴线平行和垂直布置。图7-12为典型压式称重传感器的结构图。

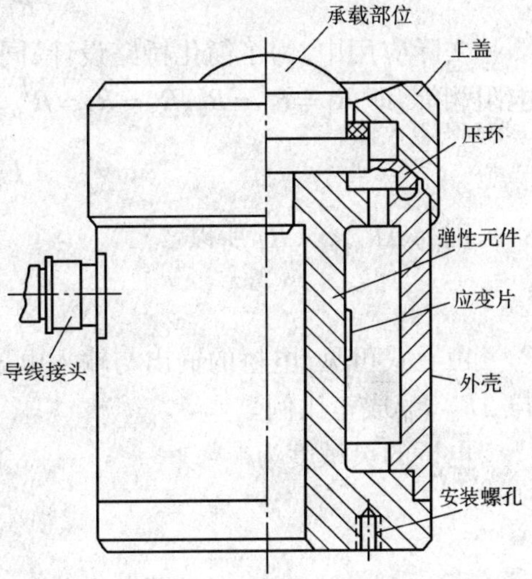

图7-12　压式称重传感器

(2)电阻应变片的测量电路

电阻应变片将作用力的变化转换为电阻值的微小变化后，还必须进一步将其转换为电压或电流的变化，才有可能用电测仪表进行测定，电桥测量电路是进行这种变换的一种最常用的方法。

电桥测量电路通常有直流电桥和交流电桥两种，下面以直流电桥为例对测量电路的基本原理作一介绍。

直流电桥的基本形式如图7-13所示。R_1、R_2、R_3、R_4称为电桥的桥臂，在a、c两端接入直流电源U_i，在b、d两端输出电压U_o若在输出端b、d两点间负载为无穷大，即接入的仪表或放大器的输入阻抗较大时，可以视为开路。这时电桥的输出电压U_o为

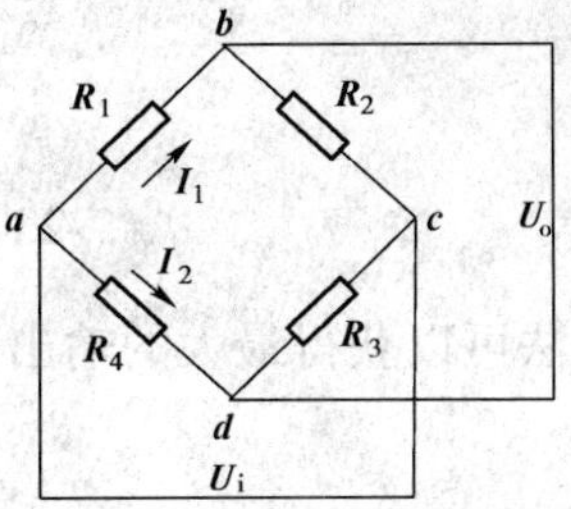

图7-13　直流电桥

$$U_o = \left(\frac{R_1}{R_1 + R_2} - \frac{R_4}{R_3 + R_4}\right)U_i \tag{7-18}$$

根据上式可知，即

$$R_1R_3 = R_2R_4 \tag{7-19}$$

当电桥输出为零时，式(7-19)称为电桥的平衡条件。

在电阻应变式称重传感器的应用中，测量电桥可以采用半桥单臂、半桥双臂和全桥等3种连接方式，如图7-14所示。

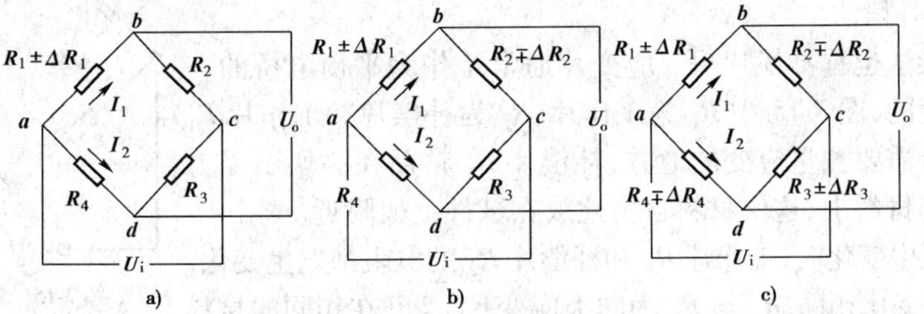

图7-14　直流电桥的连接形式

a)半桥单臂连接；b)半桥双臂连接；c)全桥连接

图中 a)为半桥单臂连接方式，桥臂 R_1 由接入的应变片代替，其电阻值增加了 ΔR_1。由式 7-18，这时输出电压为

$$U_o=\left(\frac{R_1+\Delta R_1}{R_1+\Delta R_1+R_2}-\frac{R_4}{R_3+R_4}\right)U_i \tag{7-20}$$

实际应用中，为了简化桥路设计，同时也为了得到电桥的最大灵敏度，往往取相邻两桥臂电阻相等，即 $R_1=R_2=R_0$，$R_3=R_4=R'_0$。若 $R_0=R'_0$ 则输出电压为

$$U_o=\frac{\Delta R_0}{4R_0+2\Delta R_0}U_i$$

因为 $\Delta R_0<<R_0$ 所以

$$U_o\approx\frac{\Delta R_0}{4R_0}U_i \tag{7-21}$$

由上式可见，电桥的输出与输入电压 U_i 成正比。在 $\Delta R_0<<R_0$ 的条件下，电桥的输出也与 $\Delta R_0/R_0$ 成正比例。

电桥的灵敏度为

$$S_B=\frac{U_o}{\Delta R_0/R_0}$$

则半桥单臂的灵敏度为 $S_B\approx\frac{1}{4}U_i$。为了提高电桥的灵敏度，可以采用图 7-14b)所示的半桥双臂接法。当 $R_1=R_2=R_3=R_4=R_0$，$\Delta R_1=\Delta R_0$ 时，电桥输出为

$$U_o=\frac{\Delta R_0}{2R_0}U_i \tag{7-22}$$

同样，当采用图 7-14c)所示的全桥接法时，电桥输出为

$$U_o=\frac{\Delta R_0}{R_0}U_i \tag{7-23}$$

由上式可见，不同的电桥接法，其输出电压也不一样，其中全桥接法可以获得最大的输出，其灵敏度为半桥单臂接法的 4 倍。

4. 电阻应变式传感器的温度误差及其补偿

应变片由于温度变化所引起的电阻变化与应变片应变所造成的电阻变化几乎有相同的数量级，如果不采取必要的措施克服温度的影响，测量精度无法保证。温度补偿方法，基本上分为桥路补偿和应变片自补偿两大类。

(1)桥路补偿法

桥路补偿法也称补偿片法。应变片通常是作为平衡电桥的一个臂测量应变的，图 7-15 中 R_1 为工作片，R_2 为补偿片。工作片 R_1 粘贴在试件上需要测量应变的地方，补偿片 R_2 粘贴在一块不受力的与试件相同材料上，这块材料自由地放在试件上或附近。

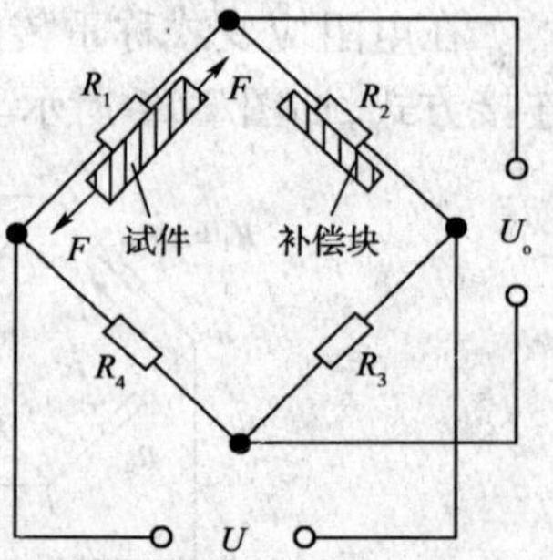

图 7-15　桥路补偿法

当温度发生变化时，工作片 R_1 和补偿片 R_2 的电阻都发生变化，而它们的温度变化相同，R_1 与 R_2 为同类应变片，又贴在相同的材料上。因此，R_1 和 R_2 的变化也相同，即 $\Delta R_1=\Delta R_2$。如图 7-15 所示，分别接入电桥的相邻两桥臂，则因温度变化引起的电阻变化 ΔR_1 和 ΔR_2 的作用相互抵消，这样就起到温度补偿的作用。

(2)应变片自补偿法

粘贴在被测部位上的是一种特殊应变片，当温度变化时，产生的附加应变为零或相互抵消，这种特殊应变片称为温度自补偿应变片。利用温度自补偿应变片来实现温度补偿的方法称为应变片自补偿法。

(3)热敏电阻补偿法

如图7-16所示，图中的热敏电阻 R_T，处在与应变片相同的温度条件下，当应变片的灵敏度随温度升高而下降时，热敏电阻 R_T 的阻值也下降，使电桥的输入电压随温度升高而增加，从而提高电桥的输出，补偿因应变片引起的输出下降。选择分流电阻 R_5 的值，可以得到良好的补偿。

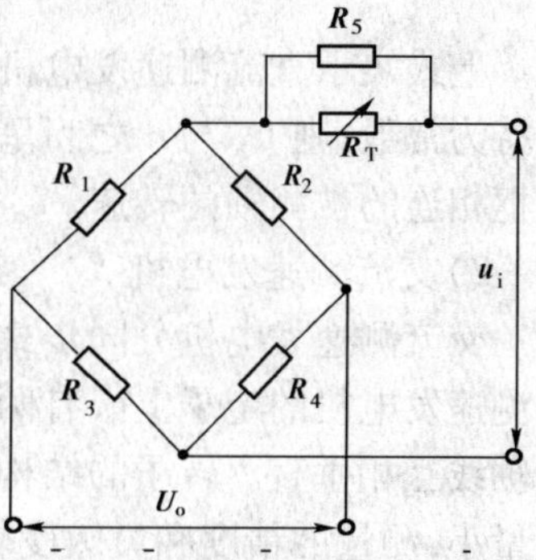

图7-16　热敏电阻补偿法

三、转速传感器

转速传感器用以检测旋转体的转速。由于工程机械的行驶速度与驱动轮或其传动机构的转速成正比，测得转速便可得知车速，因此，转速传感器又广泛用来作为车速传感器使用。目前工程机械中常用的转速传感器，有模拟式转速传感器和计数式转速传感器两大类。

1. 模拟式转速传感器

模拟式转速传感器的测速原理是测出由瞬时转速引起的某种物理量(如离心力、电机的输出电压)的变化，从而确定其转速。下面我们以测速发电机为例来分析一下模拟式转速传感器的测速原理。

测速发电机是一种比较常见的模拟式转速传感器，其输出信号是与被测转速成正比的电压模拟量。根据原理不同分为交流测速发电机和直流测速发电机两种类型。

1)直流测速发电机

直流测速发电机的结构和工作原理与直流发电机类似，按励磁方式的不同，分为永磁式和电磁式(他励式)两种。永磁式直流测速发电机的定子磁极由永久磁钢做成，没有励磁绕组。电磁式直流测速发电机的定子励磁绕组由外部电源供电，通电时产生磁场，他的励磁绕组和输出绕组的连线如图7-17所示。

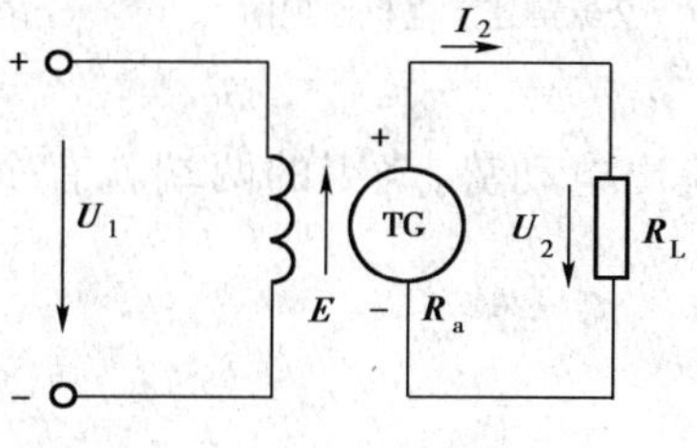

图7-17　电磁式直流测速发电机接线图

图中 U_1 为励磁绕组的励磁电压，E、R_a 分别为输出绕组的感应电动势和电阻，R_L 为负载电阻。当励磁电压 U_1 恒定即磁极磁通 Φ 为常数时，直流测速发电机的感应电动势 E 与电枢的转速 n 成正比，即：

$$E = K_E \Phi n$$

式中：K_E——与电机结构有关的常数。

直流测速发电机的输出电压 U_2 为：

$$U_2 = E - I_2 R_a = K_E \Phi n - I_2 R_a$$

式中：R_a——电枢电路的总电阻，它包括电枢绕组的电阻、电刷和换向器的接触电阻；

I_2—电枢总电流，且有：

$$I_2=\frac{U_2}{R_L}$$

于是

$$U_2=\frac{K_E\Phi_n}{1+\frac{R_a}{R_L}}$$

上式表示直流测速发电机有负载时，输出电压 U_2 与转速 n 的关系。如果 Φ、R_a 及 R_L 均保持为常数，则 U_2 与 n 之间呈线性关系。这样，通过测量测速发电机的输出电压，便可测得与电枢相连的被测轴的转速。

2）交流测速发电机

交流测速发电机分同步式和异步式两种，目前广泛采用异步式。如图 7-18 所示，交流异步测速发电机的定子上嵌有两个绕组，其中绕组 1 为励磁绕组，绕组 2 为输出绕组。两个绕组的轴线互相垂直。转子的结构形式有两种，一种为鼠笼式，另一种为空心杯形。空心杯形转动惯量小，测量的精度和灵敏度较高，是目前较普遍使用的一种。

当发电机静止时，若在励磁绕组 1 上加一恒定的交流励磁电压 U_1 则在励磁绕组的轴线方向将产生一个交变脉动磁通 Φ_1。由于脉动磁通与输出绕组的轴线垂直，故输出绕组不产生感应电动势，发电机输出电压为零。

当测速发电机由被测转动轴驱动而旋转时，转子切割磁通 Φ_1 而在转了中感应出电动势 E_r，并产生相应的转子电流 I_r（如图 7-19 所示）。E_r 和 I_r 与磁通 Φ_1 及转速 n 成正比。

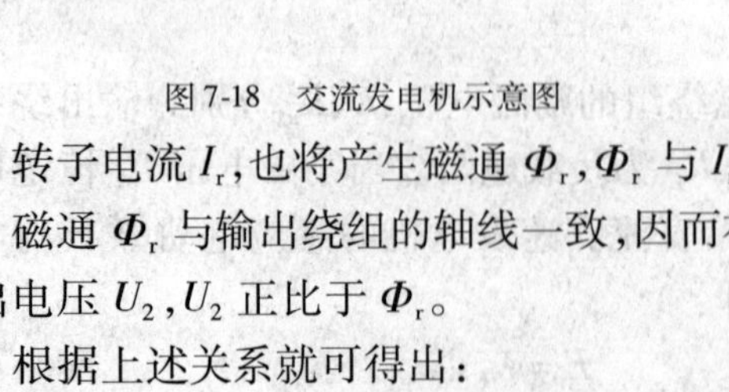

图 7-18　交流发电机示意图

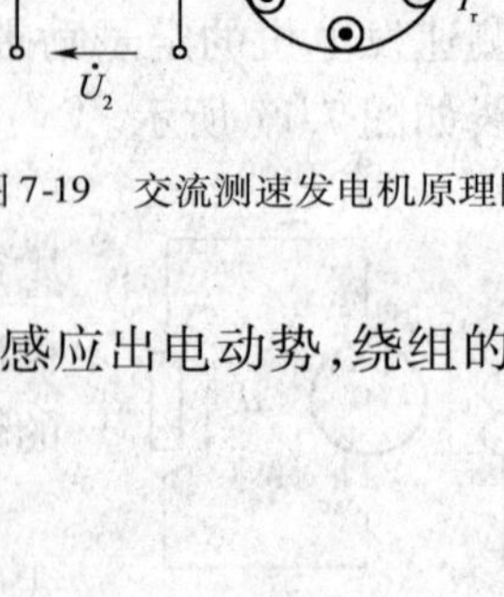

图 7-19　交流测速发电机原理图

转子电流 I_r，也将产生磁通 Φ_r，Φ_r 与 I_r 成正比。

磁通 Φ_r 与输出绕组的轴线一致，因而在输出绕组中便感应出电动势，绕组的两端就有个输出电压 U_2，U_2 正比于 Φ_r。

根据上述关系就可得出：

$$U_2\propto\Phi_1 n\propto U_1 n$$

上式表明，当励磁绕组加上交流电源电压 U_1，测速发电机以转速 n 旋转时，在输出绕组中就产生与转速成正比的输出电压 U_2。当转动方向改变时，U_2 的相位将改变 180°。这样，就把转速信号转变为电压信号。输出电压的频率等于励磁电压的频率，与转速无关。

2. 测频计数式转速传感器

测频计数式转速传感器的种类很多，其共同特点是在指定时间 T 内对转速传感器发出的脉冲进行计数。如每转一周传感器发出脉冲数为 m，每分钟转速为 n，即 $T=60\text{s}$ 时间内脉冲计数值为 mn，则传感器脉冲的频率为：

$$f=\frac{mn}{60}\text{，进而可求得转速}\quad n=\frac{60}{m}f$$

下面我们介绍几种常见的计数式转速传感器的测速原理。

1）磁阻式转速传感器

（1）开磁路磁阻式转速传感器如图 7-20 所示。

该传感器由永久磁铁、感应线圈、软铁组成，导磁材料制成的测量齿轮安装在被测转轴上。安装时传感器软铁端部与齿轮的齿项之间留有 0.1 ~ 0.7mm 的间隙，间隙小，输出电压幅值大，但太小时会因齿轮安装偏心而发生齿轮与传感器卡死现象。所以应在不影响齿轮正常转动的情况下尽可能调整到间隙最小，以获得最大的输出电压幅值。测量时，齿轮随被测转轴一起旋转，每转过一个齿，传感器磁路磁阻变化一次，磁通量也相应变化一次，因而在线圈中就感应出交变的电动势，其频率等于齿轮的齿数 Z 和转速 n 的乘积，即：

$$f=\frac{nZ}{60}\ \text{Hz}$$

式中：Z——齿轮的齿数；

n——被测轴转速，r/min；

f——感应电势频率，Hz。

这样当已知 Z，测得 f 就可知道 n。

（2）闭磁路磁阻式转速传感器如图 7-21 所示。它是由装在转轴上的内齿轮、外齿轮、感应线圈及永久磁铁组成，内外齿轮的齿数相同均为 Z，转轴连接到被测转轴上与被测轴一起转动，使内外齿轮相对运动，使磁路气隙周期变化，在线圈中产生感应电动势，电动势的频率计算及被测轴转速的确定和开磁路式传感器相同。

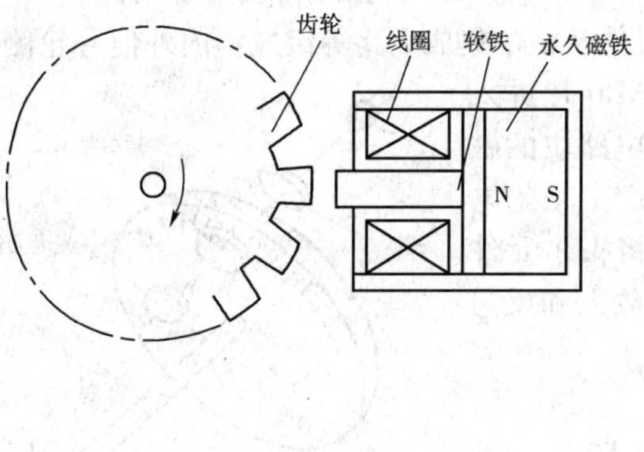

图 7-20　开磁路磁阻式转速传感器

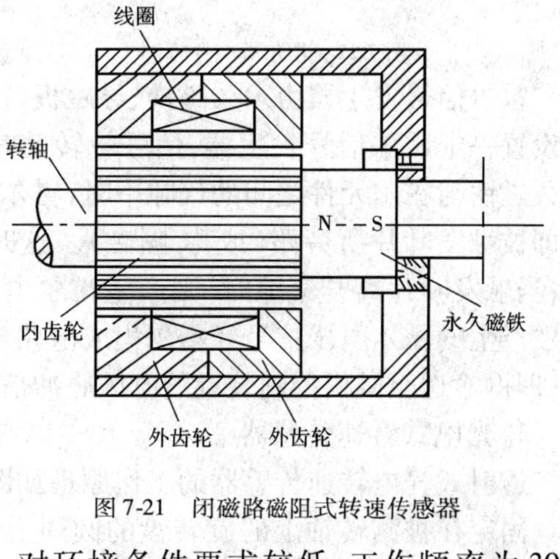

图 7-21　闭磁路磁阻式转速传感器

磁阻式转速传感器结构比较简单，体积较小，对环境条件要求较低，工作频率为 30 ~ 100Hz（开磁路式为 50 ~ 100Hz），工作温度为 -150 ~ 90℃。但输出信号较小，不宜测量高转速。

2）霍尔转速传感器

（1）霍尔效应

如图7-22所示的半导体薄片，若在它的两端通以控制电流 I_H，并在薄片的垂直方向施加磁感应强度为 B 的磁场，则在垂直与电流和磁场的方向上（即霍尔输出端之间）将产生电动势 U_H，U_H 一般称为霍尔电压或霍尔电势，这种现象称为霍尔效应。

它们之间的关系可用下式表示：

$$U_H = \frac{K_H}{d} IB$$

式中：K_H——霍尔系数；

d——基片的厚度；

I——电流；

B——磁感应强度。

由上式可知，当电流 I 为定值时，U_H 则与磁感应强度 B 成正比。如果用一带缺口的遮挡盘周期地遮挡磁力线，则霍尔电压也将周期地产生。

（2）霍尔式转速传感器

霍尔式转速传感器采用触发叶片的结构形式，如图7-23所示。

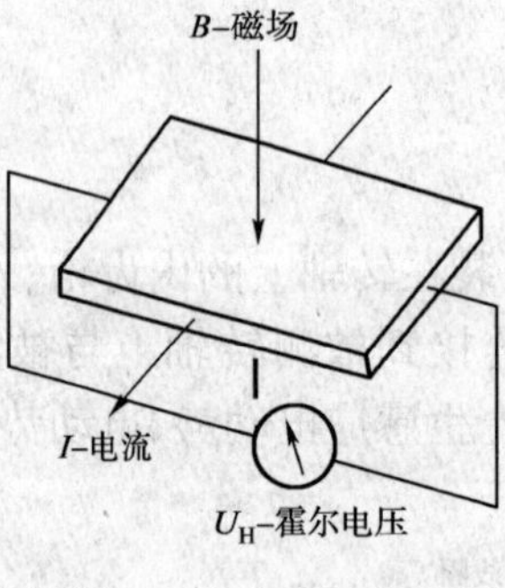

图7-22　霍尔效应原理图

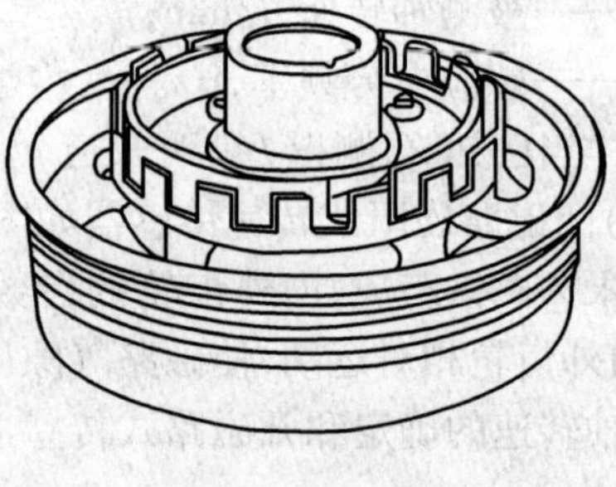
图7-23　霍尔式转速传感器信号轮

霍尔信号发生器由永久磁铁、导磁板、霍尔元件及霍尔集成电路等组成。内外信号轮侧面各设置一个霍尔信号发生器，信号轮转动时，每当叶片进入永久磁铁与霍尔元件之间的气隙中时，霍尔集成电路中的磁场即被触发叶片所旁路（或称 隔磁）。这时，不产生霍尔电压；当触发叶片离开气隙时，则产生霍尔电压。将霍尔元件间歇产生的霍尔电压信号经霍尔集成电路整形、放大和反向后，即得输送至微机控制装置的电压脉冲信号。

图7-24　光电式转速传感器

3）光电式转速传感器

透射式光电转速传感器的工作原理如图7-24所示。

固定在被测转轴上的旋转盘的圆周上开有多道径向透光的缝隙，不动的指示盘具有和旋转盘相同间距的缝隙，两盘缝隙重合时，光源发出的光线便经透镜照射在光电元件上，形成光电流。当旋转盘随被测轴转动时，每转过一条缝隙，光电元件接受的光线就发生一次明暗变化,因而输出一个电脉冲信号。由此产生的电脉冲的频率在缝隙数目确定后与轴的转速成正比。采用这种结构可以大大增加旋转盘上的缝隙数目,使被测轴每转一圈产生的电脉冲数增加,从而提高转速测量精度。

4)接近开关

接近开关是一种无触点电子开关。当运动的金属或非金属物体接近开关的感应部分时,接近开关的输出状态(电平)便发生变化。接近开关多用来作行程开关,检测运动物体的位置,例如在拌和设备中,可用于检测搅拌器料门的状态。此外,也可用于检测旋转体的转速,作为转速传感器或车速传感器使用。

用以检测转速时,需在被测轴上安装一齿盘,这样每当齿盘的一个齿靠近接近开关时,接近开关便输出一脉冲信号,测出脉冲信号的频率可求得转速。

5)舌簧开关

舌簧开关由一抽出空气或充入惰性气体的密封玻璃管及玻璃管内的两个簧片和触点组成。簧片用导磁性材料制成,每个簧片上各有一触点。触点平时处于打开状态,其数量可以为两个或更多。当一磁铁移近舌簧开关时,舌簧开关的两个簧片便被磁化而互相吸引,使触点闭合,此时电路接通而产生传感脉冲;当磁铁移离时,触点又在两簧片弹力的作用下打开,将电路切断。

为了使舌簧开关能不断地开、闭,以便用于转速测量,磁铁需装在被测轴上,这样被测轴每转一圈,舌簧开关便开闭一次而输出一个脉冲。也可以用一个随轴转动的转子来周期性地隔断其磁通。根据一定时间内舌簧开关开闭的次数或输出脉冲的多少,便可得知转速的高低。

四、位移传感器

角位移传感器在工程机械中应用较广,沥青混凝土摊铺机用于检测摊铺室内料堆高度的料位传感器以及自动找平系统的纵坡传感器等都属于角位移传感器,常用的角位移传感器有电位器式、互感式传感器以及涡流式传感器等。

1. 电位器式位移传感器

电位器式角位移传感器的传感元件为电位器,通过电位器将机械的角位移输入转换为与之成一定函数关系的电阻或电压输出。

1)电位器式传感器的原理与特性

电位器式传感器由电阻元件及电刷(活动触点)两个基本部分组成,如图7-25所示。电刷相对于电阻元件的运动可以是直线运动(图a)、旋转运动(图b),当电刷在电阻器上移动时,而且阻值R_{AC}与触点的直线位移或角位移x存在一定的函数关系。如果把CB短接,如图c)所示,则电位器作为变阻器使用,其电阻值为位移x的函数即

$$R_x = R_{AB} = R_{AC} = f(x)$$

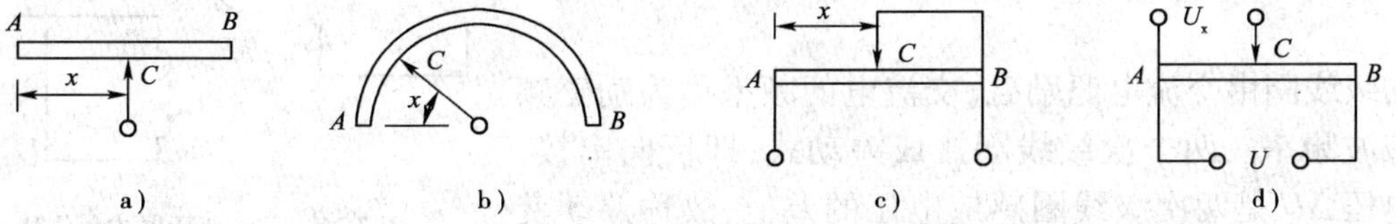

图7-25 电位器式传感器示意图

如果把电位器作为分压器使用(图 d),则其输出电压为位移 x 的函数即

$$U_x = U_{AC} = \frac{U}{R_{AB}}R_{AC} = \frac{U}{R}f(x)$$

根据电位器式传感器输出电压(电阻)与电刷位移的函数关系可将其分为:线性电位器和非线性电位器两类。

空载时输出电压(电阻)与电刷位移之间具有线性关系的电位器称为线性电位器,其输出电压(电阻)与电刷位移成正比即

$$R_x = \frac{R}{x_{max}}x, U_x = \frac{U}{R}R_x = \frac{U}{x_{max}}x$$

非线性电位器是指在空载时其输出电压(电阻)与电刷位移之间具有非线性函数关系的电位器,也称函数电位器。用非线性电位器可使传感器获得各种特殊要求的非线性函数(如指数函数、三角函数、对数函数及其他任意函数)输出。同时也可以通过它的非线性来修正仪表与传感器或带有负载的电位器的非线性,从而最终获得线性输出特性。

2)电位器式传感器的结构及分类

按结构形式,电位器传感器可分为线绕电位器和非线绕电位器两类。

线绕式电位器的电阻器是由电阻系数很高的极细的绝缘导线,按照一定规律整齐地绕在一个绝缘骨架上制成的,在它与电刷相接触的部分,将导线表面的绝缘层去掉,然后加以抛光,形成一个电刷可在其上滑动的光滑而平整的接触道。电刷通常由具有弹性的金属薄片或金属丝制成,其末端弯曲成弧形。利用电刷本身的弹性变形所产生的弹性力,使电刷与电阻元件之间有一定的接触压力,以使两者在相对滑动过程中保持可靠地接触和导电。

线绕电位器的优点是精度高、性能稳定,易于达到较高的线性度和实现各种非线性特性。但也存在许多缺点,如阶梯误差、分辨力低,耐磨性差、寿命较低等。

非线绕电位器目前常见的有合成膜、金属膜、导电塑料、导电玻璃釉电位器等。

非线绕电位器的特点是:分辨力高、耐磨性好、寿命长;但是对温度、湿度变化比较敏感,且要求接触压力大,只能用于推动力大的敏感元件。

2. 互感式位移传感器

互感式传感器的工作原理是利用电磁感应中的互感现象,将被测位移量转换成线圈互感的变化。这种传感器实质上就是一个变压器,所不同的是把中间铁心和位移连在一起,从而使互感与位移成一定的关系。由于常采用两个次级线圈组成差动式,故称之为差动变压器式位移传感器。

差动变压器式角位移传感器是通过将角位移转换成线圈互感的变化而实现角位移测量的。其主要由一个初级线圈、两个次级线圈及铁磁转子组成,图 7-26 为其电路图。

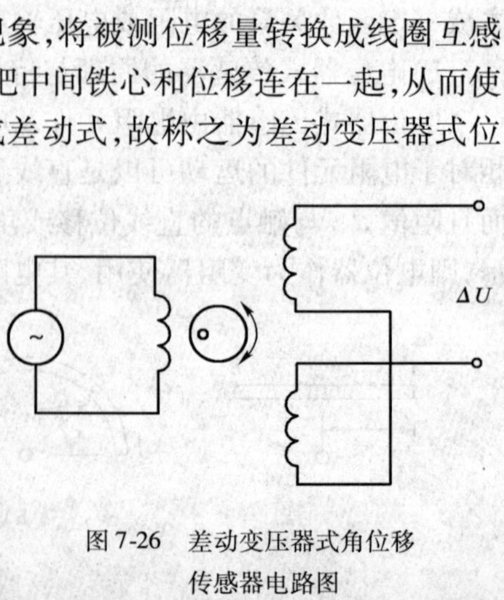

图 7-26 差动变压器式角位移传感器电路图

初级线圈由交流电源励磁,交流电的频率称为励磁频率或载波频率。两个次级线圈接成差动式,即反向串接,输出电压 ΔU 是两次级线圈感应电压的差值,故称差动变压器。当转子处于如图 7-26 所示的位置时,两个次级线圈

的磁阻相等，由于互感作用，两个次级线圈感应的电压大小相等，相位相反，故无输出电压。当转子向一侧转动时，一个次级线圈的磁阻将减小，使其与初级线圈偶合的互感系数增加，于是该次级线圈的感应电压增大。而另一次级线圈的变化情况则与其正好相反，这样传感器便有电压 ΔU 输出。输出电压的大小在一定范围内与转子的角位移成线性关系。

传感器输出的电压是交流，故不能给出转子的转向。经过放大和相位解调，则可得到正、负极性的直流输出电压，从而给出转子的转向。

3. 涡流式位移传感器

涡流式传感器的变换原理，是利用金属导体在交流磁场中的涡电流效应，其高频反射式涡流传感器的工作原理如图 7-27 所示，金属板置于一只线圈的附近，它们之间相互的间距为 δ，当线圈输入高频（几兆赫以上）激励电流 i 时，便产生交变磁通 Φ。金属板在此交变磁场中会产生感应电流 i_1 这种电流在金属体内是闭合的，所以称之为“涡电流”简称，“涡流”。与此同时，该涡流产生的交变磁场又反作用于线圈，引起线圈自感 L 或阻抗 Z_L 的变化，其变化与距离 δ、金属板的电阻率 ρ、磁导率 μ、激励电流强度及角频率 ω 等有关，若只改变距离 δ 而保持其他系数不变，则可将位移的变化转换为线圈自感的变化，并通过测量电路转换为电压输出。

涡流式传感器的结构简单，安装方便，易于进行非接触测量，灵敏度较高，抗干扰能力较强，不受油污等介质的影响等一系列优点。其测量范围约为 0 ~ 3mm，分辨力可达 1um。

五、料位传感器

料位是容器中液体物料的液位、粉状或颗粒状固体物料的料位及两种介质相界面位置的总称。

料位检测装置可分为两类：一类是连续检测料位变化的连续式料位传感器；另一类是以点测为目的的开关式料位计即料位开关。下面介绍几种工程机械中常用的料位检测装置。

1. 超声波式料位传感器

超声波式料位器是利用超声波定向传播性好、穿透性强，传播到有声阻抗差异的界面上时会显著反射的物理特征来检测物位高度。这种传感器目前在沥青混凝土摊铺机上广泛应用，主要用于检测和控制熨平板前的料堆高度以及用于自动调平系统的非接触式平均梁。如图 7-28 所示，图中 a）为单探头式超声波料位传感器，安装在被测液面（或料面）的上方，工作时在控制电路的控制下，超声波探头发出声波。声波以一定的速度传播，到达被测液面后反射回

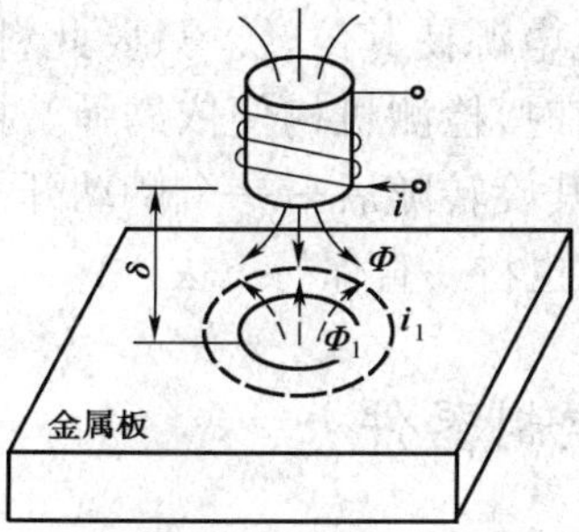

图 7-27　涡流式传感器示意图

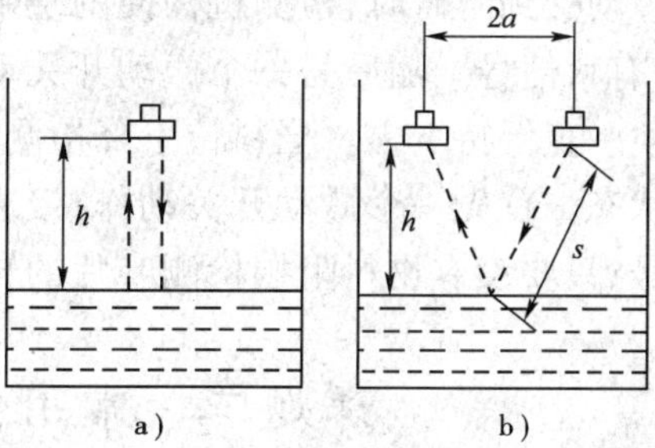

图 7-28　超声波式料位传感器测量原理

a）单探头传感器；b）双探头传感器

来,又被探头接收并转换为电信号。若超声波的传播速度为 v,超声波从发射到接收所经历的时间为 t,则料位器距被测液面的距离 h 为:

$$h = \frac{vt}{2}$$

图 b)为双探头式超声波料位传感器,其中一个探头起发射作用,另一个探头则起接受作用。工作时,由于声波经过的路程为 $2s$,由上式可知:

$$s = \frac{vt}{2}$$

因此,被测液面高度为 $h = \sqrt{s^2 - a^2}$。

2. 电容式料位传感器

电容式料位传感器是利用被测介质面的变化,引起电容变化的一种变介质型电容传感器。图 7-29a)用于测量非导电液体介质的液位,图 7-29b)用于测量非导电固体散料的料位。因为固体散料容易“滞留”,故一般不用双层电极,而用电极棒和容器壁组成内外电极。设内外电极的外径和内径为 d 和 D,复盖长度为 L,气介电常数为 ε_0 当电极间无液体或物料时电容为:

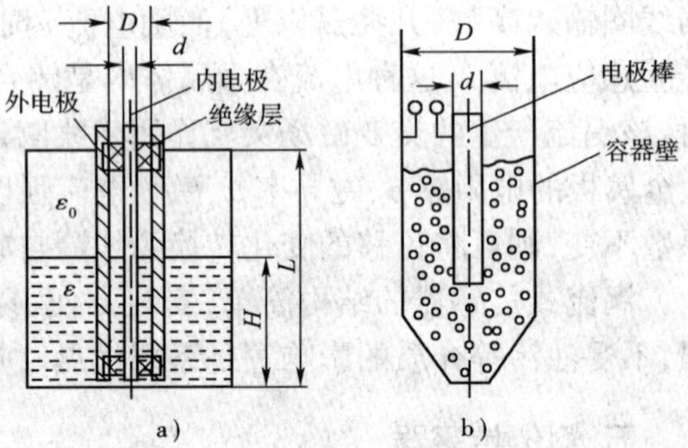

图 7-29　电容式料位传感器

$$C_0 = \frac{2\pi\varepsilon_0 L}{\ln D/d}$$

当内外电极间有液体或物料(其介电常数为 ε),高度为 H 时电容变化为:

$$\Delta C = C - C_0 = \frac{2\pi(\varepsilon - \varepsilon_0)}{\ln(D/d)}H$$

由上式可知,电容值与料位高度成正比,当料位改变时,电容量也随之改变。电容的变化被电子部件转变为与物位成正比的电压或电流信号,然后送给外接的仪表显示。

3. 阻旋式料位开关

阻旋式料位开关广泛应用于物料料位的上、下限监测和控制。料位开关利用微型电机做驱动装置,微电机经减速后,带动检测叶片以 1 ~ 5r/min 的转速旋转。当被测物料的料位上升使叶片的转动受到阻碍时,检测机构便围绕主轴产生旋转位移。此位移首先使一个微动开关动作,发出有料信号。随后另一个微动开关动作,切断电机电源使其停转。只要此料位不变,这种状态便一直保持下去。当料位下降检测叶片失去阻力时,检测机构便依靠弹簧拉力使其恢复原始状态。首先一个微动开关动作,接通电机电源使其旋转随后另一个微动开关动作发出无料信号,只要没有物料阻挡检测叶片的转动,此种状态也将一直保持下去。

课题二　常用低压电气控制器件

本课题主要介绍混凝土拌和设备中常用的低压电器。低压电器按用途和控制对象划分为低压配电电器和低压控制电器两类。低压配电电器主要包括刀开关、组合开关、熔断器和断路器等。低压控制电器主要包括接触器、继电器、电磁铁等。

一、低压开关

低压开关主要用作隔离、转换及接通和分断电路，多用作电路的电源开关和局部照明电路的控制开关，有时也可用来直接控制小容量电动机的起动、停止和正、反转。

1. 封闭式负荷开关

封闭式负荷开关是在开启式负荷开关的基础上改进设计的一种开关。其灭弧性能、操作性能、通断能力和安全防护性能都优于开启式负荷开关。因其外壳多为铸铁或用薄钢板冲压而成，故俗称铁壳开关。封闭式负荷开关可用于手动不频繁地接通和断开带负载的电路以及作为线路末端的短路保护，也可用于控制15kW以下的交流电动机不频繁地直接起动和停止。

(1)封闭式负荷开关的结构

封闭式负荷开关主要由触头系统、灭弧系统、熔断器及操作机构等3部分组成。它的结构如图7-30所示。

封闭式负荷开关的灭弧装置由E型灭弧室和钢纸板与离子栅片构成的灭弧室两种。配用的熔断器额定电流在60A及以下为瓷插式熔断器，额定电流在100A及以上为填料封闭式熔断器。封闭式负荷开关的操作机构具有以下两个特点：一是采用了储能分合闸方式，使触头的分合速度与手柄的操作速度无关，有利于迅速熄灭电弧，从而提高开关的通断能力，延长其使用寿命；二是设置了连锁装置，保证在合闸状态下不能开启开关盖，而开关盖开启时又不能合闸，确保操作安全。

封闭式负荷开关的图形符号和文字符号如图7-31所示。

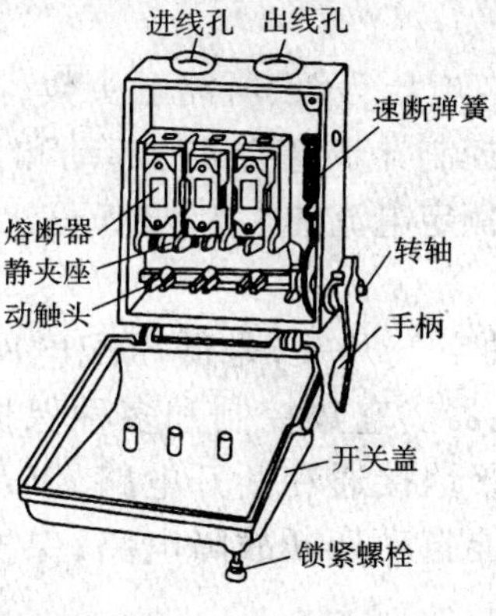

图7-30　封闭式负荷开关结构图

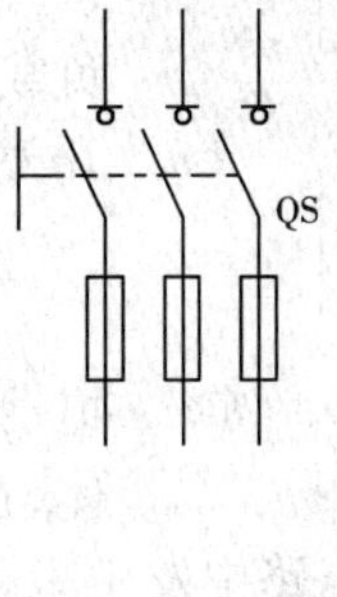

图7-31　封闭式负荷开关的图形和文字符号

(2)封闭式负荷开关的选用

封闭式负荷开关的额定电压应不小于线路工作电压。用于控制照明、电热负载时，开关的额定电流应不小于所有负载额定电流之和；用于控制电动机时，开关的额定电流应不小于电动机额定电流的3倍。

2. 组合开关

组合开关又称转换开关，主要用作电源引入开关，所以也称电源隔离开关。其操作手柄不像一般刀开关手柄一样垂直于安装平面，而是与其安装平面平行。组合开关体积小，触头对数多,接线方式灵活,操作方便,常用于交流380V以下及直流220V以下的电气线路中,供手动不频繁地接通和断开电路、换接电源和负载以及控制5kW以下小容量异步电动机的起动、停止和正反转。

(1)组合开关的结构

组合开关的外形与结构如图7-32所示。

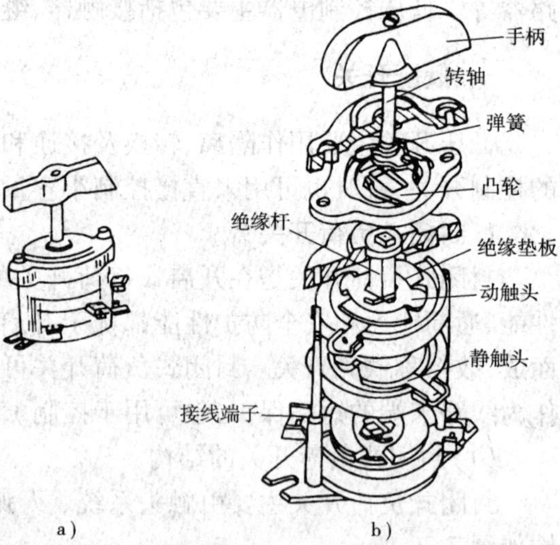

图7-32　组合开关的外形与结构图
a)外形圈;b)结构圈

开关的3对静触头分别装在3层绝缘垫板上,并附有接线柱,用于与电源及用电设备相接。动触头是由磷铜片(或硬紫铜片)和具有良好灭弧性能的绝缘钢纸板铆合而成,并和绝缘垫板一起套在附有手柄的方形绝缘转轴上。手柄和转轴能在平行于安装面的平面内沿顺时针或逆时针方向每次转动90°,带动3个动触头分别与3对静触头接触或分离,实现接通或分断电路的目的。开关的顶盖部分是由滑板、凸轮、扭簧和手柄等构成的操作机构。由于采用了扭簧储能,可使触头快速闭合或分断,从而提高了开关的通断能力。组合开关的绝缘垫板可以一层层组合起来,最多可达6层。按不同方式配置动触头和静触头,可得到不同类型的组合开关,以满足不同的控制要求。

组合开关的图形符号和文字符号如图7-33所示。

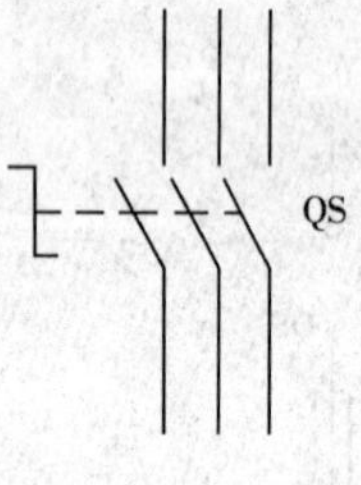

图7-33　组合开关的图形文字符号

(2)组合开关的选用

组合开关应根据电源种类、电压等级、所需触头数、接线方式和负载容量进行选用。用于直接控制异步电动机的起动和正、反转时,开关的额定电流一般取电动机额定电流的1.5~2.5倍。

3. 自动空气断路器

自动空气断路器又称自动空气开关,是低压配电网络和电力拖动系统中常用的一种配电电器。它集控制和多种保护功能于一体,在正常情况下可用于不频繁地接通和断开电路,以及控制电动机的运行。当电路中发生短路、过载和失压等故障时,能自动切断故障电路,保护线路和电气设备。

(1)自动空气断路器的结构及工作原理

自动空气断路器主要由动触头、静触头、灭弧装置、操作机构、热脱扣器、电磁脱扣器及外壳等部分组成,其工作原理如图7-34所示。

断路器在使用时,其主触头13串联在被控制的三相电路中,当手动将开关扳到"合"位置(图中未画出),外力使锁扣克服反作用弹簧1的反力,将固定在锁扣2上面的动触头和静触头闭合,并由锁扣2锁住搭钩3使动、静触头保持闭合,开关处于接通状态。要使开关断开时,用手将开关扳到"分"位置,搭钩3被杠杆5顶开,主触头13就被反作用弹簧1拉开,电路断开。

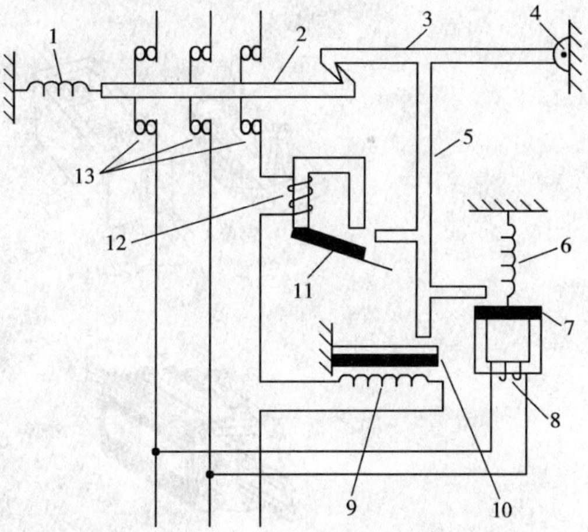

图 7-34　自动空气断路器工作原理示意图

1-反作用弹簧;2-锁扣;3-搭钩;4-转轴座;5-杠杆;6-拉力弹簧;7-欠压脱扣器衔铁;8-欠压脱扣器;9-热元件;10-热脱扣器双金属片;11-电磁脱扣器衔铁;12-电磁脱扣器;13-主触头

当线路发生过载时,过载电流流过热元件产生一定的热量,使双金属片 10 受热弯曲,通过杠杆 5 推动搭钩 3 与锁扣 2 脱开,在反作用弹簧 1 的推动下,动、静触头分开,从而切断电路,使用电设备不致因过载而烧毁。

当线路发生短路故障时,短路电流超过电磁脱扣器 12 的瞬时脱扣整定电流,电磁脱扣器 12 产生足够大的吸力将衔铁 11 吸合,通过杠杆 5 推动搭钩 3 与锁扣 2 分开,从而切断电路,实现短路保护。低压断路器出厂时,电磁脱扣器的瞬时脱扣整定电流一般整定为 $10I_N$(I_N 为断路器的额定电流)。

欠压脱扣器的动作过程与电磁脱扣器相反。当线路电压正常时,欠压脱扣器 8 的衔铁 7 被吸合,欠电压脱扣器衔铁 7 与杠杆 5 脱离,断路器的主触头 13 能够闭合;当线路上的电压消失或下降到某一数值时,欠压脱扣器 8 的吸力消失或减小到不足以克服拉力弹簧 6 的拉力时,欠电压脱扣器的衔铁 7 在拉力弹簧 6 的作用下撞击杠杆 5,将搭钩 3 顶开,使触头分断。由此可看出,具有欠压脱扣器的断路器在欠压脱扣器两端无电压或电压过低时,不能接通电路。

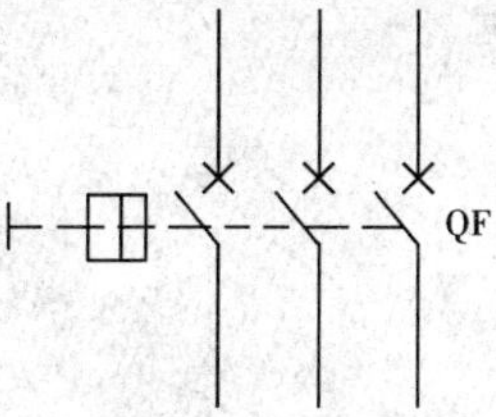

图 7-35　自动空气断路器符号

自动空气断路器在电路中的符号如图 7-35 所示。

(2)自动空气断路器的选用

①自动空气断路器的额定工作电压不小于线路额定电压。

②自动空气断路器的额定电流不小于线路计算负载电流。

③热脱扣器的整定电流等于所控制负载的额定电流。

④电磁脱扣器的瞬时脱扣整定电流大于负载电路正常工作时的峰值电流。

⑤自动空气断路器欠电压脱扣器的额定电压等于线路额定电压。

二、熔断器

熔断器是在低压配电网络和电力拖动系统中用作短路保护的电器。当电路发生短路故障时,使熔体发热而瞬间熔断,从而自动分断电路,进而起到保护作用。它可分为半封闭插入式、无填料封闭管式、有填料封闭管式和螺旋式 4 类。

1. 熔断器的结构

熔断器主要由熔体、熔管和熔座 3 部分组成。熔体的材料通常有两种,一种是由铅、铅锡合金或锌等低熔点材料制成,用于小电流电路;另一种是由银、铜等较高熔点的金属制成,多用于大电流电路。常用低压熔断器外形和内部结构如图 7-36 所示。

2. 熔断器的选用

(1)熔断器类型的选择

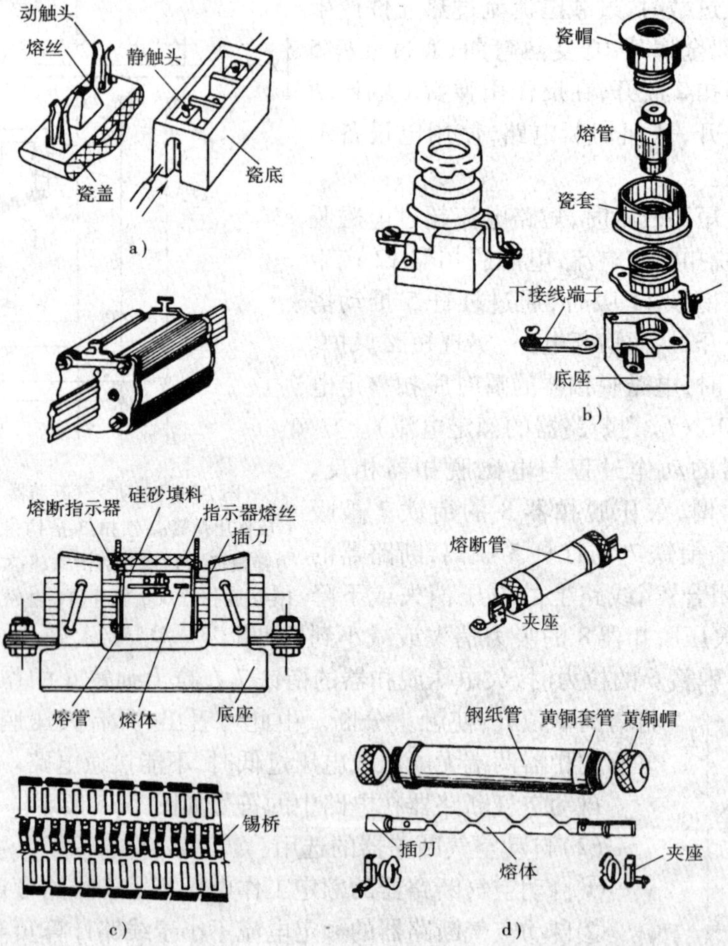

图 7-36　常用熔断器的外形及结构

a)插入式熔断器;b)螺旋式熔断器;c)有填料封闭管式熔断器;d)无填料封闭管式熔断器

①根据使用环境和负载性质选择适当类型的熔断器。电网配电一般用管式熔断器;电动机保护一般用螺旋式熔断器;照明电路一般用瓷插式熔断器;保护晶闸管器件则应选择快速熔断器。

②选择熔断器时必须满足的要求是:熔断器的额定电压应不小于线路的工作电压和熔断器的额定电流应不小于所装熔体的额定电流。

(2)熔体额定电流的选择

①对于照明和电热负载线路,熔体的额定电流应等于或稍大于所有负载的额定电流之和。

②对于单台电动机线路,熔体的额定电流应大于或等于 1.5 ~2.5 倍电动机的额定电流。

③对于多台电动机线路,熔体的额定电流应大于或等于其中最大容量电动机额定电流的 1.5 ~2.5 倍加上其余电动机额定电流的总和。

三、交流接触器

接触器是一种自动的电磁式开关,适用于远距离频繁地接通或断开交流主电路及大容量控制电路。它主要控制对象是电动机,它不仅能实现远距离自动操作和欠电压释放保护功能,而且具有控制容量大、工作可靠、操作频率高、使用寿命长等优点,在电力拖动系统中得到广泛应用。

1. 交流接触器的结构

接触器主要由电磁系统、触头系统、灭弧装置及辅助部件等组成。常用交流接触器如图 7-37 所示。

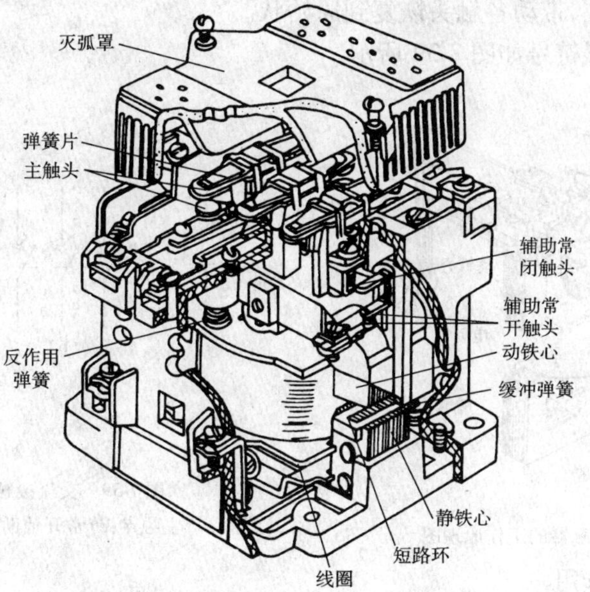

图 7-37　交流接触器结构示意图

(1)电磁系统:交流接触器的电磁系统主要有线圈、铁心和衔铁 3 部分组成。其作用是利用电磁线圈的通电或断电,使衔铁和铁心吸合或释放,从而带动动触头和静触头闭合或分断,实现接通或断开电路的目的。

(2)触头系统:交流接触器的触头一般采用双断点桥式触头。

按通断能力划分,交流接触器的触头分为主触头和辅助触头。主触头用以通断电流较大的主电路,一般由 3 对接触面较大的常开触头组成。辅助触头用以通断电流较小的控制电路,一般有两对常开和两对常闭触头组成。所谓触头的常开和常闭,是指电磁系统未通电动作时触头的状态。常开触头和常闭触头是联动的。当线圈通电时,常闭触头先断开,常开触头随后闭合;当线圈断电时,常开触头首先恢复断开,随后常闭触头恢复闭合。

(3)灭弧装置:交流接触器在断开大电流或高电压电路时,在动、静触头之间会产生很强的电弧。电弧是触头间气体在强电场作用下产生放电现象。电弧的产生,一方面会灼伤触头,减少触头的使用寿命;另一方面会使电路切断时间延长,甚至造成弧光短路或引起火灾事故。因此,希望触头间的电弧能尽快熄灭。容量在 10A 以上的接触器都装有灭弧装置。小容量的接触器常采用双断口电动力灭弧、相间隔板及陶土灭弧罩灭弧;大容量接触器采用纵缝灭弧、栅片灭弧。

(4)辅助部件:交流接触器的辅助部件有反作用弹簧、缓冲弹簧、触头压力弹簧、传动机构及底座、接线柱等。

2. 交流接触器的工作原理

交流接触器的工作原理如图 7-38 所示。

当接触器的线圈通电后,线圈中流过的电流产生磁场,使铁心产生足够大的吸力,克服反作用弹簧的反作用力,将衔铁吸合,通过传动机构带动三对主触头和辅助常开触头闭合,辅助常闭触头断开。当接触器线圈断电或电压显著下降时,由于电磁吸力消失或过小,衔铁在反作用弹簧力的作用下复位,带动各触头恢复到原始状。

交流接触器的图形符号如图 7-39 所示。

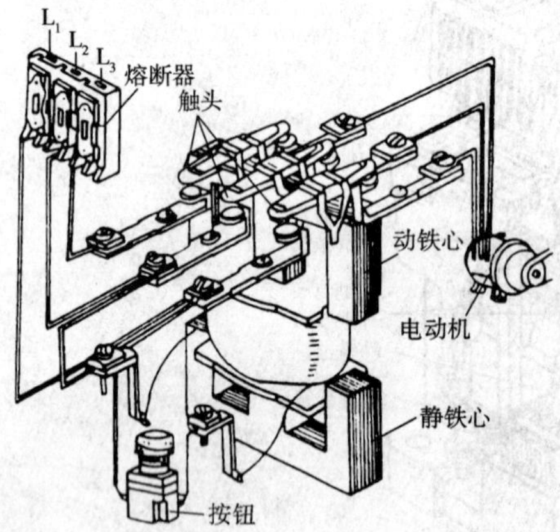

图 7-38　交流接触器的工作原理图

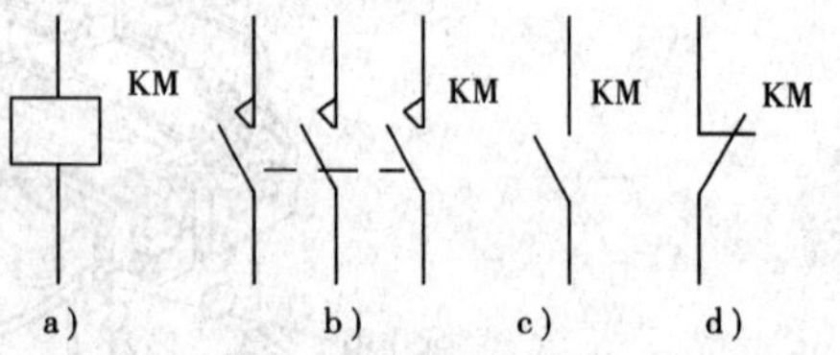

图 7-39　交流接触器的图形符号

a)线圈;b)主触点;c)常开辅助触点;d)常闭辅助触点

3. 交流接触器的选用

(1)选择接触器主触头的额定电压。接触器主触头的额定电压应大于或等于控制线路的额定电压。

(2)选择接触器主触头的额定电流。接触器控制电阻性负载时,主触头的额定电流应等于负载的额定电流。控制电动机时,主触头的额定电流应大于或稍大于电动机的额定电流。

(3)选择接触器吸引线圈的电压。当控制线路简单,使用电器较少时,为节省变压器,可直接选用 380V 或 220V 的电压。当线路复杂,使用电器超过 5 个时,从人身和设备安全的角度考虑,吸引线圈电压要选低一些,可用 36V 或 110V 电压的线圈。

四、继电器

继电器是一种根据输入信号的变化,接通或断开小电流电路,实现自动控制和保护电力拖动装置的电器。同接触器相比较,继电器具有触头分断能力小、结构简单、体积小、重量轻、反应灵敏、动作准确、工作可靠等特点。

继电器主要由测量机构、中间机构和执行机构 3 部分组成。

继电器的分类方法很多,下面我们按照继电器在电路中的作用不同将其分为中间继电器、热继电器、时间继电器。

1. 中间继电器

中间继电器实际上是电压继电器,主要用途是进行电路的逻辑控制或实现触点转换与扩展,因而触点队数较多。由于中间继电器的触头容量较小,一般不能在主电路中应用。

（1）中间继电器的结构中间继电器由线圈、静铁心、动铁心、触头系统、反作用弹簧及复位弹簧等组成。常用中间继电器的结构如图 7-40 所示。

中间继电器的图形符号如图 7-41 所示。

（2）中间继电器的选用主要根据被控制电路的电压等级、所需触头的数量、种类、容量等要求来选择。

2. 热继电器

热继电器一般作为交流电动机的过载保护用，热继电器有两相结构、三相结构和三相带断相保护装置等 3 种类型。

（1）热继电器的结构

它是由热元件、触头系统、动作机构、复位机构和整流电流装置组成。其外形和结构示意图如图 7-42 所示。

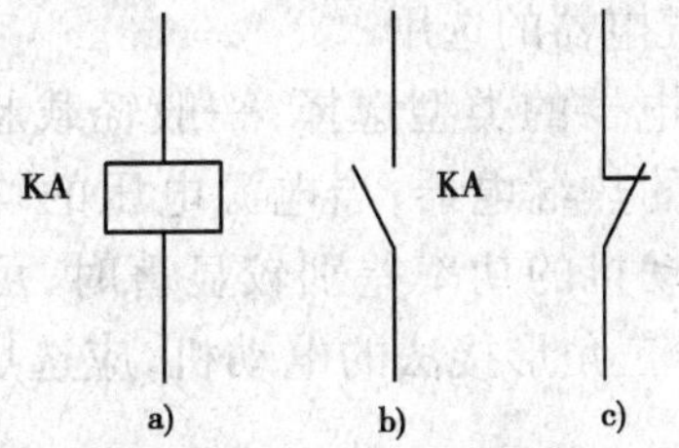

图 7-41　中间继电器的图形符号

a）线圈；b）常开触点；c）常闭触点

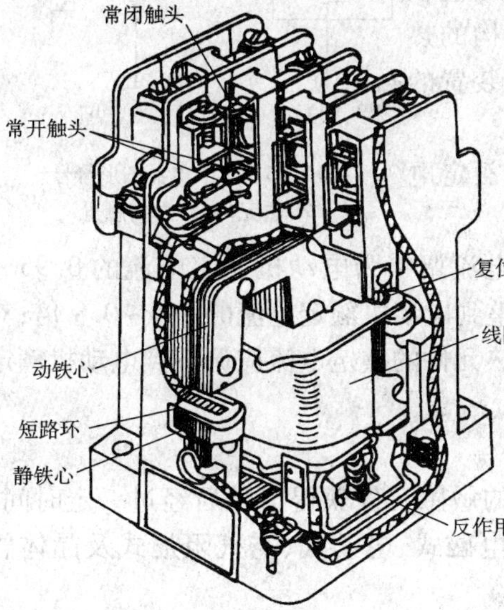

图 7-40　中间继电器的结构示意图

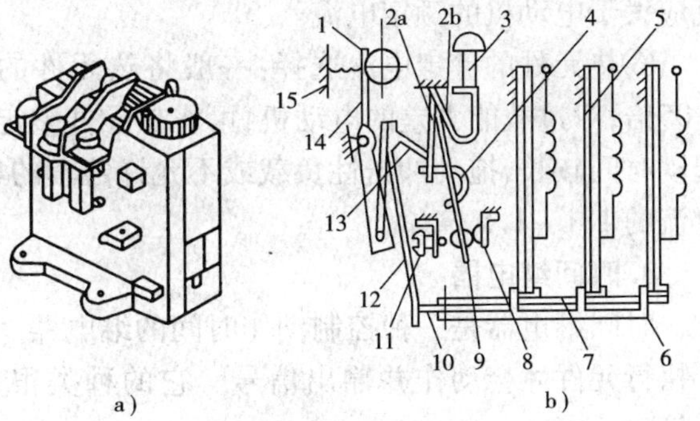

图 7-42　热继电器

a）外形图；b）结构示意图

1-电流调节凸轮；2a、2b-片簧；3-手动复位按钮；4-弓簧；5-主双金属片；6-外导板；7-内导板；8-静触头；9-动触头；10-杠杆；11-复位调节螺钉；12-补偿双金属片；13-推杆；14-连杆；15-压簧

①热元件：热元件是热继电器的主要组成部分，由主双金属片和绕在外面的电阻丝组成。主双金属片是由两种热膨胀系数不同的金属片复合而成。

②动作机构和触头系统：动作机构利用杠杆传递及弓簧式瞬跳机构来保证触头动作的迅速、可靠。触头为单断点弓簧跳跃式动作一般为一个常开触头、一个常闭触头。

③电流整定装置：通过旋钮和电流调节凸轮调节推杆间隙，改变推杆移动距离，从而调节整定电流。

④温度补偿元件:温度补偿元件也为双金属片,其受热弯曲的方向与主双金属片一致,它能保证热继电器的动作特性在 -30 ~ +40℃的环境温度范围内,不受周围介质温度的影响。

⑤复位机构:复位机构有手动和自动两种形式可根据使用要求通过复位调节螺钉来自由调整选择。

(2)工作原理

如图 7-42b)使用时,将热继电器的三相热元件分别串接在电动机的三相主电路中,常闭触头串接控制回路中。当发生过载时,电阻丝发热,使主双金属片受热弯曲,推动导板 6 和 7,并通过温度补偿双金属片 12 推动推杆 13 绕轴转动,从而推动触头系统动作,动触头 9 与常闭静触头 8 分开,将控制电路切断。电源切除后,主双金属片逐渐冷却恢复原位,于是动触头在失去作用力的情况下,靠弓簧 4 的弹性自动复位。

热继电器在电路中的图形符号如图 7-43 所示。

(3)热继电器的选用

①热继电器的类型选择:一般轻载起动、短时工作,可选择二相结构的热继电器;当电源电压的均衡性和工作环境较差或多台电动机的功率差别较显著时,可选择三相结构的热继电器;对于三角形接法的电动机,应选用带断相保护装置的热继电器。

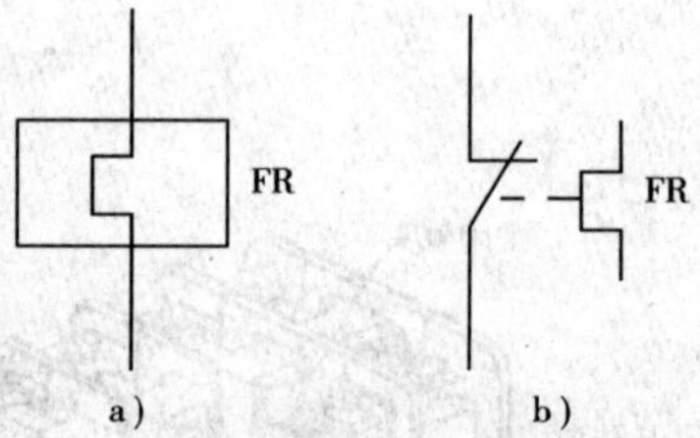

图 7-43 热继电器图形符号
a)热元件;b)常闭触点

②热继电器的额定电流及型号选择:热继电器的额定电流应大于电动机的额定电流。

③热元件的整定电流选择:一般将热元件的整定电流调整为电动机额定电流的 0.95 ~ 1.05倍;对过载能力差的电动机,可将热元件整定值调整到电动机额定电流的 0.6 ~ 0.8 倍;对起动时间较长,拖动冲击性负载或不允许停车的场合,热元件的整定电流应调节到电动机额定电流的 1.1 ~ 1.5 倍。

3. 时间继电器

时间继电器是一种控制动作时间的继电器。当它的敏感元件获得信号后经过一定时间,其执行元件才会动作并输出信号。它的种类很多,有电磁式、电动式、空气阻尼式及晶体管式等。

晶体管时间继电器也称为半导体式时间继电器,其具有延时范围广、体积小、重量轻、延时精度高、寿命长、工作稳定可靠、调节和安装维修方便、触点输出容量大、耐冲击和耐震动等优点,因此目前公路工程拌和设备中应用最广泛。

图 7-44 所示为 JSJ 型晶体管时间继电器的电路原理图。

当变压器原边通电时,正、负半波分别由两个副边通过继电器 K 的动断触点以及电阻 R、R_1、R_2 向电容器 C 充电。刚开始时 VD_1 导通,VD_2 截止,继电器 K 的线圈没有电流通过,触点不动作。经过一定时间,A 点电位升高,当高于 B 点的电位时,VD_3 导通,从而使 VD_1 截止,VD_2 导通,并通过 R_5 产生正反馈,使 VD_1 加速截止,VD_2 迅速导通。于是 VD_2 集电极电流通过继电器 K 的线圈,使输出触点动作。同时其动断触点断开充电回路,动合触点接通放电回路,为下一次充电做好准备。电源断开后,继电器即可释放。改变 RC 电路参数就可以得到不同的延时时间。

时间继电器的图形符号如图 7-45 所示。

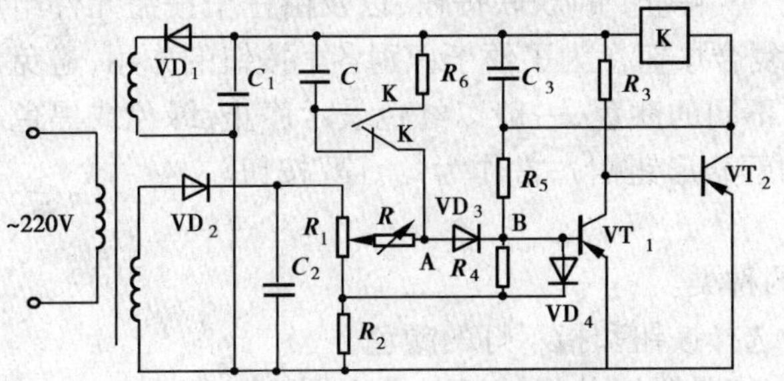

图 7-44　JSJ 型晶体管时间继电器的电路原理图

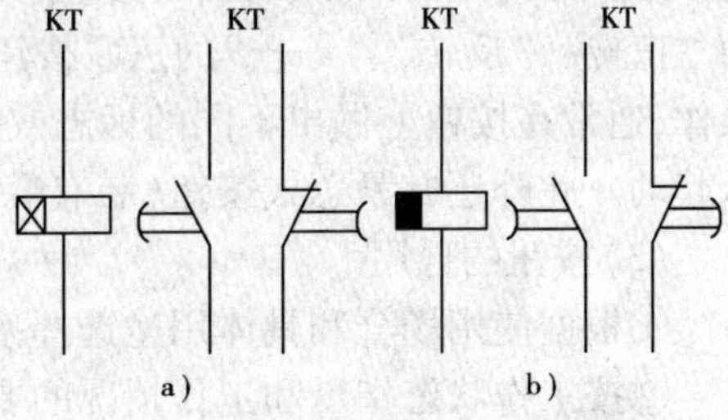

图 7-45　时间继电器图形符号

a)通电延时型；b)断电延时型

时间继电器的选用：晶体管时间继电器主要应根据延时范围要求及延时方式要求来选择。

五、主令电器

主令电器主要用于闭合、断开控制电路，以发出信号或命令，实现对电力系统的控制。

常用的主令电器有按钮、位置开关等。

1. 按钮

按钮是一种以短时接通或分断小电流电路的电器，它不直接用于控制主电路的通断，而是在控制电路中发出"指令"去控制接触器、继电器等电器，再由它们去控制主电路。

(1)按钮的结构

按钮开关一般由按钮帽、复位弹簧、触头元件和外壳等组成。图 7-46 所示是按钮开关的结构示意图。

按下按钮帽，常开触点闭合，而常闭触点断开，从而同时控制了两条电路。松开按钮帽，则在弹簧的作用下使触点恢复原位。

图 7-47 为按钮开关的图形符号。

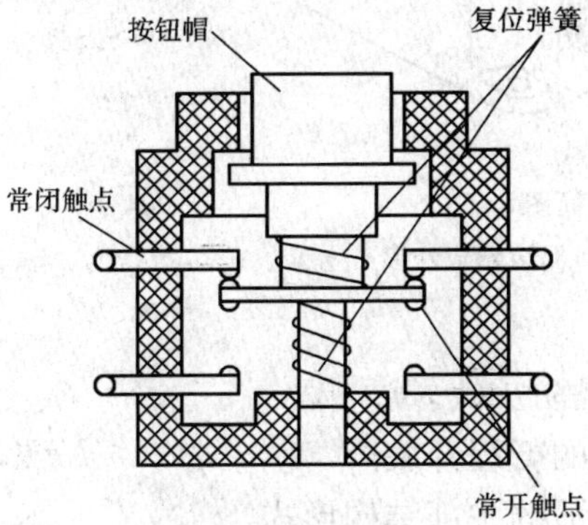

图 7-46　按钮开关结构示意图

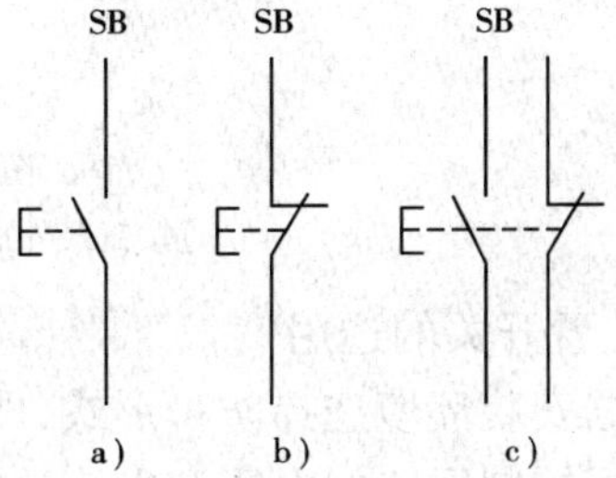

图 7-47　按钮开关的图形符号

a)动合按钮；b)动断按钮；c)复合按钮

(2)按钮开关的作用和类型

按钮开关可用做远距离控制接触器、继电器等，从而控制电动机的起动、反转和停转。按钮开关可制成单式,也可以在一个按钮盒内包括两个以上的按钮元件,在线路中起不同的作用。最常见的是由两个按钮元件组成"起动"、"停止"的双联按钮,以及由三个按钮元件组成的"正转"、"反转"、"停止"的三联按钮,即复合按钮。为了便于识别各个按钮的作用,避免误操作,通常在按钮上做出不同的标志或涂以不同的颜色,一般以红色表示停止,绿色或黑色表示起动。此外还有紧急式按钮(装有突出的蘑菇形钮帽),常作为"急停"按钮。

(3)按钮的选用

①根据使用场合和具体用途选择按钮的种类。

②按工作状态指示和工作情况的要求,选择按钮和指示灯的颜色。

③按控制回路的需要,确定按钮的数量,如单联钮、双联钮和三联钮等。

2. 位置开关

位置开关又称为行程开关或限位开关,它的作用与按钮相同,只是其触头的动作不是靠手动操作,而是利用某些机械运动部件上的挡铁碰撞其滚轮,使触头动作来实现接通或分断某些电路,使之达到一定的控制要求。

位置开关按其结构形式可分为按钮式、滚轮式和微动式三种。

(1)位置开关的结构

位置开关的结构是由触头系统、操作机构和外壳组成。常见位置开关的外形和结构如图7-48所示。

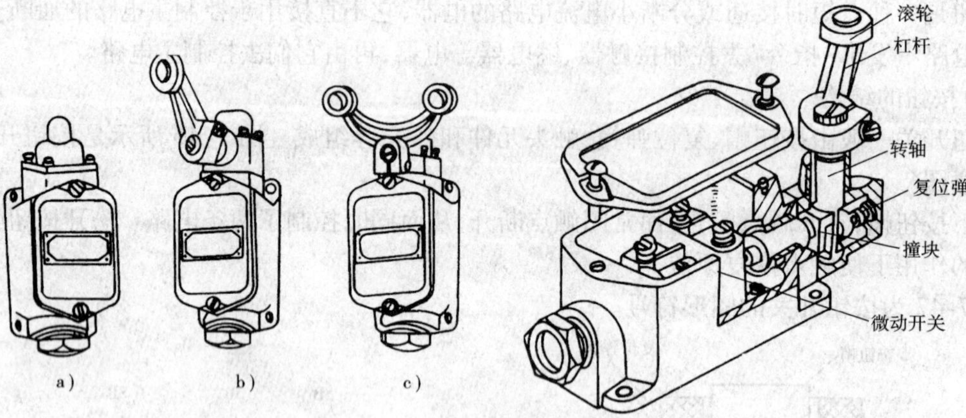

图7-48 位置开关结构简图

a)按钮式外形;b)单滚轮式外形;c)双滚轮式外形

(2)位置开关的选用

①根据安装环境选择防护形式,即选择开启式还是防护式。

②根据控制回路的电压和电流选择采用何种系统的行程开关。

③根据机械与行程开关的传力与位移关系选择合适的头部结构形式。

实训一 低压开关的拆装与检修

一、目的

能够对常用低压开关进行正确拆卸、组装及排除常见故障。

二、设备与器材

(1)工具:尖嘴钳、螺丝刀、活扳手、镊子等。

(2)仪表:万用表、绝缘电阻表。

(3)器材:组合开关一只。

三、内容与步骤

(1)内容:将组合开关原状态为三常开(或三常闭)的三对触头,改装为两常开一常闭(或两常闭一常开)的状态。

(2)训练步骤

①卸下手柄紧固螺钉,取下手柄。

②卸下支架上紧固螺母,取下顶盖、转轴弹簧和凸轮等操作机构。

③抽出绝缘杆,取下绝缘板上盖。拆卸三对动、静触头。

④检查触头、转轴弹簧有无损坏。

⑤将任意一相的动触头旋转90°,然后按逆顺序安装好。

四、实训注意事项

(1)拆卸时,应备好盛放零件的容器,防止零件丢失。

(2)拆卸过程中,不允许硬撬以防止损坏电器。

五、实训小结(实训报告)

总结出改装原理。

实训二　交流接触器的拆装与检修

一、目的

(1)能够对常用交流接触器进行正确拆卸、组装及排除常见故障。

(2)能够对交流接触器进行必要的校验和调整。

二、设备与器材

(1)工具:尖嘴钳、螺丝刀、电工刀、剥线钳、镊子等。

(2)仪表:万用表、绝缘电阻表、电流表(5A)、电压表(600V)。

(3)器材:调压变压器、交流接触器、指示灯、连接导线等。

三、内容与步骤

内容:交流接触器的拆卸、检修与装配

1.拆卸

(1)卸下灭弧罩紧固螺钉,将灭弧罩取下。

(2)拉紧主触头定位弹簧夹,取下主触头及主触头压力弹簧片。拆卸主触头时必须将主触头侧转45°后再取下。

(3)松开辅助常开静触头的线桩螺钉,将常开静触头取下。

(4)松开接触器底部的盖板螺钉,取下盖板。

(5)取下静铁心缓冲绝缘纸片及静铁心。

(6)取下静铁心支架及缓冲弹簧。

(7)拔出线圈接线端的弹簧夹片,将线圈取下。

(8)取下反作用弹簧。

(9)取下衔铁和支架。

(10)从支架上取下动铁心定位销。

2. 检修

(1)检查灭弧罩有无破裂或烧损,清除灭弧罩内的金属飞溅物和颗粒。

(2)检查触头的磨损程度,磨损严重时应更换触头。若不需更换,则清除触头表面上烧毛的颗粒。

(3)清除铁心端面的油垢,检查铁心有元变形及端面接触是否平整。

(4)检查触头压力弹簧及反作用弹簧是否变形或弹力不足。如果有需要则更换弹簧。

(5)检查电磁线圈是否有短路、断路及发热变色现象。

3. 装配

按拆卸的逆顺序进行装配。

4. 自检

用万用表欧姆挡检查线圈及各触头是否良好:用绝缘电阻表测量各触头间及主触头对地电阻是否符合要求;用手按动主触头检查运动部分是否灵活,以防产生接触不良、振动和噪声。

四、实训注意事项

(1)拆卸时,应备好盛放零件的容器,防止零件丢失。

(2)拆卸过程中,不允许硬撬以防止损坏电器。装配辅助静触头时,要防止卡住动触头。

(3)通电校验时,接触器应固定在控制板上,并有教师监护,以确保用电安全。

(4)通电校验过程中,要均匀、缓慢地改变调压变压器的输出电压,以使测量结果尽量准确。

(5)调整触头压力时,注意不得损坏接触器的主触头。

五、实训小结(实训报告)

写出拆装过程中的操作步骤;检查内容和方法;拆检过程的注意事项。

思考题

1. 适于制作温度测量敏感元件的电阻材料有哪些?有何要求?
2. 热电偶传感器和热电阻传感器有何区别?
3. 电阻应变式称重传感器的结构、原理是怎样的?
4. 转速传感器有哪几种形式?各是如何测速的?
5. 超声波式料位传感器是如何测量料位高度的?
6. 低压电器中组合开关的结构、工作原理。
7. 交流接触器、热继电器、时间继电器的结构、工作原理。
8. 分析学习传感器、低压控制电器在工程机械上的用途。

Danyuanba
单元八

沥青混凝土摊铺机电控系统

知识点

1. 沥青混凝土摊铺机电控系统的组成及功能；
2. 沥青混凝土摊铺机电控系统的常见故障及排除方法。

电控系统在保证摊铺机作业速度恒定;供料速度与行走速度合理匹配;浮动熨平板随道路起伏而自动调平;以及在摊铺机监控报警等方面起着重要的作用。现代化的摊铺机几乎所有的操作都已采用电控方式控制,而电控系统的品质,将直接影响到摊铺机的工作可靠性、作业效率、摊铺质量及使用寿命。

摊铺机的电控系统,按其功能可分为:车辆电系(包括发动机起动与供电、仪表与报警、照明信号等)、行驶电系、供料电系、调平电系及加热电系等。现以使用较普遍的德国 ABG 公司生产的 TITAN423、TNTAN411 摊铺机为例,介绍沥青摊铺机电控系统的功能、组成及原理。

课题一 车辆电控系统

摊铺机的车辆电控系统包括发动机起动电路、蓄电池充电电路、仪表及报警电路、中央润滑电路、紧急停车电路及照明电路等。下面以图 8-1 所示的 ABG 生产的 TITA423 型摊铺机车辆电控系统电路为例对其作一介绍。

一、发动机起动电路

起动电路由两块串联的 12V 蓄电池 G2、直流起动机 M1、继电器 K4 及 K36、起动加浓电磁阀 Y43、燃油控制电磁阀 Y40、起动开关 S1 等组成。

起动开关 S1 用于全车电路供电的控制及发动机的起动,其有 0 ~ 3 4 个位置:“0”位时无工作电压输出;“1”位时有工作电压输出;“2”位时无功用;“3”位时用于起动发动机。

起动发动机时,行驶操纵手柄需放在“中位”,使开关 S24 的触点 1/01、2/02 闭合,这样才有可能使起动电路接通。将起动开关 S1 转至位置“3”后,S1 的接线端子 15/54 和 50a 通过 F1 与蓄电池相通,有 24V 电压输出 O 此时继电器 K31、K21、K20、K22 以及燃油控制电磁阀 Y40 得电动

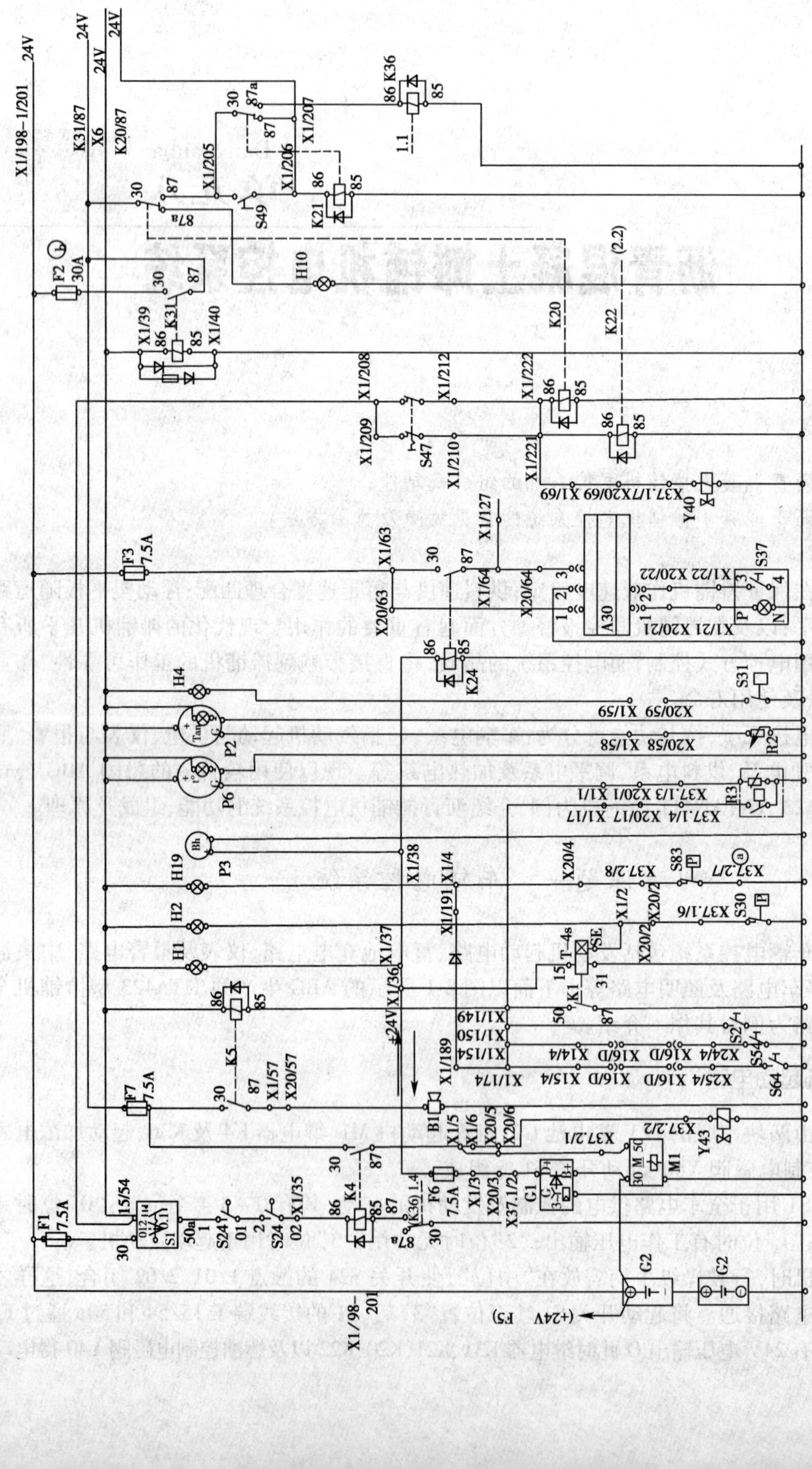

图 8-1 ABG423 型摊铺机车辆电控系统电路

作，Y40 的动作接通了发动机的燃油供给通道，K31 常开触点的闭合将蓄电池的 24V 电压经 F2 和 F7 接至起动继电器 K4 常开触点的端子 30，为起动机的起动作好电源的准备。K20 的常开触点 30/87 闭合后，经 K21 的常闭触点 30/87a 又使 K36 得电动作。K36 的常开触点 30/87 及 S24 的触点 1/01、2/02 的闭合，接通了起动继电器 K4 的电路，使起动机 M1 的接线柱 50 得电，接通了起动机的控制电路，起动机开始起动。与此同时，起动加浓电磁阀 Y43 也通电，额外多供给燃油，使发动机冷起动容易。

发动机起动后应立即将起动开关转至位置“I”，使继电器 K4 断电，切断起动机的起动控制电路及起动加浓电磁阀 Y43 的电路，起动机便停止工作。

二、蓄电池充电电路

充电电路主要由蓄电池 G2、交流发电机 G1 及充电指示灯 H1 组成。交流发电机 G1 采用内置式电子电压调节器，发电机的正极 B + 与串联后的蓄电池正极直接相连。发电机不工作时，系统电路由蓄电池供电。当发电机发电且输出电压超过蓄电池的电压时，发电机一方面向系统电路供电，同时还向蓄电池充电。充电指示灯 H1 用来指示蓄电池充电是否正常。当 S1 位于“1”位置而发动机没工作或发电机有故障不发电时，指示灯 H1 亮，其闭合回路为：蓄电池正极→F1→51 的接线柱 15/54→H1→F6→发电机的接线柱 D + →地线→蓄电池负极。当发电机正常发电时，发电机的 B + 和 D + 的输出电压相等，因此 H1 两端的压差为零，H1 熄灭。

三、仪表及报警电路

1. 蓄电池充电指示

通过蓄电池充电灯 HI 来指示蓄电池充电是否正常，发动机运转时若发电机不发电或发出的电压过低，则指示灯明亮，此时应停车检查充电系。

2. 电喇叭报警电路

电喇叭 B1 的工作受继电器 K5 控制，K5 得电动作后其触点才能接通电喇叭的电路。K5 的接地端与由开关 S64、S54、S2，延时继电器 K1，风扇皮带压力传感器 S83 及冷却水温传感器 R3 所形成的并联回路相连，其中的任何一个电路接通，都可使继电器 K5 得电动作，而使喇叭发声报警。

3. 机油压力报警电路

机油压力报警电路用来监视发动机润滑系机油压力是否正常，由机油压力指示灯 H2、机油压力传感器 S30、延时继电器 K1、继电器 K5 及电喇叭 B1 等组成。当起动开关 S1 转至位置“1”时，由于发动机没运转，机油压力没建立，机油压力传感器 S30 的触点闭合，指示灯 H2 因电路接通而明亮。发动机运转并建立起正常的机油压力后，机油压力传感器 S30 的触点打开，指示灯 H2 因电路断开而熄灭。发动机工作过程中，若润滑系工作正常，指示灯 H2 将一直熄灭，否则，若机油压力过低，指示灯 H2 将明亮，同时，延时继电器 K1 也通电，4s 之后其常开触点闭合，继电器 K5 得电动作，接通了电喇叭 B1 的电路，电喇叭便发声报警。

4. 风扇皮带报警电路

该电路用来监视发动机风扇皮带工作是否正常。发动机工作过程中，若风扇皮带松动或断裂，风扇皮带压力传感器 S83 的触点便闭合，指示灯 H19 因电路接通而明亮。同时通过二极管接通继电器 K5 的电路,从而使喇叭也发声报警。

5. 液压油温报警

当液压油温度超过 93℃时,液压油温度传感器 S31 的触点便闭合,从而接通指示灯 H4 的电路,指示灯 H4 得电明亮。

6. 发动机冷却水温指示

该电路主要由冷却水温度表 P6 和冷却水温度传感器 R3 组成,其中水温传感器 R3 包括热敏电阻和温度开关两部分。热敏电阻具有负的温度特性,温度越高,其电阻值越小,水温表 P6 与热敏电阻配合便可指示水温的高低。当冷却水温度超过设定值时,温度开关的触点闭合,接通继电器 K5 的电路,于是喇叭也发声报警。

7. 计时器

计时器 P3 用来显示发动机的累计运转时间。发动机工作时,计时器的工作电压由发电机的 D + 接线柱提供,计时器的"-"极直接接地。发动机停止运转后,发电机的 D + 无电压输出,因此计时器 P3 停止计时。

8. 燃油油位指示

该电路由燃油油位表 P2 和油位传感器 R2 组成。油位传感器 R2 为一可变电阻,油位变化时其电阻值也随之变化,通过燃油油位表 P2 便可转换为油位高低的变化。

四、中央润滑电路

ABG423 摊铺机设有中央润滑系统,用来对各润滑部位进行及时的润滑。中央润滑电路由中央润滑控制器 A30、继电器 K24、开关 S37 和指示灯组成。

发动机运转时,发电机通过 F6 向继电器 K24 供电,继电器的触点 30/87 闭合,接通了控制器 A30 的供电电路,控制器 A30 便自动进行各部位的润滑。根据需要可按下开关 S37 进行追加润滑,此时控制器 A30 不受原设置的控制而直接进行各部位的润滑,同时按钮指示灯也明亮。

课题二　行驶电控系统

ABG 公司生产的 TITAN423 摊铺机行驶电控系统电路如图 8-2 所示。该系统由继电器 K22、K23、K25、K29、K30、K31,保险 F4、F5,行驶控制手柄 S24,速度电位器 R15、R26,行驶电脑 A5,行走泵电磁阀 Y1.1、Y1.2、Y2.1、Y2.2,行走马达电磁阀 Y3、Y4,开关 S6、S70、S77、S78,速度传感器 B3、B4 等组成。

沥青摊铺机行驶速度分快速和慢速两挡,快速挡用于转场行驶,慢速挡用于摊铺作业。快速挡和慢速挡是通过电磁阀 Y3、Y4 改变行走液压马达的斜盘倾角来实现的。电磁阀 Y3、Y4 的工作电压为 12V,串联连接。慢速挡与快速挡的变换由快/慢速选择开关 S6 来设定。将开关 S6 扳至右侧(慢速挡)时触点闭合,电磁阀 Y3、Y4 串联回路导通,电流经继电器 K31 触点 30/87、保险 F9、开关 S6 至电磁阀 Y3、Y4,使其得电后推动行走液压马达斜盘至最大斜度。此时,行走液压马达在最大排量(低速大扭矩)工况下工作。开关 S6 扳至左侧高速挡位置时触点断开,电磁阀 Y3、Y4 因串联回路断路而失电,行走液压马达斜盘恢复至最小斜度,以最小排量(高速低扭矩)工作。

正常情况下(开关 S6 在下位),沥青摊铺机的行驶由行驶电脑 A5 自动控制。行驶电脑 A5 的工作电压由继电器 K25 和 K22 控制。起动开关 S1 转至位置 1 时蓄电池 G2 的电流经保险 F1、起动开关 S1,然后分为两路:一路至继电器 K25,使其得电、触点 30/87 闭合,行驶控制器(行驶电脑)A5 从供电回路导通,即向行驶电脑 A5 供电;另一路经紧急停车开关 S47 至继电器 K22,使其得电、常开触点 30/87 闭合,蓄电池 G2 电流经保险 F5,继电器 K22 的触点 30/87、K23 常闭触点 30/87a 至行驶控制器 A5 的 X1/134、X1/135 和 X1/136 点,向行驶控制器 A5 供电。

沥青摊铺机的前进或后退由行驶控制手柄 S24 控制。行驶控制手柄 S24 向前推至"前进"位置时其触点 0/03 闭合,继电器 K7 回路导通,继电器 K7 得电后触点 30/87 闭合,前进控制电流经 X1/137 点输入行驶控制器 A5,电流经行驶控制器 A5 处理后从其 Xl/139、Xl/143 点输出至液压泵左、右前进电磁阀 Y1.1 和 Y2.1。电磁阀 Y1.1 回路经继电器 K29 触点 2/10、9/1 导通,使电磁阀 Y1.1 得电;电磁阀 Y2.1 回路经继电器 K29 触点 4/12、1/3 导通,使电磁阀 Y2.1 得电、沥青摊铺机向前行驶。

行驶控制手柄 S24 在"中间"位置时只有其触点 1/01、2/02 闭合,而行驶控制器 A5 无行驶控制信号输入,因此无行驶控制电流输出,沥青摊铺机处于停驶状态。

行驶控制手柄 S24 向后扳至"后退"位置时触点 3/04 断开,继电器 K7 回路断路而失电,其触点 30/87 断开。行驶控制手柄 S24 的触点 4/04 闭合,X1/04 闭合,Xl/130 点得电。倒车控制电流经 Xl/130 点输入行驶电脑 A5,经行驶电脑 A5 处理后从 Xl/141、Xl/145 点输出至左、右倒车电磁阀 Y1.2 和 Y2.2,电磁阀 Y1.2 回路经继电器 K30 触点 2/1、09/1 导通,使电磁阀 Y1.2 得电;电磁阀 Y2.2 回路经继电器 K30 的触点 4/12、11/3 导通,使电磁阀 Y2.2 得电、沥青摊铺机后退行驶。

课题三　供料电控系统

采用变量泵—定量马达供料系统的摊铺机,其供料速度可以在设定的范围内无级调节,可以很方便地实现按摊铺槽内料堆高度变化成比例地调整供料速度。

TITAN411 型摊铺机供料电控系统。图 8-3 为德国 ABG 公司生产的 TITAN411 型摊铺机供料电控系统电路,该系统有手动和自动两种控制方式。

摊铺机进行作业之前,首先采用手动方式控制供料系统的工作,待螺旋摊铺器前面聚集了足够的沥青混合料后才能转到自动供料方式。手动控制时将控制台上的开关 S5、S17、S18 以及主配电柜(见图 8-4)上的开关 S46 和 S47 都扳到"手动"(HAND)位置,主配电柜上的开关 S48 和 S49 扳到"正常"(NORMAL)。此时左供料变量泵比例电磁阀 Y45 的驱动回路为:控制器 A46→S48→继电器 K21 的常开触点→继电器 K1 的常闭触点→Y45→继电器 K2 的常闭触点→S48→控制器 A46。

右供料变量泵比例电磁阀 Y46 由控制器 47 控制,左右的驱动回路相同。左右供料系统的供料速度分别通过控制台上的电位器 R17 和 R18 进行无级调节,此时料位传感器 A8 和 A9 的信号无效。

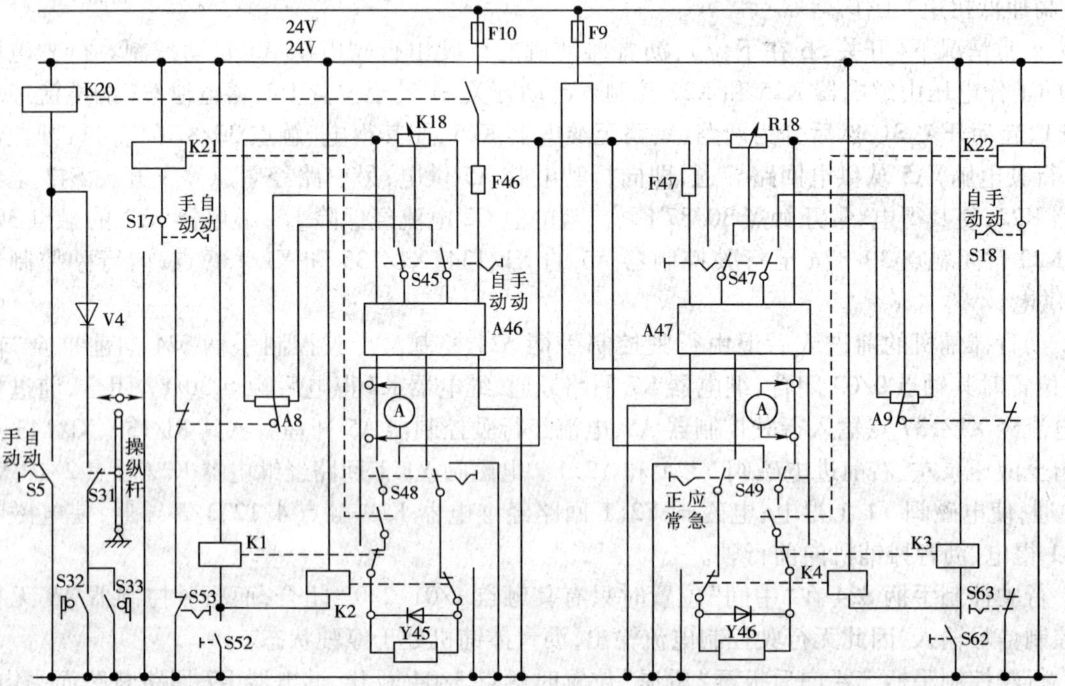

图 8-3　TITAN411 型摊铺机供料电控系统电路

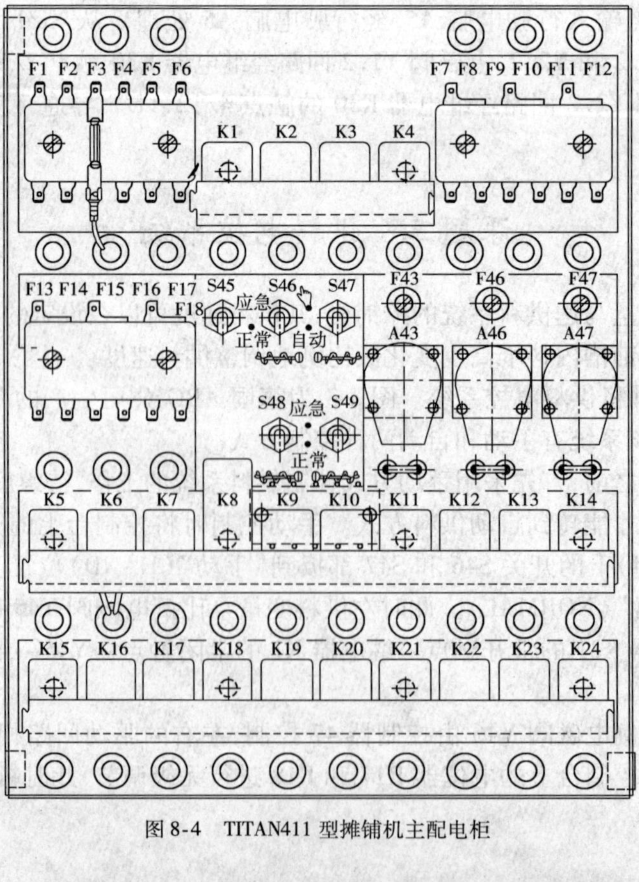

图 8-4　TITAN411 型摊铺机主配电柜

自动供料时开关 S5、S17、S46、S47 应位于"自动"(AUTO)位置,开关 S48、S49 的位置不变,即处于正常(NORMAL)位置。供料系统运转与否受主操纵控制,只有将主操纵杆向前推到底,使开关 S31 闭合时,供料自动控制系统才开始工作。因此,此时开关 S5 断开、S31 闭合后控制器才能通过继电器 K20 的触点得到电流。供料系统投入正常运转后电位器 R17 和 R18 的调节作用失效,控制器驱动各自比例电磁阀的电流随料位传感器所测得的料堆高度,并成一定比例关系,使每一侧的供料速度与料堆高度相对应。

料位传感器 A8 和 A9 为带传感板的可变电阻,料堆高度的变化通过传感板的摆动而转变成电阻值的变化。传感板还控制一开关的开闭,当料堆升至一定高度时,开关便断开,使继电器 K21 断电,K21 触点打开,于是供料系统便停止运行,待料堆下降至一定高度后,供料系统又恢复工作。

在自动供料过程中,如果发现摊铺槽内沥青混合料偏多,可利用熨平板两侧控制盒上的按钮开关 S53 和 S63 来停止刮板输送器任何一侧的供料。反之,可通过按钮开关 S52 和 S62 使供料系统的任何一侧以最高速运转,此时左侧比例电磁阀 Y45 的驱动回路为:+24V→F9→K1 的常开触点→Y45→K2 的常开触点→接地线。

在电控系统失灵的情况下,可以使供料系统以最高的速度工作,方法是:开关 S17、S18 仍位于"自动"位置,开关 S5 转至"自动"位置,S48 和 S49 扳到"应急"(NOT)位置,此时比例电磁阀通过熔断器 F9 始终与 24V 电源相连,而不受主操纵杆、料位传感器及控制器的控制,供料系统以最高速供料。

课题四　自动调平电控系统

摊铺机在施工过程中,其熨平板是处于浮动状态,并由主机通过两侧大臂铰点水平牵引。这种浮动熨平板具有一定的自找平能力,但仅靠浮动熨平板只能克服较小的不平度,不能满足施工要求。在实际应用中,通常是根据道路不平度的变化随时调节两大臂牵引点的垂直高度,以弥补浮动熨平板的不足,使摊铺的路面平整度符合技术要求,而不受路基不平度影响,这就是熨平板调平装置的功能。

普通电控摊铺机采用手动调节大臂牵引点的垂直位置,在摊铺过程中必须不断地操作左右牵引点升降开关,以适应路基不平度的变化。这种调节方式不仅使操作人员精神紧张,容易疲劳,而且不平度也难以保证,为此现代摊铺机普遍采用自动调平系统。

自动调平系统的调节方式目前主要有四种:

(1)电—机式。由传感器检测路基的不平度,用伺服电机作为执引机构进行调节。

(2)电—液式。与电—机式的主要区别是其用液压元件作为执行机构,调节牵引点的垂直位置。

(3)全液压式。其特点是检测装置和执行机构都采用液压元件。

(4)激光式。以激光作为参考基准,以光敏元件作为转换器,最后借助于电子与液压元件来实现调节。

在上述的各种调节方式中,目前电—液式应用得最广泛。根据调节原理不同,电—液式自动调平系统又分为开关式、比例式和比例—脉冲式三种,下面分别介绍这三种电—液式自动调平系统。

1. 开关式自动调平系统

图 8-5 所示为开关式自动调平系统总体布置的一般形式。整个系统由参考基准、纵坡传感器、横坡传感器、调平油缸及电磁阀等组成。

参考基准线是纵向架设的具有一定张力的钢丝，纵坡传感器的传感臂压在其上并随摊铺机一起前移，纵坡传感器通过支架安装在熨平板的左牵引臂上，其垂直方向的位置可以调节。横坡传感器安装在横梁的中央。左右调平油缸的活塞杆与相应一侧牵引臂的前端相铰接，油缸的进油和回油由普通电磁换向阀控制。

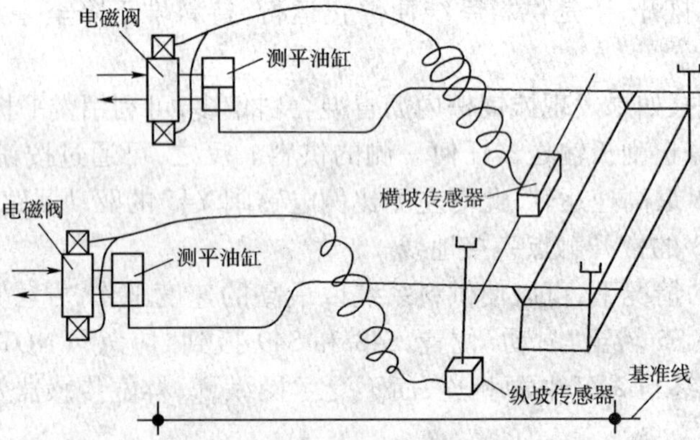

图 8-5 开关式自动调平系统布置图

该系统的工作情况如下：

摊铺过程中，当左侧路面不平而使左牵引臂的牵引点产生升降时，安装在左牵引臂上的纵坡传感器也将随之升降，这就改变了传感器的传感臂与基准线之间的初始夹角（一般为 45°），从而产生高度偏差信号。纵坡传感器将此高度偏差信号转变为电信号，并经驱动电路推动左侧电磁阀，使调平油缸带动牵引臂的牵引点上升或下降，直到熨平板恢复原来的工作仰角，传感器也回到原位。此时偏差信号消失，油缸停止调节。

右侧调节与左侧相似，不同之处是它用横坡传感器检测横向坡度的变化，只要有坡度偏差，右侧调平油缸便进行调节，直到横向坡度恢复设定值。

开关式自动调平系统只有“开”和“关”两种状态，不管所检测到的偏差大小，只要有偏差，调平油缸便以恒速进行调节。这种调节系统的特点是结构简单，对元器件性能要求不高，价格低，但其很难使偏差为零，由于液压系统的惯性，调节过程中容易冲过零点产生超调，而超调后系统又作反方向的修正，这样就会引起在零点（偏差为零）附近的来回反复“搜索”，使系统发生振荡，而影响铺设路面的平整度。为此必须设置一调节“死区”，只有当偏差超过死区后，调平系统才起调节作用。为防止系统的振荡，死区应有足够的宽度，但死区过大又会降低系统的精度和灵敏度。由此可看出。这种调平系统的性能不是很理想，所以目前用得很少。

2. 比例式自动调平系统

这种系统的特点是：根据偏差信号的大小以相应的快慢速度进行连续调节，偏差为零时，调节速度也为零，因此不存在因“搜索”和超调引起的振荡，性能较好。但系统对结构精度要求高，成本高，所以目前使用还不普遍。美国 Barber-Greene 公司产的 AS—150 型摊铺机即采用了这种控制系统,在结构组成上与开关式的主要区别是,其用比例电磁阀取代了简单的电磁换向阀,以实现对调子油缸动作速度的连续调节。

驱动比例电磁阀的信号通常为脉冲信号(脉宽调制控制),因为脉冲方波中含有各种频率的谐波分量,其自然而然地成为喘振信号,这样可有效地克服比例电磁铁输出特性中存在的滞环,而且功耗较小,抗干扰性也好。

3. 比例—脉冲式自动调平系统

(1)概述

比例—脉冲式自动调平系统,是在开关式自动调平系统的基础上改进提高的一种新型调平自控方式。其特点是在"恒速调节区"与"死区"之间设置一"脉冲区",在脉冲区内,驱动电磁阀的电信号为脉冲信号,其随偏差的不同而成比例地变化,变化的方式有两种,即改变脉冲宽度和改变脉冲频率(见图 8-6)。当偏差较小,位于死区内时,系统不起调节作用。当偏差越过死区而进入脉冲区时,控制器便以宽度或频率与偏差大小成比例的脉冲信号推动电磁阀,使调平油缸以相应的速度调节牵引臂牵引点的垂直高度。当路面不平度较大而使偏差进入恒速调节区内时,控制器便输出连续不间断的调节信号,使调平油缸恒速调节。改变脉冲宽度时的调节过程如图 8-7 所示。

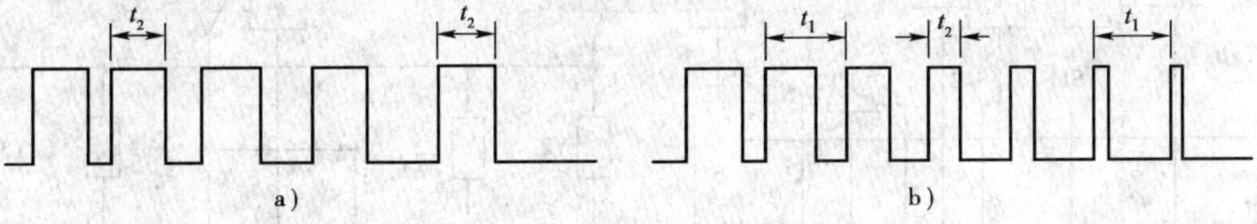

图 8-6　脉冲信号波形

a)改变脉冲宽度;b)改变脉冲频率

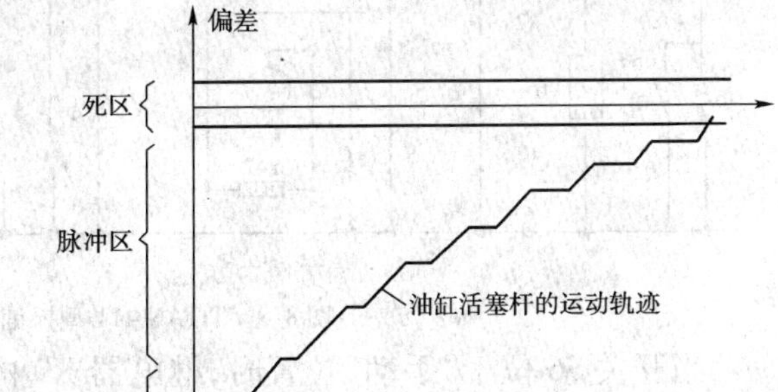

图 8-7　改变脉冲宽度的调节过程

这种控制系统采用的是高频开关型电磁阀。脉冲信号的占空比决定了电磁换向阀通断时间的长短,从而控制了通过电磁换向阀单位时间的流量,这样即控制了位置,又控制了速度。

由于高频电磁阀接受的是开关信号,其开口量,即流量大小与开关信号的脉宽长度有关,而脉冲信号的大小对它影响很小,且高频电磁阀只要打开,就基本是全开口,不像比例电磁阀那样在零开口附近工作容易堵塞卡死,因此相对连续模拟量控制的比例电磁阀来说,其抗干扰能力强、可靠,特别是对油液清洁度要求比比例电磁阀低,而且适用的温度范围广,对环境要求低。另外,因不需要像比例电磁铁那样对行程信号比及线性度有特殊要求,因此电磁铁成本低,阀的价格便宜。其缺点是为避免超调,必然存在死区,控制精度要比比例电磁阀低。此外,由于受到动作频率的限制,其响应速度也比比例电磁阀低。但性能已完全能满足目前的施工要求，因此这种控制系统采用很广泛，弗格勒和 ABG 型摊铺机都采用了这种调平系统。

(2) ABG TITAN411 型摊铺机的自动调平系统

德国 ABG 公司生产的 TITAN411 型摊铺机自动调平电控系统的电路，如图 8-8 所示。该系统有自动和手动两种控制方式，可通过控制台上的开关 S6 进行选择。左、右调子油缸的电磁换向阀 Y2 和 Y3 的电源通过熔断器 F7 提供，并受继电器 K9 控制。当开关 S6 位于"自动"位置时，继电器 K9 的触点是否闭合受主操纵杆的控制。正常摊铺时将主操纵杆向前推到底，使行程开关 S31 闭合，蓄电池向电磁换向阀的线圈供电，此时电磁换向阀的动作由纵坡控制器 A1 和横坡控制器 A2 根据偏差情况自动控制。由于调平装置的工作受主操纵杆控制，因此当摊铺机处于静止状态时，电磁换向阀的电源被切断，熨平板保持原来的工作仰角。若此时人为的接触基准线或横坡控制器带橡胶块的安装底板时，控制器不会因有误差信号而使熨平板动作，从而可避免在路面上留下痕迹。

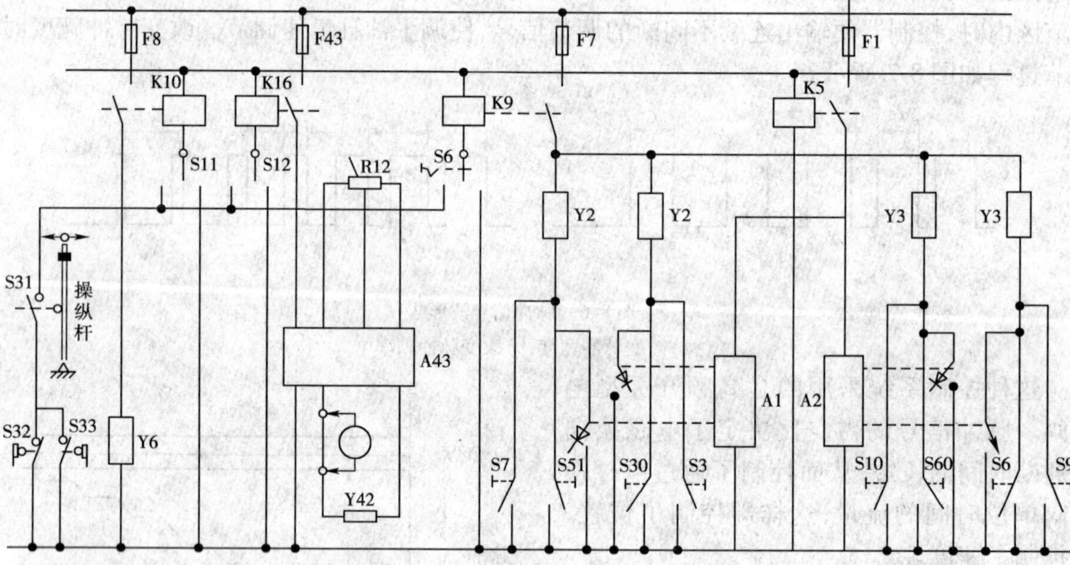

图 8-8 TITAN 411 型摊铺机的自动调平系统电路

当开关 S6 位于"手动"位置时，继电器 K9 的触点一直处于闭合状态，通过控制台上的开关 S7 ~ S10 或熨平板两侧控制盒上的开关 S50、S51、S60 和 S61 即可控制电磁换向阀的动作。

该电控系统采用 S276 型横坡控制器，它通过底座安装在螺旋摊铺器上方的横梁中央，底座与横梁之间有一橡胶垫，以减小控制器的振动。运输过程中底座通过两侧的螺钉而紧固，使用时松开。横坡控制器配有手持的有线遥控装制，用来无级设定横向坡度。

横坡控制器的内部接线，如图 8-9 所示。NPN 控制模块通过一个 7 芯插座与 12V 直流电源和电磁换向阀线圈相连，端子 C 和 D 控制电磁阀两线圈电路的通断。线圈 A 通电时调平油缸带动牵引大臂的牵引点上升；线圈 B 通电时牵引点便下降。牵引点的运动方向由控制器面板上的指示灯指示。遥控器与控制器之间通过三芯电缆和接插件相连，遥控器所用的直流电源经端子 A 和 C 提供，端子 B 输出的为与设定的横向坡度成正比的电压(参考)信号。坡度传感器

(LSTA)安装在控制器内部,实测的横向坡度不同时,它便输出与坡度值成比例的电压信号。

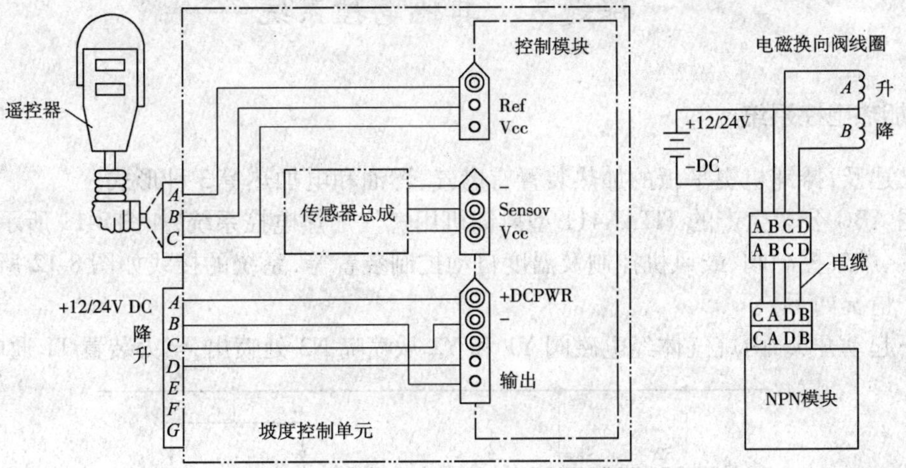

图 8-9　横坡控制器的内部接线

控制器的工作情况是:NPN 控制模块将传感器的实测坡度信号与遥控器输出的预设坡度信号不断进行比较,当偏差不在"死区"内时,控制模块便以脉冲信号或连续信号的形式驱动电磁阀,使牵引大臂的牵引点上升或下降,直到坡度偏差位于"死区"内为止。

该电控系统采用 G167 型纵坡控制器,它通过可调导柱和悬臂杆固定在左侧或右侧牵引大臂的靠近熨平板处,其垂直位置可以进行调节。转角式纵坡传感器(RVDT)位于控制器内,其转轴伸出控制器的壳体外,并固定在转臂的带有平衡块的一端。转臂的另一端装有与参考基准始终接触的传感元件。传感元件有两种:管状传感件(参考基准为架设的钢丝或随摊铺机一起前移的浮动梁)和滑靴(以路缘石或已铺设的路面作为参考基准时)。安装传感器转臂时应注意,在传感器转轴(输入轴)的端部有一平面,当采用临时架设的钢丝作为参考基准,并且传感管位于钢丝的下方时,输入轴上的平面应朝前安装(其他情况下朝后安装)。

纵坡控制器的内部接线如图 8-10 所示,它与横坡控制器的主要区别是,高度基准(参考)的电压信号已由电阻 R_1 和 R_2 设定好。纵坡控制器的工作情况和横坡控制器的基本相同。

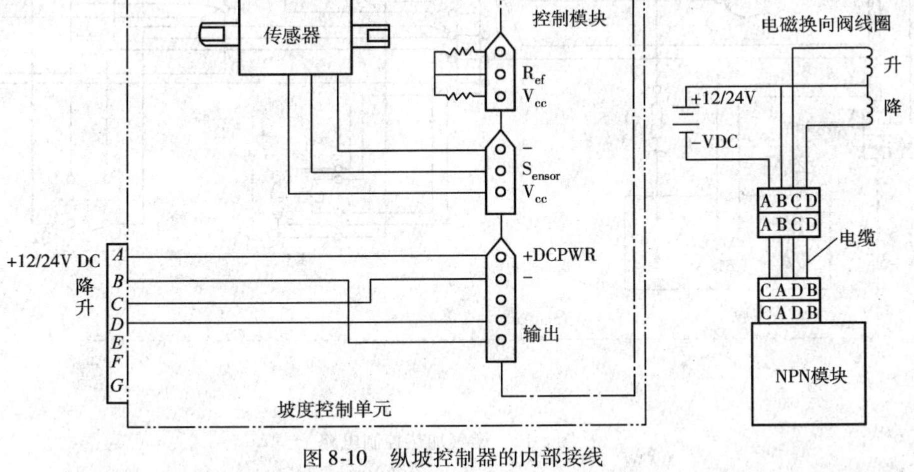

图 8-10　纵坡控制器的内部接线

课题五　其他电控系统

一、加热电控系统

前已述及，摊铺机熨平板的加热装置有燃气、燃油和电加热等3种形式。

德国ABG公司生产的TITAN411型摊铺机用燃气加热电控系统，如图8-11所示。它包括点火装置、燃气控制阀、鼓风机控制及温度自动控制装置等，系统的接线如图8-12所示。该系统的工作情况如下：

按下起动开关，丙烷气体经电磁阀Y1和Y2从喷嘴N3处喷出，点火装置T1通电，并在电

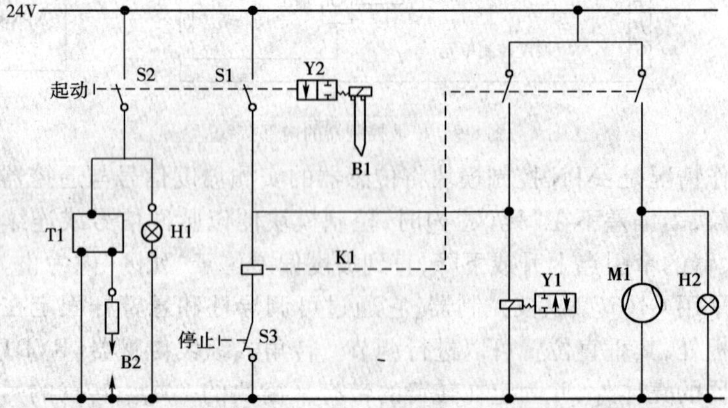

图8-11　燃气加热电控系统电路

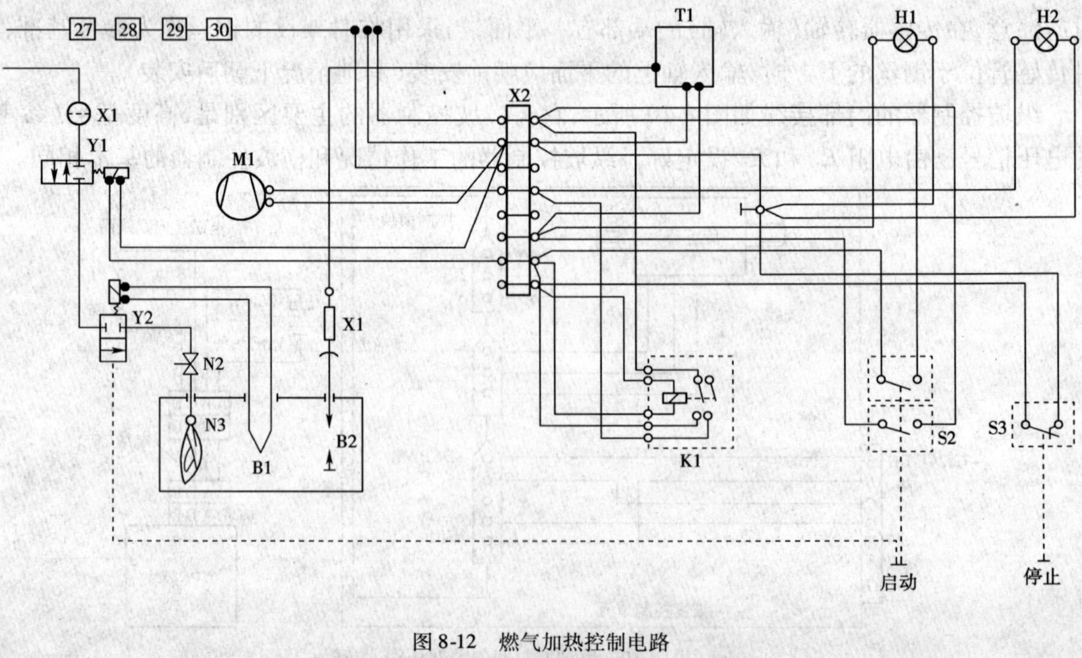

图8-12　燃气加热控制电路

极 B2 处产生火花，将丙烷气体点燃。与此同时，控制继电器 K1 使鼓风机通电工作，使熨平板得到均匀加热。当加热温度升至规定值时，控制装置根据热电偶所测得的信号自动切断丙烷气路，从而自动停止熨平板的加热。

燃油加热电控系统与上述的燃气加热电控系统相似，但燃油的控制通常是通过喷油泵的启停而实现的。

二、可伸缩熨平板的电控系统

可伸缩熨平板的控制电路，如图 8-13 所示。熨平板的液压伸缩由位于控制台上的左、右熨平板控制开关 S15 和 S16 控制。S15 和 S16 均为两组联动开关，其中一组开关用于控制伸缩油缸电磁换向阀线圈的通断电，另一组控制闪光器 K8。只要熨平板处于伸、缩状态，闪光器的电路便接通，信号灯 H25 和 H26 便闪烁。

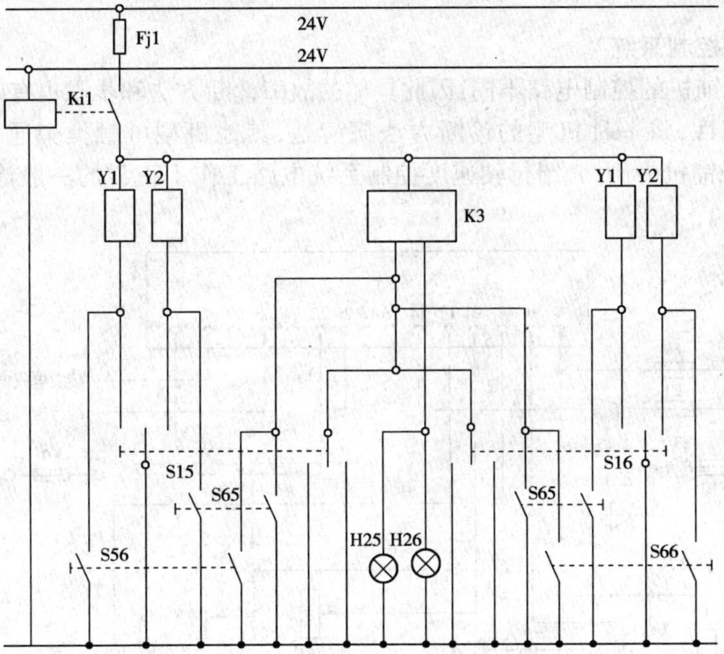

图 8-13　可伸缩熨平板的控制电路

熨平板的伸缩也可用开关 S55、S56 和 S65、S66 控制，其中 S55、S56 两个开关位于熨平板左侧的控制盒上，以控制左熨平板的伸缩；开关 S65、S66 位于熨平板右侧的控制盒上，以控制右熨平板的伸缩。这些开关在控制熨平板伸缩的同时，也控制信号灯的闪烁。

三、熨平板振动、振捣装置的电控系统

熨平板振动、振捣装置的控制电路如图 8-13 左边部分所示。熨平板的振动是由熨平板上方带偏心块的转轴旋转产生的，转轴由液压马达驱动，而液压马达的油路则是由电磁阀 Y6 控制的。S11 为控制开关，有“自动”、“停”、“手动”3 个位置。控制开关 S11 位于“手动”位置时继电器 K10 通电，其触点接通了电磁阀 Y6 的电路，于是液压马达驱动转轴，使熨平板不停地

振动。振动频率或转轴转速可通过熨平板左侧的流量控制阀予以调节。控制开关 S11 位于"自动"位置时熨平板的振动受操纵杆控制,只有将操纵杆向前推到底(向前行驶)使行程开关 S31 闭合时,电磁阀 Y6 的电路才接通,熨平板才开始振动。

振捣梁由驱动轴带动而上下振捣。驱动轴由变量泵—定量马达组成的液压系统驱动、控制。驱动轴的转速即振捣梁的振捣频率可通过电位器 R12 进行无级调节。旋转电位器 R12 时控制器 A43(A43 位于主配电柜内,见图 8-4)便以不同的电流驱动比例电磁阀 Y42,从而改变了变量柱塞泵的斜盘倾角及排量,最终改变了液压马达的转速和振捣梁的振捣频率。控制开关 S12 也有"自动"、"停"、"手动"3 个位置,采用自动方式时振捣梁的振捣也受主操纵杆的控制。

课题六 常见故障排除

1. 行驶速度控制系统

各种型号摊铺机的控制电路不同,因此具体的故障诊断方法和步骤也有区别,但有些方法具有一定的通用性,将一种机型的诊断方法搞清楚,其他机型可触类旁通。下面以弗格勒 Su-per 1700 型摊铺机为例,介绍行驶速度控制系统电路工作不正常的一般诊断方法(摊铺机的电路见图 8-14)。

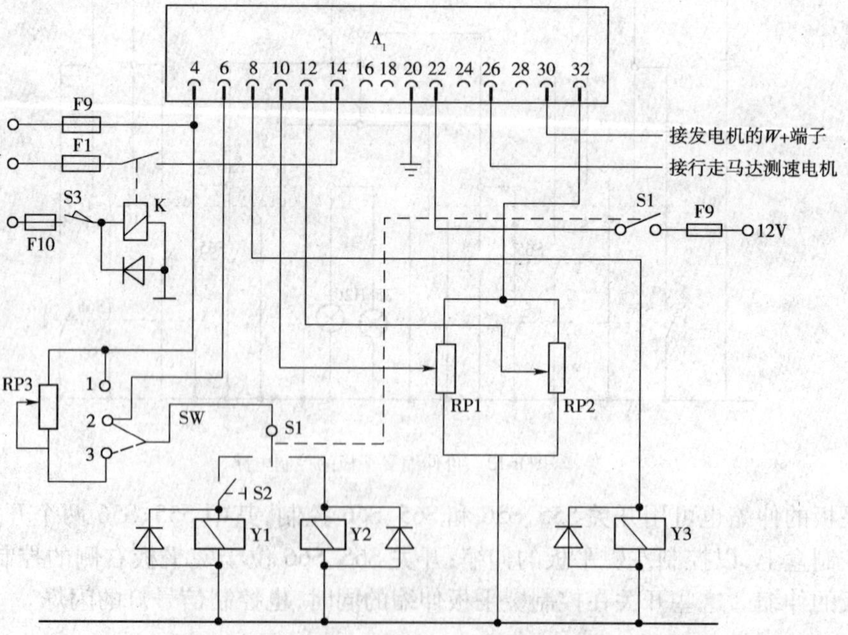

图 8-14 Su-per 1700 型摊铺机自动调平系统电路图

(1)将自动控制改为手动,即将与主牵引开关 S1 相连的黑色导线由原来的与接线端子 2 相连改为与端子 3 相连(见图 8-14 左下角)。调节 RP3,如果前进、后退都正常,说明比例电磁阀 Yl 和 Y2 工作正常,否则就说明电磁阀或其供电、线路有问题。

(2)将变速杆先后置于 I 和 II 挡,检查控制器端子 14 处的电压是否正常。若不正常,说明供电、线路、继电器 K 或行程开关 S3，有问题。

(3)检查测速电机及控制器端子 26、22 上的信号是否正常。

(4)如果以上的检查都正常且控制器的电源也正常，检查电位器 RP1、RP2 的供电及工作是否正常，若电位器也没问题，说明控制器失效，应拆检或更换控制器。

2. 供料控制系统

以 ABG TITAN 411 型摊铺机为例(电路见图 8-3)自动供料工作不正常的诊断可参考以下方法。

(1)将开关 S46 切换到手动位置，用 R17，调节供料速度。若调节正常，说明料位传感器 A8(为电位器)有故障，可通过测量传感器的供电及输出电压来进一步确定。

(2)若切换到手动方式后仍不正常，说明故障部位不在料位传感器处。将开关 S48 切换到“应急”位置，若供料正常，说明 S31、K20、K21、K1、K2、Y45 等元件工作正常，控制器有故障。如果控制器的接线没松动，供电良好，应拆检或更换控制器。

3. 自动找平控制系统

以 ABG TITAN 411 型摊铺机为例，自动找平系统工作不正常的检查可参考以下方法：

(1)采用手动调平，若控制正常，说明电磁换向阀及相应的控制电路没问题，否则就应检查电磁换向阀。

(2)纵坡控制器的检查参见图 8-10 所示：

①拔下信号电缆接插件，检查 A、C 端子间的电压是否正常。

②依次将端子 B 和 D 搭铁，调平油缸应下降或上升。

③连接好信号电缆，打开控制器，首先检查导线连接是否有松动及指示灯灯丝是否烧断等，然后检查传感器的供电及输出电压是否正常。

④以上检查都正常时，说明控制模块有问题，应检查或更换之。

(3)横坡控制器及遥控器的检查(参见图 8-9)：①②③同纵坡控制器。④遥控器的检查方法如下：首先检查供电是否正常，然后旋转遥控器上的旋钮，此时接插件的端子 B 上的电压应随之变化。在按下遥控器上的复位按钮的同时旋转旋钮，端子 B 上的电压应保持不变。⑤同纵坡传感器的④。

思考题

1. 沥青混凝土摊铺机的电控系统包括哪几部分？

2. 分析行驶电控系统是如何保证车辆直线行驶的。

3. 目前沥青混凝土摊铺机的自动找平系统有几种形式？分析比例—脉冲式找平系统的自动找平原理。

4. 分析沥青混凝土摊铺机电控系统的常见故障及排除方法。

Danyuanjiu
单元九

沥青混凝土拌和设备电控系统

知识点

1. 沥青混凝土搅拌设备电控系统的组成及功能;
2. 电动机基本控制电路在沥青混凝土搅拌设备上的应用。

技能点

电动机基本控制线路的安装与检修。

沥青混凝土搅拌设备的电控系统控制搅拌设备的生产全过程,是保证生产出高质量的沥青混凝土的关键。沥青混凝土搅拌设备的控制系统一般具有以下几个功能:

(1)各运动部件起动和停机功能,即能根据要求和预先的设定顺序依次起动或停机。

(2)温度控制功能,包括矿料加热温度控制、沥青加热温度控制,系统能根据设定和要求调节加热系统燃烧器的火焰强度或电流大小,以实现对温度的控制。

(3)称量与搅拌控制功能。

具体说就是微机分别对沥青拌和机的冷矿料配料系统、干燥筒燃烧器系统、称量搅拌系统、集尘装置、导热油加热装置、成器料仓系统进行自动化控制。

课题一　三相异步电动机的基本控制电路

一、三相异步电动机的起动

1. 起动方式

直接起动时电动机绕组承受的是额定电压,起动电流大(一般为额定电流的 4 ~ 7 倍)是这种起动方式的最大缺点。对于经常起动的电动机,过大的起动电流所产生的热量的积累,将使电动机过热,从而影响使用寿命。同时,过大的起动电流将造成电网电压的显著下降,影响其他电动机的正常工作，严重时可使这些电动机停转或无法带负载起动，在这种情况下应采用降压起动以降低起动电流。

降压起动是在电源电压不变的条件下，设法降低电动机定子绕组上的电压，以减小起动电流，起动结束后再向定子绕组提供额定电压。

2. 直接起动控制电路

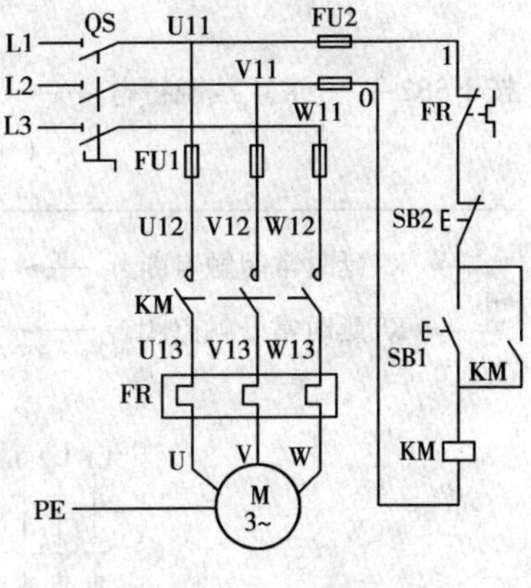

9-1 直接起动控制电路

图 9-1 为采用接触器直接起动的电动机起动控制线路。整个线路可分为主电路和控制线路两部分。

主电路由刀开关 QS、熔断器 FU1、接触器 KM 的主触点、热继电器 FR 的热元件与电动机 M 组成。

控制电路由停止按钮 SB2、起动按钮 SB1、接触器 KM 的线圈及其常开辅助触点、热继电器 FR 的常闭触点和熔断器 FU2 组成：

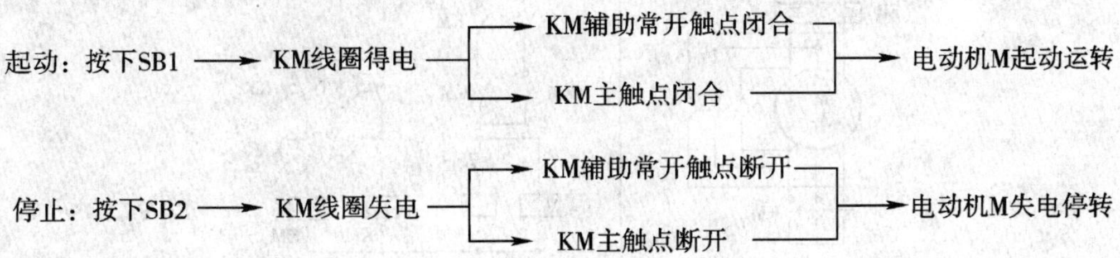

此控制线路具有短路保护、过载保护、欠压保护和失压保护功能。起短路保护的是熔断器 FU1 和 FU2，一旦发生短路事故，熔丝立即熔断，电动机立即停止工作。起过载保护的是热继电器 FR，当电动机由于某种原因而长时间过载时，热继电器的常闭触点便打开，使接触器的线圈断电，主触点打开，于是电动机停止运行。所谓欠压和失压保护就是当电源暂时断电或电压严重下降时，接触器自行释放而使主触点断开。当电源电压恢复正常时，如不重按起动按钮，则电动机不能自行起动，因为自锁触点亦已断开，从而可防止因电动机自行起动而可能造成事故。

3. 降压起动控制电路

三相异步电动机起动的瞬间，起动电流大约是额定电流的 4 ~ 7 倍。过大的起动电流会造成电网电压变化过大；对于起动时间较长的电机，过大的起动电流对电机会造成损害。所以，除了小型异步电动机外，大多数异步电动机采用降压起动方法，以减小起动电流。常见的降压起动方法有 Y/△降压起动、延边三角形降压起动、自耦变压器降压起动等。其中星形—三角形降压起动具有起动电流小、线路简单、经济可靠等优点，目前在搅拌设备中被广泛应用。因此这里只介绍星形—三角形降压起动控制线路。

其起动过程是：起动时定子绕组接成 Y 形，转速达到额定值时换接为△形。这种起动方法适用于正常运行时，定子绕组△接法的电机在轻载或空载下起动，起动电流是全压直接起动电流的 1/3，起动转矩也是全压直接起动的 1/3。

Y/△降压起动控制线路如图 9-2 所示。

起动控制过程如下，合上刀开关 QS：

按下SB2 → KM_Y线圈得电 → KM_Y主触点闭合（电动机为“Y”连接）→ KM线圈得电 → KM主触点闭合 → 电动机起动

→ KT线圈得电 → 延时一定时间 → KT延时常闭触点断开 → KM_Y线圈失电 → 主触点断开

→ KT延时常开触点闭合 → $KM_\triangle$线圈得电 → 主触点闭合（电动机为“△”连接）→ 全压运行

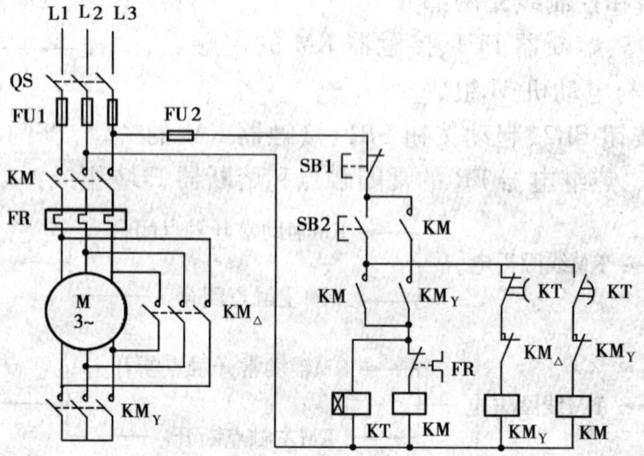

图 9-2　Y/△降压起动控制线路

图 9-2 中 KM_Y 动作后，它的常闭辅助触点将 $KM_\triangle$ 的线圈断开，同样 $KM_\triangle$ 动作后，它的常闭辅助触点将 KM_Y 的线圈断开，这样的两对常闭触点关系称为互锁关系，可保证起动过程中 KM_Y 和 $KM_\triangle$ 的主触点不能同时闭合，以防止电源短路；KM 线圈得电后，其两个常开辅助触点马上闭合，以保证在 SB2 断开的情况下 KM 不失电，这就是接触器 KM 的自保。

二、正反转控制电路

沥青拌和设备中有些电动机要求能实现正、反两个方向的转动。只要将电动机接到三相电源中的任意两根连线对调，即可使电动机反转。下面介绍几种正反转控制线路。

1. 接触器联锁的正反转控制线路（如图 9-3 所示）

电动机任意两相电源线的对调是由正转接触器 KM1 和反转接触器 KM2 实现的。该线路的工作原理：首先合上电源开关 QS，当按下按钮 SB1 时，KM1 通电，电动机正向旋转；需要反转时，先按下按钮 SB3 停车，然后再按按钮 SB2，KM2 通电，电动机反向旋转。

这种电路具有互锁或联锁功能，即在同一时间里，只可能有一个接触器起作用，使得工作安全可靠，但是在作电动机的换

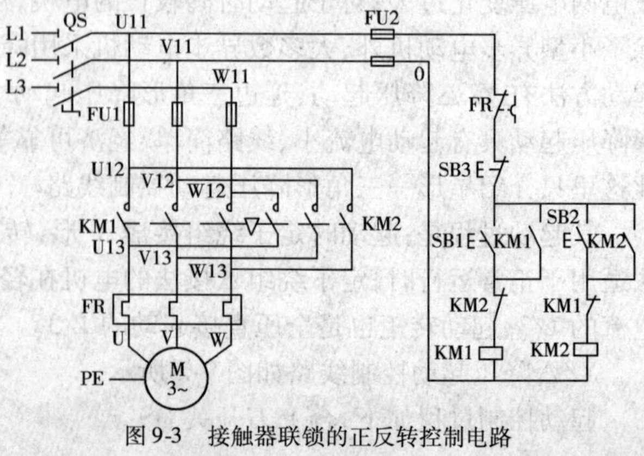

图 9-3　接触器联锁的正反转控制电路

向操作时，必须先按停止按钮 SB3 才能反方向起动，故使操作变得复杂不方便。

2. 按钮、接触器双重联锁的正反转控制线路（图 9-4 所示）

该系统控制电器由一个正转接触器 KM1、一个反转接触器 KM2、停止按钮 SB3、正转按钮 SB1、反转按钮 SB2、热继电器 FR 等组成，其中 SB1、SB2 两个按钮分别有两对触点，分别控制 KM1、KM2 两个线圈的通断。从而实现了按钮联锁和接触器联锁的双重控制。

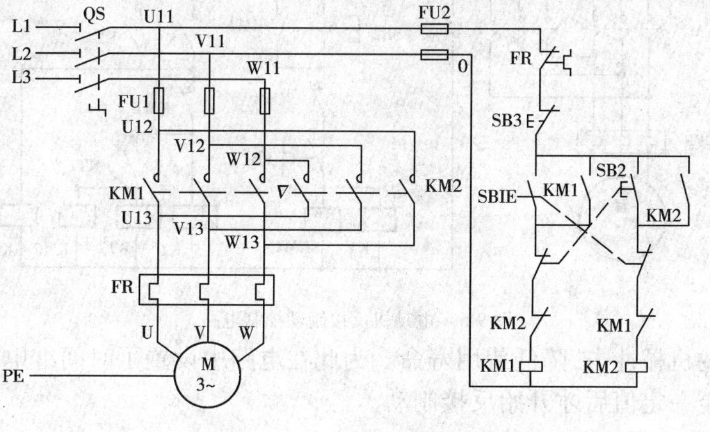

图 9-4　双重联锁的正反转控制电路

系统控制原理：合上电源开关 QS，当按下按钮 SB1 时，KM1 通电，电动机正向旋转；需要反转时按下按钮 SB2。由于 SB2 的联锁作用，首先切断 KM1 的线圈电路进而使 KM2 的线圈得电导通，电动机反向旋转；若要停止，按下停止按钮 SB3，整个控制电路失电，主触头断开，电动机停转。

三、制动控制电路

沥青拌和设备中的某些电动机，例如振动筛驱动电动机和成品料提升小车驱动电动机，要求在电源切断后将电动机迅速制动，使其完全停止转动。制动方法一般分为机械制动和电气制动两大类。下面主要介绍电气制动的原理线路。

常见的电气制动方法有：反接制动、能耗制动等。

1. 反接制动

三相异步电动机当改变通入定子绕组的三相电源相序，使定子绕组产生反向旋转磁场，从而使转子受到与其转向相反的制动转矩而制动停转。但要注意：当电动机转速接近于零时应立即切断电源，以免电动机反向起动。

图 9-5 所示电动机常用的反接制动控制线路。电动机运转时，继电器 K1 和 K2 一直通电，时间继电器 KT1、KT2 和反转接触器 KM2 断电。停车时，按下按钮 SB1，KM1 和 K1 断电释放，电动机脱离三相电源作惯性转动。同时，时间继电器 KT1 通电，经一定延时后，其延时闭合常开触点闭合，时间继电器 KT2 和 KM2 接触器同时通电，电动机开始作反接制动转速迅速下降。当电动机转速接近零时，KT2 的延时断开常闭触点打开，KM2 线圈断电释放，切断了电动机的反相序电源，反接制动结束。

由于与电动机转子相连部分的惯性较大，在电动机电源刚切断时不能马上进行反接制动，

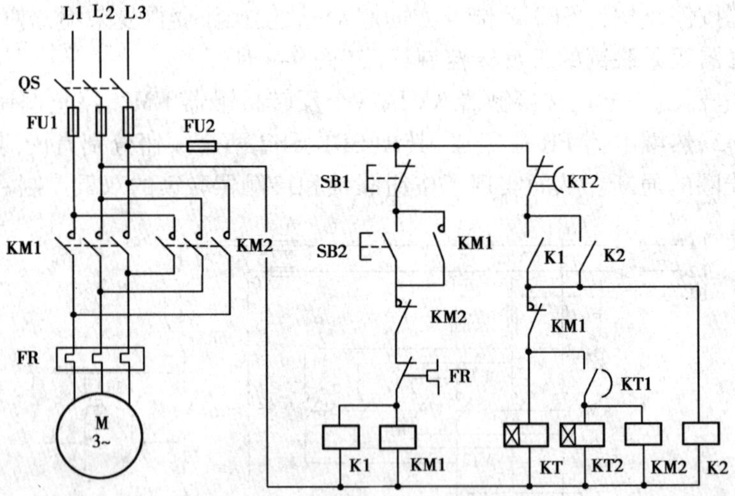

图 9-5　电动机反接制动控制电路

否则将产生很大的机械冲击,降低使用寿命。为此在电路中设置了时间继电器 KT1,保证了在电动机转速降低至一定值后才开始反接制动。

2. 能耗制动

能耗制动其制动原理是停车时断开交流电源,给定子绕组通入直流电,在惯性作用下旋转的转子切割此直流电产生的磁场而产生与旋转方向相反的力矩,从而产生制动作用。

控制系统电路如图 9-6 所示。它的主电路中 QS、FU1、KM1 和 FR 组成单向起动控制环节。整流器 V 将 W 相电源整流,由 KM2 控制通入电机定子绕组。时间继电器 KT 的延时断开常闭触点控制 KM2 的动作。制动电流通入电动机的时间长短由 KT 的延时决定。

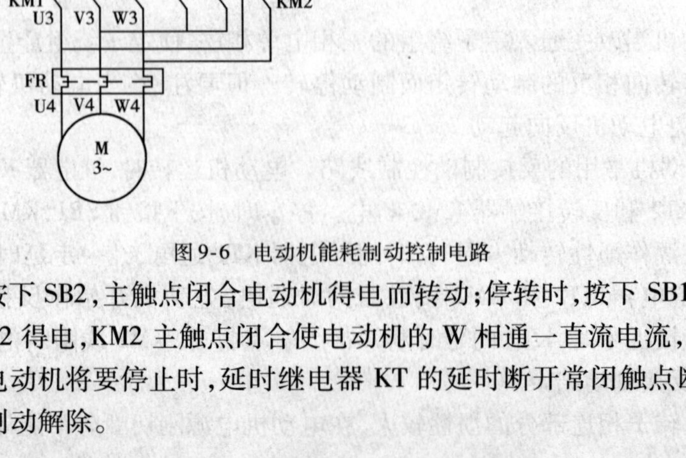

图 9-6　电动机能耗制动控制电路

工作过程为:按下 SB2,主触点闭合电动机得电而转动;停转时,按下 SB1,KM1 失电,使电动机断电;同时 KM2 得电,KM2 主触点闭合使电动机的 W 相通一直流电流,产生反向磁场,电动机开始制动,等电动机将要停止时,延时继电器 KT 的延时断开常闭触点断开,KM2 失电主触点断开,电动机制动解除。

课题二 冷集料给料装置电控系统

一、三相异步电动机的调速

沥青拌和设备广泛采用皮带式冷集料供给装置,通过改变皮带的速度来调整某种集料的供给量。皮带又有电动机驱动,那么要想改变供给量就必须改变电动机的转速。电动机的调速方法常用的有变频调速和电磁调速两种形式。下面以变频调速为例介绍一下电动机的调速。

三相异步电动机的变频转速原理:三相异步电动机的转速 n 可用下面的公式表示

$$n=(1-s)n_0=(1-s)\frac{60f}{p}$$

式中:n_0——旋转磁场的转速,又称同步转速,r/min;

f——交流电源的频率,Hz;

p——电动机的磁极对数;

s——转差率。

由上式可以看出,电动机的转速与电源的频率成正比,改变电源的频率(其他条件不变)即可改变电动机的转速,这就是鼠笼式三相异步电动机变频调速的原理。

如图 9-7 所示是目前主要采用的变频装置,其由可控硅整流器和可控硅逆变器组成。整流器先将 50Hz 的交流电转换为直流电,再由逆变器转换为频率可调、电压有效值也可调的三相交流电,供给三相异步电动机,从而可使电动机进行无级调速。

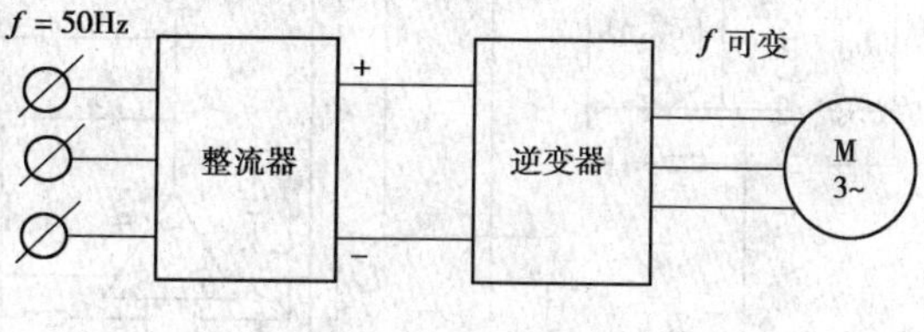

图 9-7 变频调速装置

在整个调速范围内电动机的转矩应保持不变。转矩与磁通 Φ 成正比,而磁通近似正比于电源电压 U 和频率的比值,即 $\Phi\propto U/f$。所以在改变频率 f 调速时,必须同时相应地调节电源电压,以保持 U/f 的值不变,使电动机的转矩恒定。

变频调速的范围较大,且调速的相对稳定性与调速的平滑性较好,转矩也可保持恒定,这是一种具有理想性能的调速方法。

二、冷集料给料装置电控系统原理

冷集料给料装置一般采用皮带给料机和电磁振动给料机两种供料形式。下面以这两种形式为例分析其控制原理。

1. 皮带给料机供料形式

冷集料皮带给料机采用直流调速电机调速供料,通过调节电位器改变直流电机的电枢电压,从而达到调节电机转速控制冷集料的输送量的大小。

冷集料皮带给料机控制系统由主回路和控制回路组成,主回路一般采用可控硅单相半控桥式整流电路,通过改变可控硅导通角的位置改变直流电机的电枢电压,电枢电压的调节范围

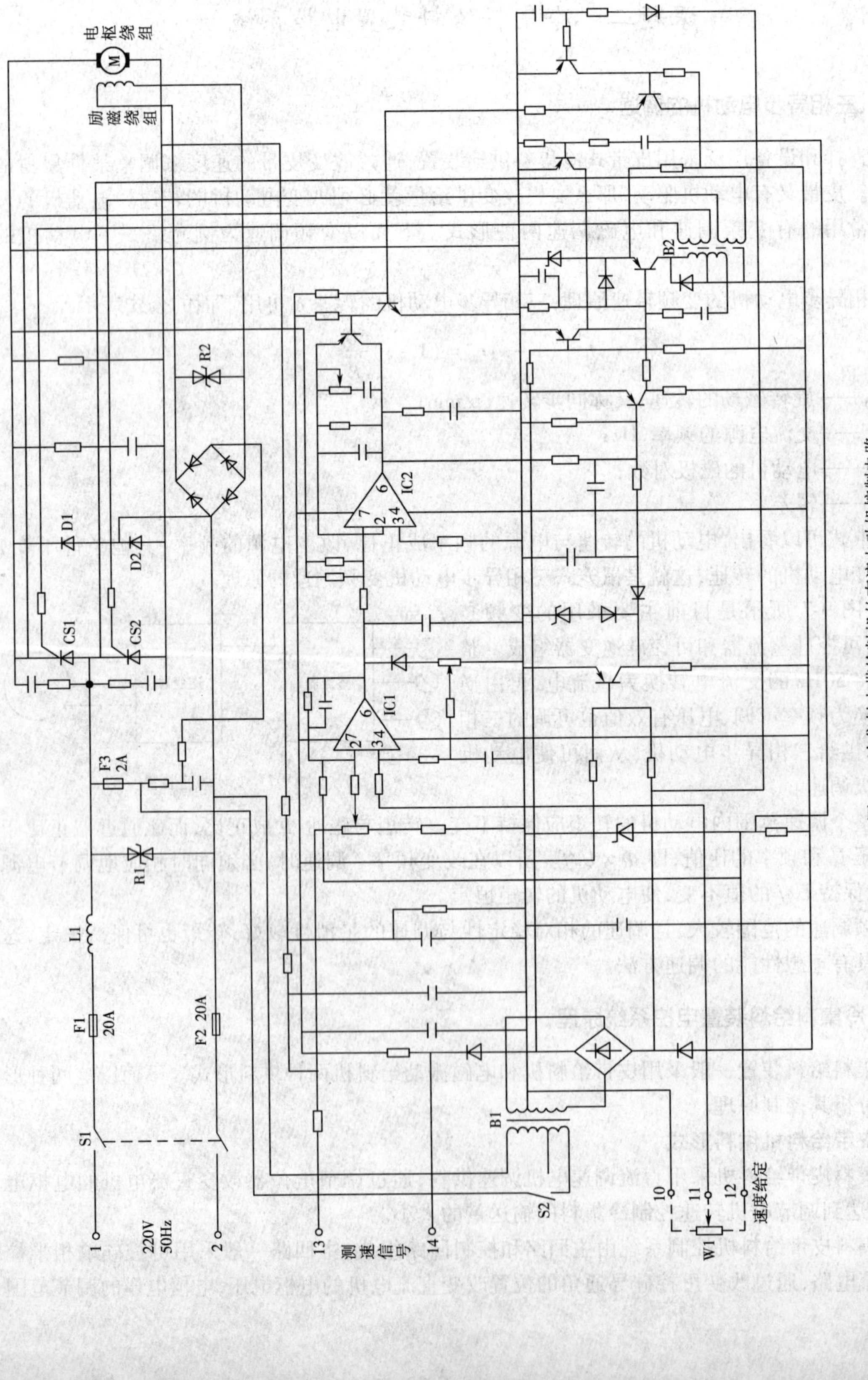

图9-8 冷集料皮带给料机的直流电动机控制电路

在0～220V之间。控制回路接收直流电机中的测速发电机发出的速度反馈信号，它与速度设定信号在控制回路的减法器中进行相减，得到一个差值信号。该差值信号经放大，通过脉冲变压器发出一个单相半波触发信号，它可以控制直流电机的转速。差值信号越大，触发信号的控制角越小，可控硅整流电路的输出电压就越大，直流电机的转速就越快；反之，差值信号越小，直流电机速度就越慢。差值信号为负时，说明电机受到干扰，导致转速过快，超过了设定的信号规定值，直流电机应立即减速，直到降至电机速度设定值，差值信号为零，可控硅整流电路的输出电压就稳定在该值上。此时，直流电机恒速运转，其控制电路如图9-8所示。

2. 电磁振动给料机

电磁振动给料机的供料方式是非线性给料方式，一般采用电磁振动器作为振源，通过调节给定电位器改变电磁线圈的电压，从而改变振动器的振幅，达到控制给料的目的。它是一个闭环控制系统，主回路采用大功率可控硅半波整流电路，输出电压为0～170V。电磁振动器的振幅由电位器给定，通过调节部分将信号调节放大再送到触发部分；触发部分产生单路脉冲，在控制电压的控制下，将可控硅导通，主回路输出直流电压，电磁振动器便以一定的振幅振动。与此同时，振动的振幅通过振幅传感器的反馈信号与振幅给定的电位器比较，形成闭环系统。

冷矿料的供给控制的关键是供料量的控制，图9-9为给料集料计量装置示意图。它的计量是在皮带输送机的中部装有一个称重机构，称重支架上有一个惰轮，支架的一端装的在枢轴上。另一端支撑在称重传感器上，当输送皮带载着冷矿料通过称重传感器时，在物料质量的作用下产生一个应变力。应变力的增加或减少使得称重传感器输出的电压成正比例变化，称重传感器发出比例电压信号并送至累加装置。另外，在冷矿料皮带输送机上同时装有一个速度测量器。它是一个速度脉冲发生器，每一个脉冲代表一定的皮带移动距离，称为距离脉冲当量。用脉冲计数器记录下每秒钟脉冲的个数，就可以折算出皮带运动的速度，此信号也被送入累加计算装置。该计量装置将质量与速度信号综合在一起，通过信号变送器以标准毫安信号送到微处理机的接口电路，微处理机在得到此信号后，根据预先测定和输入的冷矿料含水率，进行计算。同时在控制室的冷矿料瞬时流量计和吨位计数器上，显示出去除水分后的矿石料的瞬时流量和累计流量。

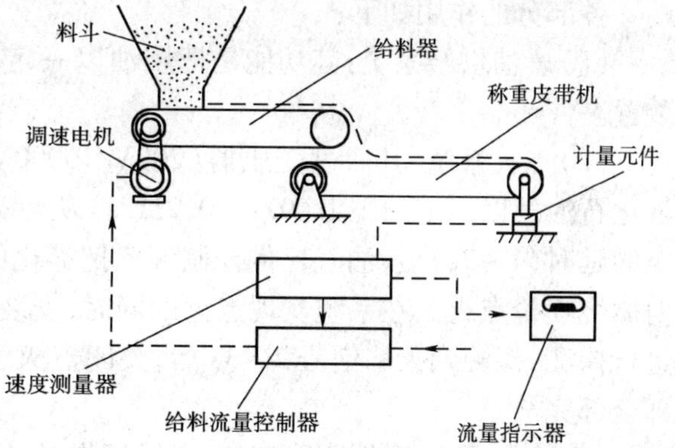

图9-9 给料集料计量装置结构组成示意图

该系统采用“单机”和“系统”两种控制方式。以“单机”方式工作时，每个给料机按照各自控制器设定的速度控制信号电压分别稳速运行；而以“系统”方式工作时，各系统的速度控制信号由同操器提供，各控制器以一定的比例值设定后，改变同操器输出电压的大小，则各给料机按原有设定的比例同时改变转速，“单机—系统”切换由各控制回路的选择开关确定。

课题三 集料烘干、加热控制系统

一、干燥滚筒燃烧系统的组成及作用

沥青混凝土搅拌设备的干燥滚筒燃烧系统一般由燃油供给系统、点火系统、空气雾化及净吹系统、温度控制系统和系统保护控制装置等 5 大部分组成，各部分具体组成情况见图 9-10 所示。

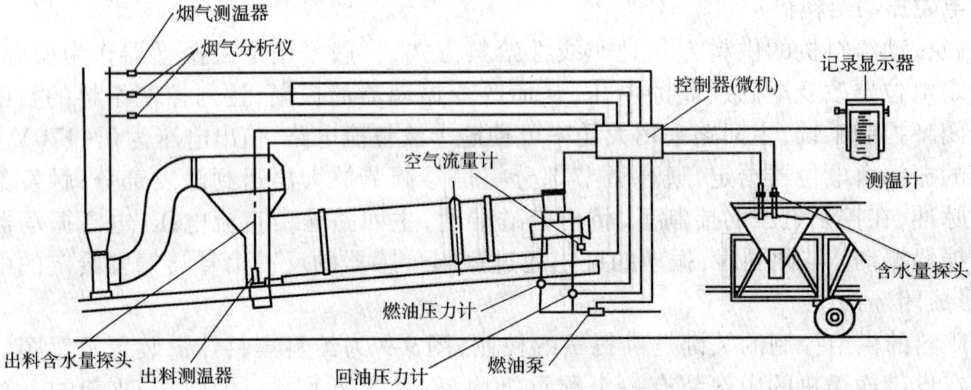

图 9-10　干燥滚筒燃烧系统的组成示意图

各部分的作用如下：

(1)燃油供给系统：其功能是把燃油以一定的压力(1.0～1.5MPa)泵送给油气比例控制装置。

(2)点火系统：其通过变压器(200V/10000V)控制点火电极的跳火，在电极跳火的同时，液化石油气以一定的压力(0.1～0.2MPa)从点火器内喷出，使电极火花引燃点火器。经过一定的延时(1～3s)后，油气比例控制装置把雾化的燃油从燃烧喷枪喷出，这样点火器即可实现对燃烧喷枪点火。在系统实现点火的同时，安装在燃烧器上的紫外线火焰探测器对燃烧火焰进行探测，探测到火焰信号 2～3s 后，关闭点火变压器电源及点火液化石油气阀门，点火工作即全部完成。

(3)空气雾化及净吹系统：为了保证燃油完全燃烧，工作中一定压力的压缩空气(0.4～0.7MPa)接到燃烧器喷枪上，以便把喷枪内喷出的燃油充分雾化。为了防止燃烧室内存有未燃烧的燃油，工作前先将压缩空气(0.4～0.7MPa)从喷枪内喷出，吹净燃烧室内未完全燃烧的燃油。

(4)温度控制系统：采用手动或自动控制燃烧器的工作效率，使之与烘干的物料量相匹配，从而保证烘干物料的温度保持稳定(一般为 160℃)。

(5)系统保护控制装置：为防止除尘器内燃气超温，提高除尘布袋的寿命，燃气温度保护装置可控制燃烧器的工作，当燃气温度达到 190℃时，燃烧器控制系统报警；达到 210℃时，自动停止燃烧器的工作。

二、燃烧器温度控制系统工作原理

根据沥青混凝土拌和料的质量要求，烘干筒的出料温度一般为160℃～180℃。具体值根据这个温度范围及周围环境温度变化，通过自动调温系统可以方便地使出料温度控制在160～180℃范围内的某一值。温度控制装置选择热电阻或红外测温仪进行温度检测，以电流形式输出。

自动调温原理如图9-11所示。系统的调温过程如下：

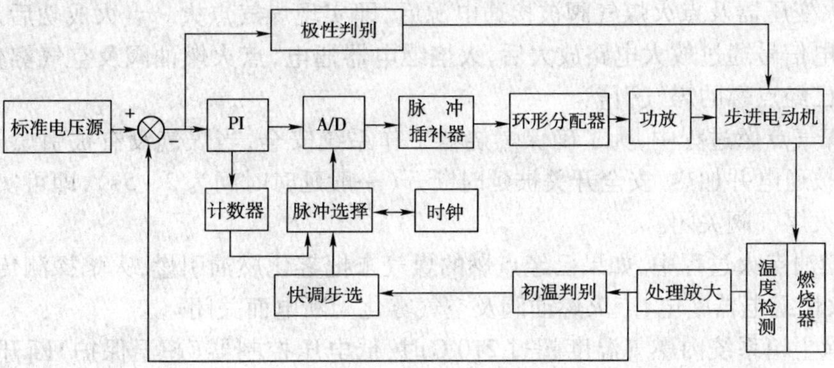

图9-11　自动调温控制系统原理图

将标准电源的电压作为温度目标，它可以在较小的范围内连续可调地进行工作。通过温度检测装置所测得的信号反馈给输入端，与温度目标进行比较，所得的差值电压经比例积分调节器（PI）调节，在经A/D转换器转变为数字量，这个数字量再经脉冲插补器得到一连串数目与A/D输出数码相等的脉冲串信号去驱动步进电机的绕组，使其步进旋转。当料温低于目标值时，差值信号大于零，极性判别将使步进电机正向旋转，推动风门和油阀增大，使燃烧火焰增强，料温升高；当料温高于温度目标时极性判别将使步进电机反向旋转，风门和油阀减小，火焰减弱，温度降低。反复调节直至与目标温度相等时，差值信号为零，温度保持恒定。

在调温系统处于刚刚开始工作的过渡过程中时，因温度检测得到的反馈信号很小，A/D转换的输出很大，调温的幅度也很大，会使风量和油量突然增加很大，有可能损坏步进电机所驱动的四连杆机构，并使已燃火熄灭。为避免这些现象出现，系统设置有初温判别，快调步进、脉冲选择步进器及时钟等部件，使系统开始调温时采用一到四步的可调步数的快速调温方式，并使每步快调升温限为31℃。当快调完成后，料温已达155～185℃，这时由于温度检测装置响应时间较长，它还没有响应料温的变化，使反馈信号仍然很小，差值信号也很大。所以系统在料温达到155～185℃后，采用长时间的脉冲信号驱动的慢调状态，以等待系统的响应。

三、燃烧器点火控制原理

(1)按下燃烧器控制按钮后，除尘箱负压传感器、燃油压力传感器、煤气压力传感器及雾化空气传感器所测得的相应信号，输入燃烧器 PLC，如果满足负压值为 138 ~ 207kPa、燃油压力为 1.0 ~ 1.5MPa、煤气压力为 0.1 ~ 0.2MPa、雾化压力为 0.4 ~ 0.7MPa 时，PLC 输出信号，控制限位控制器导通，同时由于系统燃气温度不超过 210℃，低压控制器（超温保护控制器）导通。

（2）按下燃烧器控制按钮后，燃烧器控制系统在 PLC 的控制下，完成 20 ~ 25s 时间的净吹工作，并接通燃烧器控制电源开关。此时载荷继电器被热元件延时接通，这样点火煤气阀、点火变压器、主煤气阀、主燃油阀及燃烧器控制阀被接通电源。

（3）点火变压器及点火煤气阀被接通电源后，即实现煤气点火。点火成功后，火焰探测传感器的探测电信号通过放大电路放大后，火焰继电器通电，点火燃油阀及空气雾化阀打开，雾化的燃油被已经点燃的煤气引燃。

（4）在煤气点燃过程中，为了确保燃烧器工作系统安全，当煤气没有被引燃时，由于安全开关加热器被通电并加热，安全开关被延时断开（一般延时时间为 2 ~ 5s），即可实现点火变压器断电及点火煤气阀关闭。

（5）在燃油点火过程中，如果已经点燃的煤气未把雾化燃油引燃，火焰探测传感器不能探测到信号，火焰继电器断电，点火燃油阀及空气雾化阀断电而关闭。

（6）当除尘箱系统内燃气温度超过 210℃时，低电压控制器（超温保护）断开载荷继电器回路，载荷继电器断电，点火系统各电器元件断电，从而燃烧器熄火。

课题四　计量控制系统

一、计量系统

沥青混凝土搅拌设备的计量控制系统用来完成集料、粉料和沥青的计量工作，间歇强制式搅拌设备的计量系统与连续式搅拌设备的计量系统有所不同，在此只介绍间歇强制式搅拌设备的计量系统。

搅拌设备的计量系统包括重力传感器、电子称处理单元、称量显示仪表等。传感器把信号送到电子称处理单元，电子称处理单元采用高精度线性放大器，将信号调整放大并输送到显示仪表及控制系统中，采用可编程序可实现其自动化控制。采集到的信号如开关量、模拟信号、温度信号等输入到控制器后，按照称量、搅拌的顺序控制其输出，满足系统的要求。

间歇强制式搅拌设备的计量系统如图9-12所示。

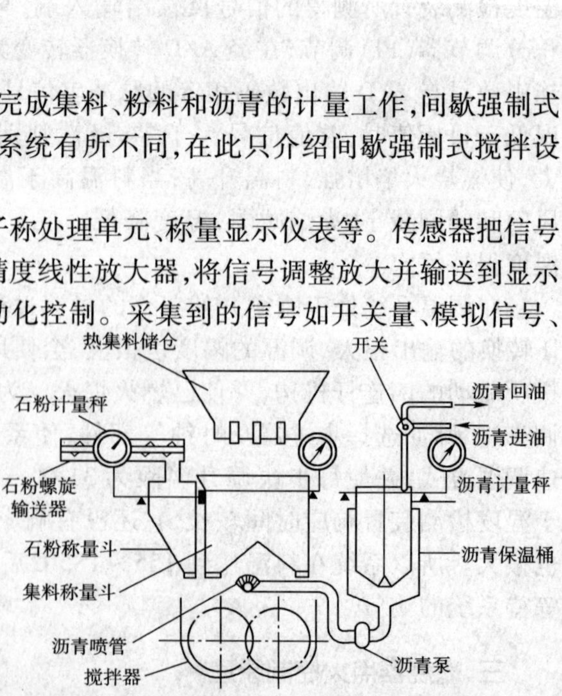

图 9-12　间歇强制式搅拌设备的计量系统简图

二、热集料的计量

热集料称量斗通过 4 个 10kN 的称重传感器吊装在热储料仓的下面，不同规格的集料按级配质量比先后放入称量斗内进行累积计量，达到预定值后，开启斗门，将集料放入搅拌器内。

热集料的称量有一次称量和二次称量两种方式。一次称量的料仓仓门开度恒定，放料时待计量料的料仓仓门开至最大，当料斗中所落入的集料达到一定值时（如所需质量的90%，此初始值可人工设定，此后由计算机自动控制），料仓仓门便在计算机的控制下提前关闭。这种称量方式的实际称量值受热料仓存料多少的影响较大，易出现各仓的称量值时多时少的现象，这样不但没有控制好称量精度，而且也影响了成品料的稳定性。二次称量分第一次的粗称和第二次的精称。第一次粗称时，可根据各仓设定值的大小，仓门开得相对较大，较快地称完各仓集料设定值的70%（可调），剩下的30%则将仓门关小来进行第二次的精称。所以受热料仓存料多少的影响也较小，大大提高了集料的称量精度及稳定性。

三、沥青的计量

为了保证成品料沥青的油石比，搅拌设备通常是根据集料的实际称量值和设定的油石比来确定沥青的最终供给量。沥青称量及喷射装置如图9-13所示。

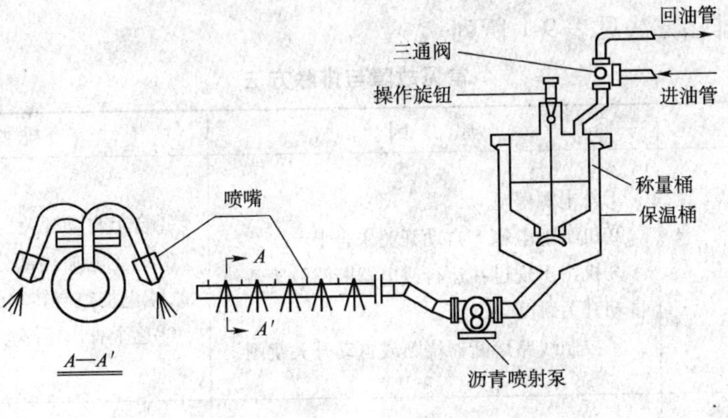

图9-13　沥青称量系统简图

沥青称量桶由3只2kN的拉力传感器并联使用。沥青称量时，沥青通过气控三通阀注入沥青称量桶，当沥青的质量达到预先设定值时，三通阀关闭，完成一次沥青称量。在称量斗放料闸门第二个放料动作开始的同时，称量斗内称量好的沥青通过沥青喷射泵、喷嘴喷入搅拌器内，进行搅拌。

沥青称量桶除设有加热装置外，还设有沥青保护装置。当称量的沥青大于某一值时，保护装置输出一个信号，使输入沥青泵停转。

四、粉料的计量

粉料称量斗采用3只2kN的拉力传感器并联使用，称量时，通过控制粉料螺旋输送机及粉料输送转阀来实现，二者可实现联锁。

粉料称量时，输送机电动机起动，将粉料注入粉料称量斗。当称量斗内粉料质量达到预先的设定值时，粉料螺旋输送机的电机停止工作，同时粉料注入仓门关闭，停止向粉料称量斗输送粉料。当需卸料时，控制器发出信号使称量斗门电磁阀动作，粉料称量斗门控制气缸开启粉料称量斗的放料斗门，将粉料卸下进入搅拌器内，进行搅拌。

课题五　拌和设备电控系统常见故障与排除

一、电气线路的故障诊断方法

电气线路出现故障时，可借助于万用表等器材进行检查。常用的方法有以下几种：

(1)电压测量法即通过测量某一部位的电压值或两点间的电压差值，来判断电器元件和电 路的故障。检查时应将万用表放在交流电压500V的挡位上。

(2)电阻测量法即在断开电源的情况下，通过测量两点间的电阻值来判断电器元件和电路的故障。

(3)短接法即通过短接一个或同时短接多个电器元件及连线的方法确定故障部位。

二、常见故障与排除方法

常见故障与排除方法见表9-1所列。

常见故障与排除方法　　表9-1

故障现象	原　因	排除方法
各部分都不能起动，电源有电，指示信号灯不亮	①外电源停电 ②机组配电箱上自动开关未合上 ③机组出现过在运行或电器断路故障致使自动开关跳闸 ④控制线路熔断器烧断或自动开关跳闸	①合上自动开关 ②避免电加热部分全部工作时加大生产量，或电加热与转动部分错开使用 ③逐个查出短路点，予以排除
部分电动机不能起动	①按钮没接通，其动静触头闭合不了 ②线圈控制回路不通 ③在非手动状态下，未按规程起动	修整或重新更换按钮，接线头松动或线圈断开，旋紧或重换线圈
某些部分工作后自动停止	①自动开关的热脱扣 ②电源电压过低，导致电机电流加大，自动开关脱扣 ③负荷超过额定值，自动开关热脱扣	①适当地减少电机的负荷使其在额定的负荷之内工作 ②重新调整脱扣电流值，使其达到额定电流值 ③避开用电高峰时使用，或调剂好负荷减少电压降
某些部分工作后不能停止	①接触器因电路电流太大，起动频繁而触头烧毛或有熔焊 ②接触器铁心中极面间油污太多而铁心黏结不放	①重新更换动、静触头或磨、锉修整好触头 ②拆下铁心，用少量带汽油或煤油的清洁棉纱清净铁心极面上的油污

续上表

故障现象	原因	排除方法
气泵气压上不来	①气路漏气 ②二位四通电磁气阀损坏 ③二位四通电磁气阀故障,阀芯不到位 ④气泵活塞磨损 ⑤油雾器缺油 ⑥气泵缺油 ⑦调压阀失灵 ⑧汽缸内O形密封圈磨损 ⑨油雾器加油时未装好O形密封圈,造成漏气	①检查气路,排除漏气点 ②更换或修复电磁气阀 ③用起子拧动手动螺钉,使阀芯反复运动、到位。停机后拆卸气阀,用酒精清洗阀芯 ④更换或修复气泵 ⑤、⑥缺油部位加油 ⑦更换或修复调压阀 ⑧更换汽缸密封圈 ⑨重新装好油雾器油杯
电加热开关已拨通,加热仍未工作	①压力式电接点温度计在前一天工作中温度指针已超上限指针,加热电路断开 ②压力式电接点温度计损坏 ③浮子继电器损坏 ④沥青箱液面低于浮子继电器,沥青罐不能加热 ⑤电路中有开路 ⑥电源电压不够	①旋动开关检查电流指示 ②更换温度计 ③暂时短接电路,停工后更换浮子继电器,短接时应随时注意沥青液面位置,沥青达到工作温度即停止加热,关闭加热电路,工作结束后,放空罐内沥青,以便更换浮子继电器 ④加注沥青 ⑤检查电路及电器,并排除、更换损坏件 ⑥检查电压

实训　双重联锁正反转控制线路的安装与检修

一、目的

能够完成双重联锁正反转控制线路的安装与检修。

二、设备与器材

(1)三相异步电动机一台。

(2)交流接触器两只。

(3)热继电器一个。

(4)按钮两个。

(5)导线、熔断器等。

三、内容与步骤

安装训练:

(1)配齐所用电器元件,并检验元件质量。

(2)按电路图进行控制板前线槽配线,并在导线端部套编码套管和冷压接线头。

(3)根据电路图检验控制板内部布线的正确性。

(4)安装电动机。

(5)可靠连接电动机和各电器元件金属外壳的保护接地线。

(6)连接电源、电动机等控制板外部的导线。

(7)检查无误后通电试验。

检修训练:

(1)故障设置:在控制电路或主电路中人为设置电气故障两处。

(2)教师示范检修:教师进行示范检修时,可把下述检修步骤及要求贯穿其中,直至故障排除。

①用试验法来观察故障现象。主要观察电动机的运转情况、接触器的动作情况和线路的工作情况等,如发现有异常情况,应马上断电检查。

②用逻辑分析法缩小故障范围,并在电路图上用虚线标出故障部位的最小范围。

③用分阶或分段测量法正确、迅速地找出故障点。

④根据故障点的不同情况,采取正确的修复方法,迅速排除故障。

⑤排除故障后通电试验。

(3)学员检修:教师示范检修后,再重新设置两个故障点,由学员完成检修。在学员检修的过程中,教师可进行启发性的示范指导。

四、注意事项

(1)要认真听取和仔细观察指导教师在示范过程中的讲解和检修操作。

(2)要熟练掌握电路图中各个环节的作用。

(3)在排除故障过程中,故障分析的思路和方法要正确。

(4)工具和仪表使用要正确。

(5)带电检修故障时,必须有指导教师在现场监护,并要确保用电安全。

(6)检修须在定额时间内完成。

五、实训小结(实训报告)

通过双重联锁正反转控制线路的实际安装,写出安装过程中的注意问题;通过检修,总结双重联锁正反转控制线路容易出现问题的部位,产生故障的原因和检修方法。

思考题

1. 沥青混凝土搅拌设备的电控系统主要包括哪几部分?有什么功能?

2. 分析电动机的基本控制电路在沥青混凝土搅拌设备上有哪些应用。

3. 沥青混凝土搅拌设备干燥滚筒燃烧系统由哪几部分组成?作用是什么?

4. 试分析拌和设备电控系统常见故障有哪些,形成的原因有哪些。

Danyuanshi

单元十

液压挖掘机电控系统

知识点

1. 电控系统的组成、功用；
2. 各组成部分的结构及工作原理。

技能点

1. 挖掘机电控系统的使用方法；
2. 挖掘机常见故障及排除方法。

挖掘机是一种用来开挖土方的施工机械，它是用铲斗上的斗齿切削土壤并装入斗内，装满土后提升铲斗并回转到卸土地点卸土，然后再使转台回转、下降铲斗到挖掘面，进行下一次挖掘。挖掘机主要用于筑路工程中的堑壕开挖、建筑工程中开挖基础、水利工程中开挖沟渠、运河和疏浚河道，在采石场、露天开采等工程中表层土壤的剥离和矿物的挖掘等。因此挖掘机在建筑、筑路、水利、电力、采矿、石油、天然气管道铺设和军事工程中被广泛地使用。据统计，工程建设施工中约60%的土石方量是靠挖掘机完成的。此外，挖掘机更换工作装置后还可进行浇筑、起重、安装、打桩、夯土和拔桩等作业。

随着对挖掘机的工作效率、节能环保、操作轻便、安全舒适、可靠耐用等方面性能要求的提高，促使了机电液一体化技术在挖掘机上的应用，并使其各种性能有了质的飞跃。20 世纪 80 年代，以微电子技术为核心的高新技术，特别是微机、微处理器、传感器和检测仪表在挖掘机上的应用，推动了电子控制技术在挖掘机中应用逐渐普及，并已成为挖掘机现代化的重要标志。

挖掘机电控系统包括监控系统、功率优化系统、工作模式控制系统、发动机自动怠速及油门控制系统等。

课题一　监 控 系 统

监控系统是用来对挖掘机的运行状况进行监察，发现异常时及时报警，并指出故障内容及部位，便于及时排除故障，减少停机时间，降低保养、维修费用，提高作业效率。

美国卡特匹勒公司早在1978年便研制应用电子监控系统的挖掘机。在新开发的E系列挖掘机上又采用了具有三级报警的电子监控系统：一级报警时面板上发光二极管闪烁，提示故障部位；二级报警时面板上的主故障报警灯同时闪烁；三级报警时增加了蜂鸣器的鸣叫报警，要求驾驶员立即停车、维修人员排除故障。

德国奥加开(O&K)公司生产电子监控系统，能监测与挖掘机作业及维修有关的参数，并评估和显示所计算的结果，以帮助操作人员识别要发生的故障和超出使用极限值的趋势，在重大故障发生前显示报警信息。该系统还可记录和存储作业状况数据，并用显示和打印方式提供维修和计算成本等相关数据。

韩国大宇重工株式会社生产的挖掘机配备了多达8项监测内容的电子监控系统，挖掘机出现异常现象时能通过声、光的形式进行报警，其生产的DH280型挖掘机电子监控系统的电路如图10-1所示。

一、组成和功用

1.组成

该电子监控系统主要由传感器，控制器、报警灯、蜂鸣器、仪表等组成。仪表盘上装有16个指示灯(L1-L16中有4个是备用的)以指示某些开关的状态及故障报警。此外还装有发动机转速表、冷却水温表、燃油表、电压表及工作小时计等。

基中监控部分向操作人员提供挖掘机的工作情况，各种开关用来控制挖掘机，控制器具有诊断挖掘机各种故障的能力。由控制器诊断出的故障，可由监控器部分的显示器以灯光或数字形式显示出来。

2.电子监控系统有下列几种功能

(1)告诉操作者挖掘机出现的问题；

(2)使操作者知道挖掘机的状态参数，如发动机转速，液压油温度，功率变换压力等；

(3)告诉操作者电子控制系统中存在的问题和过去已出现的问题；

(4)为电子控制系统的测试和调整提供信息。

二、工作原理

发动机起动前将起动开关钥匙转至0N或“预热”位置，此时仪表盘的端子8通过控制器的端子12接地，所有报警指示灯(L1-L16)及发光二极管同时发光，蜂鸣器鸣叫，3s后发光二极管熄灭，蜂鸣器停止发声，接着通过液面高度传感开关，先后检查发动机油底壳、液压油箱及冷却水散热器的液面高度。若低于规定值，仪表盘上的相应指示灯将再次明亮。为避免误报警，上述内容检查时挖掘机应停放在水平的地面上，蜂鸣器停止发声后仪表盘上的光电指示灯和机油压力指示灯仍然发亮，属正常现象。发动机起动后，这两个指示灯都应该熄灭，否则说明发动机光电系有故障或机油压力过低(蜂鸣器也同时报警，此时应停车检查发动机的润滑系)。

发动机运转时若空气滤清器或机油滤清器被堵塞，仪表盘上的相应报警灯亮，发动机冷却水温超过103℃时报警灯和蜂鸣器同时报警。

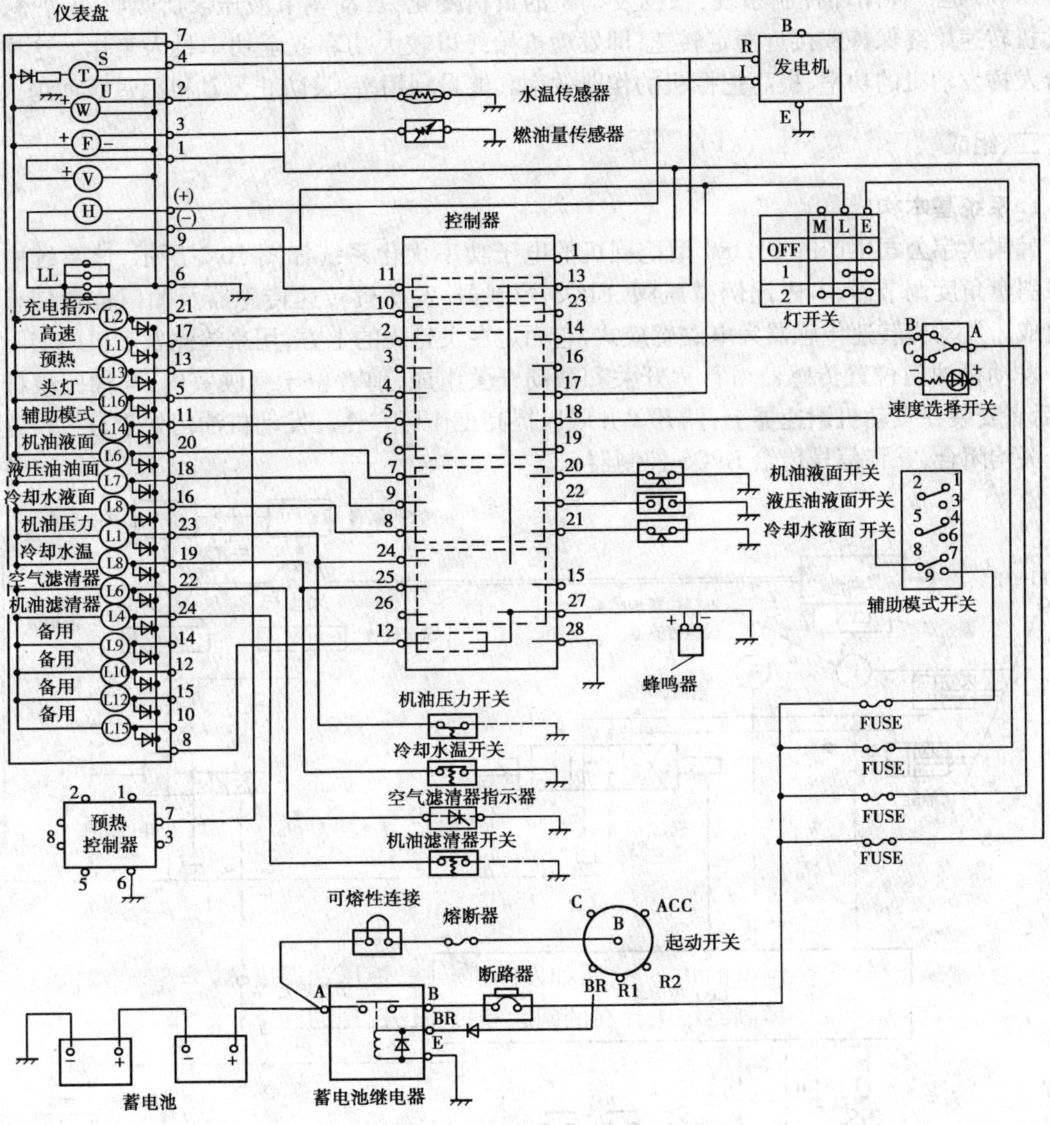

图 10-1　DH280 型挖掘机电子监控系统电路

课题二　功率优化系统

一、功用

一般挖掘机能量的总利用率约为 20%，巨大的能量损失使节能技术成为衡量挖掘机先进性的一项重要指标。为此国外许多厂家在其生产的挖掘机上采用电子功率优化系统（Electronics Power Optimize System，EPOS），对发动机和液压系统进行综合控制，使两者达到最佳的匹配，取得了明显的节能效果。

EPOS是一种闭环控制系统，根据发动机的负荷变化，自动调节液压泵所吸收的功率，使发动机转速始终保持或接近额定转速，即发动机始终以较大功率或全功率投入工作。这样既充分发挥发动机的功率、提高挖掘机的作业效率和能量利用率，又防止发动机因过载而熄火。

二、组成

1. 系统基本构成

韩国大宇公司生产的DH280型挖掘机的电子功率优化系统如图10-2所示，该系统由柱塞泵斜盘角度调节器、电磁比例减压阀、EPOS控制器、发动机转速传感器及油门位置传感器等组成。发动机转速传感器为电磁感应式，它固定在飞轮壳的上方，用来检测发动机的实际转速。发动机油门位置传感器由行程开关和微动开关组成，前者位于驾驶室内，与油门拉杆相连；后者安装在发动机调速器上，两开关并联以提高工作可靠性。发动机油门处于最大位置时两开关均闭合，并将信号传给EPOS控制器。

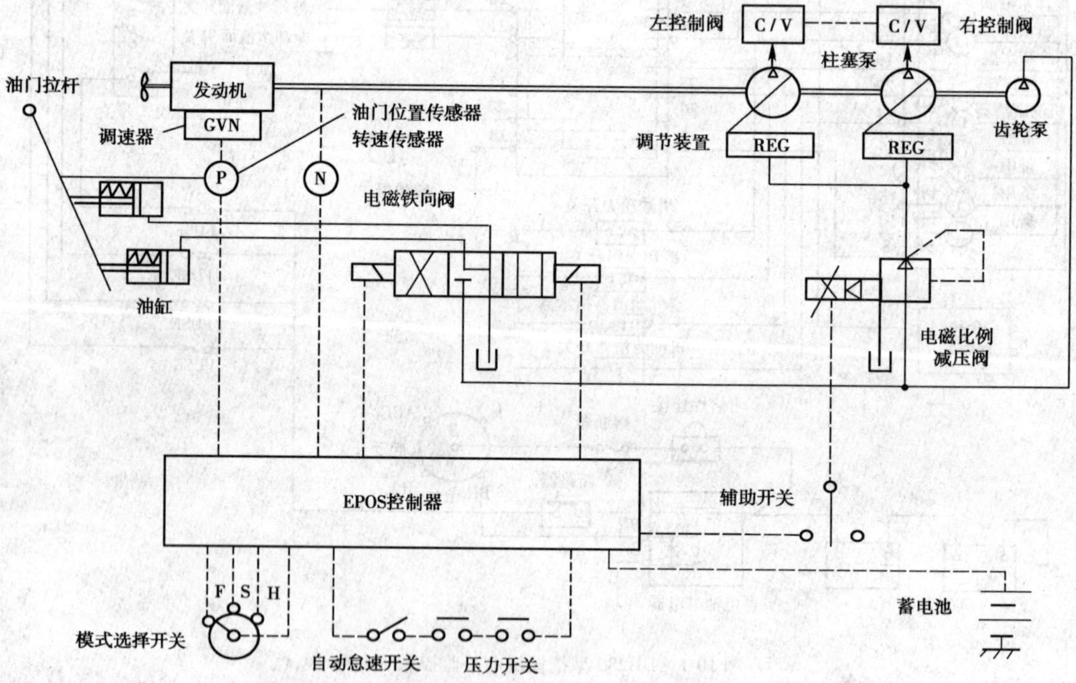

图10-2 DH280型挖掘机电子功率优化系统

2. 系统的控制过程

当工作模式选择开关处于“H模式”位置时，装有微电脑EPOS控制器的端子8（见图10-2）上有电压信号（即油门拉杆处于最大供油位置）时，EPOS控制器便不断地通过转速传感器检测发动机的实际转速，并与控制器内所储存的发动机额定转速值相比较。发动机实际转速若低于设定的额定转速，EPOS控制器便增大驱动电磁比例减压阀的电流，使其输出增大，继而通过油泵斜盘角度调节器减小斜盘倾角，降低油泵的排量，上述过程重复进行，直到发动机实际转速与设定的额定转速相符为止；反之，如果实际检测的发动机转速高于额定转速，EPOS控制器便减小驱动电流，于是油泵的排量增大，最终使发动机稳定在额定转速上运转。

该系统配备一辅助模式开关，当 EPOS 控制器失效时，可将此开关板向另一位置，通过辅助模式电阻向电磁比例减压阀提供恒定的 470mA 电流，使挖掘机处于“S 模式”下继续工作，此时仪表盘上的辅助模式指示灯亮。

韩国大宇公司生产 DH280 型挖掘机 EPOS 电路如图 10-3 所示，其特点是发动机油门位置传感器为一电位器，油门处于最大和最小位置时，电位器 A、B 端子间的输出电压分别为 0V 和 5.5V。挖掘机作业过程中，无论油门拉杆在什么位置，EPOS 都能自动地使发动机工作在与油门位置相对应的最大功率状态，并使发动机的转速保持不变。

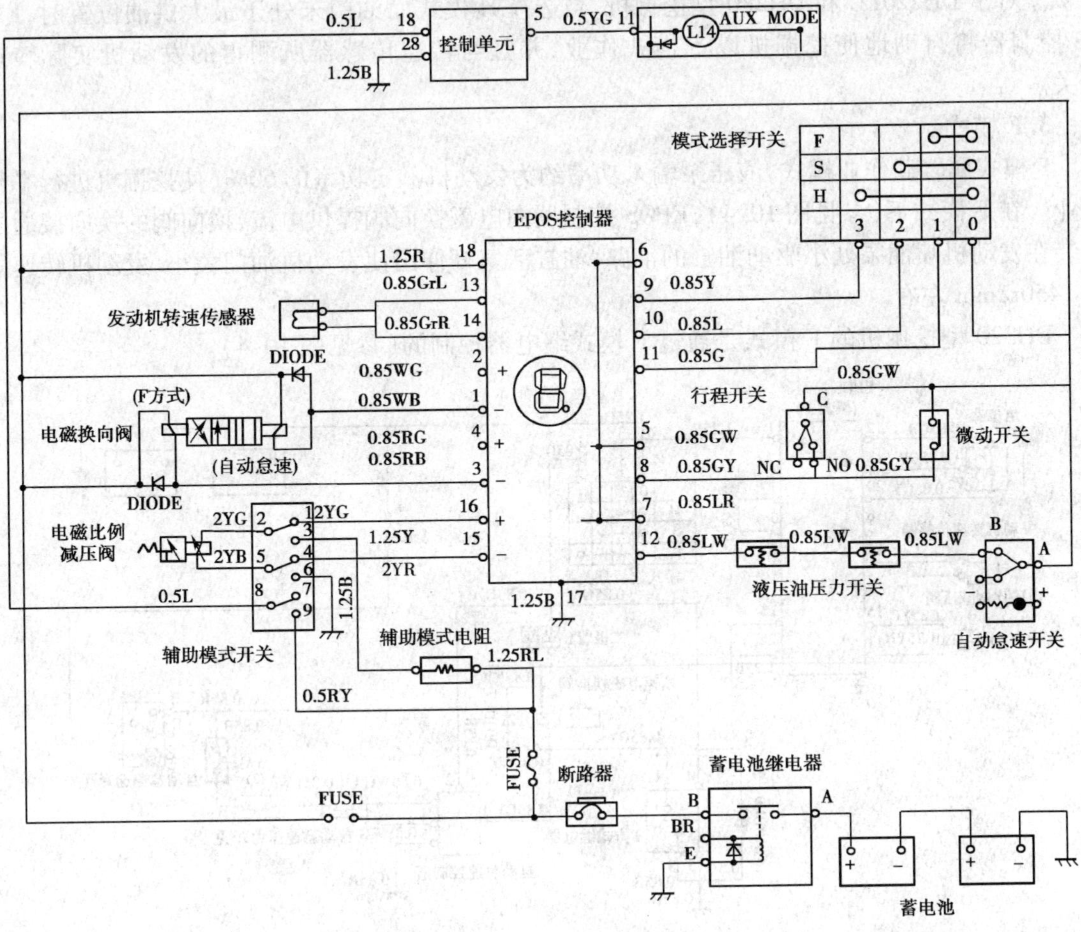

图 10-3　DH280 型挖掘机 EPOS 电路

三、工作模式选择

韩国大宇公司生产的挖掘机有三种作业模式可供选择，即 H 模式、S 模式、F 模式。模式的选择是通过模式选择开关实现的(如图 10-3 所示)。

挖掘机配备工作模式控制系统的目的是，便于驾驶员根据挖掘机作业条件的不同，选择合适的作业模式，使发动机输出最合理的动力。

1. H 模式

H 模式即重载挖掘模式，发动机油门处于最大供油位置，发动机以全功率投入工作。此时电磁比例减压阀中的电流在 0 ~ 470mA（HD220LC、DH280 及生产号为 1-360 的 DH320）或在 0 ~ 660mA（生产号为 361 以后的 DH320）之间变化。

2. S 模式

S 模式为标准挖掘模式，EPOS 控制器向电磁比例减压阀提供恒定的 470mA 电流（HD220LC、DH280）或切断电流的供给（DH320），液压泵输入功率约为发动机额定功率的 85%。对于 DH220LC 和 DH280 型挖掘机，当选择 H 模式而油门未处于最大供油位置时，EPOS 控制器将自动地使挖掘机以 S 模式作业，并且与转速传感器所测得的发动机实际转速无关。

3. F 模式

F 模式属轻载作业模式，液压泵输入功率约为发动机额定功率的 60%，使挖掘机进行平整作业。在 F 模式下（参见图 10-4），EPOS 控制器向电磁换向阀提供电流，换向阀的换向接通了安装在发动机喷油泵处小驱动油缸的油路，油缸活塞杆伸出使发动机油门关小，发动机转速降至 1450r/min 左右。

DH320 型挖掘机的 F 模式是通过 F 模式继电器控制的（参见图 10-4）。

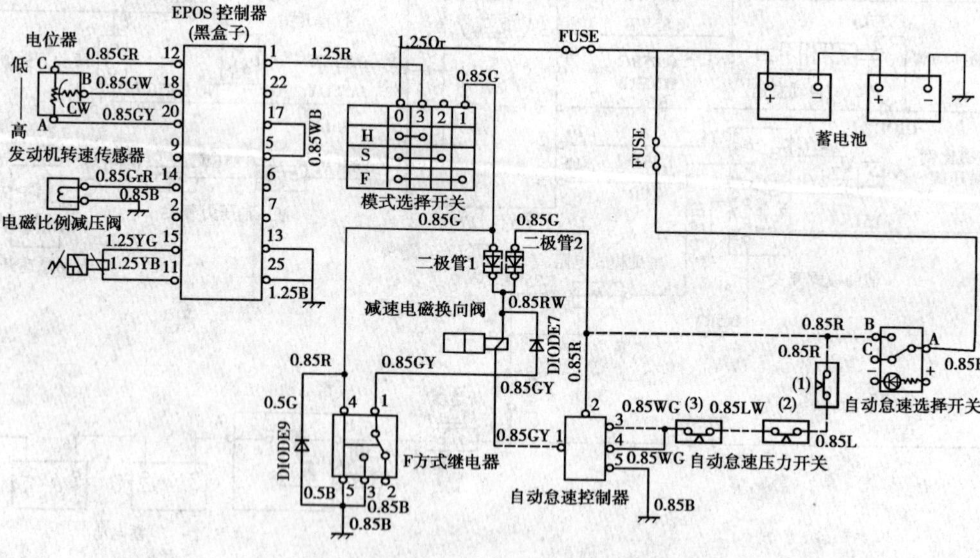

图 10-4　DH320 型挖掘机的 EPOS 电路

课题三　发动机自动怠速控制系统

韩国大宇公司生产的 DH280 型挖掘机装有发动机自动怠速装置，操纵杆回到中位的数秒钟后发动机能自动进入低速运转，减少液压系统的空载损失、发动机的磨损，起到节能和降低噪声的作用。

由图 10-2、图 10-3 可见，在液压回路中装有两个压力开关，挖掘机作业过程中两个压力开关都处于开启状态。当左右操纵杆都处于中位、挖掘机停止作业时，两个压力开关闭合。若此时自动怠速开关处于接通位置，且两个压力开关闭合4s以上，EPOS控制器便向自动怠速电磁换向阀（与F模式用同一换向阀）提供电流，接通自动怠速小驱动油缸的油路，油缸活塞杆推动油门拉杆，减小供油量，使发动机自动进入低速运转。扳动操纵杆使挖掘机重新作业时，发动机将自动快速地恢复到原来转速的转动状态。

DH320型挖掘机的自动怠速是由自动怠速控制器完成的（参见图10-4），它先接通自动怠速选择开关（A、B端子相通），操纵杆都处于中位时三个自动怠速压力开关均闭合，自动怠速控制器的端子3和4上有电流通过，4s后自动怠速控制器的端子1和接地线相通，减速电磁换向阀中有电流通过，液压油经此换向阀流入自动怠速驱动油缸，油缸活塞杆使发动机油门关小，发动机便低速运转。

课题四　电子油门控制系统

日本小松公司生产的PC200-5型挖掘机采用的电子油门控制系统，如图10-5所示。

它由油门控制器、调速器马达（步时电机）、燃油控制器、监控仪表盘，蓄电池继电器等组成，其功能有3个：发动机转速的控制，自动升温控制和发动机停车控制，其电路如图10-6所示。

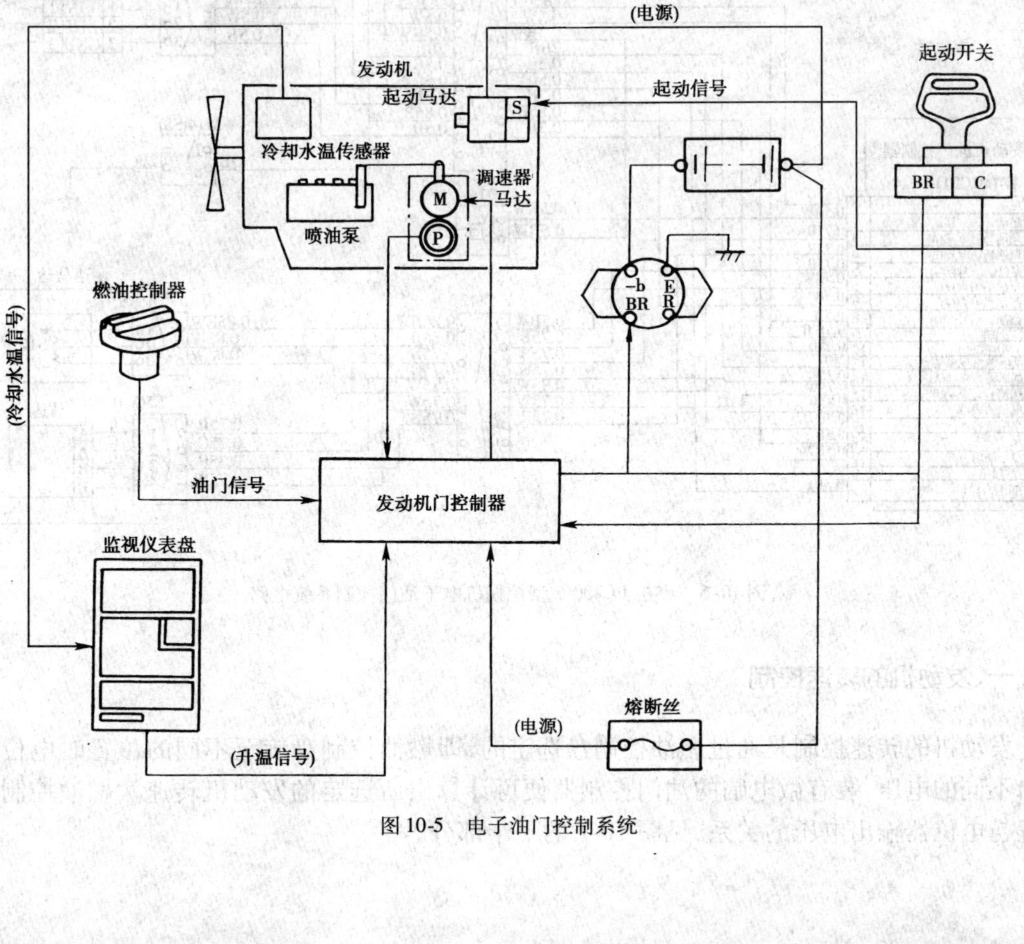

图10-5　电子油门控制系统

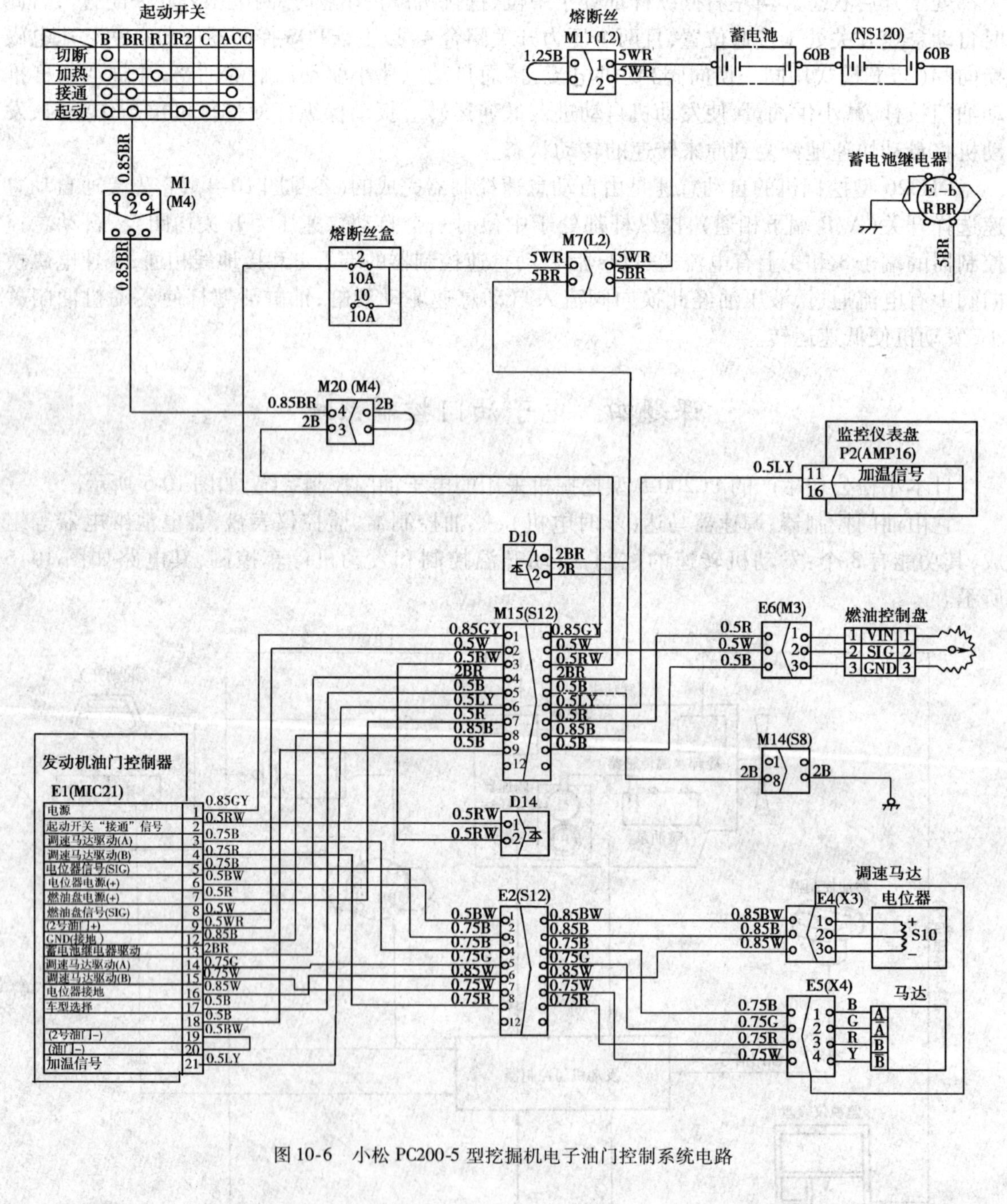

图 10-6　小松 PC200-5 型挖掘机电子油门控制系统电路

一、发动机的转速控制

发动机的转速控制是通过燃油控制盘选定的，即燃油控制盘旋至不同的位置时电位器便输出不同的电压，装有微电脑的油门控制器便可计算出所选定的发动机转速。燃油控制盘的位置与电位器输出电压的关系，见图 10-7 的下半部分。

二、发动机自动升温控制

发动机起动后，监控仪表盘中的微电脑通过热敏电阻式温度传感器不断监测发动机冷却水温度。如果冷却水温度低于30℃，并且燃油控制盘选定的发动机转速低于1200r/min，监控仪表盘中的微电脑便发出“升温”信号。油门控制器微电脑收到信号后便驱动调速器，使发动机转速上升至1200r/min以缩短发动机的暖车时间。以下3个条件之一满足时，发动机的自动升温功能便被取消：冷却水温度超过30℃；燃油控制盘处于满量程的70%以上，发动机高速空转超过3s；升温时间超过10min。

三、发动机停车控制

油门控制器端子2与发动机起动开关的“BR”端子相连，用来检测起动开关的位置。当检测到起动开关转至“切断”位置，即油门控制器的端子2上没有电压信号时，油门控制器输出电流迫使蓄电池继电器触点保持闭合，以保证主电路继续接通。与此同时，控制器驱动调速器，将喷油泵的供油拉杆拉向停止供油位置使发动机熄火。喷油泵的供油拉杆处于“停油”位置后控制器延时2.5s，然后使蓄电池继电器断电，切断主电路，如图10-8所示。

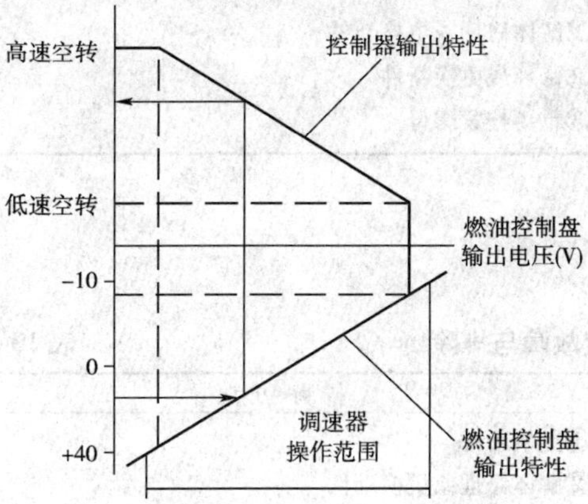

图10-7　燃油控制盘位置与发动机转速的关系

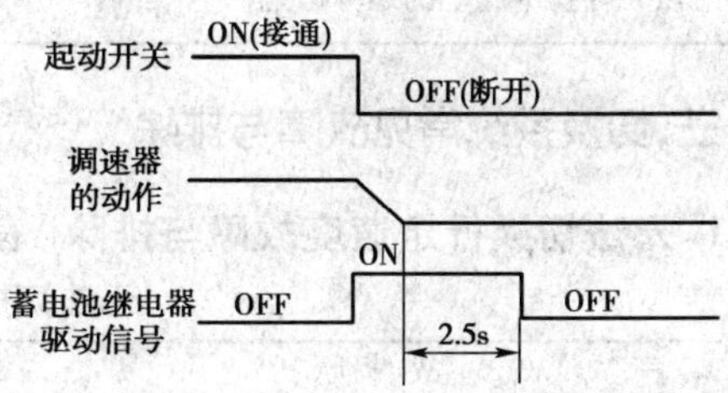

图10-8　发动机停车控制

课题五　挖掘机电控系统的故障与排除

一、充电系统常见故障与排除

1. 蓄电池无法充电的故障与排除（表10-1）

蓄电池无法充电的故障与排除　　表10-1

故障原因	排除方法
①蓄电池有故障、极板击穿 ②接地不良 ③发电机有故障	①更换新蓄电池 ②修理 ③解体修理或更换新件

2. 蓄电池充电但立刻漏电的故障与排除(表10-2)

蓄电池充电但立刻漏电故障与排除 表10-2

故障原因	排除方法
①电线短路 ②蓄电池内的隔板短路 ③蓄电池内有大量的沉淀物或杂质	①用万用表测量,修理或更换新件 ②修理或更换新蓄电池 ③清洁蓄电池内部

二、操作系统常见故障与排除

1. 工作装置操纵杆和行走操纵杆无法操纵的故障与排除(表10-3)

工作装置操纵杆和行走操纵杆无法操纵的故障与排除 表10-3

故障原因	排除方法
①遥控先导操纵阀有故障 ②减振器有故障	①解体修理或更换新件 ②更换新件

2. 操纵杆间隙过大,操纵杆偏离中立位置的故障与排除(表10-4)

操纵杆间隙过大,操纵杆偏离中立位置的故障与排除 表10-4

故障原因	排除方法
①遥控先导操纵阀有故障 ②连接部分磨损 ③遥控先导操纵阀上的螺母松弛	①解体修理或更换新件 ②修理或更换新件 ③重新拧紧螺母

三、切换系统常见故障与排除

1. 无法切换行走速度故障与排除(表10-5)

无法切换行走速度故障与排除 表10-5

故障原因	排除方法
①行走两速切换开关损坏 ②电磁阀损坏 ③电线损坏 ④先导油路有故障	①更换新件 ②解体修理或更换新件 ③修理 ④修理或更换新管路

2. 无法切换动力模式的故障与排除(表10-6)

无法切换动力模式的故障与排除 表10-6

故障原因	排除方法
①动力模式选择开关损坏 ②电磁阀损坏	①更换模式选择开关 ②解体修理并更换电磁阀

思考题

1. 电子监控系统是如何对挖掘机的运行状态进行检测的?
2. 电子优化系统是如何保证发动机和液压泵系统达到最佳匹配的?
3. 电子控制系统有哪些功能?它是如何对各系统进行控制的?

Danyuanshiyi

单元十一

振动压路机电控系统

知识点

1. 压路机电控系统基本组成；
2. 压路机电控系统常见故障及排除方法；
3. 压路机电控系统日常维护。

技能点

1. 能进行压路机电控系统拆装；
2. 能对压路机电控系统进行故障排除；
3. 能对压路机电控系统进行日常维护。

压实机械利用机械自重、振动或冲击等方法对被压实材料重复加载，克服其粘聚力和内摩擦力，排出气体和多余的水分，迫使材料颗粒之间产生位移，相互楔紧，增加密实度，以达到必需的强度、稳定性和平整度的要求，从而保证运行机械的正常运行和道路的使用寿命。

电气系统是振动压路机的一个重要组成部分，在保证压路机作业速度、压实质量以及监控报警等方面起着至关重要的作用。为了满足对压实质量要求较高的高等级路面的需要，现代双钢轮振动压路机与静力式钢轮压路机相比，在电控系统方面有了很大程度的改进和发展。现以美国英格索兰公司生产的DD110型和三一公司生产的YZC12型双钢轮振动压路机为例，介绍振动压路机的电控系统，它包括主车电控系统、供水电控系统和振动控制系统等。

课题一　振动压路机主车电控系统

一、DD110型双钢轮振动压路机

该电路系统包括：发动机起动电路、起动预热电路、制动、喇叭及仪表电路等。

1. 发动机起动电路

DD110 型双钢轮振动压路机是采用康明斯(Cummins)B5.9-C-185 型柴油机,其起动电路由蓄电池、起动机、起动机继电器、熔断丝、座椅开关、紧急制动开关、点火开关和中位开关等组成,如图 11-1 所示。

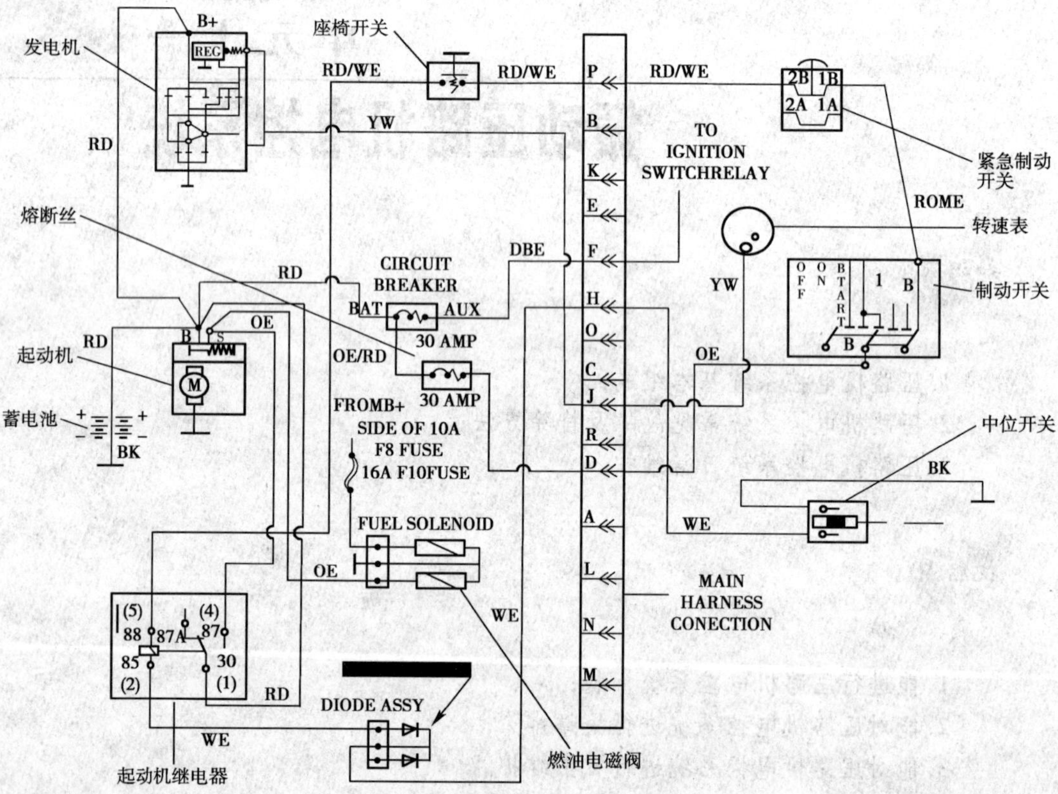

图 11-1　发动机起动电路

起动机为 12V 直流电动机,由两个 12V 蓄电池并联供电。蓄电池与发电机并联连接。蓄电池 1 的正极与起动机的 B 接线柱连接,起动机继电器的 87 触点与起动机电磁开关 S 接线柱连接,30 触点与起动机电磁开关 B 接线柱连接。起动机继电器的电磁线圈 87A 接线柱通过座椅开关、紧急制动开关的 1B/2B 触点与点火开关连接。85 接线柱通过中位开关搭铁。

蓄电池的电流经起动机 B 接线柱、熔断丝到点火开关。当紧急制动开关在拔起位置、座椅开关在压下位置、中位开关在中位时,将点火开关转到"起动"位置,则蓄电池的电流经起动机的 B 接线柱、熔断丝、点火开关、紧急制动开关、座椅开关、起动机继电器的电磁线圈 86 接线柱、85 接线柱、中位开关搭铁形成回路,起动机继电器的线圈通电,其 87/30 触点闭合,使起动机电磁开关回路导通,接通起动机回路,起动机转动并带动发动机起动。当发动机起动以后,点火开关回位,起动机继电器线圈断电,其 87/30 触点断开,起动机电磁开关断路,起动机停止转动。

2. 低温起动预热电路

康明斯 B5.9—C—185 型柴油机设有冬季低温起动预热系统,对进气管道进行加热,以保证发动机低温起动顺利、可靠。低温起动预热系统由蓄电池、熔断丝、预热继电器、栅格式电预热器、预热器控制模块、温度传感器和预热指示灯等组成，如图 11-2 所示。

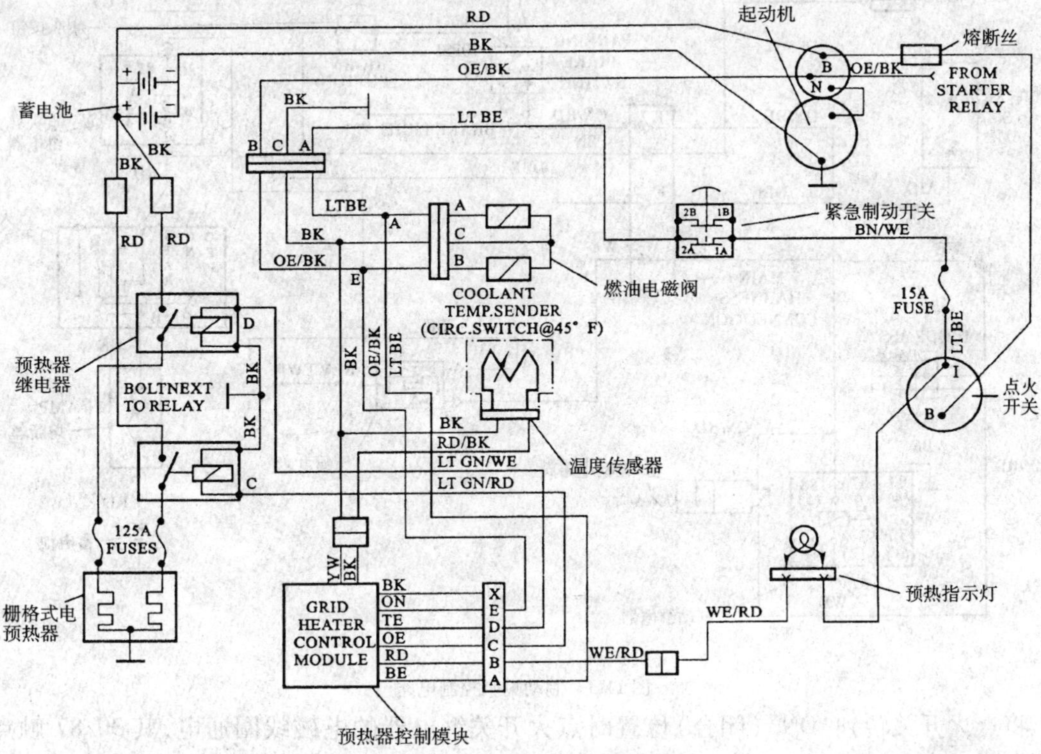

图 11-2　发动机起动预热系统电路

栅格式电预热器安装在发动机的进气管道内，由蓄电池通过预热继电器触点为预热器供电。预热继电器线圈的通断电由预热器控制模块的 C、D 端来控制。温度传感器将检测信号传给预热器控制模块。起动时，来自起动机电磁开关 S 接线柱的电流经预热器控制模块的 E 端进入该模块，控制模块根据温度传感器的检测，若温度低于设定温度，预热器控制模块通过 C、D 端给预热继电器的线圈通电，从而使其触点闭合，电预热器开始工作。同时，预热指示灯亮指示预热。发动机起动后，起动机的电磁开关断电，预热系统停止工作。

燃油起动加浓电磁阀经 B 端与起动电动机电磁开关 S 接线柱连接，燃油电磁阀经 A 端通过紧急制动开关与点火开关连接。当发动机起动时，燃油电磁阀、燃油加浓电磁阀的回路接通，为发动机供油。当发动机起动以后，起动机电磁开关到燃油加浓电磁阀的回路断路，燃油电磁阀经紧急制动开关继续保持通电状态，向发动机供油。当出现紧急情况需要停止发动机运转时，压下紧急制动开关按钮，则燃油电磁阀断路，切断供油使发动机停止供油。

3. 制动、喇叭控制电路

DD110 型双钢轮振动压路机的制动、喇叭控制电路由蓄电池、紧急制动开关、制动开关、喇叭按钮、喇叭、制动指示灯、熔断丝、制动继电器、制动电磁阀等组成，如图 11-3 所示。

DD110 型双钢轮振动压路机的制动器为断电制动器，制动电磁阀断电时制动器处于制动状态，制动电磁阀通电时制动器的制动解除。

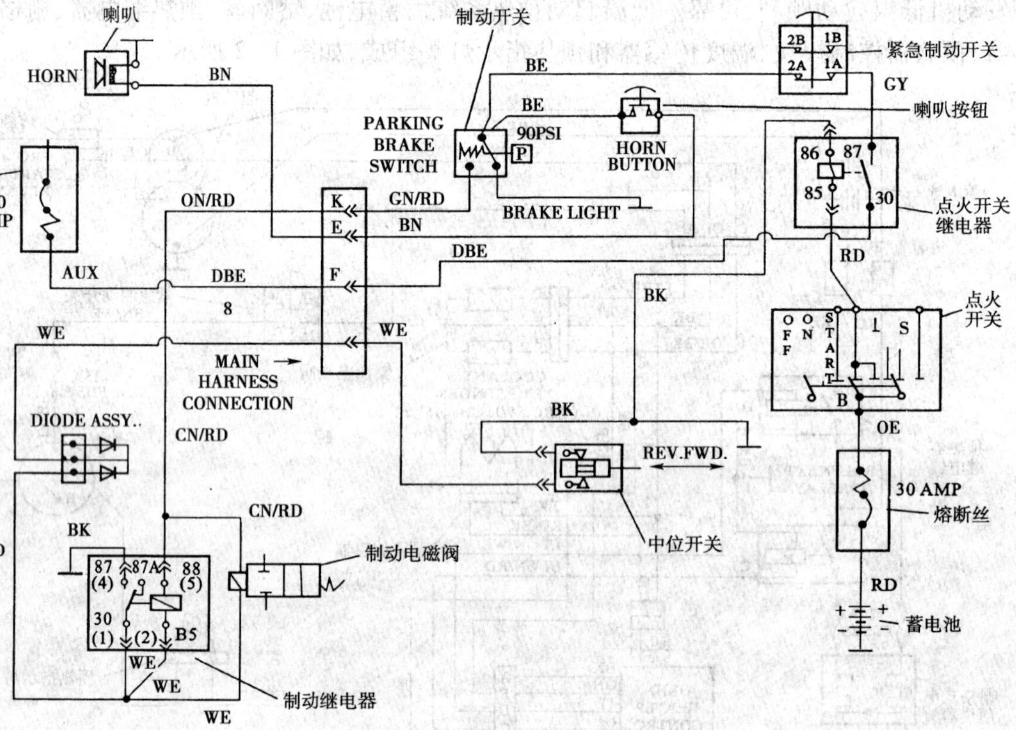

图 11-3　制动喇叭控制电路

将点火开关转到“ON”(闭合)位置时点火开关继电器的电磁线圈通电,其 30/87 触点闭合导通。当紧急制动开关在拔起位置时,将制动开关扳回到解除制动位置(按下),则蓄电池的电流经起动机的 B 接线柱、熔断丝、点火开关继电器、紧急制动开关、制动开关到制动继电器的电磁线圈,再经保护二极管、中位开关搭铁而形成回路。制动继电器的 30/87 触点接通。此时制动电磁阀的线圈经制动继电器的触点搭铁构成回路,制动电磁阀通电,使制动器的制动解除。制动继电器的电磁线圈得电后其 30/87 触点闭合,作用是当中位开关离开“中位”后,保持制动电磁阀的回路导通,使制动器保持解除状态。

将制动开关拉到“制动”位置(抬起),制动电磁阀的线圈回路断路,制动器进入制动状态。此时若点火开关在“ON”(闭合)位置,则制动指示灯亮。

出现紧急情况时按下紧急制动开关(红色)按钮,则制动电磁阀的线圈回路断路,制动器便进入制动状态。

喇叭控制回路由熔断丝、喇叭按钮和喇叭等组成。当点火开关在“ON”(闭合)位置时,按下喇叭按钮,则蓄电池的电流经熔断丝、点火开关继电器、紧急制动开关、喇叭按钮到喇叭搭铁而形成回路,喇叭便发出声响。

二、YZC12 型双钢轮振动压路机

该车主系统由基本车辆电系、行驶驱动控制电路等组成,参见图 6-4 所示。

1. 基本车辆电气系统

基本车辆电气系统包括发动机起动与充电系统、发动机工作监控系统、喇叭、仪表、工作

灯、制动和紧急停车等。

系统电源为24VDC。起动与充电系统由蓄电池G1,起动开关S2,起动电机M1,起动预热控制装置P1,预热指示灯E1,预热电阻R1,预热保险F3(50A),整体式(内装电子电压调节器)硅整流交流发电机G2等组成。

发动机工作监控系统由工作小时计P2(指示灯E2,继电器K1),燃油量指示表P4,转速表P5,机油压力指示表P6,机油压力开关RT3,机油压力指示灯E2,机油压力报警喇叭B2(机油压力低时灯亮与报警通过D1同时实现),冷却液指示与报警E3、B2(通过D2同时实现),水温表P1及指示灯E4、报警B2,油路阻塞压力开关LX3及指示灯E6,零位自动闭锁系统(开关K1,继电器K2及开关K2,延时继电器KT及开关KT,零位起动指示灯E5),防止发动机起动时振动泵参与工作的系统等组成。

驾驶室有工作顶灯H5,工作示警喇叭B1,前后工作灯H1和H2,H3和H4及指示灯开关S10、S11。停车和转向示警由灯H6、H7、H8、H9,左右选择开关S14,频闭控制器K8组成。

制动指示由灯E7和继电器K3组成。在一般制动进行时,灯E7亮,同时继电器K3停电,开关K3打开,Y4断电。在一般制动情况下,行驶泵斜盘角控制电磁阀Y4使变量泵斜盘角为零,实施液压系统闭锁制动。紧急制动由电磁阀Y4、Y5,紧急停车开关S4,指示灯E7,延时继电器KT,延时继电器常开触点开关KT组成。紧急制动发生时,电磁阀Y4、Y5均断电,此时液压系统闭锁,同时前后轮制动油缸释放压力油,制动系统在弹簧作用下产生制动,指示灯亮,延时几秒钟后,振动系统电磁阀Y8或Y9自动断电,停止工作。

2. 行驶驱动控制电路

行驶高低速控制由开关K3,电磁阀Y3组成。电磁阀Y3是两个双位置变量马达的位置控制开关,Y3断电时,行驶驱动变量马达在低速(大排量)大转矩工况下工作,此时手控变量泵调节压路机的行驶速度为0~7km/h;Y3通电时,行驶马达在高速(小排量)小转矩工况下工作,此时手控变量泵调节压路机的行驶速度为0~13.5km/h。保证了压路机在不同工况下以最佳的速度进行压实作业,以较快的速度行驶。

课题二　振动压路机常用电控系统

本课题来介绍振动压路机的常用电控系统。

一、DD110型双钢轮振动压路机

常用电控系统包括供水控制电路和振动控制系统。

1. 供水控制电路

DD110型双钢轮振动压路机在新铺路面上进行碾压作业时,由于沥青混合料温度较高,沥青混合料很容易黏附在碾压轮面上,从而影响碾压质量,因此在压路机碾压轮的上方设有喷水装置,其供水控制电路如图11-4所示。

喷水装置由水泵将水从水箱中抽出,然后通过喷嘴均匀地喷洒到碾压轮上。DD110型双钢轮振动压路机的喷水装置共有4个供水泵,分为前主水泵、前辅水泵、后主水泵和后辅水泵。水泵的供水与停水由水泵开关控制,主水泵的供水量由流量控制器控制。

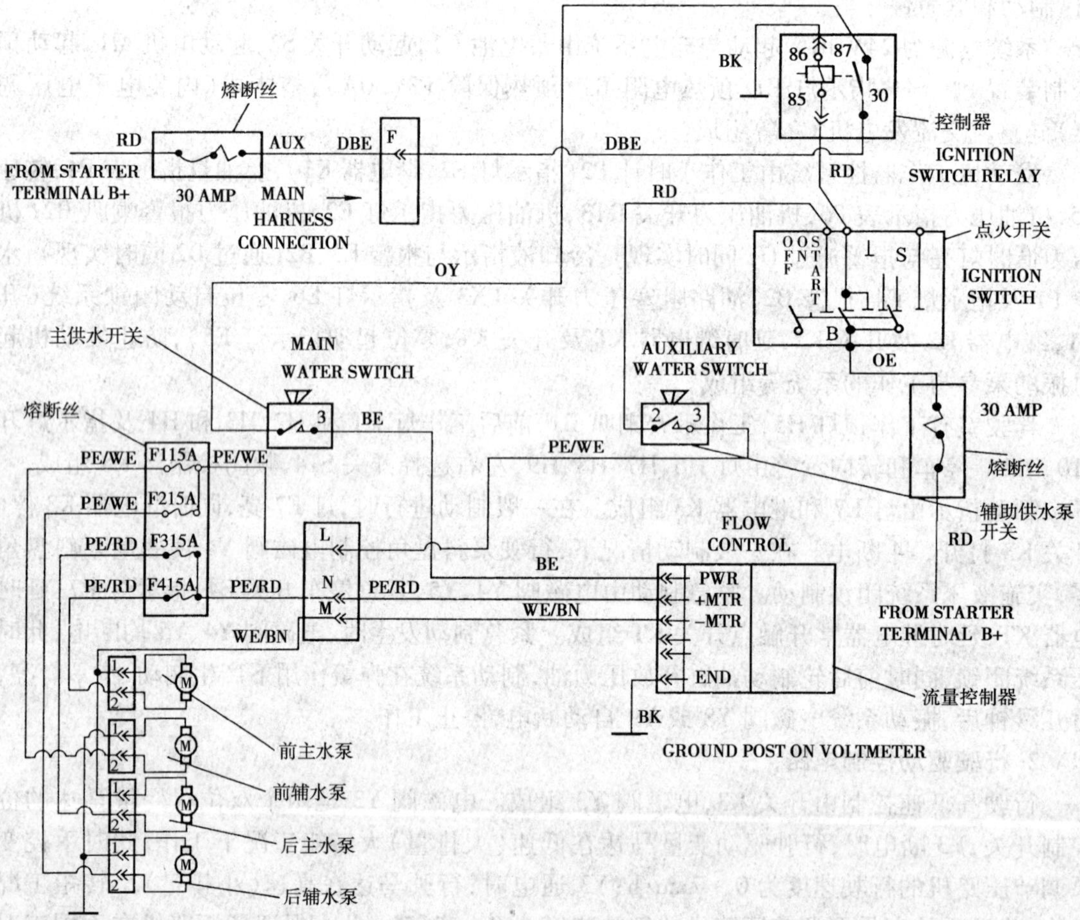

图 11-4　供水控制电路

主供水泵控制电路由熔断丝、点火开关继电器、主水泵开关、流量控制器、水泵熔断丝和前、后主水泵等组成。辅供水泵控制电路由熔断丝、点火开关、辅供水开关、水泵熔断丝和前、后辅水泵等组成。

当点火开关转到“ON”(闭合)位置时,点火开关继电器的电磁线圈通电,其常开触点30/87闭合。

将主水泵开关扳到“ON”(闭合)位置时,蓄电池的电流经起动机 B 端子、熔断丝、点火开关继电器的常开触点 30/87、主水泵开关、流量控制器、水泵熔断丝分别到前、后主水泵的电动机,使主水泵运转、供水。主水泵供水量大小,通过转动流量控制器的旋钮来调节。

将辅助供水泵开关扳到“ON”(闭合)位置时,蓄电池的电流经起动机 B 端子、熔断丝、点火开关、辅助供水泵开关、熔断丝分别到前、后辅水泵的电动机,使辅水泵运转、供水,其供水量不受主供水泵流量控制器的控制,因此供水量不能调节。

2. 振动控制系统

自动振动装置是振动压路机选择自动起振模式后、压路机行驶速度达到设定起振速度时,自动控制碾压轮振动，压路机行驶速度低于设定起振速度时自动控制压路机停振的装置。

DD110 型双钢轮振动压路机的振动控制电路如图 11-5 所示，它由熔断丝、点火开关、点火开关继电器、振动控制器、前进振动继电器、自动振动控制器、后退振动继电器、速度传感器、压实表继电器、压实表、前轮振动电磁阀、后轮振动电磁阀、振动手动开关、倒车报警器和倒车开关等组成。

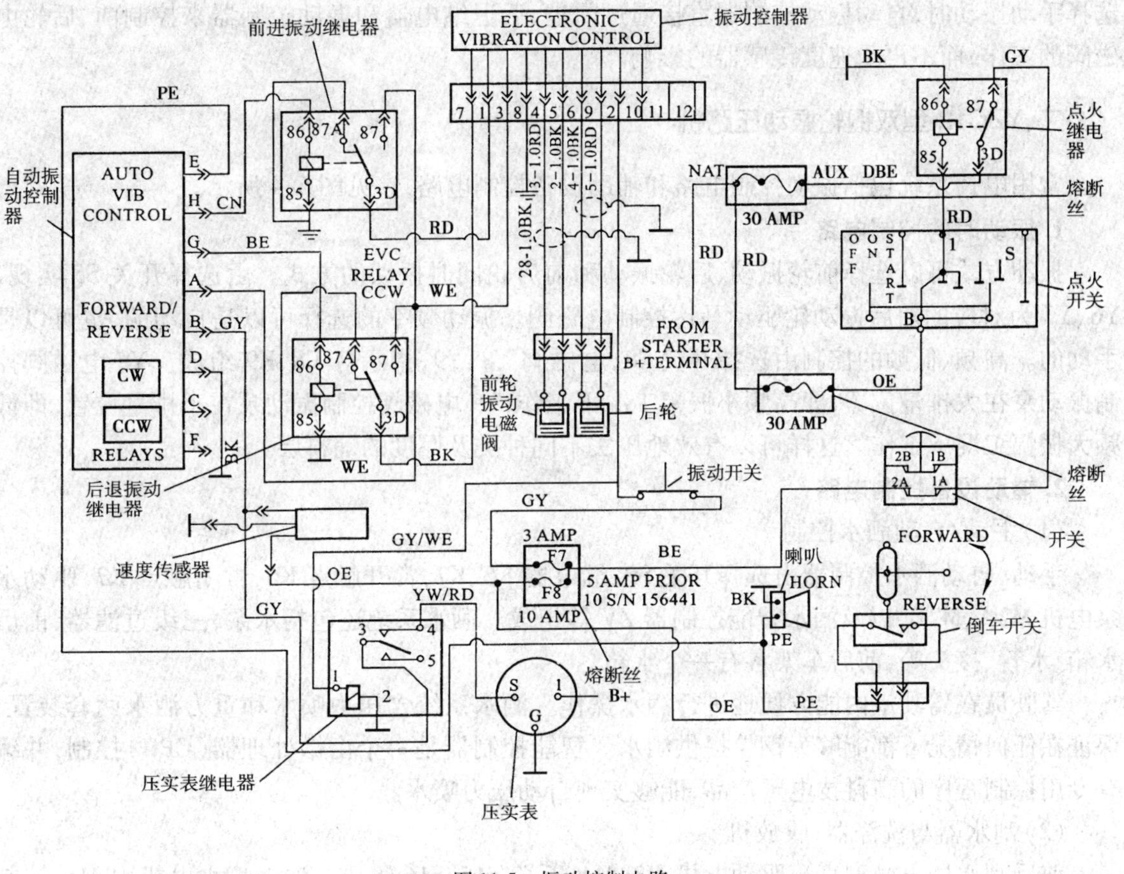

图 11-5 振动控制电路

DD110 型双钢轮振动压路机的振动控制系统，是具有双振频调节和自动起振的电控系统。振动频率分高频（42Hz）和低频（31Hz）两档，高频和低频的转换由振动面板上的振动频率选择。

DD110 型双钢轮振动压路机有 4 个起振速度：1. 2、2. 0、2. 8 和 3. 2km/h，出厂设定值为 1. 2km/h。起振速度可以根据需要自行设定，设定时将振动模式选择开关扳到“AUTO VIB”（自动振）位置，卸下振动控制模式盒盖，将“SPEED SETTING”（速度设定）中的相应速度开关和“VEHICAL TYPE”（机车类型）中相应的机车类型开关按下，起振速度便设定完毕。如果速度设定开关和机车类型开关均未被选定，则其默认值 1. 2km/h 和 DD65 型机车。

起振速度设定后，把自动振动/手动振动或方式选择开关搬至“AUTO VIB ON”位置时，压路机钢轮将在车速达到设定速度时自动起振，压路机速度降至设定速度以下时压路机将自动停振。速度传感器将检测信号传给自动振动控制器，自动振动控制器通过 H、C 端分别控制前进、后退振动继电器线圈的通、断电，使其87/3D触点闭合，自动振动控制器的控制信号通过A端、继电器的87/3D触点到振动控制器的1、3端，从而使振动控制器控制前轮、后轮振动电磁阀的工作。同时，压实表继电器的线圈通电，使其3/4触点闭合，速度传感器的信号通过继电器的3/4触点到压实表的S接线柱，压实表显示压路机的行走速度与振动频率的比率在一定范围时，压实效果最好。因此，操作人员可以根据压实表的显示来控制压路机的行走速度。当选择手动振动时，自动振动控制器直接通过前进、后退继电器和振动控制器来控制前、后轮电磁阀的工作，而不再受速度传感器的影响。

二、YZC12型双钢轮振动压路机

常用电控系统包括振动控制电路和辅助设备控制电路，参见图6-4所示。

1. 振动时的控制电路

振动方式可以选择前轮振动、后轮振动和前后轮同时振动的方式。由选择开关S5实现，Y6、Y7为对应的前后振动轮驱动马达控制电磁阀。振动频率的选择可以是自动的，也可以是手动的。高频、低频的控制由选择开关S8，电磁阀Y8、Y9，指示灯E8、K9组成。Y8电磁阀控制振动泵在大排量位置，即高频小振幅工况下工作；Y9电磁阀控制振动泵在小排量位置，即低频大振幅工况下工作。这样可以有效地压实不同种类及厚度的铺料层。

2. 辅助设备控制电路

(1)手动/自动洒水控制

手动/自动洒水控制器由选择开关S9，继电器K6、K7，常开触点K6，常闭触点K7，驱动水泵电机M2A、M2B，以及洒水智能控制器ZV等组成。洒水系统还包括水泵，三级过滤器，前后水箱、水管、接头等，前后车架各有一个水箱。

驾驶员在驾驶室内能方便地进行洒水操作。洒水系统含压力喷水和重力洒水两套装置，保证在任何情况下都能够为钢轮提供洒水。智能控制器是一个由微处理器(CPU)控制，并编有专用控制程序的高科技电子产品，能够实现自动压力喷水。

(2)刮水器与洗涤器、收放机

前后刮水器由微型直流驱动电机M3、M4，开关S15、S16组成。洗涤喷水电机由M5，控制开关S17组成。收放机电源由蓄电池直接供给，电压24V。

(3)蟹行指示、空调装置

蟹行指示E11用作手动控制压路机进行蟹行作业时的指示。

实训　认识压路机整车电控系统

一、目的

认识国产YL9/16型压路机整车电气系统。

二、设备与器材

(1)压路机一台。

(2)万用表。

(3)电工组合工具。

三、内容与步骤

国产 YL9/16 型压路机电气设备包括充电系、起动系、照明及信号系等,其总线路如图11-6所示。

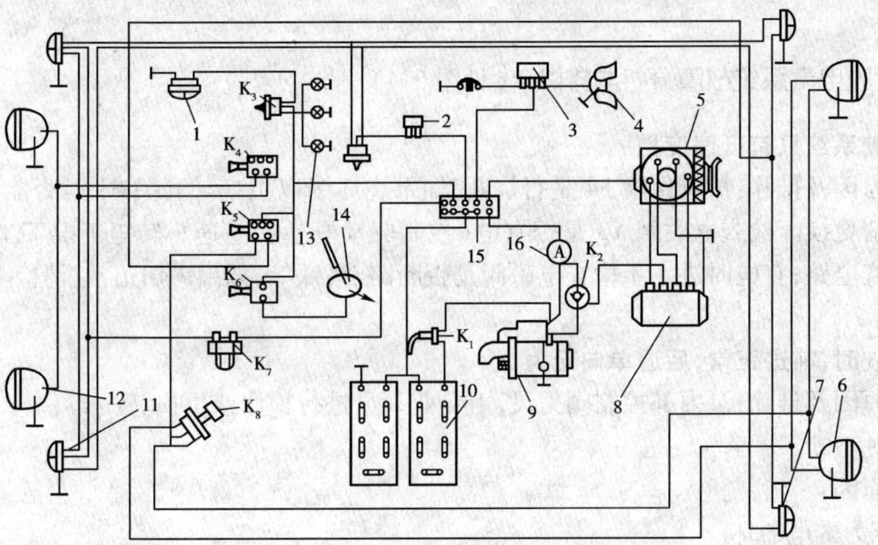

图 11-6 YL9/16 型压路机电气设备总线路图

1-顶灯;2-闪光继电器;3-喇叭继电器;4-喇叭;5-发电机;6-前大灯;7-前小灯;8-调节器;9-起动机;10-蓄电池;11-尾灯;12-后大灯;13-仪表灯;14-刮水器;15-保险盒;16-电流表;K_1-电源开关;K_2-起动开关;K_3-仪表灯开关;K_4-后灯开关;K_5-前灯开关;K_6-刮水器开关;K_7-制动灯开关;K_8-变光开关

1. 充电系

(1)两个 12V 蓄电池串联后形成工作电压为 24V 的电源并与发电机并联。

(2)电流表指示蓄电池充、放电状态及其电流值。

2. 起动系

(1)起动系由蓄电池、起动机、电源开关及起动开关等组成。

(2)根据发动机起动工况要求,起动线路电阻值较小。

3. 照明及信号系

(1)照明及信号系的各用电设备并联单线连接、负极搭铁。

(2)前大灯采用两灯制双丝灯泡,它由前灯开关控制。后大灯为单丝灯泡,由后灯开关控制。

(3)前小灯也由前灯开关控制。顶灯、仪表灯由仪表开关控制。

(4)转向信号灯、制动灯分别由各自开关控制,闪光继电器串联在转向灯电路中。双音电喇叭由按钮通过继电器控制。

(5)电动刮水器由其开关控制。

四、实训注意事项

(1)注意保护检验仪器、设施的完好。

(2)实习现场学生应听从教师的指导,注意人身安全。

五、实训小结(实训报告)

课题三　振动压路机电控系统故障排除

一、行驶电气系统故障分析与排除(参见图6-4)

1. 行驶系统只有低速度挡

故障原因及排除:检查保险F4是否烧断,如果烧坏予以更换。开关S3是否能够闭合,无法闭合时请更换。检查电磁阀Y3是否有电(控制驱动马达在高速小转矩工况下工作),如果无电请检查电路;有电时进一步检查电磁阀是否断路、搭铁等,如果一切正常,请检查相关的液压系统。

2. 行驶时,前进正常,后退单向无力

故障原因及排除:泵内部控制阀失灵,由专业人员进行检修或更换。

3. 行驶不动

故障原因:

(1)压力继电器坏。

(2)紧急制动电磁阀坏。

(3)电路故障。

4. 行驶困难

故障原因:

(1)制动电磁阀坏。

(2)减速机坏。

二、振动电气系统故障分析与排除(参见图6-4)

1. 前后轮均无振动

检查保险F16(15A)是否烧断,必要时请更换;在手动方式下检查继电器开关K4是否能够闭合,高/低频位置时时间继电器常开触点KT是否闭合;如果一切正常,继续检查Y8/Y9是否有电,如果无电,则检查电路或更换线路;如果有电,则检查Y8/Y9是否断路、搭铁等,如有必要请更换。如果都正常,请检查相应的液压系统。

2. 只有高频或低频振动

检查高/低频选择开关,如果不正常予以更换;检查Y8或Y9电磁阀(控制振动泵的大小排量电磁阀)是否短路、断路、搭铁,必要时请更换。如果正常,则进一步检查液压系统。

3. 振动方式只有前轮或只有后轮

检查开关S5及相应的电磁阀Y6、Y7(控制前后轮振动马达电磁阀)是否有电,是否短路、断路或搭铁。如果一切正常,应检查相应的液压系统。

4. 不能单个钢轮振动

检查振动开关至振动泵控制电磁阀电路,看是否断开,将断点接好。检查振动开关阀好坏,进行修理。

三、洒水系统故障分析与排除

洒水系统常见故障分析与排除方法见表11-1。

洒水系统故障分析与排除　　表11-1

故障现象	产生原因	排除方法
按起动或自动跟踪键无操作	①水箱水位过低，系统进行保护 ②起动超时或电机过载，系统进行保护	①水箱充水后，按"STOP"键解除保护 ②检查电机是否完好和管道是否堵塞，需清除
起动一段时间后自行停止	"起动超过/电机故障"指示灯亮，说明起动后实际压力达不到设定压力	①检查水泵出水口后端管道或接头是否漏水，需修理 ②水泵进水口前端有空气进入管道，需排除 ③电机炭刷磨损严重，需更换 ④其中有一个电机不转，需检查接线和电机
无水位指示	水位传感器无信号输出	①传感器坏，需更换 ②插接件松动，接触不良，可紧固 ③插装传感器的管道口被堵塞，需清除干净

思考题

1. 简述DD110型压路机主车电控系统组成。
2. 双钢轮振动压路机常用电控系统组成是什么？
3. 简述YZC12型振动压路机的行驶驱动控制电路。
4. 列举压路机电气系统常见故障。

参考文献

[1] 朱齐平.进口挖掘机维修手册[M].沈阳:辽宁科学技术出版社,2004.
[2] 冯久东.公路工程机械电器电子控制装置[M].北京:人民交通出版社,2005.
[3] 赵凤杰.汽车电气设备构造与维修[M].北京:人民交通出版社,2005.
[4] 娄云.汽车电路分析[M].北京:机械工业出版社, 2005.
[5] 张铁.工程建设机械电气及电控系统[M].北京:石油大学出版社,2003.
[6] 周建平.汽车电器设备构造与维修[M].北京:人民交通出版社,2002.
[7] 陈盛象.汽车电器设备修理[M].北京:机械工业出版社,2000.
[8] 赵福堂.汽车电器与电子设备[M].北京:北京理工大学出版社,1997.
[9] 曲金玉.汽车电器与电子设备[M].北京:机械工业出版社,2001.
[10] 徐向阳.汽车电器与电子控制技术[M].北京:机械工业出版社,1999.
[11] 孙传友.感测技术与系统设计[M].北京:北京科学出版社,2004.
[12] 王兆晶.维修电工[M].北京:机械工业出版社,2006.
[13] 边焕鹤.汽车电器与电子设备[M].北京:人民交通出版社,2001.
[14] 李冰,焦生杰.振动压路机与振动压实技术[M].北京:人民交通出版社,2001.
[15] 梁杰,于明进.现代工程机械电气与电子控制[M].北京:人民交通出版社,2005.
[16] 黄晓敏,徐昭.汽车电气设备维修实训[M].北京:人民交通出版社,2003.